枸杞

种质遗传多样性及组学研究

GOUQI

ZHONGZHI YICHUAN DUOYANGXING JI

ZUXUE YANJIU

郑　蕊　唐建宁　主编

中国农业出版社

北　京

SUMMARY 内容简介

　　本书是响应《宁夏现代枸杞产业高质量发展"十四五"规划（2021—2025年）》提出的做实做强做优枸杞产业，推进现代枸杞产业高质量发展，助推黄河流域生态保护和高质量发展先行区建设，以服务枸杞产业高质量发展和培养产业人才为目标编写而成。全书内容分为五章：第一章枸杞种质资源，介绍世界、中国及宁夏的主要枸杞种质资源；第二章宁夏枸杞的遗传多样性研究，分别从表型、染色体遗传、等位酶、DNA分子标记、叶绿体条形码等方面介绍了枸杞遗传多样性；第三章宁夏枸杞主要功效成分及其生物活性研究，系统介绍了近年来枸杞活性成分提取、分离纯化及功效成分、抗氧化活性评价相关研究成果及进展；第四章宁夏枸杞生理生态学研究，主要梳理了环境因子盐分、水分、CO_2、重金属等对枸杞生长及营养成分的影响相关研究成果；第五章宁夏枸杞组学研究，对近年来枸杞基因组、转录组、蛋白质组及代谢组等方面的研究进展及成果做了详细归纳总结。本书语言通俗易懂，论述翔实可靠，编排有序，纲目清晰，在枸杞理论研究及生产实践方面均具有很强的参考价值。通过阅读本书，读者可以了解当前枸杞产业的研究方向、研究内容、研究手段和最新成果，同时了解枸杞产业未来发展方向以及对社会发展的重要作用。

　　枸杞是著名的药食同源经济植物，其果实"枸杞子"具有强肾、润肺、益精、明目、消渴、补气等温和功效，被我国现存最早的中药学古籍《神农本草经》列为"本经上品"。"世界枸杞看中国，中国枸杞看宁夏"，枸杞是宁夏的红色名片和地域符号。枸杞产业是宁夏最具地方特色和品牌优势的战略性主导产业，处于全国枸杞产业的领军地位。目前，国内外对枸杞特别是宁夏枸杞的研究、种植、加工和销售正处于蓬勃发展阶段。

　　《枸杞种质遗传多样性及组学研究》一书是响应《宁夏现代枸杞产业高质量发展"十四五"规划（2021—2025年）》提出的做实做强做优枸杞产业，推进现代枸杞产业高质量发展，助推黄河流域生态保护和高质量发展先行区建设，依托宁夏枸杞产业发展中心项目"宁夏枸杞核心种质资源差异性分析及功能基因挖掘"、中央引导地方科技发展资金项目"植物免疫诱导剂ZNC诱导宁夏枸杞抗根腐病机制研究（2023FRD05032）"、宁夏回族自治区重点研发计划（2022BBF02010）及国家自然科学基金"枸杞雄性不育相关蛋白基因的克隆及功能研究（30960208）"等项目，以服务枸杞产业高质量发展和培养产业人才为目标而编写。本书从枸杞种质资源，遗传多样性，功效成分及其生物活性，生理生态学，基因组学、转录组学、蛋白质组学及代谢组学研究等方面，详细归纳总结了近年来针对枸杞研究的前沿成果，以期为枸杞产业发展研究和从业人员提供有益参考。

本书的编写，得到了宁夏回族自治区林业和草原局、宁夏大学相关领导的高度重视及大力支持，也得到了宁夏大学生命科学学院、宁夏枸杞产业发展中心等相关单位、领导和个人的协助和配合，特别是宁夏农林科学院枸杞科学研究所的安巍、秦垦、尹跃、张波和宁夏林业研究院股份有限公司的王娅丽、朱强等老师为本书的编写提供了部分图片和许多宝贵的建议，对充实完善本书做出了积极贡献。本书的出版也得益于责任编辑和装帧设计者的积极努力和辛勤付出，在此一并致以诚挚的谢意。

虽然我们在编写过程中竭尽所能，但由于编录的内容较多，参与的作者较多，科研成果的条理性、系统性等方面尚有所欠缺，加之枸杞遗传多样性及组学研究等起步相对较晚，还存在许多值得深入探讨和研究的地方，难免出现一些描述及数据上的差异，需要在实践中不断总结和完善。因此，书中难免存在疏漏，敬请各位同行和广大读者批评指正。

编　者

2023年7月于宁夏银川

CONTENTS 目 录

第一章　PART ONE

枸杞种质资源

第一节　世界枸杞属植物

　　枸杞属（*Lycium* L.）植物属茄科（Solanaceae）茄族（Solaneae Reichb.）枸杞亚族（Lyciinae Wettst.）。全球范围内枸杞属植物约80种，多分布于暖温带地区，热带地区未发现分布，多数种分布在南美洲和北美洲，并以南美洲的种类最为丰富，南美洲南部分布就达30种以上，北美洲南部约20种，美国亚利桑那州和阿根廷是世界上枸杞属植物的2个分布中心。非洲南部分布约20种，欧亚大陆约有10种，主要分布在中亚。

　　根据全球生物多样性信息机构（global biodiversity information facility，GBIF）最新公布，目前全球枸杞属植物被认可和接受的种类有129种。详情见表1-1。

表1-1　全球枸杞属植物种质资源名录

序号	学名	序号	学名
1	*Lycium acutifolium* E. Mey. ex Dunal	7	*Lycium anatolicum* A. Baytop & R. R. Mill（安纳枸杞）
2	*Lycium afrum* L.（南非枸杞）	8	*Lycium andersonii* A. Gray
3	*Lycium amarum* Lu Q. Huang（苦味枸杞）	9	*Lycium andersonii* var. *deserticola* (C. L. Hitchc.) Jeps.
4	*Lycium ameghinoi* Speg.		
5	*Lycium americanum* Jacq.（美洲枸杞）	10	*Lycium arenicola* Miers
6	*Lycium amoenum* Dammer	11	*Lycium armatum* Griff

（续）

序号	学名	序号	学名
12	*Lycium arochae* F. Chiang, T. Wendt & E. J. Lott	32	*Lycium cestroides* Schltdl.（南美枸杞）
13	*Lycium athium* Bernardello	33	*Lycium chanar* Phil.
14	*Lycium australe* F. Muell.	34	*Lycium chilense* Bertero
15	*Lycium barbarum* var. *aurantiicarpum* K. F. Ching	35	*Lycium chilense* var. *comberi* (C. L. Hitchc.) Bernardello
16	*Lycium barbarum* Linn.（宁夏枸杞）	36	*Lycium chilense* var. *confertifolium* (Miers)
17	*Lycium barbinodum* Miers	37	*Lycium chilense* var. *descolei* F. A. Barkley
18	*Lycium berlandieri* Dunal	38	*Lycium chilense* var. *filifolium* (Gillies ex Miers) Bernardello
19	*Lycium berlandieri* var. *longistylum* C. L. Hitchc.	39	*Lycium chilense* var. *glaberrimum* Phil.
20	*Lycium berlandieri* var. *parviflorum* (A. Gray) A. Terracc.	40	*Lycium chilense* var. *minutifolium* (Miers) F. A. Barkley
21	*Lycium boerhaviifolium* L. f.（驴杞）	41	*Lycium chilense* var. *vergarae* (Phil.) Bernardello
22	*Lycium bosciifolium* Schinz	42	*Lycium chinense* var. *potaninii* (Pojark.) A. M. Lu（北方枸杞）
23	*Lycium brevipes* var. *hassei* (Greene) C. L. Hitchc.	43	*Lycium chinense* Mill.（枸杞）
24	*Lycium brevipes* Benth.（短柄枸杞）	44	*Lycium ciliatum* Schltdl.
25	*Lycium bridgesii* (Miers) R. A. Levin, Jill S. Mill. & G. Bernardello（小驴杞）	45	*Lycium cinereum* Thunb.（灰色枸杞）
26	*Lycium californicum* Nutt. ex A. Gray（加利福尼亚枸杞）	46	*Lycium confertum* Miers
27	*Lycium californicum* subsp. *carinatum* (S. Watson) Felger	47	*Lycium cooperi* A. Gray（桶果枸杞）
28	*Lycium californicum* var. *arizonicum* A. Gray	48	*Lycium cuneatum* Dammer
29	*Lycium californicum* var. *interior* F. Chiang	49	*Lycium cyathiforme* C. L. Hitchc.
30	*Lycium carolinianum* var. *quadrifidum* (Moc. & Sessé ex Dunal) C. L. Hitchc.	50	*Lycium cylindricum* Kuang & A. M. Lu（柱筒枸杞）
31	*Lycium carolinianum* Walter（北美枸杞）	51	*Lycium dasystemum* Pojark.（新疆枸杞）

（续）

序号	学名	序号	学名
52	*Lycium decumbens* Welw. ex Hiern	76	*Lycium intricatum* Boiss.（缠结枸杞）
53	*Lycium densifolium* Wiggins	77	*Lycium intricatum* subsp. *pujosii* Sauvage（缠结枸杞亚种）
54	*Lycium depressum* Stocks（土库曼枸杞）	78	*Lycium isthmense* F. Chiang
55	*Lycium depressum* subsp. *angustifolium* Schönb. -Tem.	79	*Lycium kopetdaghi* Pojark.
56	*Lycium deserti* Phil.	80	*Lycium leiospermum* I. M. Johnst.
57	*Lycium distichum* Meyen	81	*Lycium leiostemum* Wedd.
58	*Lycium edgeworthii* Dunal	82	*Lycium macrodon* A. Gray
59	*Lycium eenii* S. Moore	83	*Lycium macrodon* var. *dispermum* (Wiggins) F. Chiang
60	*Lycium europaeum* L.（欧洲枸杞）	84	*Lycium makranicum* Schönb. -Tem.
61	*Lycium exsertum* A. Gray（突萼枸杞）	85	*Lycium martii* Sendtn.
62	*Lycium ferocissimum* Miers	86	*Lycium mascarenense* A. M. Venter & A. J. Scott
63	*Lycium flexicaule* Pojark.（柔茎枸杞）	87	*Lycium megacarpum* Wiggins
64	*Lycium fremontii* A. Gray	88	*Lycium minimum* C. L. Hitchc.
65	*Lycium fuscum* Miers	89	*Lycium minutifolium* J. Rémy
66	*Lycium gariepense* A. M. Venter	90	*Lycium ningxiaense* R. J. Wang & Q. Liao（小叶黄果枸杞）
67	*Lycium geniculatum* Fernald	91	*Lycium oxycarpum* Dunal
68	*Lycium gilliesianum* Miers	92	*Lycium pallidum* Miers
69	*Lycium glomeratum* Sendtn.	93	*Lycium pallidum* var. *oligospermum* C. L. Hitchc.
70	*Lycium grandicalyx* Joubert & Venter	94	*Lycium parishii* var. *modestum* (I. M. Johnst.) F. Chiang
71	*Lycium hantamense* A. M. Venter	95	*Lycium parishii* A. Gray
72	*Lycium hirsutum* Dunal	96	*Lycium petraeum* Feinbrun
73	*Lycium horridum* Thunb.	97	*Lycium pilifolium* C. H. Wright
74	*Lycium humile* Phil.		
75	*Lycium infaustum* Miers		

（续）

序号	学名	序号	学名
98	*Lycium puberulum* A. Gray	114	*Lycium shawii* Roemer. & Schult.（阿拉伯枸杞）
99	*Lycium puberulum* var. *berberidoides* (Correll) F. Chiang	115	*Lycium shockleyi* A. Gray
100	*Lycium pubitubum* C. L. Hitchc.	116	*Lycium sokotranum* R. Wagner & Vierh.
101	*Lycium pulchellum* M. Martens & Galeotti	117	*Lycium stenophyllum* J. Rémy
102	*Lycium pumilum* Dammer	118	*Lycium strandveldense* A. M. Venter
103	*Lycium qingshuigeense* Xu L. Jiang & J. N. Li（清水河枸杞）	119	*Lycium tenue* Willd.
104	*Lycium rachidocladum* Dunal	120	*Lycium tenuispinosum* Miers
105	*Lycium repens* Speg.	121	*Lycium tenuispinosum* var. *calycinum* (Griseb.) Bernardello
106	*Lycium requienii* Dunal	122	*Lycium tenuispinosum* var. *friesii* (Dammer) C. L. Hitchc.
107	*Lycium ruthenicum* Murr.（黑果枸杞）	123	*Lycium tetrandrum* Thunb.
108	*Lycium sandwicense* A. Gray	124	*Lycium texanum* Correll
109	*Lycium schaffneri* A. Gray ex Hemsl.	125	*Lycium torreyi* A. Gray
110	*Lycium schizocalyx* C. H. Wright	126	*Lycium truncatum* Y. C. Wang（截萼枸杞）
111	*Lycium schreiteri* F. A. Barkley	127	*Lycium villosum* Schinz
112	*Lycium schweinfurthii* Dammer	128	*Lycium vimineum* Miers
113	*Lycium schweinfurthii* var. *aschersonii* (Dammer) Feinbrun	129	*Lycium yunnanense* Kuang & A. M. Lu（云南枸杞）

从现有枸杞属植物记录来看，枸杞为世界广布的物种。国外针对枸杞属植物的研究主要集中在系统学、生物地理学、生殖进化和生物有机化学方面，美国、日本、朝鲜、韩国、土耳其等国开展的研究相对较多，得出枸杞属物种起源于美洲大陆，冈瓦纳大陆的断裂与漂移或物种的自身传播形成了全球枸杞属物种的离散分布，南美洲、大洋洲和欧亚大陆的枸杞属物种是一个单一群系，南非枸杞属物种是一个并系集合群体，南美洲和北美洲的枸杞花存在性二态型现象，北美洲和南非的枸杞属物种已进化到自交亲和的多倍体阶段等研究结论。国外枸杞属物种中，具有药用价值的主要有非洲

枸杞、安纳枸杞、南美枸杞、灰色枸杞、欧洲枸杞、阿拉伯枸杞、土库曼枸杞等，在非洲、西亚和南美地区，特别是南非、博茨瓦纳、索马里、土耳其、巴勒斯坦、以色列、阿根廷等国均有一定应用，多是利用野生枸杞的枝、叶、根，治疗皮肤病、耳病、胃病、眼疾、感冒以及牙痛、头痛等病症。

第二节　中国枸杞属植物

20世纪70年代我国科技工作者对枸杞属植物进行了深入调查，《中国植物志》记载我国自然分布的枸杞属植物有7种、3变种，7个种分别为宁夏枸杞、枸杞、黑果枸杞、新疆枸杞、截萼枸杞、柱筒枸杞、云南枸杞，3个变种是黄果枸杞、北方枸杞和红枝枸杞。后期，枸杞科学工作者经调查又记录了1个新种昌吉枸杞。

一、宁夏枸杞 (*Lycium barbarum* Linn.)

1.枝干　多年生落叶灌木，栽培中因人工整枝而成大灌木，高0.8～2m，栽培时茎粗直径可达10～20cm。分枝细密，野生时多开展而略斜升或弓曲，栽培时小枝弓曲而树冠多呈圆形，有纵棱纹，灰白色或灰黄色，无毛而微有光泽，有不生叶的短棘刺和生叶、花的长棘刺。

2.叶片　叶互生或簇生，披针形或长椭圆状披针形，顶端短渐尖或急尖，基部楔形，长2～3cm，宽4～6mm，栽培时长可达12cm，宽1.5～2cm，略带肉质，叶脉不明显。

3.花朵　花在长枝上1～2朵生于叶腋，在短枝上2～6朵同叶簇生；花梗长1～2cm，向顶端渐增粗。花萼钟状，长4～5mm，通常2中裂，裂片有小尖头或顶端有2～3齿裂；花冠漏斗状，紫堇色，筒部长8～10mm，自下部向上渐扩大，明显长于檐部裂片，裂片长5～6mm，卵形，顶端圆钝，基部有耳，边缘无缘毛，花开放时平展；雄蕊的花丝基部稍上处及花冠筒内壁生一圈密茸毛；花柱像雄蕊一样由于花冠裂片平展而稍伸出花冠。

4.果实　浆果红色，在栽培类型中也有橙色，果皮肉质，多汁液，形状及大小由于经长期人工培育或植株年龄、生境的不同而多变，广椭圆状、矩圆状、卵状或近球状，顶端有短尖头或平截、有时稍凹陷，长8～20mm，直径5～10mm。种子常20余粒，略呈肾脏形，扁压，棕黄色，长约2mm。花果期较长，一般从5～10月边开花边结果（图1-1）。

图1-1 宁夏枸杞全株

5. 分布与习性 宁夏枸杞原产我国北部，河北北部、山西北部、陕西北部、内蒙古、甘肃、宁夏、青海、新疆有野生，现在除以上省份有栽培外，我国中部和南部不少省份也已引种栽培，本种在我国有悠久的栽培历史。欧洲及地中海沿岸国家也有栽培并成为野生。宁夏枸杞属于草原荒漠区分布种，常生于土层深厚的沟岸、山坡、田埂和宅旁，耐盐碱、沙荒和干旱。

二、枸杞（*Lycium chinese* Mill.）

1.枝干　多分枝灌木，高0.5～1m，栽培时可达2m以上。枝条细弱，弓状弯曲或俯垂，淡灰色，有纵条纹，棘刺长0.5～2cm，生叶和花的棘刺较长，小枝顶端锐尖呈棘刺状。

2.叶片　叶纸质或栽培时质稍厚，单叶互生或2～4枚簇生，卵形、卵状菱形、长椭圆形、卵状披针形，顶端急尖，基部楔形，长1.5～5cm，宽0.5～2.5cm，栽培时较大，可长达10cm以上，宽达4cm；叶柄长0.4～1cm。

3.花朵　花在长枝上单生或双生于叶腋，在短枝上则同叶簇生；花梗长1～2cm，向顶端渐增粗。花萼长3～4mm，通常3中裂或4～5齿裂；花冠漏斗状，长9～12mm，淡紫色，筒部向上骤然扩大，稍短于或近等于檐部裂片，5深裂，裂片卵形，顶端圆钝，平展或稍向外反曲，边缘有缘毛，基部耳显著；雄蕊较花冠稍短，或因花冠裂片外展而伸出花冠，花丝在近基部处密生一圈茸毛并交织成椭圆状的毛丛，与毛丛等高处的花冠筒内壁亦密生一环茸毛；花柱稍伸出雄蕊，上端弓弯，柱头绿色。

4.果实　浆果红色，卵状，栽培时可呈长矩圆状或长椭圆状，顶端尖或钝，长7～15mm，栽培时长可达2.2cm，直径5～8mm。种子扁肾脏形，长2.5～3mm，黄色。花果期6～11月（图1-2）。

5.分布与习性　枸杞亦称中华枸杞，俗称枸杞菜（广东、广西、江西）、红珠仔刺（福建）、牛吉力（浙江）、狗牙子（四川）、狗牙根（陕西）、狗奶子（江苏、安徽、山东）。广泛分布于我国宁夏、新疆、青海、甘肃、内蒙古、黑龙江、吉林、辽宁、河北、山西、陕西、甘肃南部、西南、华中、华南和华东也广为分布，台湾省亦有少量分布。温带和亚热带地区的东南亚及朝鲜、日本和欧洲各国都有分布。常生于山坡、荒地、丘陵地、盐碱地、路旁及村边宅旁。在我国除普遍野生外，各地也有作药用、蔬菜或绿化栽培。

图1-2　枸杞全株

三、黑果枸杞（*Lycium ruthenicum* Murr.）

1. 枝干　多棘刺灌木，高可达1.5m，多分枝；分枝斜升或横卧于地面，白色或灰白色，坚硬，常呈"之"字形曲折，有不规则的纵条纹，小枝顶端渐尖呈棘刺状，节间短缩，每节有长0.3～1.5cm的短棘刺；短枝位于棘刺两侧，在幼枝上不明显，在老枝上则成瘤状，生有簇生叶或花、叶同时簇生，更老的枝则短枝呈不生叶的瘤状突起。

2. 叶片　叶2～6枚簇生于短枝上，在幼枝上则单叶互生，肥厚肉质，近无柄，条形、条状披针形或条状倒披针形，有时呈狭披针形，顶端钝圆，基部渐狭，两侧有时稍向下卷，中脉不明显，长0.5～3cm，宽2～7mm。

3. 花朵　花1～2朵生于短枝上；花梗细瘦，长0.5～1cm。花萼狭钟状，长4～5mm，近果时稍膨大呈半球状，包围于果实中下部，不规则2～4浅裂，裂片膜质，边缘有稀疏缘毛；花冠漏斗状，浅紫色，长约1.2cm，筒部向檐部稍扩大，5浅裂，裂片矩圆状卵形，长为筒部的1/3～1/2，无缘毛，耳片不明显；雄蕊稍伸出花冠，着生于花冠筒中部，花丝离基部稍上处有疏茸毛，同样在花冠内壁等高处亦有稀疏茸毛；花柱与雄蕊近等长。

4. 果实　浆果紫黑色，球状，有时顶端稍凹陷，直径4～9mm。种子肾形，褐色，长1.5mm，宽2mm。花果期5～10月（图1-3）。

5. 分布与习性　黑果枸杞主要分布于我国内蒙古西部、陕西北部、宁夏、甘肃、青海、新疆和西藏，中亚、高加索和欧洲亦有分布。野生的黑果枸杞适应性很强，能忍耐38.5℃高温；耐寒性亦很强，在−28℃低温下无冻害；耐干旱，对土壤要求不严，常生于盐碱土荒地、盐化沙地、河湖沿岸、干河床和路旁。喜光，全光照下发育健壮，在庇荫处生长细弱，花果极少。

图1-3　黑果枸杞全株

四、新疆枸杞（*Lycium dasystemum* Pojark.）

1.枝干 落叶多分枝灌木，高达1.5m，枝条坚硬，稍弯曲，灰白色或灰黄色，嫩枝细长，老枝有棘刺，棘刺长0.6～6cm，刺上着生叶和花。

2.叶片 单叶互生，叶形多变，倒披针形、椭圆状倒披针形或宽披针形，顶端急尖或钝，基部楔形，下延到叶柄上，长1.5～4cm，宽0.5～1.5cm。

3.花朵 花多2～3朵同叶簇生于短枝上或长枝上单生于叶腋，花梗长1～1.8cm，向顶端渐渐增粗；花萼长约4mm，2～3中裂；花冠漏斗状，长9～12mm，筒部长约为檐部裂片长的2倍，裂片边缘有稀疏缘毛，花柱稍伸出花冠。

4.果实 浆果红色，卵圆形或矩圆形，纵径7～10mm，鲜果千粒重201g。种子橙黄色，肾脏形，长1.5～2mm，每果20～28粒。花果期6～9月（图1-4）。

5.分布与习性 新疆枸杞又名毛蕊枸杞，分布在我国新疆、甘肃、青海等省份，中亚地区也有分布。喜光，耐干旱，耐盐碱。生于海拔1 200～2 700m的山坡、沙滩或绿洲。

图1-4 新疆枸杞全株

五、截萼枸杞（*Lycium truncatum* Y. C. Wang）

1.枝干 落叶灌木，高1～1.5m；分枝圆柱状，灰白色或灰黄色，少棘刺。

2.叶片 叶在长枝上通常单生，在短枝上则数枚簇生，条状披针形或披针形，顶端急尖，基部狭楔形且下延成叶柄，长1.5～2.5cm，宽2～6mm，中脉稍明显。

3.花朵 花1～3朵生于短枝上，同叶簇生；花梗细瘦，向顶端接近花萼处稍增粗，长1～1.5cm。花萼钟状，长3～4mm，直径约3mm，2～3裂，裂片膜质，花后有时断裂而使宿萼呈截头状；花冠漏斗状，下部细瘦，向上渐扩大，筒长约8mm，裂片卵形，长约为筒部的一半，无缘毛；雄蕊插生于花冠筒中部，稍伸出花冠，花丝基部被稀疏茸毛；花柱稍伸出花冠。

4.果实 浆果矩圆状或卵状矩圆形，长5～8mm，顶端有小尖头。种子橙黄色，长约2mm。花果期5～10月（图1-5）。

5.分布与习性 截萼枸杞分布于我国山西、陕西北部、内蒙古、甘肃、宁夏等地。常生于海拔800～1 500m的山坡、田边或路旁。

图1-5 截萼枸杞全株

六、柱筒枸杞（*Lycium cylindricum* Kuang & A. M. Lu）

1.枝干 灌木，枝条坚硬，分枝多"之"字状曲折，白色或带淡黄色；棘刺长1～3cm，不生叶或生叶。

2.叶片 叶单生或在短枝上2～3枚簇生，近无柄或仅有极短的柄，披针形，长1.5～3.5cm，宽3～6mm，顶端钝，基部楔形。

3.花朵 花单生或有时2朵同叶簇生，花梗长约1cm，细瘦；花萼钟状，长和直径均约3mm，3中裂或有时2中裂，裂片有时具不规则的齿；花冠筒部圆柱状，长5～6mm，直径约2.5mm，裂片阔卵形，长约4mm，顶端圆钝，边缘有缘毛；雄蕊插生于花冠筒的中部稍上处，花丝基部稍上处生一圈密茸毛且交织成卵球状的毛丛；子房卵状，花柱长约8mm，柱头2裂。

4.果实 浆果卵形或卵状球形，成熟时红色，长约5mm，仅具少数种子。花果期6～9月（图1-6）。

5.分布与习性 柱筒枸杞为我国新疆特有物种，分布于新疆维吾尔自治区昌吉回族自治州奇台县境内，已列入《世界自然保护联盟濒危物种红色名录》（IUCN）——极危（CR）。

图1-6 柱筒枸杞全株

七、云南枸杞（*Lycium yunnanense* Kuang & A. M. Lu）

1.枝干　直立灌木，丛生，高0.5m；茎粗壮而坚硬，灰褐色，分枝细弱，黄褐色，小枝顶端锐尖呈针刺状。

2.叶片　叶在长枝和棘刺上单生，在极短的瘤状短枝上2至数枚簇生，狭卵形、矩圆状披针形或披针形，全缘，顶端急尖，基部狭楔形，长8～15mm，宽2～3mm，叶脉不明显；叶柄极短。

3.花朵　花通常由于节间极短缩而同叶簇生，淡蓝紫色，花梗纤细，长4～6mm；花萼钟状，长约2mm，通常3裂或有4～5齿，裂片三角形，顶端有短茸毛；花冠漏斗状，筒部长3～4mm，裂片卵形，长2～3mm，顶端钝圆，边缘几乎无毛；雄蕊插生花冠筒中部稍下处，花丝丝状，显著高出于花冠，长5～7mm，基部稍上处生一圈茸毛，而在花冠筒内壁上几乎无毛，花药长0.8mm；子房卵状，花柱明显长于花冠，长7～8mm，柱头头状，不明显2裂。

4.果实　果实球状，直径约4mm，黄红色，干后有一明显纵沟，有20余粒种子，种子圆盘形，淡黄色，直径约1mm，表面密布小凹穴（图1-7）。

5.分布与习性　云南枸杞主要分布在我国云南省禄劝彝族苗族自治县和景东彝族自治县，常生于海拔1 360～1 450m的河旁沙地潮湿处或丛林中。被列入中国《国家重点保护野生植物名录》——二级、《世界自然保护联盟濒危物种红色名录》（IUCN）——易危（VU）。

图1-7　云南枸杞全株

八、黄果枸杞（*Lycium barbarum* Linn. var. *auranticarpum* K. F. Ching）

1.枝干 为宁夏枸杞变种。多刺灌木，多分枝，枝条坚硬短而多棘刺。

2.叶片 叶狭窄，条形、条状披针形、倒条状披针形或狭披针形，具肉质。

3.花朵 花紫色，花冠筒比檐部裂片长2倍。

4.果实 浆果，橙黄色，球状，直径4～8mm，仅有2～8粒种子（图1-8）。其果实独特、色泽鲜亮、鲜食细腻，榨汁皮渣很少，出汁率比红果能高出10%～15%。

5.分布与习性 黄果枸杞分布于我国宁夏银川、中卫等市，生于路边、田头地埂或村庄附近。

图1-8 黄果枸杞全株

九、北方枸杞 [*Lycium chinense* var. *potaninii* （Pojark.）A. M. Lu]

1.枝干 为枸杞变种。灌木，高50～80cm，枝条匍匐性强，棘刺长短不等，最长可达4cm。

2.叶片 叶互生或在短枝上2～3枚丛生，通常为披针形、矩圆状披针形或条状披针形，先端急尖，基部楔形，下延。

3.花朵 花1～2朵生于叶腋，在短枝上则与叶簇生；花梗顶部稍增粗；花萼钟形，3中裂或2中裂，先端有2～4齿，裂片三角形，先端急尖，有小尖头；花冠紫红色，漏斗形，冠筒与花萼等长或稍长，自花萼以上突然扩大，呈宽漏斗形，裂片卵形，花期向外反折，先端钝，花冠裂片的边缘有缘毛，稀疏，基部耳不显著；雄蕊稍长于花冠，花丝近基部或冠筒内面同一高处各生有一圈密茸毛，或花丝基部因毛密而成毛结。

图1-9 北方枸杞全株

4.果实 浆果，卵形或矩圆形，深红色或橘红色；长15～25mm，直径5～8mm，顶端略平圆，基部尖；果皮薄而软，多皱缩而具光泽。种子扁肾形，黄色，每果含种子18～22粒，多数较其他种子大。花期7～8月，果期8～10月（图1-9）。

5.分布与习性 北方枸杞亦称西北枸杞、红珠子刺、地仙、苦枸杞、折才尔玛（藏语译音），分布于我国河北北部、山西北部、陕西北部、内蒙古、宁夏、甘肃西部、青海东部和新疆。常生于海拔2 230～2 560m的盐碱荒、沙地或路旁。适应性强，耐寒、耐旱，对土壤要求不严。根的萌蘖性和发枝能力强。被列入《中国生物多样性红色名录——高等植物卷（2020）》——无危（LC）。

十、红枝枸杞（*Lycium dasystemum* Pojark var. *rubricaulium* A. M. Lu）

1.枝干 为新疆枸杞变种。多分枝灌木，高达1.5m，枝条坚硬，稍弯曲，灰白或灰黄色，幼枝细长，老枝褐红色，老枝具长0.6～6cm坚硬棘刺。

2.叶片 叶倒披针形、椭圆状倒披针形或宽披针形，长1.5～4cm，宽0.5～1.5cm，先端尖或钝，基部楔形，下延至叶柄。

3.花朵 花2～3簇生短枝或单生长枝叶腋；花梗长1～1.8cm，向顶端渐渐增粗；花萼长约4mm，2～3中裂；花冠漏斗状，长0.9～1.3cm，冠筒长约为冠檐裂片的2倍，裂片卵形，花冠裂片无缘毛；花丝近基部疏被茸毛，花药及花柱稍伸出花冠。

4.果实 浆果，卵圆形或长圆形，长0.7cm左右，红色；种子肾形，橙黄色，长1.5～2mm，每果种子25～30颗。花果期6～9月（图1-10）。

5.分布与习性 红枝枸杞分布于我国青海诺木洪，生于海拔2 900m的灌丛中。本变种和新疆枸杞（原变种）的不同在于老枝褐红色，花冠裂片无缘毛。

图1-10 红枝枸杞全株

十一、昌吉枸杞（*Lycium changjicum* W. A. et Y. J. W*）

1.枝干　多年生落叶灌木，高1.0～1.6m。枝灰白色，坚硬，多棘刺，棘刺发红，分枝呈"之"字形曲折，粗壮枝上有纵向裂纹。

2.叶片　叶披针形或条状披针形，叶面反卷或平展，黄绿色，中脉明显，深紫色，叶尖急尖，基部狭楔形，叶长3～6cm，宽0.3～1.0cm，2～4枚簇生；叶柄长0.3～1.0cm，粗0.4～0.5mm。

3.花朵　花1～5朵生于短枝上，同叶簇生，花梗细长，向顶端接近花萼处稍增粗，长7～13mm；花萼钟状，长3～4mm，3～4中裂；花冠漏斗状，花筒长8～10mm，裂片卵形，花瓣深紫色，5瓣，花瓣边缘有茸毛，花冠喉部的鹅黄色轮廓呈五角形，且多外露于花冠喉部之上，花丝基部稍上位置茸毛浓密，封闭花筒内部，花瓣中脉紫色重，呈五条深紫色辐射线，花冠背面脉线少，花萼短。

4.果实　红褐色小圆果，纵径为7.03mm，横径为5.75mm，纵横径比为1.22：1，果味甜苦，果皮厚，革质，单个芽眼的坐果数为1～3个；每果含种子3～5粒，黄白色，肾形，直径为1.8～2.9mm，厚度0.5～0.65mm，多不饱满（安巍 等，2014）（图1-11）。

5.分布与习性　昌吉枸杞野生群体生长于我国新疆昌吉回族自治州吉木萨尔县。

图1-11　昌吉枸杞全株

第三节　宁夏枸杞属植物

　　《宁夏植物志（第二版）》记录宁夏分布枸杞属植物4种1变种，4个种分别为黑果枸杞、截萼枸杞、宁夏枸杞和枸杞，1个变种是黄果枸杞。黑果枸杞在宁夏普遍分布，生于盐碱荒地、沙地、沟渠边上或路边。截萼枸杞分布于宁夏中卫，生于沙质地、田边、路旁。宁夏枸杞在宁夏普遍分布和栽培，果实入药，能滋肝补肾、益精明目；根皮入药，有清虚热、凉血的功能。枸杞在宁夏普遍分布，生于荒地、山坡、路边、村庄附近，果实和根皮入药，功效同宁夏枸杞。黄果枸杞（宁夏枸杞的变种）分布于宁夏银川、中卫等市，生于田边、田间或村庄附近。

　　近年来，有学者研究报道了宁夏新增枸杞属植物2个种和1个变种，新种是清水河枸杞（李吉宁 等，2011）和小叶黄果枸杞，新变种为密枝枸杞（陈天云 等，2012）。分子生物学研究表明，清水河枸杞和小叶黄果枸杞都是一个拷贝与宁夏枸杞聚为一支，另一个拷贝则与黑果枸杞聚为一支，二者很可能是宁夏枸杞和黑果枸杞的杂交后代。密枝枸杞两个拷贝均位于宁夏枸杞所在分支上，但分别位于该分支不同位置，结合密枝枸杞的地理分布区正好是宁夏枸杞的分布范围，推测密枝枸杞很可能是宁夏枸杞种内杂交后代。因此，适合把它作为宁夏枸杞的变种（吴莉莉 等，2011）。这些新类群的产生与植物种间或种内杂交相关，新类群的发现为枸杞资源的开发和品种改良提供了种质资源。

一、清水河枸杞（*Lycium qingshuiheense* Xu L. Jiang & J. N. Li）

　　1.枝干　直立小灌木（图1-12），高30～50cm，多分枝，多棘刺，老枝灰白色、淡灰褐色，少数带棕黄色，幼枝粉白色或白色，枝条直伸，不呈"之"字形曲折，坚硬，有不规则的纵条纹，无毛，小枝顶端常变呈锐尖的棘刺，节间短缩，每节有长0.8～3.7cm的棘刺，向上棘刺渐变稀疏且变短；短枝位于棘刺两侧，在幼枝上不明显，在老枝上呈瘤状。

　　2.叶片　叶在长枝上单生，互生，在短枝上常2～4（～6）枚簇生，肉质，肥厚，近无柄，条形、条状披针形、条状倒披针形，先端钝圆或稍尖，基部渐变狭，近轴面绿色，远轴面浅绿色，长0.8～2.8cm，宽1～2（～3）mm，中部或上部较宽，宽2～3（～4）mm，无毛。

　　3.花朵　花1～4朵与叶一起簇生于短枝顶端，花梗纤细，长5～10mm，无毛；花萼钟形或筒状钟形，长3.5～4.5mm，不规则2～4浅裂，裂片边缘无毛；花冠筒状漏斗形，紫色或紫红色，长8～12mm，筒部与冠檐近等长，长4～6mm，直径1.0～1.5mm，向上成漏斗状明显扩大，5浅裂，裂片长圆状卵形，长约为花冠的一半，宽约2mm，先端钝圆，无缘毛；雄蕊与花冠近等长或稍短，着生于花冠筒的喉部，长6～7mm，花丝丝状，连同花冠无毛或被稀疏短柔毛，长4.0～4.5mm；花药长圆形，黄色，长1.8～2.5mm，雌蕊长8～10mm，子房长圆形或近圆球形，长1.4～1.6mm，直径0.5mm，花柱纤细，柱头2浅裂（图1-13）。

4.**果实** 浆果，扁圆球形，顶端常微凹，深红褐色，直径4～7mm。种子1～4枚。花果期5～7月。

5.**分布与习性** 分布于我国宁夏中宁县大战场乡西沙窝村，生长于河岸边。

图1-12 清水河枸杞全株

图1-13 清水河枸杞花枝

二、小叶黄果枸杞（*Lycium parvifolium* T. Y. Chen & X. L. Jiang）

1.枝干 直立小灌木，高40～80cm，多分枝，多棘刺，老枝灰白色，有明显的纵条纹，幼枝粉白色或白色，枝条呈"之"字形曲折，坚硬，无毛，小枝顶端常变成锐尖的棘刺，节间短缩，每节有长0.8～2.4cm的棘刺，向上棘刺渐变稀疏变短；短枝位于棘刺两侧，在幼枝上不明显，在老枝上呈瘤状。

2.叶片 叶在长枝上互生，在短枝上常2～6枚簇生，肉质，肥厚，较小而窄，长1～2.5（～3）cm，宽1.5～2（～3）mm，中部或上部较宽，具极短的柄或近无柄，条形、条状披针形、条状倒披针形或狭椭圆形，先端钝圆或稍尖，基部渐变狭，近轴面绿色，远轴面浅绿色，无毛。

3.花朵 花1～2朵与叶一起簇生于短枝顶端，花梗纤细，长5～8mm，无毛；花萼杯状或筒状，长3～4mm，常2浅裂，果时膨大呈半球状，包围于果实中下部，不规则2～4浅裂，裂片边缘无毛；花冠漏斗状，紫色或蓝紫色，长8～13mm，筒部与冠檐近等长，长4～5mm，直径1.5～2.0mm，向上呈漏斗状明显扩大，5裂，裂片长圆状卵形，长约为花冠的一半，宽2.2～2.5mm，先端钝圆，无缘毛；雄蕊着生于花冠筒的喉部，与花冠近等长，长6～7（～8）mm，花丝丝状，连同花冠无毛或在基部被稀疏短柔毛，长4.0～4.5mm；花药长圆形，黄色，长2.8～3.6mm；雌蕊长8～10mm，子房长圆形或近圆球形，长1.4～1.5mm，直径1.0～1.3mm，花柱纤细，无毛，柱头扁球形，2浅裂。

4.果实 浆果，常淡黄色，近透明，常为扁球形，或椭圆球形，长6～10mm，直径6～8mm。种子5～8枚。花果期6～9月（图1-14）。

5.分布与习性 分布于我国宁夏中宁县鸣沙镇，生长于河岸边。

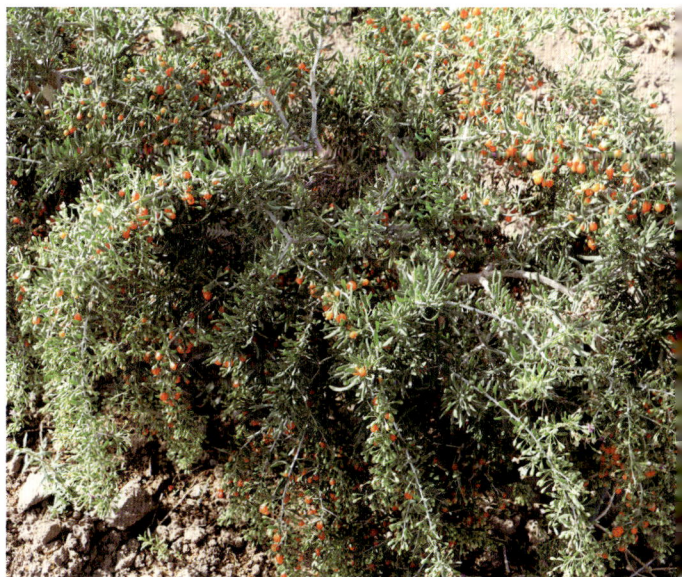

图1-14 小叶黄果枸杞全株

三、密枝枸杞（*Lycium barbarum* L. var. *implicatum* T. Y. Chen & X. L. Jiang）

1.**枝干**　植株分枝多而密。

2.**叶片**　叶片小，狭长椭圆形、倒披针形或匙形，长1～1.8cm，宽1.5～2.5mm。

3.**花朵**　雄蕊着生于花冠喉部，长短不等，其中2枚较短，其余3枚较长，花丝连同花冠无毛或在基部仅被稀疏短柔毛。

4.**果实**　浆果卵球形或椭圆形，长5～8mm，直径3～6mm，淡紫色，近透明，多汁，味甜，种子2～4粒（图1-15）。

5.**分布与习性**　分布于我国宁夏中宁县，生长于河边潮湿的盐碱地。

图1-15　密枝枸杞全株

第四节　宁夏人工栽培枸杞资源

我国率先从野生资源中挖掘出有益于人类健康的枸杞资源，进而开展人工驯化和人工栽培研究，为世界驯化和利用野生枸杞资源提供了理论和实践支撑。人们对枸杞属植物资源的栽培利用，主要为宁夏枸杞。宁夏枸杞是常异花授粉的无限花序植物，年度生育期内连续开花结实，由于自然杂交与人工选择的结果，在长期的人工栽培进程中，演变形成了许多栽培资源，培育出很多优新品种（系），并通过了林木良种审（认）定，品种的不断改良和更新为枸杞产业持续高质量发展作出了突出贡献。

一、大麻叶（*Lycium barbarum* L. cv. 'Damaye'）

大麻叶是从道地枸杞核心产区宁夏中宁县种植的枸杞中通过群体选优，筛选出的优质、高产、适应性强的枸杞品种，是20世纪50～70年代宁夏种植枸杞的当家品种，现已推广到新疆、甘肃、青海、内蒙古、河北等地种植。

（一）植物学特征

1.**枝干**　小灌木（图1-16）。进入成龄期（4年生以上）株高1.49～1.65m，根颈粗4.60～12.50cm，树皮灰褐色，树冠直径1.45～1.70m，枝条250～300条。当年生枝条灰白色，嫩枝梢端紫红色，多年生枝条灰褐色，枝长40～65cm，节间长1.3～2.0cm；结果枝细长而软，呈弧垂生长，棘刺极少，平均枝长30.5cm，节间长1.30cm，结果枝开始着果的距离7～15cm，每节花果数1.64个。

2.**叶片**　叶深绿色，质地较厚；当年生枝上单叶互生或后期有2～3枚并生，披针形，长2.89～6.38cm，宽0.72～2.25cm，厚0.525mm；老枝叶在二年生枝上簇生，披针形或条状披针形，长4.5～8.2cm，宽0.8～1.6cm，厚0.9～1.4mm；有部分叶片反卷，厚叶互生，每株叶面积6.10　8.50m²。

3.**花朵**　花紫红色，长1.5～1.67cm，花瓣绽开直径1.3～1.53cm，雄蕊5枚，花丝下部有一圈稠密茸毛，花萼2～3裂。

4.**果实**　幼果粗壮，尖端渐尖；熟果鲜红，先端钝尖或近截平，果身长椭圆棒状，具4～6条纵棱，鲜果纵径1.55～1.95cm，平均纵径1.59cm，横径0.7～0.94cm，平均横径0.85cm，果肉厚0.10～0.13cm，平均果肉厚0.11cm。

图1-16　大麻叶枸杞全株

种子棕黄色，肾形，每果含种子28～55粒，种子千粒重0.82g，种子占鲜果重的5.49%。

（二）生物学特性

1.物候期　在宁夏银川地区，3月下旬萌芽，4月中下旬抽发第一次新枝（春梢），4月下旬二年生结果枝现蕾，5月中旬发第二次新枝（夏梢），当年生枝现蕾，6月上旬果熟初期，6月下旬至8月上旬进入盛果期，8月中旬发第三次枝（秋梢），9～10月结秋果。

2.生长特性　树体生长势强，树冠开张，通风透光好。中等枝条剪截成枝力4.3，非剪截枝条自然发枝力3.1，有效结果枝长度70%集中在30～50cm。高度自交亲和，可单一品种建园。

3.经济性状　一般每667m²干果产量可达200～250kg，精细管理的产量最高达500kg以上。单株鲜果产量7～8kg，最高可达14kg。鲜果千粒重

502 ～ 562g，干果千粒重130 ～ 154g，果实鲜干比为4.3∶1。每100g干果含维生素C 19.55mg、人体必需的氨基酸1.38mg、胡萝卜素6.05mg、枸杞多糖1.02g。

4.抗逆性　喜光照，耐寒、耐旱。对土壤的适应性强，可在沙壤、轻壤或黏土上种植。在宁夏的淡灰钙土上，地下水位为90 ～ 100cm，氢离子浓度为0.158 ～ 1nmol/L（pH9.0 ～ 9.8），仍然生长良好。对瘿螨、白粉病、根腐病抗性较强，黑果病抗性较弱，阴雨天后果实表面易起斑点。雨后不易裂果。

（三）栽培技术

1.建园　园地宜选中壤或轻壤，地下水位不得高于90cm。小面积人工耕作生产园，幼树期密植，最终株行距1.5m×2m。大面积可机械耕作生产园，株行距1.0m×（2.8 ～ 3.0）m。

2.肥水管理　生殖生长势强，耐肥水，定植当年每667m^{2}施有机肥2m^3、尿素25kg、磷酸二铵25kg、氯化钾15kg，以后随树体增大、产量增多逐年增加施肥量。3 ～ 4年后进入盛果期，每667m^{2}施有机肥4m^3、尿素50kg、磷酸二铵50kg、氯化钾30kg。每年灌水5 ～ 6次，盛果期可适量增加灌水次数。

3.整形修剪　幼树期以中、重度剪截为主，促发新枝生长，加速树冠扩张，成龄树选用圆锥形或自然半圆形树形，一年生枝剪除、短截、留存比例把握在各1/3较为适宜。

4.病虫害防治　对蚜虫、红瘿蚊及锈螨等虫害要加强预防。

二、宁杞1号（*Lycium barbarum* L. 'Ningqi 1'）

宁杞1号是宁夏农林科学院科技人员从传统品种麻叶系列中通过自然单株选优培育而成的一个优良品种。1987年通过宁夏科技成果鉴定，1992年获宁夏科技进步奖一等奖。在甘肃、内蒙古、新疆、青海等地广为引种，是我国枸杞的主栽品种之一。

（一）植物学特征

1.枝干　小灌木（图1-17）。进入成龄期（4年生以上）株高1.40 ～ 1.60m，根颈粗4.40 ～ 12.50cm，株冠直径1.50 ～ 1.70m。当年生枝条灰白色，嫩枝梢部淡紫红色，多年生枝灰褐色，株枝条数160 ～ 285条，结果枝细长而软，棘刺少，枝形弧垂或斜生，枝长36 ～ 54cm，节间长1.34 ～ 1.48cm，成

图1-17 宁杞1号全株

熟枝条较硬，棘刺极少，结果枝开始着果的距离3～8cm，每节花果数2.2个，节间距1.09cm。

2.叶片 叶色深绿色，质地较厚，叶横切面平或略微向上突起，顶端钝尖；当年生枝单叶互生或后期有2～3枚并生，披针形，叶长2.65～7.60cm，宽0.68～2.18cm，厚0.10～0.15cm，嫩叶中脉基部及叶中下部边缘呈紫红色。

3.花朵 花淡紫色，花长1.6cm，花瓣绽开后直径1.5cm左右，花冠喉部至花冠裂片基部淡黄色，花丝近基部有圈稀疏茸毛，花萼2～3裂。

4.果实 幼果粗壮，熟果鲜红色，果表光亮，果身椭圆柱状，较细长，果腰部平直，具4～5条纵棱，先端钝尖或圆，鲜果纵径1.5～1.9cm，横径0.73～0.94cm，果肉厚0.11～0.14cm，鲜果千粒重505～582g。种子棕黄色、肾形，每鲜果内有种子25～40粒，种子千粒重0.80g，种子占鲜果重的5.08%。

（二）生物学特性

1. 物候期　在宁夏银川、中宁地区，3月下旬萌芽，4月中下旬抽发第一次新枝（春梢），4月下旬二年生结果枝现蕾，5月初进入二年生枝盛花期，5月中旬发第二次新枝（夏梢），当年生枝现蕾，6月上旬进入二年生枝果熟初期，6月中旬进入二年生枝盛果期，6月下旬进入当年生枝盛果期，7月20日左右夏季采果基本结束，同时萌发第三次枝（秋梢），9月中旬至10月结秋果。

2. 生长特性　树势强健，干性强，少根蘖，树体紧凑，树姿半开张，生殖生长势强、中等枝条剪截成枝力4.3，非剪截枝条自然发枝力3.7，有效结果枝长度70%集中在35～55cm时，高产、稳产潜力最优。高度自交亲和，可单一品种建园。

3. 经济性状　每株产鲜果7.6kg，每667m²产干果250～300kg，最高可达500kg以上。鲜果耐挤压，果筐内适宜承载深度35～40cm。干果商品等级率为：夏秋果平均特级以上56%～63.8%，甲级33%～37.7%，乙级以下为10%左右。果实鲜干比4.17∶1，干果色泽红润，果表有光泽，每100g干果含总糖54%、枸杞多糖3.34%、类胡萝卜素0.129%、甜菜碱0.93%。

4. 抗逆性　对瘿螨、白粉病、根腐病抗性较强，黑果病抗性较弱，阴雨天后果表易起斑点，雨后不易裂果。喜光照，耐寒、耐旱，不耐阴湿。

（三）栽培技术

1. 建园　园地宜选中壤或轻壤，地下水位不得高于100cm。小面积人工精细化耕作生产园，株行距1.5m×2m；大面积可机械化耕作生产园，株行距1.0m×（2.8～3.0）m。

2. 肥水管理　定植当年每667m²施有机肥2m³、尿素25kg、磷酸二铵25kg、氯化钾15kg，以后随树体增大、产量增多逐年增加施肥量。4龄后进入盛果期，每667m²施腐熟有机肥或商品有机肥4m³、尿素50kg、磷酸二铵50kg、氯化钾30kg。每年灌水5～6次，盛果期视当地自然降水可适当增加灌水次数。

3. 整形修剪　幼树期以中、重度剪截为主，促发新枝生长，加速树冠扩张，成龄树选用圆锥形或自然半圆形树形，休眠期修剪二年生枝疏、截、留存比例把握在各1/3较为适宜。

4. 病虫害防治　对于瘿螨、蚜虫、红瘿蚊、锈螨等虫害应结合物候期加强预防。进入降水期后要加强对黑果病的防治。

三、宁杞2号（*Lycium barbarum* L. 'Ningqi 2'）

宁杞2号是宁夏农林科学院从大麻叶枸杞中采用单株选优方法选出来的枸杞品种。

（一）植物学特征

1.枝干　小灌木（图1-18）。在宁夏栽培5年以上的树，一般株高为1.50～1.68m，根颈粗5.60～11.5cm，株冠直径1.80～2.10m。树皮灰褐色，当年生枝条灰白色，嫩枝梢端淡红白色；结果枝细长而软，棘刺极少；平均枝长35.4cm，最长95cm，节间长1.41cm，结果枝开始着果的距离7～17cm，每节花果数2.03个。

图1-18　宁杞2号全株

2.叶片 叶深绿色，在二年生枝上簇生，条状披针形；当年生枝上单叶互生或后期有2～3枚并生；叶片长2.61～7.45cm，宽0.65～1.43cm，厚0.385～0.481mm；老枝叶卵状披针形或披针形。

3.花朵 花较大，花长1.58～1.75cm，花瓣绽开直径1.57cm左右，花丝基部有一圈特别稠密的茸毛，花瓣明显反曲，花萼多为单裂。

4.果实 果特大，梭形，先端具一渐尖，鲜果平均纵径2.43cm，横径0.98cm，果肉厚0.178cm，种子占鲜果6.77%。

（二）生物学特性

1.物候期 在宁夏银川地区，3月下旬萌芽，4月下旬二年生枝现蕾，5月中旬当年生枝现蕾，6月上旬果熟初期，6月下旬至8月上旬进入盛果期，7月底发秋梢。

2.生长特性 树势特别强，生长快，树冠开张，通风透光好。高度自交亲和，可单一品种建园。

3.经济性状 一般每667m²产干果110～160kg，管理好可达250～300kg，最高达332kg以上。鲜果千粒重590.5g，果实鲜干比4.38∶1，特级以上果率占71.3%，甲级果率15.2%，乙级及以下果率13.5%。每100g干果含维生素C 22.11mg、胡萝卜素6.3mg、人体必需的氨基酸1.631mg、枸杞多糖1.647g。

4.抗逆性 喜光照，耐寒、耐旱、耐盐碱。抗蚜虫、红瘿蚊和根腐病能力强，对枸杞锈螨抗性较宁杞1号和大麻叶优系差，雨后不易裂果。

（三）栽培技术

1.建园 在灌淤土、淡灰钙土，pH为9.0～9.8，地下水位在90～100cm的各种土质上均能良好生长。小面积人工耕作生产园，最终株行距1.4m×2.5m，幼树期可加倍密植。大面积可机械化耕作生产园，株行距1.3m×（2.8～3.0）m。

2.肥水管理 栽植当年，每667m²秋施有机肥2m³、油渣300kg，4月至6月底各追肥1次，每次施尿素13kg。2年以后，每667m²施有机肥3.5m³、油渣650kg，4月至7月底各追肥1次。第一次施尿素13～15kg，并结合喷药，喷施0.5%的三元复合肥水150～200kg。经常灌水，保持土壤湿润。

3.整形修剪 幼树早期修剪应注意短截，培养树冠骨架，成年树的强壮枝适当短截，增发侧枝结果，疏剪细弱枝以有利通风透光。夏季应及时抹芽抽"油条"，使更多的养分集中供给花果生长，需留用的徒长枝（油条），应在适当位置及时摘心或别枝，不应长放。

4.病虫害防治　注意预防蚜虫、锈螨、红瘿蚊、负泥虫和瘿螨，一旦发生应及时喷药防治。

四、宁杞3号（*Lycium barbarum* L. 'Ningqi 3'）

宁杞3号是由国家枸杞工程技术研究中心从银川郊区枸杞丰产园里采用单株选优方法选育出来的枸杞品种。2005年9月5日通过了国家林业局植物新品种保护办公室的品种审查，获得国家植物新品种保护权，成为宁夏首个受保护的林木新品种。2010年通过宁夏回族自治区林木品种审定委员会审定，良种审定编号为宁 S-SC-LB-001-2010。

（一）植物学特征

1.枝干　小灌木（图1-19）。在宁夏栽培3年，株高1.50 ～ 1.61m，根颈

图1-19　宁杞3号全株

粗4.01～5.05cm，株冠直径1.30～1.50m。发枝多，每枝平均可发3.2条；嫩枝梢部淡黄绿色，树皮灰褐色；当年生枝灰白色；结果枝细长而软，弧垂生长，棘刺少，平均枝长39.7cm。

2.**叶片** 叶片绿色，叶横切面向下凹形，顶端渐尖，二年生老枝叶条状披针形，簇生；当年生枝叶披针形，长宽比4.88：1，互生。

3.**花朵** 花绽开后紫红色，花冠喉部及花冠裂片基部紫红色，花冠筒内壁淡黄色，花丝近基部有一圈稠密茸毛，花梗长2.31cm；长枝上有花1～3朵，腋生。

4.**果实** 果熟后为红色，浆果，粗大，果腰部略微向外凸，平均纵径1.74cm，横径0.89cm，果肉厚0.207cm，鲜果千粒重966.6g，果实鲜干比4.68：1，每鲜果内平均含有种子33.3粒。

（二）生物学特性

1.**物候期** 在宁夏银川地区，3月下旬萌芽，5月上旬老眼枝开花，5月下旬七寸枝开花至9月下旬；6月下旬开始果熟，至10月下旬为止；10月下旬开始落叶。

2.**生长特性** 树势强，生长快、发枝力强、新枝生长旺盛，树冠开张，结果枝细长而软，弧垂生长。自花授粉率较低。

3.**经济性状** 果粒大、肉厚、鲜果味甜、汁多，成龄树单株产鲜果8.56kg左右，果实鲜干比4.68：1，一般每667m²产干果250kg，最高可达450kg以上。每100g干果含枸杞多糖6.33%，人体必需的氨基酸2.6mg，甜菜碱1.1g，胡萝卜素20mg。干果商品等级率为夏、秋果平均特级以上70%左右，甲级20%左右，乙级及以下10%左右。

4.**抗逆性** 喜光照，耐寒、耐旱，不耐阴湿。抗黑果病能力较强，对瘿螨、蚜虫抗性较弱，雨后不易裂果。

（三）栽培技术

1.**建园** 在年平均气温4.4～12.8℃，≥10℃年有效积温2 000～4 400℃，年日照时数大于2 500h，有灌溉条件，土壤活土层30cm以上，地下水位1.2m以下，含盐量0.20%以下，pH为8.0～9.13的中壤、轻壤土上较丰产。小面积人工耕作生产园，株行距1m×2m。大面积可机械化耕作生产园，株行距1m×3m。自花授粉率较低，宜与宁杞1号混栽，株间或行间1：1混栽可显著提高产量和果粒均匀率。

2.**肥水管理** 适当灌水，栽后1～2年树在炎热夏季一般可以15d左右灌1次水。第一年每株施肥（猪、羊圈粪）5kg，4月底追施尿素100g，5月、6

月下旬，每次每株追施磷酸二铵100g，随树体增大，施基肥量适当增加。花果期每隔10～15d叶面喷0.5％氮、磷、钾水溶液1次。及时进行园地松土除草。

3. 整形修剪 栽植后于离地高约50cm处剪顶定干，在定干上部选留4～5个侧枝作为第一层主枝，以后逐年增加树冠层次和枝条数量，培养具有4～5层枝条的圆锥形树冠。对新发枝条采取早期抹芽，避免摘心和短截。每年秋季，修剪以疏剪为主，少短截，原则是剪横，不剪顺，去旧留新，密处行疏剪，稀处留"油条"（徒长枝），清膛截底修剪好，树冠圆满产量高。生长季节及时疏除不需留用的徒长枝。

4. 病虫害防治 与宁杞1号基本相同，但需要提前进行病虫害防治。

五、宁杞4号（*Lycium barbarum* L. 'Ningqi 4'）

宁杞4号是由中宁县枸杞产业管理局从1985年开始选育，历时20年，经过优树初选复选、产量和质量测定、品种比较试验、区域试验等程序，从大麻叶实生枸杞园中选育出的枸杞品种。2005年通过宁夏回族自治区林木品种审定委员会审定，良种编号为：宁S-SC-LB-001-2005。甘肃、内蒙古、新疆、青海等地广为引种，是我国枸杞的主栽品种之一。

（一）植物学特征

1. 枝干 小灌木（图1-20）。栽植4年树高1.82m，冠幅1.3m。多年生枝灰褐色，当年生枝灰白色，嫩枝枝梢紫红色，结果枝斜生或弧垂，棘刺极少或无。枝条软硬适中，结果枝70%的长度一般在30～50cm，每株平均结果枝222.8枝，着果距9.3cm，每节花数4个。

2. 叶片 叶互生、叶色浓绿，质地厚，二年生枝叶片披针形，叶长6～9cm，宽1.5～2cm。当年生枝叶片部分反卷，嫩叶叶脉基部至中部正面紫色。

3. 花朵 花长1.59cm，花瓣绽开直径1.53cm，花丝中部有一圈稠密茸毛，花萼2～3裂。二年生枝一般每芽眼有花5～7朵，一年生枝一般每芽眼有花3～4朵，果枝芽眼花蕾数量多，落花落果少，二年生的枝和一年生春七寸枝平均落花落果2.3%。

4. 果实 鲜果果身棒状而略方，果径粗，平均纵径1.83cm，横径0.94cm，具8棱，4棱高，4棱低，先端多钝尖，鲜果千粒重840g，干果千粒重200g，鲜干比4.2∶1。

图 1-20 宁杞 4 号全株

(二) 生物学特性

1. **物候期** 在宁夏银川地区，3月下旬萌芽，4月中下旬萌发第一次新枝（春梢），4月下旬二年生结果枝现蕾，5月中旬发第二次新枝（夏梢），当年生枝现蕾，6月上旬果熟初期，6月中旬进入盛果期，7月下旬发第三次新枝（秋梢），9月中旬至10月中旬生产秋果。

2. **生长特性** 树势强健、树冠开张，强壮枝耐短截修剪，果枝易培养。生长及生殖势强，易早产、高产。

3. **经济性状** 栽后第二年单株结果枝总量达200~230条，栽后第三年单株结果枝总量达300~350条，栽后第四年及成龄单株结果枝总量达400~450条。栽植当年平均每667m^{2}产干果42.1kg，栽后第四年平均每667m^{2}产干果486.2kg，栽后1~4年累计每667m^{2}产干果923.2kg。每100g干果含维生素C 19.40mg、胡萝卜素7.38mg、人体必需的氨基酸1.619mg，含枸杞多糖3%以上。

4. **抗逆性** 抗干旱，耐盐碱，耐锈螨和抗根腐病能力强。

（三）栽培技术

1.建园　选择地势平坦，有排灌条件，地下水位100cm以下，土含盐量0.5％以下，有效活土层30cm以上的沙壤、轻壤或中壤地作为新栽植园地。不应在种植过枸杞的地上建园。以人工管理为主的生产园，可每667m²栽220株（株行距1.5m×2m），或每667m²栽330株（株行距1m×2m）。栽后土壤管理以机械为主的生产园，则每667m²栽植222株（株行距1m×3m）为宜。

2.肥水管理　3月下旬至4月上旬，浅挖春园1次，深度8～12cm。5月上中旬挖夏园1次，深度12～15cm。之后根据灌水及园地杂草情况进行中耕除草若干次。8月下旬进行秋翻，深度15～20cm。全年施肥5次为宜，分别在4月上中旬、6月上中旬、7月上旬、8月上旬和9月上中旬。4～9月根据土壤墒情灌水5～6次，11月上旬灌冬水。

3.整形修剪　春季发枝后，每7～10d修剪1次，及时疏除根部主干和树冠位置的徒长枝，并对各层延长枝及时进行短截，促其在年内形成2次枝或3次枝，使之迅速扩大树冠。

4.病虫害防治　针对蚜虫、木虱、负泥虫、红瘿蚊、瘿螨、锈螨和黑果病等病虫害，适时加强防治。

六、宁杞5号（*Lycium barbarum* L. 'Ningqi 5'）

宁杞5号选育工作由宁夏农林科学院、银川育新枸杞种业有限公司、宁夏枸杞协会合作完成。2004—2008年以宁杞1号为对照，在银川、中宁、同心等地进行区域试验和生产试栽。2009年通过宁夏回族自治区林木品种审定委员会审定，良种编号：宁S-SC-LB-001-2009。新疆、青海、甘肃等地引种也有较好的表现。

（一）植物学特征

1.枝干　小灌木（图1-21）。枝型开张，树体较紧凑，栽植6年，株高1.6m，根颈粗6.38cm，树冠直径1.7m。当年生枝条黄灰白色。嫩枝的枝梢略有紫色条纹，当年生结果枝枝条梢部较细弱，梢部节间较长，结果枝细、软、长，但不影响采摘。老熟枝条后1/3段偶具细弱小针刺，结果枝开始着果的距离8～15cm，节间1.13cm，结果枝量大，细弱。

2.叶片　叶片深灰绿色，质地较厚，老熟叶片青灰绿色，叶中脉平展；二

图1-21 宁杞5号全株

年生老枝叶条状披针形，簇生，当年生枝叶披针形，互生；叶最宽处近中部，叶尖渐尖；当年生叶片长3～5cm，长宽比4.12～4.38。

3.**花朵** 花长1.8cm，花瓣绽开直径1.6cm，花柱超长，显著高于雄蕊花药，新鲜花药嫩白色、开裂但不散粉；花绽开后花冠裂片紫红色，盛花期花冠筒喉部鹅黄色在裂片的紫色映衬下呈星形，花冠筒内壁淡黄色，花丝近基部有一圈稠密茸毛；花萼2裂。雄性不育无花粉。

4.**果实** 鲜果橙红色，果表光亮，平均单果质量1.1g，最大单果质量3.2g。鲜果果型指数2.2，果腰部平直，果身多不具棱，纵剖面近距圆形，先端钝圆，平均纵径2.54cm，横径1.74cm，果肉厚0.16cm，内含种子15～40粒。

（二）生物学特性

1.**物候期** 在宁夏银川地区，4月上旬萌芽，4月中旬二年生枝现蕾，5月上旬当年生枝现蕾，5月下旬果熟初期，6月上中旬进入盛果期，7月中旬发秋梢。

2.**生长特性** 幼树期营养生长势强、需两级摘心才能向生殖生长转化；生长及生殖势强，中等枝条剪截成枝力4.5，非剪截枝条自然发枝力10.4，节间长1.3～2.5cm；70%的结果枝有效结果长度集中在40～70cm之间。

3.**经济性状** 每667m²产干果240～260kg，混等干果269粒/50g，特优级果率高。宁夏地区夏季晴天食用碱处理后4.5d可以制干，果实鲜干比4.3：1。

干果色泽红润，果表有光泽。每100g枸杞干果含总糖56%、枸杞多糖3.49%、胡萝卜素1.20mg、甜菜碱0.98g。较耐挤压，果筐内适宜承载深度30～35cm。

4.抗逆性 对瘿螨、白粉病、根腐病抗性较弱，对蓟马抗性强。雨后易裂果。喜光照，耐寒、耐旱，不耐阴湿。

（三）栽培技术

1.建园 园地宜选中壤或轻壤，地下水位不得高于100cm。小面积人工耕作生产园，株行距1.5m×2m。大面积可机械耕作生产园，株行距1.0m×（2.8～3.0）m；雄性不育无花粉，需配置授粉树，适宜授粉树品种可选宁杞1号、宁杞4号，混植方式1：1或1：2株间混植，丰产园需放养蜜蜂。

2.肥水管理 树势强，需控制氮肥用量；对根腐病抗性弱，施入有机肥一定要腐熟。定植当年每667m² 施有机肥2m³、尿素20kg、磷酸二铵30kg、氯化钾15kg，以后随树体增大、产量增多逐年增加施肥量；3～4年后进入盛果期，盛果期每667m² 施有机肥4m³、尿素40kg、磷酸二铵60kg、氯化钾30kg、钙镁复合肥20kg。每年灌水5～6次，盛果期可适量增加灌水次数，夏季高温阶段灌水以跑马水为主，宜少量多次。

3.整形修剪 春季抹芽要早、勤，抽枝大于5cm时需用剪刀剪除，切忌掰除，以免伤流；幼树期进行两级摘心，促使营养生长向生殖生长转化；成龄树选用圆锥形或自然半圆形树形，当年生枝剪截留比例把握在各1/3较为适宜。春秋两季徒长枝要随有随清，当年生枝成枝力过强，需在萌芽时疏除50%，确保单株果枝留枝量在250条左右。

4.病虫害防治 对于瘿螨、蚜虫、红瘿蚊、锈螨等害虫应结合物候期加强预防，主花期尽可能避免使用农药，入秋后需加强白粉病的防治。

七、宁杞6号（*Lycium barbarum* L. 'Ningqi 6'）

宁杞6号是由宁夏林业研究所股份有限公司、国家枸杞工程技术研究中心、西北特色经济林栽培与利用国家地方联合工程研究中心联合选育的二倍体枸杞，$2n=2x=24$。2010年通过宁夏回族自治区林木品种审定委员会审定，良种编号：S-SC-LB-008-2010。

（一）植物学特征

1.枝干 小灌木（图1-22）。成龄期株高1.6～2.0m，茎直立，灰褐色，上部多分枝形成伞状树冠，发枝条数多，枝条较直立；老眼枝灰白色，具长

图1-22 宁杞6号全株

针刺，平均节间长1.45cm，当年生七寸枝青绿色，梢端泛红色，平均节间长1.48cm。

2.叶片 叶展开呈宽长条形，叶片碧绿，叶脉清晰，幼叶片两边对称卷曲呈水槽状；老叶呈不规则翻卷，叶片大，单叶面积2.9cm²；叶果比为5.16∶1。

3.花朵 花2～8朵簇生叶腋，老眼枝每节间3～7个花果，七寸枝花果较宁杞1号稀疏，每节1～2朵，稀3朵，合瓣花，花长1.4cm，花瓣直径1.3cm，花冠5，开花时，花冠裂片开展，呈圆舌形，紫红色，且紫红色一直延伸至花筒基部，花筒直径小，雄蕊5，稀4或6，部分雌蕊高于雄蕊，开花后雌蕊向两侧呈不规则弯曲；花药黄白色，花丝着生于花冠筒下部并与花冠裂片互生；开花3～5h后，花瓣开始褪为浅紫色，开花后5～8h花瓣褪为白色，1～2d内花瓣变为白褐色，2～3d后花瓣变为淡褐色，并开始枯萎，4d后花瓣脱落，子房开始膨大。

4.果实 幼果细长稍弯曲，萼片单裂，个别在尖端有浅裂痕，果长大后渐直，成熟后呈长矩形。单果平均横径9.29mm、纵径22.73mm，果肉厚2.03mm，平均每鲜果内有种子20.96个。

（二）生物学特性

1.物候期　在宁夏银川地区，3月26～28日开始萌芽，4月5～8日大量萌芽展叶，4月23～26日老眼枝大量现蕾，5月中旬当年生枝大量现蕾，5月2～4日开花，盛花期为5月8～20日，6月中旬老眼枝进入盛果期，10月下旬落叶，生长期245d左右。

2.生长特性　树体生长旺盛，抽枝力强，枝条长而硬。当年生徒长枝打顶后发出的侧枝仍较壮，部分枝条经过2次打顶后发出的枝条才能更好地开花结果；老眼枝结果习性良好。自交亲和性差，繁育系统以异交为主，授粉需要传粉者。

3.经济性状　五年生成龄树稳产后，平均鲜果千粒重973.6g，鲜干比4.5∶1，株产枸杞干果2.47kg。枸杞干果分级为180粒/50g，占23.1%；220粒/50g，占44.0%；320粒/50g，占23.1%；500粒/50g，占10.3%；混等干果平均218粒/50g。每100g干果含枸杞多糖1.26g、氨基酸8.91mg、胡萝卜素15mg。

4.抗逆性　喜光照、肥水，耐寒、耐盐，不耐阴湿。对瘿螨抗性较弱，雨后易裂果。

（三）栽培技术

1.建园　不适合纯系栽培，必须进行授粉树的配置。采用宁杞6号∶宁杞1号为2∶1的比例进行株间混植或按1∶1的比例进行行间混植，均可达到丰产、稳产的目的。

2.肥水管理　苗木稳定成活抽枝后每株施入尿素50g，以促发枝条。二至三年生树每年每株施入有机肥3～4kg，5月上旬、6月中旬追肥各1次，第一次尿素100g、磷酸二铵50g；第二次尿素50g、磷酸铵100g。4龄以上的树每年每株施有机肥8～9kg，5月上旬、6月中旬追肥各1次，第一次尿素150g、磷酸二铵100g；第二次尿素50g、磷酸二铵150g。定植后灌透水1次，5月灌水1次，6月灌水1次，7～10月视天气情况和土壤质地灌水2～3次，11月灌冬水，全年灌水不少于6次。每次灌水后（除冬水外），地表略干就要及时进行中耕除草，减少蒸发，防止地表板结。

3.整形修剪　春季修剪可多留结果枝，对中间枝采取重短截促发侧枝。夏季修剪注意疏除过密枝条。

4.病虫害防治　主要防治蚜虫、木虱、瘿螨、锈螨、负泥虫和红瘿蚊，除做好常规的技术防治外，主要是采用化学防治。在宁夏地区宁杞6号比宁杞1

号物候期提前3～5d，第一次病虫害防治（主防瘿螨、锈螨）要根据物候期提前3～5d进行，用药种类和数量可参照宁杞1号。

八、宁杞7号（*Lycium barbarum* L. 'Ningqi 7'）

宁杞7号是由国家枸杞工程技术研究中心研究人员在宁杞1号生产园发现母树，后经扦插繁殖技术建立无性系后，培育出的枸杞新品种。2010年通过宁夏回族自治区林木品种审定委员会审定，良种编号：宁S-SC-LB-009-2010。在宁夏、甘肃、青海、新疆等地种植面积较大，是当前我国枸杞主栽品种。

（一）植物学特征

1. 枝干　小灌木（图1-23）。进入成龄期（四年生以上），株高1.40～1.60m，根颈粗6.38cm，株冠直径1.4～1.6m。枝条灰白色，结果枝210～250条，枝棘刺少，枝形弧垂或斜生，平均枝长45cm，节间长1.56cm，着果距4.2～6.8cm，每节花果数1～2个。

图1-23　宁杞7号全株

2.叶片 当年生枝单叶互生或有2~3枚并生，宽披针形，叶平均长4.15cm，宽1.24cm，厚0.423 6mm。幼叶黄绿色、成熟叶片深绿色，质地较厚，横切面平展，叶脉清晰，顶端钝尖。

3.花朵 花淡紫色，花长1.8cm，花瓣绽开直径1.6cm左右。

4.果实 幼果粗壮，熟果深红色，果身椭圆柱状，多不具纵棱，先端钝尖，鲜果纵径1.8~2.0cm，横径0.98~1.20cm，果肉厚0.13~0.17cm，鲜果千粒重940~1 002g。种子黄色，肾形，每鲜果内有种子24~40粒，种子千粒重0.725g左右。

（二）生物学特性

1.物候期 在宁夏银川地区，4月初萌芽，4月中旬展叶，4月下旬萌发第一次新枝（春梢），5月中旬当年生新枝（夏梢）现蕾，6月中旬果熟初期，6月下旬至7月下旬进入盛果期，8月中旬发秋梢，9月底至10月秋果成熟。

2.生长特性 树势强健，树体紧凑，树姿半开张，结果枝长度50cm以上的占64%。根系粗壮，肉质。休眠期当年生枝条花量过少，形不成有效产量，应对有效枝条进行短截，促进早发枝条。自花授粉结实率高，可单一品种建园。

3.经济性状 成龄树株产鲜果7~10kg，成龄树每667m²产干果300kg左右，最高可达450kg。宁夏地区夏季晴天鲜果脱蜡处理后3~4d可以制干，果实鲜干比4.4∶1，干果商品等级率混等粒数290粒/50g左右。干果色泽红润，每100g干果含总糖53%左右，枸杞多糖3.97%左右，类胡萝卜素0.138g，甜菜碱1.08g。

4.抗逆性 喜光照，耐寒、耐旱。对黑果病抗性强，对白粉病抗性弱，雨后较易裂果。

（三）栽培技术

1.建园 园地宜选中壤或轻壤，地下水位不得高于100cm。小面积人工耕作生产园，株行距1.5m×2m，幼树期可加倍密植。大面积农机耕作生产园，株行距1.5m×（2.8~3.0）m，幼树期可株间密植，3~4龄后间挖。

2.肥水管理 生长势强，肥水需求量大，定植当年每667m²施有机肥2m³、尿素25kg、磷酸二铵25kg、氯化钾15kg，以后随树体增大、产量增多逐年增加施肥量。3~4年后进入盛果期，每667m²施有机肥4m³、尿素50kg、磷酸二铵50kg、氯化钾30kg。每年灌水5~6次，盛果期可适量增加灌水次数。根系生长旺盛，施肥过近易发生肥料烧根现象，施肥穴开挖应距根茎基部50cm以上。

3.**整形修剪**　1龄树Ⅰ级摘心所发枝条即可形成花果。2龄后，在休眠期修剪时，所有留枝均需短截。枝基粗度0.3～0.4cm的Ⅱ级侧枝是主要选留对象，截后枝长以20～30cm为宜。单株留枝量40～45条，选留对象以外的枝条一律自基部疏除。夏季主要是剪除主干、主枝及Ⅰ级侧枝上萌发的徒长枝，如树体结构需要徒长枝时，可在枝长20cm左右时及时摘心促发侧枝。

4.**病虫害防治**　加强对瘿螨的防治，做到早期预防，及时防治。对于蚜虫、红瘿蚊、锈螨等害虫应结合物候期加强预防。

九、宁杞8号（*Lycium barbarum* L. 'Ningqi 8'）

宁杞8号是由宁夏林业研究所股份有限公司、国家林业局枸杞工程技术研究中心、西北特色经济林栽培与利用国家地方联合工程研究中心于2003年开始选育的枸杞品种，2015年通过宁夏回族自治区林木品种审定委员会审定，良种编号：宁S-SC-LB-001-2015。

（一）植物学特征

1.**枝干**　落叶小灌木（图1-24）。茎直立，灰褐色，上部多分枝，树体生长势中庸，冠型紧凑，通过人工修剪形成伞状树冠。枝条长而下垂，结果距长40～60cm。

2.**叶片**　叶片长条形，幼叶绿色，成熟后叶片颜色灰绿，叶脉清晰。

3.**花朵**　花1～2朵簇生叶腋，老眼枝现蕾开花量极少，多在老眼枝顶端或长针刺枝上开花结果，每节间3～4个花果簇生于叶腋；七寸枝花果量每节1～2朵，稀3朵。合瓣花；花冠裂片平展，呈圆舌形，紫红色，喉部具规则紫红色条纹，花冠筒长于花冠裂片；花瓣5，雄蕊5，稀4或6，花药黄白色，花丝着生于花冠筒下部并与花冠裂片互生；花瓣喉部黄色，具红色纵向条纹；雌蕊1，雌蕊低于雄蕊，柱头位于花药基部，花开后雌蕊向两侧呈不规则弯曲。

4.**果实**　幼果细长弯曲，个别在尖端有浅裂痕，果实长大后渐直，成熟后红色，呈长椭圆形。果粒大，鲜果平均千粒重1 211.5g，最大单粒重3.2g，单果最大纵径4.3cm。

（二）生物学特性

1.**物候期**　在宁夏银川地区，物候期比宁杞1号提前3～5d。一般3月26～28日开始萌芽，4月5～8日大量萌芽展叶，4月23～26日老眼枝大量

图1-24　宁杞8号全株

现蕾，5月中旬当年生枝大量现蕾，5月2～4日开花，盛花期为5月8～20日，6月中旬老眼枝进入盛果期，10月下旬落叶，生长期245d左右。

2.生长特性　发枝力一般，老眼枝结果力弱，针刺枝具结果能力，七寸枝结果性状优良，坐果距较长。枝条短截后易抽出中间枝。自交亲和性差，不适合纯系种植，必须进行授粉树的配置。

3.经济性状　成龄树株产干果1.15kg以上，鲜干比4.6～4.8。每100g枸杞干果含总糖41.35%，枸杞多糖3.27%，胡萝卜素21mg，氨基酸7.5mg，灰分3.71%。果大肉厚，口感甘甜无异味，适合鲜食，制干亦可。果实产量较宁杞1号低，但果粒大，等级率高，果品商品性好。

4.抗逆性　易发生蚜虫、木虱、瘿螨、锈螨、负泥虫和红瘿蚊为害，做好常规的农业技术防治，多采用生物防治、物理防治。

（三）栽培技术

1.建园 生产园宜选中壤或轻壤，地下水位低于100cm。人工作业株行距1m×2m，机械作业株行距1～3m。宜与宁杞1号按2∶1的比例进行株间混植，或者按1∶1的比例进行行间混栽。春季定植采用硬枝扦插苗，苗木地径在0.5～0.7cm，苗高60～70cm以上，根系3～5条；夏季嫩枝扦插苗定植采用营养钵苗，径粗0.2cm以上，苗高10～15cm，根3～5条，毛根布满营养钵且根团完整。

2.肥水管理 硬枝扦插大苗每定植坑施入基肥（羊粪）2kg、颗粒磷肥0.25kg、复合肥100g，尿素50g，施入后和土充分混匀，夏季嫩枝扦插小苗定植施肥数量减半。全年灌水不少于6次。

3.整形修剪 一至三年生幼树长针刺枝保留结果，中间枝、徒长枝除用作整形补空外全部疏除，轻短截部分结果老眼枝（短截枝条的1/4～1/3）。春季修剪应轻剪，注重长放，轻短截，对直立萌芽、徒长枝、密枝、病虫枝条、横穿枝条作细致的修剪，把枝条背部的直立棘刺剔除。夏季修剪，成龄树主枝上没有现蕾的枝条及时打顶（15～25cm），一般需要4～5次，对于头年秋季发的枝条则不需要进行再次打顶和抹芽。

4.病虫害防治 主要防治蚜虫、负泥虫、瘿螨、锈螨等虫害。

十、宁农杞9号（*Lycium barbarum* L. 'Ningnongqi 9'）

宁农杞9号由宁夏农林科学院（国家枸杞工程技术研究中心）、中宁县百瑞源枸杞产业发展有限公司等单位选育，2014年通过宁夏回族自治区林木品种审定委员会审定，良种编号：宁S-SC-LB-001-2014。

（一）植物学特征

1.枝干 落叶灌木（图1-25）。树势开张，中心干性弱，当年生七寸枝青绿色，梢端具大量紫色条纹，老眼枝灰白色，枝条粗长、硬度中等，平均节间长1.57cm，成熟枝条节间突起，枝条多有扭曲状，横切面为椭圆形，正常水肥条件下无棘刺。

2.叶片 幼叶披针形，青灰色，老熟叶片呈长披针形，深绿色，叶长宽比4.2∶1，叶片厚0.71mm。当年生枝上叶片常扭曲反折，正反面叶脉清晰。

3.花朵 当年生枝条每叶腋花量1～2朵，二年生枝花量少。花蕾上部紫色较深，花萼单裂，花瓣5，花冠筒裂片圆形，花瓣绽开直径1.61cm，花喉部

图1-25　宁农杞9号全株

豆绿色，花冠檐部裂片背面中央有三条绿色维管束。

　　4.果实　幼果较长，呈青绿色，花冠脱落处有明显果尖，果实成熟后果尖消失；果棱不明显，为长柱形，纵切面近圆形，绛红色，果实表面无光泽，纵横径比值2.5；鲜果平均单果重1.06g，果肉较厚，平均为1.8mm；每果平均含种子32个（图1-25）。

（二）生物学特性

　　1.物候期　萌芽期较宁杞1号晚2～3d，较宁杞7号晚4～5d，果熟期滞后6d。一般在宁夏银川地区4月11～13日萌芽，4月14～16日大量萌芽展叶，4月21日新梢开始生长，4月25～27日老眼枝少量现蕾，5月20～25日当年生枝条大量现蕾，6月7～10日果熟初期，7月上旬当年生新枝进入盛果期，10月下旬落叶，生长期240d。

　　2.生长特性　生长势强，发芽后自然成枝率较低，剪截枝条自然发枝力2～4。当年生结果枝条起始结果节低，二年生枝条花量偏少，果条长40cm以内3～5节，超长果枝6～8节，每节花果数短枝2～3个，长枝1～3个。自交不亲和，建园需配置授粉树。

3.经济性状　在混植授粉质量好的条件下，最大鲜果重2.8g，夏果平均单果重1.14g，秋果平均单果重0.97g，全年平均单果重1.06g，鲜干比4.3～4.7。自然晾晒制干所需时长较宁杞1号长10～14h。1龄树每667m²产干果15kg，2龄树每667m²产干果60kg，3龄树每667m²产干果120kg，盛果期每667m²产干果260kg。每100g干果含总糖45.28g，枸杞多糖2.14g，甜菜碱0.83g，类胡萝卜素0.225g。

4.抗逆性　喜光照、耐寒耐旱，相对宁杞1号、宁杞7号耐热性较强。对瘿螨、蓟马抗性弱，相对宁杞1号抗根腐病较弱。雨后易裂果。

（三）栽培技术

1.建园　选择中壤或轻壤、地下水位不高于1m的地块建园。小面积人工耕作生产园，株行距1.5m×2.0m，幼树期可加倍密植。大面积可机械化耕作生产园，株行距（1.5×2.8）m～（1.2×3.0）m，幼树期可株间密植，3龄后间挖。与宁杞1号等品种（系）混植，主栽品种与授粉树混植比例为1：1～3：1。

2.肥水管理　定植后当年每667m²施有机肥2m³、尿素25kg、磷酸二铵25kg、氯化钾15kg，随树龄增加，逐年增加施肥量。3～4年后进入盛果期，每667m²施有机肥4m³、尿素50kg、磷酸二铵50kg、氯化钾30kg，在距根、茎基部50cm以上开挖施肥穴。每年灌水5～6次，盛果期可适当增加灌水次数。

3.整形修剪　1龄树Ⅰ级枝摘心，促进萌发侧枝形成花果。2龄后在休眠期修剪，按照"去强留弱"原则对二年生Ⅱ级侧枝进行选留和短截，其余枝条一律疏除，留枝长度15～30cm。2龄后夏季选留不定芽萌发的强枝，长度10～13cm时摘心，成龄树单株留枝220条。

4.病虫害防治　及时清理园内修剪的枝条，加强瘿螨防治，做到早预防、早防治。

十一、杞鑫1号（*Lycium barbarum* L. 'Qixin 1'）

杞鑫1号是由宁夏杞鑫种业有限公司、中宁县杞鑫枸杞苗木专业合作社从"宁杞5号×宁杞4号"的杂交子一代中选择优良单株培育而成。2017年通过宁夏回族自治区林木品种审定委员会良种认定，认定名称为宁杞10号（*Lycium barbarum* L. 'Ningqi-10'），认定编号为宁R-SC-LB-001-2017，2022年通过良种审定，良种编号：宁S-V-LB-001-2022。该品种在青海、甘肃、新疆等地都表现出一定的适应性。

（一）植物学特征

1.枝干 落叶小灌木（图1-26）。成龄树高1.65m，根颈粗3.72cm，树冠直径1.2m。当年生枝条上平均后5cm处具有细弱小针刺，老熟枝条平均后9.7cm处具有细弱小针刺；枝条灰色，当年生枝条嫩梢部紫色条纹明显；枝条基部节间2～3cm，中部节间1.5～2cm，梢部节间0.8～1cm，平均节间1.74cm；结果枝条细软，多下垂，果枝长50～70cm之间，平均枝条长50cm。

2.叶片 当年生枝叶互生，二年生老枝叶簇生。当年生嫩梢叶片外缘紫色，成熟叶深绿色，质地较厚，中脉平展，宽披针形，最宽处近中部，叶尖急尖，当年生叶片长4～6cm，宽0.9～1.6cm，叶形指数4.09～4.3。

3.花朵 每叶腋2～3朵花，花瓣绽开直径2.17cm，花冠颜色紫堇色，漏斗状，单生，花冠筒长0.65cm，花柄、萼片绿色，萼片形状阔卵形，花柱长1.25cm，花丝长1.28cm，花丝周围的毛环位于基部1/3处，新鲜花药淡黄色，花药开裂有花粉；盛花期花冠筒喉部鹅黄色，在紫色裂片的映衬下呈圆形，花冠筒内壁青绿色，花丝近基部有圈稠密茸毛。

4.果实 青果尖端平，无果尖，鲜果橙红色，果皮光亮，果腰部平直，果身多不具棱，纵剖面近似椭圆形，先端钝尖；果实大小均匀一致，鲜果纵径平均为22.26mm，横径平均为10.69mm，果形指数1.97～2.1，果肉厚1.18mm，

图1-26 杞鑫1号全株

果柄长2.01cm，最大单果质量1.80g，平均单果重0.87～1.0g；干果色泽红润，果表有光泽，内含种子30～53粒。

（二）生物学特征

1.物候期 萌芽期较宁杞1号、宁杞4号提前7d左右，略迟于宁杞5号。在宁夏中宁县3月底至4月初萌芽，4月上旬至4月中旬展叶，4月中旬至4月下旬春梢进入生长期，老眼枝现蕾；5月上旬至5月中旬春七寸枝现蕾，进入结果期，6月中旬进入果熟期，7月初进入盛果期，8月上旬夏果结束，秋果9月中旬开始。

2.生长特性 树势强健，成枝力强，枝条柔顺，易发七寸果枝；从基部到梢部果枝均匀度好，85%结果枝有效结果长度集中在40～65cm之间，结果枝开始着果距离3～7cm；结果早、果实均匀，果蒂不易脱落，夏果可采摘6～7次，秋果可采摘3～4次。自交亲和力达87.99%，坐果率83.6%，可单一建园。

3.经济性状 二至三年生树年均株产干果0.65kg，第四年进入盛果期，每667m²产干果190kg以上。鲜果平均千粒重800g±10g，果实鲜干比4.5∶1。混等干果210粒/50g，特优级果率95%左右。每100g干果含总糖53.7g，枸杞多糖3.44g，黄酮0.03g，甜菜碱0.98g，β-胡萝卜素4.09mg。

4.抗逆性 耐霜、耐旱、耐瘠薄。对土壤要求不严，抗根腐病能力强。鲜果遇雨不易裂果。

（三）栽培技术

1.建园 栽植株行距1m×3m或1m×2.7m，可单独建园，亦可作宁杞5号的授粉树，按照1∶1的比例进行行间配植。

2.肥水管理 忌偏施氮肥，重视秋施腐熟的有机肥和长效肥。成龄树依据产量进行营养平衡施肥。基肥在10月中旬至11月上旬灌冬水前施入，每667m²施用有机肥2m³左右；追肥施肥量按产量进行控制，按每千克枸杞干果施入纯氮0.3kg、纯磷0.2kg、纯钾0.12kg确定化肥施用量。宜采用水肥一体化滴灌模式施肥，做到随水见肥，随水添加生物液体有机肥。

3.整形修剪 幼树期需两级摘心，促使营养生长向生殖生长转化，成龄树选用主干分层形树形，树高160cm左右，主干高60cm，分2层，第一层主枝5～8个，新梢长至10～15cm时，留10cm左右摘心，二次枝生长至8～10cm时及时摘心，形成结果枝组。冬季修剪选留1个从主枝背上的斜伸强壮枝，于8～10cm处短截；在主枝两侧各选1～2个较为强壮的斜生二次枝留6～8cm

进行短截，培养结果枝组，疏除主干上弱或过密临时结果枝。二层树冠培养：当植株地径≥3cm时，选留距中心干最近的一个直立徒长枝从40～50cm处摘心，作为中央领导干，从摘心后发出的分枝中选留4～6个分枝，作为第二层主枝培养，结果枝组培养参照一层结果枝培养。成龄树每株结果枝数量300个左右。

4.病虫害防治 病虫害有黑果病、根腐病、瘿螨、蚜虫、红瘿蚊、锈螨等，应结合物候期加强预防，果实采收期注意农药安全间隔期，盛花期尽可能避免使用农药，入秋后需加强白粉病的防治。

十二、科杞6082（*Lycium barbarum* L. 'keqi 6082'）

科杞6082是由宁夏农林科学院枸杞科学研究所、宁夏枸杞产业发展中心从枸杞生产园实生群体中选择优良单株培育的无性系。2018年获得国家新品种授权，2022年通过宁夏回族自治区林木品种审定委员会认定，良种编号：宁R-SV-LB-001-2022。

（一）植物学特征

1.枝干 主干树皮黄褐色，当年生枝灰白色，嫩梢略有紫色条纹，当年生结果枝枝条粗、长、硬，平均枝长56.35cm，枝基粗度2.85mm，梢部节间较长。二年生枝灰褐色，老熟结果枝条光滑，极少有硬长针刺。

2.叶片 幼叶窄披针形，顺时针扭转背卷，老熟叶片厚、深绿色，宽披针形，叶中脉平展，叶脉清晰。当年生枝叶互生、披针形，最宽处近1/3处，叶尖钝尖，叶片长1.8～5.6cm，长宽比3.2～3.4；二年生老枝叶条状披针形，簇生。

3.花朵 当年生枝每叶腋花量1～2朵，花萼多2裂，花瓣5枚，柱头略低于雄蕊或齐平，花药鹅黄色，花药开裂，周年均可以产生正常花粉粒，花绽开后花冠裂片瑾紫色，盛花期花冠筒喉部瑾紫色，花冠色泽均一褪色，花冠背卷。

4.果实 鲜果钟状、深红色、纵切面多具三棱，青果先端平、有一乳突，平均横、纵径比值2.04～2.26，单果饱满种子含量21.1粒左右。果实壁厚度1.3mm左右（图1-27）。

（二）生物学特性

1.物候期 二年生枝于3月中下旬萌芽、展叶，4月上中旬抽枝、现蕾，4月下旬至5月上旬进入开花期，6月进入结果期，7月上旬叶片开始变黄。当年生枝（春梢）5月上旬开始现蕾，5月中下旬进入花期，6月进入果期，7月下

图1-27　科杞6082全株

旬叶片开始变黄。当年生枝（秋梢）7月下旬抽梢，8月开始现蕾、开花，9月中下旬进入果期。

2.生长特性　营养生长、生殖生长势均强，生长速度快，少根蘖。枝长且硬、树姿开张；剪截成枝力3.52，结果枝粗长，枝基粗度0.28cm，平均枝长46.35cm，弧垂生长，平均节间长度1.61cm，当年生枝平均每节成花1.19个，二年生枝平均每个节位成花0.178个，花量极小，产量以夏季当年生枝果实为主。自交不亲和，S基因型1/11，建园需配置授粉树。

3.经济性状　宁夏地区夏季鲜果平均单果重1.08g，最大鲜果单粒重3.2g，鲜果平均单果重1.02g，良好授粉前提下果粒均匀，鲜果果形指数1.99，干果果形指数2.36，鲜干比4.3～4.8，干果等级率高、品质好，商品等级率（230±15）粒/50g，制干时间较宁杞1号长15%左右，干果混等每50g在260粒左右，优于宁杞1号每50g的350～370粒，盛果期每667m²产干果200kg左右，较宁杞1号低30%。每100g干果含可溶性固形物20.6g，总糖51.0%，枸杞多糖3.83g，黄酮0.031g，甜菜碱1.29g，类胡萝卜素0.198g，果实耐储，糖酸适中，口感好，适合鲜食或锁鲜。

4抗逆性　适应性广，耐热、耐瘠薄，抗白粉病，不抗瘿螨。雨季易发黑果病。

（三）栽培技术

1. 建园　园地宜选中壤或轻壤，地下水位不得高于 1m。自交不亲和，建园需配置授粉树，授粉树可以选用宁杞 7 号、宁杞 10 号、宁农杞 16 等自交亲和类且具有不同 S 基因型的品系。株间混植，与授粉树混植比例不得高于 3∶1，株距 1.5m，行距 2 ~ 3m。

2. 肥水管理　基肥在早春或 11 月上旬灌冻水前施用。早春前期需控制氮肥用量，抽枝现蕾前控氮，成龄树萌芽前后每 667m² 施矿物源黄腐酸钾 1kg ＋磷酸一铵 1kg，以促成花。采果前 20 ~ 25d 灌水 1 次，采果期 15 ~ 20d 灌水 1 次。

3. 整形修剪　主干型树形，冠层两层、株高 1.5m，休眠期修剪以疏为主。定植当年 0.4m 处定干，选择一个强枝向上甩放并绑缚，于 0.9 ~ 1.0m 处二次定干直立枝所发水平侧枝留 8 根左右，开花结实后作主枝。第二年，休眠期疏除旺枝与长针刺，水平枝甩放萌芽时水平枝基部及主干上萌发的旺长侧枝全部疏除，水平枝基部萌发枝选择性疏除，保留其上所发水平枝；在中心干上选择直立枝向上甩放，于 1.5m 处封顶，培养二层骨干枝组，形成株高 1.5m 的主干型树形。不定芽全年均易抽枝结果，成龄树留枝量 250 根为宜。

4. 病虫害防治　需做好早春和越冬前清园封园，加强瘿螨防控。果实炭疽病抗性中等，预报有雨时需提前预防。

十三、宁农杞 15（*Lycium barbarum* L. 'Ningnongqi 15'）

宁农杞 15 是由宁夏农林科学院枸杞科学研究所和宁夏枸杞产业发展中心培育的枸杞新品种。2021 年申请国家植物新品种授权，2022 年通过宁夏回族自治区林木品种审定委员会认定，良种编号：宁 R-SV-LB-002-2022。

（一）植物学特征

1. 枝干　当年生枝黄绿色，具紫色条纹；二年生枝褐色，一年生枝灰白色，嫩梢具紫色条纹。结果枝长而硬度适中，平均枝长 50.1cm，平均枝基粗度 0.35cm，平均节间长度 1.2cm；当年生枝平均每节成花 1.28 个，二年生枝平均每节成花 0.67 个。

2. 叶片　当年生枝叶长椭圆披针形，互生，嫩绿色，二年生老枝叶条状披针形，簇生；老熟叶片深绿色，叶中脉平展，叶脉清晰，近叶柄端 1/3 处明显增宽，叶尖钝尖，长宽比 3.93∶1，叶片厚，盛果期叶多有翻转，叶背向上。

3. 花朵　当年生枝每叶腋花量 1 ~ 2 朵，花萼多单裂偶双裂，花瓣 5 枚，瑾紫色，花冠筒喉部鹅黄色，花冠裂片长椭圆形，具2～3条明显的脉纹，背面颜色较深，具1条明显脉纹。柱头略低于雄蕊，花药鹅黄色，正常开裂，花粉具活力。

4.果实 鲜果深红色，果表光泽度暗于宁杞1号，亮于宁杞7号；果实长椭圆形、截面长距圆形，顶部有清晰乳突，果顶凸；初果期具6棱，果实纵径20～40mm，鲜果果形指数2.25，干果果形指数2.45，果形指数随温度变化不大，果实壁厚1.3mm左右；最大鲜果单粒重2.2g，平均单粒重0.82g；果实红熟时多具果尖，单果含饱满种子平均29.9粒（图1-28）。

（二）生物学特性

1.物候期 抽枝期4月5日，较宁杞1号提前6～8d，二年生枝花果量大，初花期4月23日至5月24日，较宁杞1号提前5d；二年生枝盛果6月2日至7月1日，较宁杞1号早3～4d，当年生枝初花期5月16～24日，较宁杞1号早3～4d，当年生枝初果期，6月13～15日，均较宁杞1号提前6～13d；7月下旬至8月上旬发秋梢，9月上旬进入初果期，10月下旬进入落叶期。

图1-28　宁农杞15全株

2.生长特性 树势中庸，树体开张，枝长且软，树姿柔顺；生殖生长势强，生长速度中等偏上，少根蘖；定植当年合理留枝Ⅰ级摘心即可实现较低起始成花距，树龄间的起始成花距较为稳定，无二次摘心前提下，起始成花距约在（13.58±5.56）cm，平均节间长度（1.60±0.38）cm，平均每节花果数（1.62±0.72）个。二年生枝花量大，产量夏秋两季均多，短截有利于早期产量形成。自交亲和，S基因型为1/2，结实率高，可单一品种建园。

3.经济性状 盛果期每667m²产干果200kg以上，鲜干比4.25～4.6，商品等级率（270±15）粒/50g，雨后裂果率31%（25℃水浸2h）高于宁杞1号的21%，远优于宁杞7号的58%。果实口感好，每100g干果含可溶性固形物21.5g，总糖54.0%，枸杞多糖4.645g，黄酮0.019 5g，甜菜碱1.37g，类胡萝卜素0.252g。果实糖酸适中，耐储性中等，适合锁鲜、烘干或榨汁。

4.抗逆性 适应性广，耐盐碱、抗干旱、抗寒、耐冻，白粉病、瘿螨抗性中上。遇雨易裂果。

（三）栽培技术

1.建园 园地宜选中壤或轻壤，地下水位不得高于1m。小面积人工耕作生产园，株行距1.5m×2m，幼树期可加倍密植。大面积可机械化耕作生产园，株行距1.5m×2.8m或1.0m×3.0m，幼树期可株间密植，3龄后间挖。

2.肥水管理 生长势强，肥水需求量大，定植当年每667m²施有机肥2m³、尿素25kg、磷酸二铵25kg、氯化钾15kg，以后随树体增大、产量增多，逐年增加施肥量。4龄后进入盛果期，盛果期每667m²施有机肥4m³、尿素50kg、磷酸二铵50kg、氯化钾30kg。全年灌水5～6次，盛果期可适量增加灌水次数。

3.整形修剪 主干型树形，冠层2～3层，冠面高度控制在1.6m以内，起始分支带高度约0.7m，修剪时将长放与短截相互结合，部分二年生枝长放，部分短截，短截后易形成不定芽，需及时抹芽抽枝，适宜短截长度为枝长的1/4～1/3。成龄树留枝量250条为宜。

4.病虫害防治 及时清理园内修剪留下的枝条，加强对瘿螨的防治，做到早期预防，及时防治。对于蚜虫、红瘿蚊、锈螨等害虫应结合物候期加强预防。

十四、宁杞菜1号（*Lycium barbarum* L. 'Ningqicai 1'）

宁杞菜1号是宁夏农林科学院历时7年，用宁杞1号与当地野生枸杞进行种间杂交选育的优质叶用枸杞。2002年通过宁夏科学技术厅组织的成果鉴定（2002.022号）。2003年被列为国家重点科技成果推广计划（编号：2003EC000394）。该品种萌芽力强，生长量大，产菜量高，营养丰富，口感好，易栽培管理，可广泛应用到蔬菜生产领域，保护地可周年产菜（图1-29）。

图1-29 宁杞菜1号大田种植

（一）植物学特征

1.枝干 落叶灌木，植株丛状生长，分枝力强，每丛5～15条枝，枝长50～100cm，粗0.14～0.46cm，由于边生长边采集嫩茎叶作蔬菜，一般高50cm以下。当年生枝条灰白色，二年生以上枝条灰褐色；一般顶梢长10～15cm，粗0.27～0.36cm，绿色（图1-30）。

2.叶片 叶为单叶互生或2～4片簇生于芽眼，披针形或长椭圆披针形，长3.1～8.7cm，宽0.8～2.3cm，平均叶长6.80cm、宽2.18cm、厚0.09cm；叶脉明显，主脉紫红色，叶肉质地厚（图1-31）。

3.花朵 任其生长的成熟枝条，秋季有少量开花，花为两性花，在长枝上单生或双生于叶腋，在短枝上则同叶簇生；花梗长1～2cm，花萼长3～4mm，通常3中裂或4～5齿裂；花冠漏斗状，淡紫色。

4.果实 任其生长的成熟枝条秋季少量结果，果实红色，浆果，卵形，鲜果纵径7～15mm，横径4～6mm，每果含种子25～40粒，种子千粒重0.7g。

图1-30　宁杞菜1号顶梢

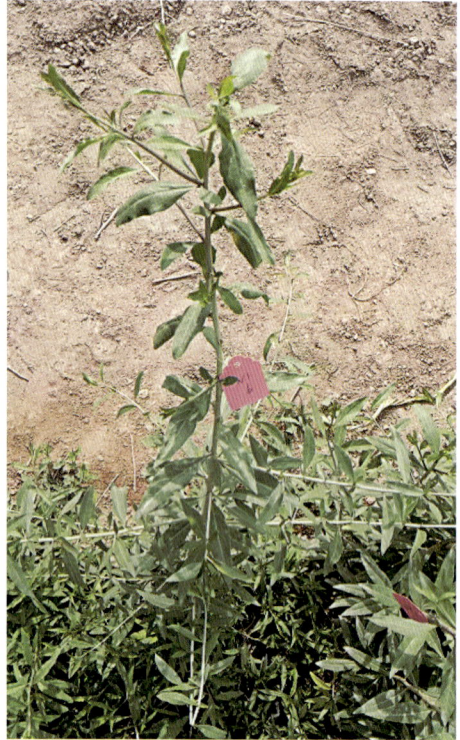

图1-31　宁杞菜1号单株

（二）生物学特性

1.生长物候特性　在宁夏银川地区，3月下旬开始萌芽，4月上旬发芽抽新梢，4月中旬开始嫩茎叶生长期，7月中旬至8月中旬有休眠现象，11月进入休眠期，周年营养生长期7个多月。5～8月新枝平均日生长3.0cm，枝茎年生长120cm。根系发达，在有效土层内的穿透力和再生能力强，易向土层深处生长，在活土层（0～30cm）土壤含水量低于果用型枸杞生育临界值（8%）时仍生长旺盛。

2.经济性状　可当年种植当年采摘，4～10月是采收季，7～8d可采摘1次叶，每667m²芽产量1 130～1 695kg。富含18种氨基酸，粗蛋白含量为351.6g/kg、脂肪含量为26.3g/kg、氨基酸总量244.7g/kg、维生素C含量为1 345mg/kg、钙含量为0.56%，同时，还含有锌（26.5μg/g）、铁（337.5μg/g）、硒（0.088μg/g）等微量元素，且纤维含量低，药食价值高。

3.抗逆性　根系发达，具有很强的保土护墒作用，适应性广、抗逆性强、不易感染病虫害，抗病虫害能力强，耐寒、耐旱、耐盐碱、耐瘠薄。

（三）栽培技术

1. 园地平整 选择地势平坦，有排灌条件，地下水位1.0～1.5m，土壤较肥沃的沙壤、轻壤或中壤；土壤全盐量0.5%以下，pH在8左右，活土层30cm以上。头年秋季平整土地，平整高差<5cm，深耕25cm，耙耱后依田块大小整成若干个小区，灌足冬水，以备翌年春季栽植苗木。

2. 建园定植

（1）植苗建园。将苗木放入泥浆中蘸根。在准备好的园地按行距60cm定线、开沟。将蘸根的苗木按20cm株距栽植，栽后覆土踏实，灌水。每667m²栽植苗木6 000株左右。

（2）直插建园。春季树液流动至萌芽前，在采穗圃内剪取当年生无破皮、无虫害、木质化好的枝条，选择0.4cm以上部位截成长15cm左右的插条，上下留好饱满芽，每100～200根一捆。在扦插前插穗下端5cm处浸入100～150mg/kg萘乙酸（NAA）水溶液中泡2～3h或用ABT生根粉（按说明书）处理。在已准备好的园地按行距60cm定线，株距15cm定点，人工在定线上开沟或用板锹劈缝，形成与扦插等长的缝穴，将插条下端轻轻直插入沟穴内，封湿土踏实，地上部留1cm，外露一个饱满芽，上面覆一层细土，用脚拢一土棱，如果土壤墒情差，可不覆碎土，直接按行盖地膜。每667m²扦插8 000根插穗。

3. 土肥水管理 幼苗生长高度达10cm以上时，中耕除草，疏松土壤，深5cm；6、7、8月各松土一次，深10cm。秋季每667m²施入油渣500kg或腐熟厩肥3～4m³；4月上旬、6月上旬分别开沟每667m²追施氮磷复合肥75kg；采摘间隔期内喷洒叶面营养液3～4次。建园初期插条生长的幼苗15cm以上时灌第一水，6月下旬、7月下旬各灌水一次；翌年，进入采摘期后（4～10月为正常采摘期）每10d左右灌水一次。

4. 复壮更新 生长后期，重剪植株，保持高度50cm左右。通过修剪迫使侧芽、隐芽萌发，形成丛状多头矮化植株，使嫩头密集在一个水平面上，便于采摘。一般每年7月进行1次更新复壮，方法是从基部8～10cm处平茬。平茬后1周就会有新梢长出，20d左右就可进行枸杞菜的采收。

5. 病虫害防治 病害主要是根腐病，防病措施是加强肥水管理，提高植株的抗病能力，发现病斑时用20%抗枯宁水剂600倍液和15%氨基酸锌镁水剂500倍液的混合液灌根，每隔10～15d灌1次，连续灌3～4次。虫害主要有蚜虫、瘿螨和木虱，防治措施是随时摘除虫叶，隔离烧埋。每年3月初喷打0.5波美度的石硫合剂1次；6～8月用0.3%苦参碱500～600倍液和

2.5%鱼藤酮乳剂600～1 000倍混合液，每隔10～15d喷1次，连续喷3～4次。

十五、宁杞9号（*Lycium barbarum* L. 'Ningqi 9'）

宁杞9号又名枸杞'叶用1号'（*L. barbarum×L. chinense* 'Yeyong-1'），是由国家林业局枸杞工程技术研究中心、宁夏森淼种业生物工程有限公司、宁夏森淼枸杞科技开发有限公司等单位经过10多年的研究，采用倍性育种、杂交技术等育种手段通过人为定向培育方法获得的三倍体叶用枸杞新品种。2012年7月通过国家林业局专家鉴定并获得植物新品种权证书；2015年通过宁夏回族自治区林木品种审定委员会审定，命名为枸杞'叶用1号'，良种编号：宁S-SC-LBC-002-2015；同年被国家林业局林木品种审定委员会审定为国家林木良种，命名为宁杞9号，良种编号：国S-SV-LB-017-2015。该品种在宁夏银川、贺兰、永宁、中宁等地均可栽培，并推广到陕西、山西、北京、重庆、上海等地区，具有发枝量大，嫩梢生长迅速，叶片肥厚、宽长、叶芽鲜嫩、风味良好、营养丰富等特性，具有很好的开发应用价值，是生产枸杞芽菜和芽茶的优良品种（图1-32）。

图1-32　宁杞9号大田种植

（一）植物学特征

1. 枝干　落叶灌木。三倍体枸杞，丛状生长，茎直立，灰褐色，分枝角度小，上部多分枝形成伞状树冠，作为茎叶用枸杞进行开发利用，边生长边进行嫩茎叶采集，一般高60cm以下。当年生枝条灰白色，枝梢深绿色，嫩枝嫩梢浅绿色，枝条长而弓形下垂，刺少，枝长40～50cm，最长80cm（图1-33）。

2. 叶片　当年枝上单叶互生，老枝上三叶簇生，少互生，叶片肥厚、宽长、深绿色、长椭圆形，叶平均长52.48mm，平均宽8.83mm，厚0.95～1.65mm，单叶重0.17g；叶芽浅绿色，鲜嫩，风味良好，三叶一芽平均鲜重0.53g，五叶一芽平均鲜重0.89g，七叶一芽平均鲜重1.19g（图1-33）。

3. 花朵　放任生长的成熟枝条秋季有少量开花，花均为五雄一雌，花冠和花柄紫色，花萼钟形三裂，稀2裂，3～6簇生于叶腋，花柄长2～2.8cm，花冠绽开直径1.6～2cm，花丝基部具稠密茸毛，花柱长，稍伸出花冠。

4. 果实　放任生长的成熟枝条，秋季可有少量结果，幼果顶端1/2浅紫色，

图1-33　宁杞9号顶梢

成熟后鲜红色，具3～4条棱，先端极尖或钝尖，鲜果长1.3～2.1cm，果径0.8～1.1cm，果肉厚1.05～1.5mm，果实含糖量高，不易晾干，内多含1粒饱籽，稀2粒，秕籽16～19个。

（二）生物学特性

1.生长物候特性 在宁夏银川地区，3月底萌动，4月初枝条返青、萌芽，4月中旬抽枝，4月下旬新梢迅速生长，长到20cm左右进入采摘期；6月下旬新梢长势减慢，复壮更新一次，7月下旬恢复生长，继续采摘；10月上旬停止生长；10月底落叶进入休眠期；露地栽培采摘期从4月中旬至9月下旬。在宁夏地区进行设施栽培，需冷量为480h，12月初萌动，12月底萌芽，翌年1月中旬进入采摘期，采摘持续到10月中旬；比大田提前3个月，延长20～30d。

2.经济性状 产量高峰期在5月、6月和8月，当年种植当年可采摘，根据木质化程度以五叶一芽至七叶一芽为芽菜采摘标准，当年叶芽平均每667m²产量230kg，第三年进入稳产期，沙地栽培每667m²产量在800kg以上，壤土地栽培每667m²产量可达到1 000kg以上，设施栽培每667m²产量可达到1 800kg以上。叶含有17种氨基酸，每100g叶含氨基酸总量4.61～7.33g，其中人体必需氨基酸占氨基酸总量的41.82%～48.26%。矿物质元素含量丰富，尤其以钙、铁、锌含量较高，分别是649～1 565mg/kg、39.14～73.48mg/kg、6.38～12.28mg/kg。同时每100g枸杞干果含枸杞多糖3.57～6.56mg、甜菜碱1.55～1.94mg、胡萝卜素15.06～29.8mg。

3.抗逆性 抗寒、抗旱性强，适应性广。

（三）栽培技术

1.园地平整 选择土层深厚，土壤质地良好的沙壤、轻壤或中壤土田地。春耕前整地每667m²施有机肥2 000～3 000kg、尿素10kg、磷酸二铵30kg。结合春耕翻入土内25cm以上，使肥料和土壤充分拌匀，随翻随耙压，粉碎土块，平整地块，使土壤平整高度差低于5cm。易积水地区需起垄，垄长依地势而定，垄高10～15cm，垄底宽1.1m，垄面净宽90cm，过道40cm，每两垄中对中之间的距离为150cm，便于机械操作。

2.建园定植

（1）植苗建园。

①苗木规格。裸根苗要达到株高10～15cm，地径≥0.6cm，分枝3～5个，根幅10cm以上，无病虫害。穴盘苗要达到株高10cm以上，地径

>0.2cm，叶片数≥5片，有生长点，根系成团，无病虫害，自然环境条件下不萎蔫。

②定植时间。裸根苗在苗木萌芽前、土壤解冻深度达20cm以上时定植，多在3月20日至4月30日，根据物候条件进行调整。穴盘苗定植时间为3月20日至8月30日，在上午11点前、下午4点以后栽植，阴天可全天栽植。

③定植密度。株距15～20cm，行距70～75cm，便于机械操作，每667m²种植4 400～5 900株。

④定植方法。定植前5～7d灌透水，定植时打点放线，穴盘苗按株行距挖长×宽×深为8cm×8cm×10cm的定植穴进行定植；裸根苗挖长×宽×深为15cm×15cm×15cm的定植穴或采用宽10cm、深10cm的浅沟移栽，双行"品"字形定植。移栽时保证根系不散团，随栽随灌水。栽植深度至根际线上1～2cm。起苗至栽植各环节确保不失水，不窝根。

（2）直插建园。

①插条采集。在春季树液流动开始后，枝条髓心颜色由白色转到绿色时，从二年生以上（含二年生）健壮无病害的植株上采集当年生以上（含一年生）、直径在0.5cm以上、长度15cm以上，枝杈较少，较直的枝条，至枝条萌芽前停止采集。将采集枝条的针刺和枝杈剪去，理清倒顺后剪截为顶部平口、基部45°斜口的13～15cm的插条，每50～100个插条捆为一捆。插条剪取后不能长时间暴露在室外，要在4h内及时存入地窖或埋入土中并保持60%～70%的湿度，直插建园前插条不能萌芽。

②插条处理。直插建园前插条进行生根处理，将插条在清水中浸泡8～10h，再在300mg/kg萘乙酸中浸泡1～2h，插条浸泡深度3～5cm。

③扦插时间。根据物候和地气决定，一般从清明前后开始至谷雨后结束。此时气温回暖较快、土壤完全解冻、地气基本接通，白天平均气温10℃、夜间气温≥5℃、地温≥2℃，插穗尚未萌发是直插建园的最佳时期。

④扦插密度。株距15cm，行距75cm，每667m²直插5 900根左右插穗。

⑤扦插方法。直插前先按照株行距用直径大于0.6cm的木棍在园地或垄上插出深槽再将插条插入，插条入土深度为10～12cm，地上部分保留2～3cm露出地面，插后将四周用土壤覆实。切记不能直接用插条往土中插，易使插条底部裹住一层黑膜，导致底部腐烂。

⑥插后管理。插后20d左右开始逐个地块查看发芽情况，有的芽包裹在薄膜内没有顶出，应及时将芽周围薄膜捅破，将芽放出，放芽时间要在早晨和傍晚，避免中午高温时间。插后15～20d内不灌溉，后期根据天气和土壤墒情

5d左右灌溉一次，每次每667m²灌溉量12～15m³。

3.土肥水管理　全年中耕除草6～8次。株间采用人工松土除草，行间采用微型旋耕机进行，松土深度10～15cm。全年做到田间无杂草。实行水肥一体化滴灌时行间可采用覆黑膜方式进行杂草防治。上一年秋季落叶后，或当年3月中下旬，每667m²施腐熟有机肥（羊粪）2 000kg＋磷酸二铵25kg；萌芽前及时施萌芽肥，每667m²施用尿素15kg＋磷酸二铵35kg＋硫酸钾30kg；采摘季每收获4～5次施一次复合肥或氮磷钾混合肥，每667m²施用量为8～10kg（可依据土质进行调整）；5月中旬、7月中旬、8月中旬生长旺盛期，补充一次N：P₂O₅：K₂O=1：0.5：0.5的复合肥，每次每667m²施用量为50kg。施肥在行内撒施，微型旋耕机旋耕，深度15～20cm。可采用滴灌进行，当土壤含水量低于田间持水量的65%时进行灌溉，每次每667m²灌溉量10～12m³，灌溉间隔4～5月7～10d，6～8月3～5d，9月7～10d，10月10～15d；11月中旬灌冬水，保证植株顺利越冬。

4.复壮更新　当年定植苗木，待苗高20～25cm时去顶复壮一次，保留高度10～15cm，促使苗木生长整齐，定植35～40d新梢再次生长到20cm时，开始首次采摘。种植2年后，每年春季平茬复壮，留茬高度5～8cm，并疏除细弱枝条，保留直径4mm以上的分枝3～5个；生长季，当植株高度大于50cm时，根据嫩芽生长情况更新复壮，将植株修剪至20～25cm，及时清除老枝、侧枝和株行间匍匐枝条。每年6～7月再平茬复壮1次，平茬到5～8cm，并清除细弱枝条，保留直径6mm以上主枝3～5个。

5.病虫害防治　主要防治蚜虫、木虱、瘿螨等。以农业防治为基础，采取生物防治为主。生长季及时清除病叶、烂叶及被病虫等侵蚀的叶片、植株等。平茬和修剪下来的枝条连同园地周围的枯草落叶，集中园外烧毁，消灭病虫源。当瘿螨等危害严重时结合更新复壮离地5～10cm平茬植株。

6.采收　当新梢长到15～20cm时开始采收，平均5～7d采收一次，全年采收16～18批次。采收嫩芽做菜用时以没有木质化为原则。4月下旬开始第一批采摘；4月下旬至5月下旬采摘嫩芽长度为10～12cm；6～8月采摘长度8～10cm；9月采摘长度为3～6cm。晴天采收，时间为上午10点以前、下午4点以后。采收装筐厚度不超过10cm，边采收边入库，2h内必须入库。周转筐要求清洗干净，无污染、无脏迹，没有盛放其他有害人体健康的物质，而且定期清洗消毒。采后等待装车拉运和入库过程中，应放置于阴凉通风处。下雨当天及雨后叶片表面有水珠时不采收。喷药后未达到安全间隔期的不采收。

【参考文献】

安巍, 王亚军, 巫鹏举, 等, 2014. 枸杞属一份野生新种质的描述[J]. 中国野生植物资源, 33(6): 62.

曹有龙, 巫鹏举, 2015. 中国枸杞种质资源[M]. 北京: 中国林业出版社.

陈天云, 蒋旭亮, 李清善, 等, 2012. 宁夏枸杞属(茄科)一新种和一新变种[J]. 广西植物, 32(1): 5-8.

董静洲, 杨俊军, 王瑛, 2008. 我国枸杞属物种资源及国内外研究进展[J]. 中国中药杂志, 33(18): 2020-2027.

李吉宁, 蒋旭亮, 李志刚, 等, 2011. 清水河枸杞宁夏茄科一新种[J]. 广西植物, 31(4): 427-429.

李润淮, 石志刚, 安巍, 等, 2002. 菜用枸杞新品种宁杞菜1号[J]. 中国蔬菜(5): 48.

马德滋, 刘惠兰, 胡福秀, 2007. 宁夏植物志(2版)下卷[M]. 银川: 宁夏人民出版社.

王晓宇, 陈鸿平, 银玲, 等, 2011. 中国枸杞属植物资源概述[J]. 中药与临床, 2(5): 1-3.

王娅丽, 王蓉, 王伟, 等, 2022. 叶用枸杞新品种'宁杞9号'栽培技术[J]. 林业科技通讯(2): 79-82.

王益民, 张宝琳, 2021. 我国枸杞属物种资源及发展对策[J]. 世界林业研究, 34(3): 107-111.

吴莉莉, 韦若勋, 杨庆文, 等, 2011. 枸杞属(茄科)新类群杂交起源初探[J]. 广西植物, 31(3): 304-311.

中国科学院中国植物志编辑委员会, 2006. 中国植物志[M]. 北京: 科学出版社.

第二章 PART TWO

宁夏枸杞的遗传多样性研究

遗传多样性是指地球上所有生物所携带的遗传信息的总和。一般所指的遗传多样性是指种内的遗传多样性，即种内个体之间或一个群体内不同个体的遗传变异总和。种内的多样性是物种以上各水平多样性的最重要来源。遗传变异、生活史特点、种群动态及其遗传结构等决定或影响着一个物种与其他物种及其与环境相互作用的方式。种内的多样性是一个物种对人为干扰进行成功反应的决定因素，而且种内的遗传变异程度也决定其进化的趋势（周云龙，2016）。目前，遗传多样性的研究主要从形态学水平、染色体水平、等位酶水平以及DNA水平开展，无论在什么层次上进行研究，其目的都是为了揭示遗传物质的变异。枸杞属植物药用历史悠久，属内药用记载的有16种，部分种质资源果实、枝叶、根等均可入药（卢有媛 等，2019）。因此，枸杞属植物具有很大的开发潜力和应用前景。然而，多数枸杞种质遗传背景复杂，一定程度上制约了枸杞品种选育及开发利用等研究的进程。目前，关于枸杞属植物的遗传多样性研究已在表型性状、染色体、等位酶以及DNA分子水平方面进行了大量研究。本章重点介绍宁夏枸杞的遗传多样性研究现状。

第一节　枸杞表型多样性研究

表型性状是指一个物种在不同环境条件下表现出来的不同表型。植物表型是指能够反映植物细胞、组织、器官、植株和群体的结构及功能特征的物理、生理和生化性质，其本质实际是植物基因图谱的时序三维表达及其地域分异特征和代际演进规律（赵春江，2019）。植物表型性状是植物多样性的最直观反映，而植物表型多样性是基因与环境共同作用的结果，也是衡量物种多样性的重要指标。植物表型多样性是研究遗传多样性最为经济、有效的方法之一，已在多个物种中得到应用。

枸杞属植物表型性状的研究主要集中在宁夏枸杞品系花器官性状、果实性状、种子表型、叶片形状等方面。近年来，育种工作者通过杂交育种、诱变育种等方法已经培育出一系列枸杞品种，使得枸杞属植物资源果色、叶形以及花型等表型性状日益丰富，这在一定程度上扩大了其利用价值和开发潜力。

一、枸杞表型多样性

（一）花表型

花是被子植物分类的主要形态指标之一。张益芝等以宁夏枸杞为材料，选取了花器官的16项性状指标对宁夏枸杞花部形态进行了研究，发现宁夏枸杞花器官性状差异较大且多样性丰富，花器官形态具有一定稳定性。经过统计分析，确定花瓣外缘色泽、花瓣正－背面脉络、花瓣形状、花瓣背部色泽、花喉色泽、雌雄蕊位置6个花部性状在宁夏枸杞品系的分类中起到了关键作用，建立宁夏枸杞种内品系的形态学鉴别方法（张益芝 等，2018）。

（二）果实表型

果实是枸杞属药用植物主要的药用器官。果实表型因种质资源不同而发生较大变异。安巍等以60份枸杞种质为材料，对果实单果质量、纵径、横径、纵径/横径、果肉厚度、果柄长6项指标进行研究和统计（安巍 等，2007）。为了构建枸杞鲜果品质综合评价体系，赵建华等运用多种统计方法对32份枸杞果实性状指标进行研究，筛选出果实纵径、横径、果糖、葡萄糖、草酸、酒石酸、黄酮和多糖作为枸杞果实综合品质评价指标，并通过因子分析和层次分析，确定产量因子、风味因子和功能活性因子是枸杞鲜果实品质评价的关键因子（赵建华 等，2017）。

（三）种子表型

种子是植物重要的繁殖器官，同时也是植物分类学重要的形态指标之一。何丽娟等以分布于青海省柴达木盆地的枸杞自然群体为材料，收集种子，并对其种长、种宽、种子长宽比和千粒质量4个性状进行统计，发现种子千粒质量、种长、种宽在不同群体间存在极显著差异，而种子长宽比在种群间存在显著差异，但这四个种子性状在群体内表现出差异不显著，说明参试枸杞群体种间种子表型多样性丰富，各性状存在不稳定性（何丽娟 等，2016）。

(四)茎、叶、花、果实表型综合评价

根、茎、叶、花、果实、种子是构成被子植物的六大器官。不同器官在不同植物分类中占据着不同的权重。赵建华早期对宁夏枸杞平均新梢日生长量、落果率、花径、叶片长度、叶片宽度、叶片厚、叶柄长、节间长和第一花序长等表型性状指标进行了研究，发现这9个表型性状指标变异系数均在18%以上，且其次数分布呈现正态分布，并据此提出了枸杞主要表型性状数值分类指标和相应的参照品种（赵建华 等，2008）。唐燕等对宁夏杞鑫枸杞有限公司种质资源圃的26份枸杞属种质的茎、叶、花、果实的27个表型性状进行了多样性分析和综合评价，统计结果显示，27个指标的变异系数范围为19.17%～50.38%，15个数量性状变异幅度范围为6.92%～27.59%，平均变异系数为30.42%，说明各表型性状间存在较大程度的变异。测定的表型性状指标遗传多样性指数的变化范围为0.490～1.485，其中 H' 大于0.85的有果色、果形以及叶形三项指标。根据主成分分析，筛选出果实纵径、果形指数、果形、花径等21个表型指标可作为种质评价的重要指标。研究结果为枸杞属植物资源的选育和评价提供了参考依据（唐燕 等，2021）。何军等从美国引进了16份枸杞种质，通过播种和组织培养，获得了14份材料的85个单株，对这些种质材料的叶片、枝条、花、果实、物候期、抗性等表型性状和生理特征进行了观测，发现从美国引进的5个新种质与宁夏枸杞在形态特征上存在明显的差异，有4个种质在宁夏不能正常越冬。研究结果进一步丰富了国内枸杞属种质资源（何军，2020）。

二、宁夏枸杞表型测量系统研究

针对枸杞品种选育中亲本及后代材料表型性状测定工作量大以及枸杞植株三维重建造成枸杞叶片缺失的问题，杨志强等提出了能够精确恢复枸杞叶片的缺失信息的点云补全算法，提出了一种基于三维点云的枸杞植株表型参数提取方法，并且设计了一个枸杞植株表型测量系统，为枸杞表型性状研究提供了新思路（杨志强，2022）。

第二节　枸杞染色体遗传多样性研究

染色体是生物遗传物质的载体，是基因的携带者。染色体的变异必然导致遗传变异的发生，是生物遗传多样性的重要来源。染色体变异主要表现为染

色体组型特征的变异，包括染色体数目变异（整倍体、非整倍体）和染色体结构变异（缺失、易位、倒位、重复）。除了数目和结构上的变异，染色体水平上的多样性还体现在染色体的形态（着丝点位置）、缢痕和随体等核型特征上，这些特征的变异使种内出现细胞型的多样性。染色体核型分析是种质资源鉴定的重要技术之一。目前科研工作者已对我国枸杞属植物宁夏枸杞的染色体核型、胚乳核型、单倍体及多倍体创制与核型分析进行了研究。

一、宁夏枸杞核型分析

宁夏枸杞是中药枸杞子的基源植物。不同研究者对宁夏枸杞染色体数目的研究结果都相同，即 $2n = 24$，偶见 $2n = 20$、22 等情况，未见 B 染色体及多倍体现象。但由于染色体类型、染色体分布的不同，造成宁夏枸杞核型公式方面存在差异。冯显逵研究确定宁夏枸杞的核型公式为 $2n=2x=24=20m$（2SAT）＋4sm，其染色体只有 2 对是近端部着丝点区，其余 10 对都是中部着丝点区。中部着丝点区的 7 号染色体短臂端部具有随体。染色体大小变化幅度为 2.44 ～ 4.07μm，着丝点部位只有两个区，是近中部及中部着丝点区（冯显逵，1985）。崔秋华等研究发现宁夏枸杞体细胞染色体数目 $2n=24$，核型公式为 $2n=24=22m$（2SAT）＋2sm，各染色体长度变化不大，最长者是 3.76μm，最短为 2.59 μm，其中有 1 对具随体的染色体（崔秋华 等，1988）。赵东利研究发现，宁夏枸杞的核型公式为 K（$2n$）$=2x=24=22m$（4SAT）＋2sm，核型类型为 1A，为较原始的对称核型（赵东利 等，2000）。导致宁夏枸杞核型分析出现差异的原因可能与观察时期不同造成的误差有关，也可能是不同材料本身存在着遗传上的细微差异所致（赵东利 等，2000），因此，如果能将分布于不同地区的宁夏枸杞一起进行平行试验，可能会全面了解该物种的核型组成的多态性。

二、宁夏枸杞单倍体创制及核型分析

单倍体是指体细胞染色体组数等于本物种配子染色体组数的个体。育种工作者常用花药离体培养的方法来获得单倍体植株，然后经过人工诱导使染色体数目加倍，重新恢复到正常植株的染色体数目，通过这种方法得到的植株，不仅能够正常生殖，而且每对染色体上的成对基因都是纯合的，自交产生后代不会发生性状分离。枸杞单倍体植株是枸杞新品种选育、基因组测序、制作遗传图谱、研究遗传规律的良好材料。罗青等以宁杞 1 号花药为材料，采用 MS ＋ 5%

蔗糖＋0.7%琼脂＋0.8%活性炭为基本培养基，添加不同浓度的6-BA和NAA，进行花药离体培养，获得花粉植株。利用流式细胞仪和根尖细胞染色体数目鉴定花粉植株的倍性，确定获得的花粉植株为单倍体，为宁夏枸杞基因组测序的顺利完成奠定了基础（罗青 等，2016，2021）。

三、宁夏枸杞多倍体创制及核型分析

（一）宁夏枸杞三倍体创制

1.胚乳三倍体 双受精是被子植物特有的特征，双受精后被子植物胚乳为三倍体，这就为三倍体植物的培育提供了基础。目前虽然已有很多植物通过胚乳培养获得了植株，但只有少数是三倍体的，大多数发生了细胞染色体数目的多倍化和分裂行为的畸变。陈素萍以枸杞为材料进行胚乳培养，获得了不同倍性的胚乳植株，并对完成了生活周期的胚乳植株进行形态及细胞学研究，在理论和实践上都有一定的意义（陈素萍 等，1989）。

2.化学诱变三倍体 化学诱变也是多倍体育种中常用的一种方法，李健等采用组织培养技术与化学诱变相结合及幼胚培养等育种手段，选育出优良的三倍体株系99-3，该株系与宁杞1号相比，总糖、多糖、氨基酸含量分别提高37.59%、20.00%和9.50%，千粒果重提高8.60%，且含籽数降低58.70%，被认为是一个理想的枸杞深加工品系（李健 等，2001），但在生产中，其坐果率忽高忽低、产量不稳定。为此，王锦秀等对99-3开展了授粉条件、受精过程及子房发育的解剖学观察及传粉过程子房激素含量变化规律等方面的研究，发现99-3的花器、子房结构发育正常，授粉、受精过程不存在遗传障碍，但易受外界环境条件的影响或因子房内源激素含量严重失衡使柱头接受花粉的能力降低（王锦秀 等，2008）。

3.倍性育种三倍体 宁夏枸杞为二倍体，含籽量多，不便于深加工增值。为了解决市场对深加工枸杞新品种的需求，安巍等通过倍性育种的方法，培育出了三倍体无籽枸杞，对其表型性状、适应性和抗性等生理性状进行了深入研究，并研发了配套栽培技术，为三倍体枸杞新品种的推广奠定了基础（安巍 等，1998）。南雄雄等采用倍性育种和杂交育种相结合的方法，选育出三倍体叶用枸杞新品种宁杞9号（南雄雄 等，2015）。张新宁等通过获得的枸杞四倍体和二倍体进行杂交，将授粉后12d的幼胚接种在培养基上进行组织培养，通过愈伤组织诱导出具三倍体特征的完整植株（张新宁 等，1996）。

（二）宁夏枸杞四倍体创制

秦金山等以宁夏枸杞未授粉的子房为材料，通过组织培养技术获得四倍体和非整倍体再生植株，进一步观察发现，四倍体植株的形态特征表现出"巨型性"特征（秦金山 等，1985）。王锦秀等以宁杞1号枸杞叶片为外植体，通过组培技术诱导出愈伤组织，再将诱导出的愈伤组织分割成小块，用秋水仙素加2%二甲基亚砜混合液进行处理，后转接在改良的培养基上培养25～30d，诱导出四倍体小苗。说明利用愈伤组织进行枸杞同源四倍体的诱导方法简便可靠、诱变频率高、效果好，是创造枸杞新种质、培育枸杞新品种的有效途径（王锦秀 等，1998）。此外，通过秋水仙碱处理幼嫩组织，也可以获得四倍体植物。马爱如采用秋水仙碱水溶液处理宁夏枸杞发芽种子和幼苗，获得四倍体植株（马爱如 等，1987）。

四、基于染色体分析的枸杞属主要类群系统演化

随着细胞遗传学的发展，促使分类学不只是以形态学作为基础，而要结合生物种的内在遗传本质作为分类的标准，对枸杞属植物的分类进行更深入研究。何丽娟选取了国内不同产区枸杞和朝鲜引进的11份枸杞作为材料，开展了常规核型分析，根据染色体核型公式和染色体形态对不同类群枸杞进化趋势及亲缘关系做了进一步研究（何丽娟，2016）。

第三节　基于等位酶的枸杞遗传多样性研究

酶是基因表达的产物，其多肽链中的氨基酸序列由结构基因的核苷酸序列决定。同工酶是因构成酶蛋白亚基的氨基酸组成和顺序不同而产生的。同工酶电泳技术通过对各种同工酶的电泳谱带的分析，可以识别出控制这些酶的基因位点和等位基因，从而达到在基因水平上研究生物体的目的。同工酶技术在宁夏枸杞的遗传多样性研究主要集中在以下几个方面。

一、不同类型枸杞种质过氧化物酶同工酶分析

赵建华等通过研究不同类型枸杞种质过氧化物酶同工酶，共检测到3个基因位点，12个等位基因，其中等位酶基因在杂交一代中分布频率最高。3个基因位点的平均杂合度为0.389，低于不同种的杂合度，但高于宁夏枸杞栽培品

种和杂交一代的杂合度，说明不同基因型枸杞种质有着丰富的遗传多样性。该研究从生化水平上对不同类型的枸杞种质遗传基础进行评价，并对相关材料杂交后代进行遗传分析，为枸杞育种亲本选配和种质创新提供理论依据（赵建华等，2007）。

二、同工酶遗传标记的开发

为了确定适合枸杞遗传多样性研究的同工酶遗传标记。马永平等利用聚丙烯酰胺凝胶电泳技术，检测了宁夏枸杞和黑果枸杞中过氧化物同工酶、酯酶同工酶及超氧化物歧化酶同工酶的表达，发现在2种枸杞中酯酶同工酶检测出2个基因位点和3个等位基因，差异不显著；超氧化物歧化酶同工酶仅检测到1个基因位点，2种枸杞间无差异；过氧化物同工酶检测到6个基因位点和12个等位基因，2种枸杞间差异显著，且遗传信息量丰富。在3种同工酶中，过氧化物同工酶所含信息丰富且差异显著，可作为枸杞同工酶遗传多样性标记，进行遗传多样性研究（马永平 等，2010）。

三、枸杞育性与同工酶的关系

为了探讨枸杞雄性不育性与同工酶的内在联系，为枸杞雄性不育的机理和雄性不育鉴定提供参考依据。郑蕊等对枸杞雄性不育株和可育株花蕾过氧化物同工酶（POD）和酯酶同工酶（EST）进行分析。发现雄性不育株YX-1和可育株宁杞1号花蕾POD和EST电泳图谱均存在差异，发现POD与育性存在密切的关系，推断雄性不育基因的表达可能从花粉母细胞时期开始（郑蕊 等，2009）。

第四节　基于DNA分子标记的枸杞遗传多样性研究

自20世纪80年代以来，分子生物学技术的快速发展为遗传多样性检测提供了更直接、更精确的方法。由于避免了根据表型来推断基因型时可能产生的各种问题，DNA分析方法成为目前为止最有效的遗传分析方法，原则上可做到对任何基因组中任何片段进行分析，包括DNA的编码区和非编码区，保守区和高变区，核DNA和细胞器DNA。因此，来自DNA的遗传标记几乎是无穷的，克服了等位酶遗传标记数量有限的不足。目前常用的分子标记技术包括随机扩增多态性DNA标记（random amplified polymorphism DNA，RAPD）、限制性内切酶片段长度多态性（restriction fragment length polymorphism，RFLP）、末端限制性片段长度多态性（terminal-restriction fragment length polymorphism，T-RFLP）、特定序列扩增（sequence characterized amplified region，SCAR）、扩增片段长度多态性（amplified fragment length polymorphism，AFLP）、简单重复序列标记（simple sequence repeat，SSR）、随机扩增微卫星多态性（random amplified microsatellite polymorphisne，RAMP）、ISSR 分子标记（inter-simple sequence repeat，ISSR）、单引物扩增反应（single primer amplification reaction，SPAR）、分子标记SNP（单核苷酸多态性）、起始密码子多态性（start codon targeted polymorphism，SCoT）等。

一、随机扩增多态性DNA标记（RAPD）

RAPD技术是1990年由Wiliam和Welsh等人利用PCR技术发展的检测DNA多态性的方法，基本原理是利用随机引物（一般为8 ～ 10bp）通过PCR反应非定点扩增DNA片段，然后用凝胶电泳分析扩增产物DNA片段的多态性。RAPD所使用的引物各不相同，但对任一特定引物，它在基因组DNA序列上有其特定的结合位点，一旦基因组在这些区域发生DNA片段插入、缺失或碱基突变，就可能导致这些特定结合位点的分布发生变化，从而导致扩增产物数量和大小发生改变，表现出多态性。就单一引物而言，其只能检测基因组特定区域DNA多态性，但利用一系列引物则可使检测区域扩大到整个基因组，因此，RAPD技术可用于对整个基因组DNA进行多态性检测，也可用于构建基因组指纹图谱。目前，RAPD技术在宁夏枸杞上的应用主要集中在宁夏枸杞基因组DNA提取、RAPD反应体系的建立与优化、枸杞DNA指纹图谱的建立等方面。

（一）枸杞基因组DNA提取

张磊等采用了优化的十六烷基三甲基溴化铵（CTAB）法提取枸杞基因组DNA（张磊 等，2009）。思彬彬等以枸杞干果为试材，分别采用常规CTAB法、高盐CTAB法、改进CTAB法、5×CTAB法、常规SDS法、改进SDS法等方法提取枸杞基因组DNA。根据提取效果，确定5×CTAB法、改进SDS法等4种方法的提取效果不理想，其余8种方法均能有效提取枸杞干果的基因组DNA，研究结果为枸杞DNA分子标记、种质资源研究及道地药材鉴别等提供技术支持（思彬彬 等，2010）。樊云芳等针对枸杞DNA提取中受多糖严重干扰的问题，比较了常规CTAB法和改良CTAB法的提取效果，发现改良CTAB法提取DNA产率高，无明显降解，杂质少，DNA纯度高，可以作为枸杞DNA的有效提取方法（樊云芳 等，2009）。

（二）RAPD反应体系的建立与优化

戴国礼等以枸杞属植物为材料，进行RAPD反应体系的优化研究，应用优化后的反应体系获得的RAPD指纹图谱带型清晰，重复性好（戴国礼 等，2008）。任贤等以枸杞基因组DNA为模板，对其RAPD反应体系也进行优化，并能获得较清晰的枸杞DNA指纹图谱（任贤 等，2010）。

（三）RAPD技术在枸杞DNA指纹图谱建立方面的应用

李军等用随机扩增多态性DNA标记方法对宁夏和内蒙古不同来源地的枸杞进行遗传多样性分析，从DNA水平可以区分宁夏产枸杞与内蒙古产枸杞的差异，为枸杞道地品种甄别提供依据（李军 等，2002）。严奉坤等采用RAPD技术对宁夏枸杞的主栽品种宁杞1号的叶片和宁夏商品区的制品枸杞子进行了DNA指纹图谱特征研究，发现宁杞1号叶片DNA指纹图谱一致，而枸杞子的DNA指纹图谱与叶片的有较大差异，认为DNA指纹图谱用于鉴定同种枸杞的叶片结果可靠（严奉坤 等，2007）。魏玉清等利用9条引物对10份不同来源的宁夏枸杞进行了扩增，检测了宁夏不同地区种植的宁夏枸杞主栽品种和新育成的枸杞品系基因组DNA的多态性，发现宁夏不同地区主要栽培的宁夏枸杞品种遗传上无明显差异，但新品系大果枸杞与宁杞1号在基因组上有差异，构建了主要推广品种宁杞1号的RAPD图谱（魏玉清 等，2007）。张满效等对不同盐碱环境宁夏枸杞叶进行了RAPD分析，发现为了适应环境，枸杞遗传物质DNA发生了一定的变异（张满效 等，2005）。

（四）RAPD技术在枸杞种间亲缘关系鉴定方面的应用

尚洁等利用10个引物，对宁夏枸杞4个主要栽培品种及3个宁夏野生枸杞的总DNA进行PCR扩增，根据扩增结果发现宁夏枸杞栽培品种间遗传关系较近，而野生枸杞与栽培品种间遗传关系较远。张波等利用32个引物对22份枸杞属种质材料进行RAPD分析，发现在22份种质中共扩增出了204条带，其中162条为多态性条带，多态性条带的比例为79.41%。RAPD分子标记的聚类分析结果与枸杞属形态特征分类基本相似，能有效区分种间亲缘关系，但对变种与种间关系无法区分（张波 等，2012）。陈刚等筛选出28条适用于枸杞属植物RAPD分析的引物，从6份枸杞种质材料中扩增出171条带，其中118条为多态性条带进行聚类分析显示6份材料中宁夏枸杞、北方枸杞和截萼枸杞亲缘较近，枸杞和新疆枸杞亲缘较近，黑果枸杞与其他种质间遗传距离较远（陈刚等，2013）。

尽管前人利用RAPD技术在枸杞DNA指纹图谱构建、种质资源亲缘关系等方面开展了一些研究，但RAPD标记是一个显性标记，不能鉴别杂合子和纯合子；存在共迁移问题，凝胶电泳只能分开不同长度DNA片段，而不能分开那些分子质量相同但碱基序列组成不同的DNA片段；RAPD技术中影响因素很多，试验的稳定性和重复性差。陈刚等的研究结果与张波等的研究结果有较大的差异，因此，在RAPD研究的基础上，一些新的分子标记被应用到枸杞上。

二、扩增片段长度多态性（AFLP）

扩增片段长度多态性（AFLP）是对基因组DNA进行双酶切，形成分子质量大小不同的随机限制片段，再进行PCR扩增，根据扩增片段长度的多态性比较分析，可用于构建遗传图谱、标定基因和杂种鉴定以辅助育种（贺淹才，2008）。目前，有关AFLP技术在枸杞上的应用主要集中在枸杞属AFLP分析体系优化与建立、枸杞种质遗传多样性的AFLP分析及枸杞花药线粒体DNA-AFLP技术体系建立等方面。

戴国礼等以枸杞属种质资源为试材，对AFLP分析过程中DNA的提取质量和浓度、连接酶的浓度、反应时间等影响因素进行了研究，建立了一种适于枸杞AFLP银染技术的优化体系，并对预扩增、选择性扩增和银染的效果进行了检测，构建了枸杞种质资源的AFLP指纹图谱（戴国礼 等，2009）。李彦龙等应用AFLP分子标记技术对15份枸杞种质的亲缘关系进行研究，发现 8 对引物共扩增出432条带，其中多态性条带为360条，多态性比率达83.3%，说明在分子水平上枸杞种间的遗传多样性十分丰富，可以用于枸杞遗传多样性分析（李彦龙 等，2011）。林佳以枸杞花药为材料，利用改良后的差速离心方法成功分离出纯度高、活性强的枸杞花药线粒体，建立了一套适于枸杞花药线粒体DNA的AFLP技术体系，为开展花药线粒体DNA的AFLP技术提供了参考（林佳，2013）。

三、简单重复序列（SSR）技术

简单重复序列（SSR）也称微卫星DNA，其串联重复的核心序列为1 ～ 6bp，其中最常见的是双核苷酸重复，即（CA）n 和（TG）n。每个微卫星DNA的核心序列结构相同，重复单位数目10 ～ 60个，其高度多态性主要来源于串联数目的不同。SSR一般检测到的是一个单一的多等位基因位点，微卫星呈共显性遗传，可鉴别杂合子和纯合子，且所需DNA量少。

赵卫国等利用18个SSR标记引物对139份枸杞种质的遗传多样性和群体结构进行了评价，共检出108个等位基因，每个标记位点的等位基因数量从2～17个不等，平均为6个。基因多样性平均值为0.379 2，多态性信息含量平均值为0.329 6，平均杂合度为0.439 4。进一步进行AMOVA分析表明，种群间成分的遗传方差为15.3%，而种群内成分的遗传方差为84.7%，FsT值为0.117 8，说明组间存在中度分化。研究结果为下一步枸杞等位基因的挖掘、关联定位、基因克隆等相关分子育种提供了有效的借鉴（Zhao et al.，2010）。尹跃利用10对引物在35个枸杞品种（系）中开展SSR研究，共扩增出65条带，全部为多态性条带，平均多态性比例高达100%。每对引物扩增多态性条带数介于3～12条之间。筛选出的10对SSR引物鉴别品种数在3～14个之间，鉴别效率范围在8.5%～40%之间，引物SF30的鉴别效率最高，可区分品种（系）数14个，引物SF11和引物SF21的鉴别效率最低，可鉴别的品种数3个（尹跃，2013）。此后，又有多位研究者利用开发的不同引物，针对不同类型的枸杞种质资源开展了基于不同引物的不同类型枸杞种质资源的SSR遗传多样性研究（邵千顺 等，2015；胡秉芳 等，2016；党少飞 等，2016；樊云芳 等，2017；尹跃 等，2017，2018；李重 等，2017；虞杭 等，2018；余意 等，2020；甘晓燕 等，2020；王佳伟 等，2022；秦英之 等，2022；胡永超 等，2022）。这些研究结果为揭示宁夏枸杞的遗传多样性，不同枸杞种质资源的利用及枸杞品种选育提供了理论依据和实践指导。

四、枸杞ISSR分子标记

ISSR分子标记技术是以锚定的微卫星DNA为引物，在SSR序列的3′或5′端加锚2～4个随机核苷酸，在PCR反应中，锚定引物可以引起特定位点退火，导致与锚定引物互补的间隔不太大的重复序列间DNA片段进行PCR扩增。所扩增的Inter SSR区域的多个条带可通过聚丙烯酰胺凝胶电泳或者琼脂糖凝胶电泳得以分辨（周延清，2005）。该技术已被广泛应用于药用植物种质资源鉴定、进化与亲缘关系分析、遗传多样性与居群遗传结构检测、遗传作图、基因定位、分子标记辅助育种等方面的研究。

段丽君等以枸杞为试材，对ISSR-PCR反应中各主要影响因子进行优化筛选，确立枸杞ISSR-PCR的最佳反应体系；并利用该优化体系，对8个枸杞品种（系）和5个花药培养再生植株进行种质遗传多样性分析（段丽君 等，2009）。为了从核酸分子水平上鉴别道地药材宁夏枸杞中不同的品种，思彬彬等采用正交试验和单因子梯度优化相结合的方法，建立和优化枸杞稳定的

ISSR-PCR的反应体系和扩增程序（思彬彬 等，2011）。在此基础上，从100条ISSR引物中筛选合适的引物对黑果枸杞与雄性不育枸杞样品进行PCR扩增及电泳分析，确定4条ISSR引物扩增出较为明显的多态性特征条带，可单独应用于黑果枸杞与雄性不育枸杞的鉴别（思彬彬 等，2012）。鲍红春等为明确10个枸杞品种在DNA分子水平上的遗传差异，从100个ISSR引物中筛选出8个适宜引物，扩增出90条清晰可辨的条带，其中44条带具有多态性，多态性条带百分率为48.9%（鲍红春 等，2014）。赵孟良等通过单因子优化试验和正交试验建立了优化的枸杞ISSR-PCR反应体系，进行了稳定性检测，并从100条ISSR引物中筛选出12条引物对7份枸杞资源进行了PCR扩增，共扩增出132个条带，其中多态性条带共123条，比例达93.2%，说明ISSR标记可用于枸杞遗传多样性研究（赵孟良 等，2018）。

五、单引物扩增反应（SPAR）分子标记

　　SPAR技术是与RAPD技术相似的一种标记技术，SPAR只用一个引物，但所用的引物是在SSR的基础上设计的。这些引物能与SSR之间的间隔序列进行特异性结合，然后通过PCR技术扩增SSR之间的DNA序列，凝胶电泳分离扩增产物，分析其多态性。

　　尹跃等以宁杞1号为试验材料探讨建立了稳定的SPAR反应体系，并利用2对引物对12份枸杞样品DNA进行SRAP-PCR扩增，结果表明，不同品种（系）间DNA谱带多态性丰富，说明建立的体系稳定可靠（尹跃 等，2013）。吴龙军等利用筛选的8对引物组合，对15个枸杞品种进行了SPAR遗传多样性分析，共获得39条谱带，多态性条带为37条，平均多态性比例为94.8%，每对引物组合扩增出条带数3～9条不等，说明15份供试枸杞品种间存在丰富的遗传多样性（吴龙军 等，2014）。安魏等采用DNA-SRAP分子标记技术对29份枸杞种质材料的亲缘关系进行了分析，5对引物共扩增出19条带，其中多态性条带为14条，多态性比例达76.68%。说明在分子水平上枸杞种质材料间的遗传多样性非常丰富，SRAP分子技术可应用于枸杞种质鉴定和亲缘关系分析（安魏 等，2013）。查美琴等利用SRAP分子标记技术对新疆枸杞种质资源遗传多样性及亲缘关系进行研究，为新疆枸杞种质资源分类和杂交育种提供理论依据（查美琴 等，2016）。Liu等利用SRAP标记对西北地区14个枸杞野生居群的遗传多样性和群体遗传结构进行了评价，31个引物组合共产生468个可识别条带，其中多态性条带为398条，多态性比率达85.04%，表明在种水平上具有较高的遗传多样性（Liu et al.，2012）。

六、起始密码子多态性（SCoT）分子标记

目标起始密码子多态性分子标记技术是由Collard和Mackill于2009年开发的，是一种目的基因分子标记，其依据植物基因中的ATG翻译起始位点侧翼序列的保守性，设计单引物并对基因组进行扩增。SCoT标记所需引物具有通用性、成本低廉、多态性高、可获得丰富的遗传信息等诸多优点，能更好地反映物种的遗传多样性和亲缘关系（Collard et al.，2009）。

马利奋等采用目标起始密码子多态性（SCoT）分子标记，利用19条引物对17个枸杞品种进行遗传多样性分析，共扩增到96个条带，其中多态性条带71条，多态性比例为73.96%，说明利用SCoT分子标记可揭示枸杞品种资源的遗传多样性（马利奋 等，2018）。杨辉等采用SCoT标记法，利用7条引物对17份枸杞种质资源进行遗传多样性分析，共扩增出32条条带，其中30条条带具有多态性，多态性比例为93.47%，表明采用SCoT标记法能够揭示枸杞种质间的遗传多样性（杨辉 等，2017）。

DNA分子标记技术是当前植物资源遗传多样性评价的强有力工具，尤其是基于PCR基础的分子标记已广泛应用在植物遗传多样性分析。近年来，采用RAPD、AFLP、SSR、ISSR、SRAP和SCoT等标记技术，开展枸杞种质资源遗传多样性评价，为枸杞种质资源利用及种质保存提供了强有力的技术支撑。

第五节　基于叶绿体条形码的枸杞遗传多样性研究

DNA条形码技术是利用一个或者几个DNA片段快速的自动鉴定物种的生物身份识别系统，最初是通过线粒体基因*COI*片段作为标记，用于动物的物种分类。由于植物线粒体的基因组分化小，无法适用动物的*COI*片段，因此，DNA条形码技术在植物方面应用较少。而植物的叶绿体基因组较小，同时存在较多DNA，并且所有的植物个体都具有大量的叶绿体，可以较为容易的扩增，因此，叶绿体基因已经成为DNA条形码技术在植物中最主要的来源。顾选等通过*ITS*序列的鉴定认为市场上所出现的新疆黑枸杞是小檗科的喀什小檗，为枸杞市场伪品鉴定提供了新方向。万如、石志刚等人通过*psbA-trntH*、*matK*、*trnL-trnF*片段分别进行枸杞种质资源的研究（石志刚 等，2016；万如 等，2018，2019，2020），认为叶绿体基因片段可以作为初步鉴定枸杞属资源的DNA条形码。但是利用多条叶绿体片段联合分析遗传变异的研究和对于枸

杞古树种质资源的挖掘仍未见报道。

胡永超等利用一代（Sanger）测序的方法，对收集于内蒙古、宁夏、青海、陕西、新疆等地区的45份枸杞古树样品进行DNA提取和叶绿体*matK*、*psbA-trnH*、*racL-a*、*trnL-trnF*序列进行测序。将获得的叶绿体基因（cpDNA）序列导入MEGA X软件进行多序列对比。经过多序列对比后，cpDNA分析结果中，枸杞古树cpDNA的*matK*基因全长为822bp，其中保守位点为820bp，占99.76%，变异（SNP）位点为2bp，占0.24%，均为信息位点；L37在碱基序列的317bp发生转换，在619bp发生颠换，L24未能测得结果。枸杞古树叶绿体基因的*psbA-trnH*基因全长528bp，其中保守位点为515bp，占97.54%，变异位点为13bp，占2.46%，均为信息位点；L37在碱基序列的158bp发生转换，在164bp、274bp、367bp处发生了颠换，除L 37样品含有碱基序列以外其他样品在第458～466bp碱基发生缺失；cpDNA的*racL-a*基因全长564bp，其中保守位点557bp，占98.76%，变异位点7bp，占1.24%，均为信息位点，L14在212bp、417bp、419bp发生转换，L37在212bp、417bp、419bp发生转换，在439bp处发生颠换，L1、L9、L15未能测得结果。cpDNA的*trnL-trnF*基因全长978bp，其中保守位点为971bp，占99.28%，变异位点为7bp，占0.72%，均为信息位点，L15在836bp发生颠换，L18在152bp处发生转换，L37在444bp、606bp处发生转换，在637bp处发生颠换，在666bp处发生碱基缺失（表2-1）。45个个体的碱基变异率较低，个体间分化较小，尚未发生明显的生殖隔离，*psbA-trnH*基因片段最易发生位点突变现象。总体来看，植物叶绿体基因组较为保守，组合基因片段比单个基因片段更具有说服力，在物种鉴定时应采用组合基因片段。

表2-1　DNA条形码序列长度和变异情况

名　称	序列长度(bp)	SNP位点（bp）	SNP百分率（%）
matK	822	2	0.24
psbA-trnH	528	13	2.46
racL-a	564	7	1.24
trnL-trnF	978	7	0.72
4套基因片段合计	2 892	29	0.01

为了进一步分析枸杞古树间的发育关系，将4套叶绿体片段（*matK*、*psbA-trnH*、*racL-a*和*trnL-trnF*）进行拼接。拼接后基因片段总长度为2 892bp，

同时以黑果枸杞L 37作为外类群，多序列对比以后进行最大似然树（ML）的构建。同时，将4套叶绿体基因序列导入MEGA X中分别构建系统发育树（图2-1）。结果表明，4套叶绿体片段所构建的系统发育树均将样品聚为一类，分类结果差距并不明显。

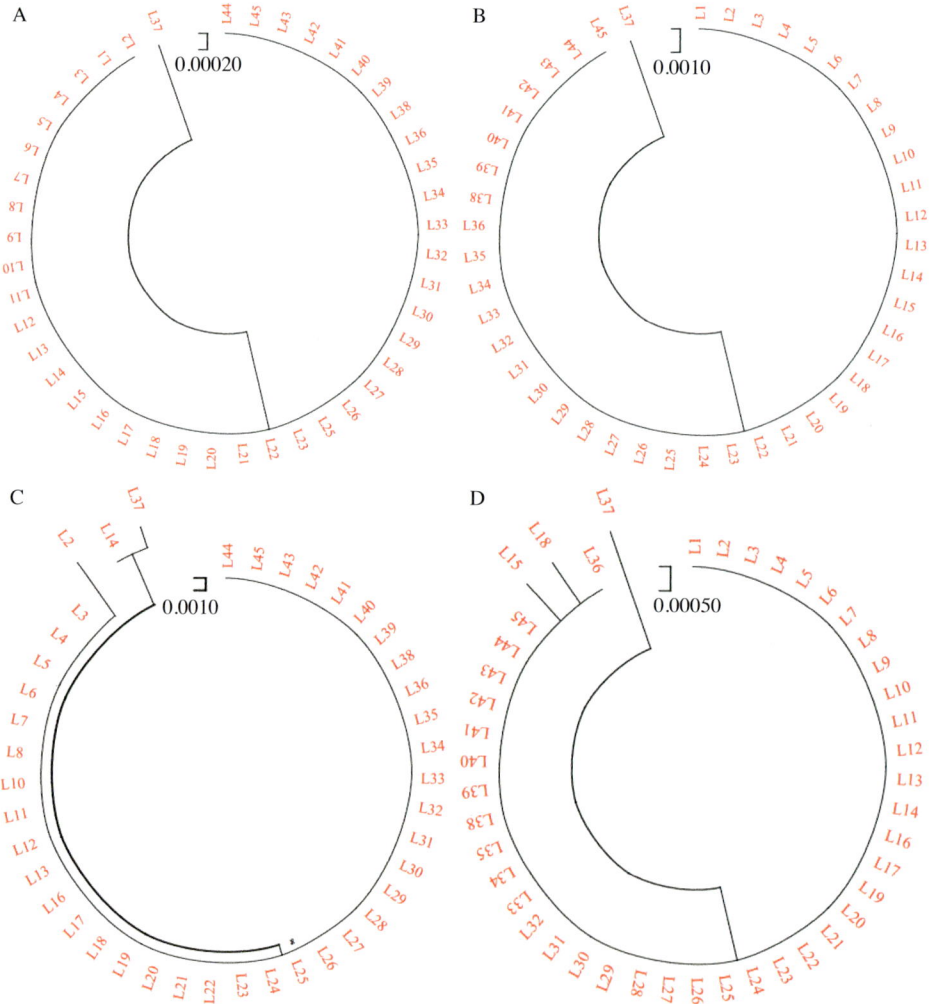

图2-1　基于4套叶绿体基因所构建的系统发育树

A.基于*matK*序列构建的系统发育树　B.基于*psbA-trnH*序列构建的系统发育树
C.基于*racL-a*序列构建的系统发育树　D.基于*trnL-trnf*序列构建的系统发育树

通过拼接4套叶绿体片段后所得到系统发育树（图2-2）可以看出，所有样本被分为两大支：第一大支包括L14，主要原因可能是L14叶绿体基因的*racL-a*基因在212bp、417bp、419bp发生转换，与其他样品差异较大；其他样本被划分为第二类群，表明这些样本可能拥有同一祖先。因cpDNA均为母系遗传，往往用于母系亲本的鉴定，此系统发育树的结果表明本次采样的枸杞古树类群遗传较为保守，遗传年限较短，遗传分化还未完全。

使用单一的叶绿体基因片段，结果易出现偏差，难以具有说服力，在目前研究中往往采用多段基因进行说明。通过对四段叶绿体基因的测定发现枸杞古树的叶绿体基因组结构高度保守，遗传分化尚未完全。4套叶绿体基因长度依次为：*trnL-trnF*基因>*matK*基因>*racL-a*基因>*psbA-trnH*

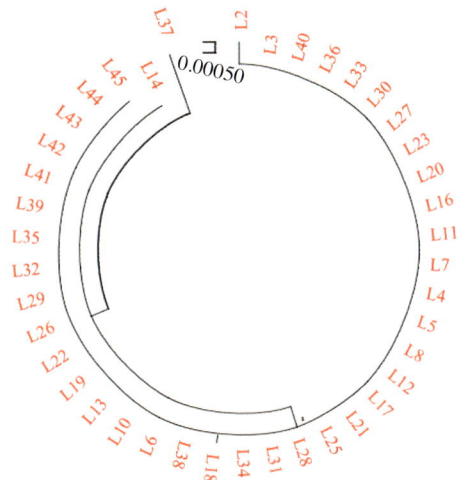

图2-2　基于cpDNA的45份枸杞样本的ML聚类分析

基因，4套基因拼接后长度达到了2 892bp。变异率情况为：*psbA-trnH*基因>*racL-a*基因>*trnL-trnF*基因>*matK*基因。其中*psbA-trnH*基因的变异率最高，达2.46%，成为叶绿体基因序列变异最大的基因间隔区之一，可以用于遗传距离较远的种质资源研究，此结果也证明了万如等人的观点。最大似然树将所有样品划分为三个高支持率进化支，说明叶绿体*matK*基因、*trnL-trnF*基因可以用于枸杞种质资源的研究，其结果与之前万如等（万如 等，2018，2020）相关研究的结论一致。

基于叶绿体基因*matK*、*psbA-trnH*、*racL-a*、*trnL-trnF*序列分析枸杞古树的遗传多样性研究结果表明，4套基因片段全长2 892bp，保守位点为2 863bp，变异位点为29bp，变异率达0.01%。构建系统发育树结果显示，所有古树遗传距离较小，表明样品古树遗传年限较短，尚未形成独立群体。研究结果为后续枸杞育种亲本选择提供了理论依据，对后续枸杞生产实践有着重要意义。

【参考文献】

安巍,李云翔,焦恩宁,等,1998.三倍体无籽枸杞新品种的选育研究[J].宁夏农学院学报(3): 41-44.

安巍,王亚军,尹跃,等,2013.枸杞种质资源的SRAP分析[J].浙江农业学报,25(6): 1234-1237.

安巍，赵建华，石志刚，等，2007. 枸杞种质资源果实数量性状评价指标探讨[J]. 果树学报，24(2): 172-175.

鲍红春，李小雷，王建平，等，2014. 枸杞遗传多样性的ISSR分析[J]. 华北农学报，29(1): 89-92.

查美琴，赵玉玲，李疆，等，2016. 新疆枸杞种质资源遗传多样性的SRAP分析[J]. 西北植物学报，36(4): 681-687.

陈刚，刘津，马志刚，等，2013. 甘肃枸杞属植物的RAPD分析[J]. 安徽农业科学，41(4): 1459-1461.

陈素萍，王莉，宋秀清，等，1989. 枸杞胚乳植株二代的形态及细胞学观察[J]. 遗传(5): 9-11, 49.

崔秋华，张玉珍，1988. 枸杞(*Lycium barbarum* L.)染色体核型分析[J]. 吉林农业大学学报 (1): 1-2, 10.

戴国礼，曹有龙，安巍，等，2008. 枸杞属RAPD反应体系优化[J]. 江苏农业科学(6): 64-66.

戴国礼，曹有龙，安巍，等，2009. 枸杞属AFLP分析体系优化与建立[J]. 西北农业学报，18(3): 166-171.

党少飞，王占林，张得芳，等，2016. 枸杞基因组微卫星特征分析[J]. 西北林学院学报，31(1): 97-102.

段丽君，曹有龙，周军，2009. 枸杞ISSR反应体系的优化与应用[J]. 西北农林科技大学学报(自然科学版)，37(12): 133-138, 145.

樊云芳，李彦龙，曹有龙. 2009. 枸杞DNA的提取方法研究[J]. 安徽农业科学，37 (35): 17380-17381.

樊云芳，尹跃，安巍，等，2017.TP-M13-SSR技术在枸杞遗传多样性研究中的应用[J]. 西北农业学报，26(6): 890-896.

冯显逵，1985. 宁夏枸杞的核型分析[J]. 宁夏农业科技，3: 28-29.

甘晓燕，郭玉琴，巩橹，等，2020. 24份枸杞种质资源SSR遗传多样性分析[J]. 分子植物育种，18(5): 1697-1701.

何丽娟，王有科，张如力，等，2016. 柴达木盆地不同枸杞群体种子表型多样性分析[J]. 草原与草坪，36(5): 34-39.

何丽娟，2016. 不同种类及种源枸杞染色体核型分析[D]. 兰州：甘肃农业大学.

贺淹才，2008. 基因工程概论[M]. 北京：清华大学出版社.

胡永超，马洁，唐建宁，等，2022. 不同树龄枸杞古树的遗传多样性研究[J]. 植物遗传资源学报，23(3): 755-767.

焦恩宁，李云祥，王兵，等，2010. 宁夏枸杞自交亲和性分析[J]. 西北农业学报，19(4): 115-119.

李健，王锦秀，王立英，等，2001. 无籽枸杞新品种选育研究[J]. 西北植物学报(3): 446-

450, 613.

李军, 郭晏海, 秦雪梅, 2002. DNA 随机扩增多态性分析技术在枸杞道地药材鉴别中的应用 [J]. 中医药研究 (3): 48-49.

李彦龙, 樊云芳, 戴国礼, 等, 2011. 枸杞种质遗传多样性的 AFLP 分析 [J]. 中草药, 42(4): 770-773.

李重, 胡伟明, 杨天顺, 等, 2017. 用于枸杞品种鉴定的多重 EST-SSR 标记的建立 [J]. 分子植物育种, 15(10): 4066-4070.

卢有媛, 郭盛, 张芳, 等, 2019. 枸杞属药用植物资源系统利用与产业化开发 [J]. 中国现代中药, 21(1): 29-37.

罗青, 张波, 李彦龙, 等, 2018. 枸杞花药离体培养获得单倍体植株 [J]. 宁夏农林科技, 57(6): 17-19, 63.

罗青, 张波, 罗家红, 等, 2021. 枸杞花培苗根尖染色体倍性鉴定技术研究 [J]. 宁夏农林科技, 62(11): 6-9.

马爱如, 朱一恕, 1987. 诱导宁夏枸杞多倍体研究初报 [J]. 湖北农业科学 (6): 26-27, 41.

马利奋, 尹跃, 赵建华, 等, 2018. 17 个枸杞品种的 SCoT 遗传多样性 [J]. 浙江农业学报, 30(10): 1665-1670.

马永平, 赵海燕, 杨少娟, 2010. 枸杞多种同工酶水平的遗传多样性分析 [J]. 安徽农业科学, 38(8): 4042-4043.

南雄雄, 王锦秀, 刘思洋, 等, 2015. 叶用枸杞新品种 '宁杞 9 号'[J]. 园艺学报, 42(4): 811-812.

秦金山, 王莉, 陈素萍, 等, 1985. 枸杞同源四倍体新物种类型的建立 [J]. 遗传学报, (3): 200-203, 245.

秦英之, 车佳航, 尹跃, 等, 2022. 基于全长转录组信息的枸杞 SSR 标记开发 [J]. 植物遗传资源学报, 23(6): 1816-1827.

任贤, 张磊, 罗才洁, 等, 2010. 枸杞 RAPD 反应体系的优化 [J]. 北方园艺 (19): 140-142.

尚洁, 李收, 张靠稳, 2010. 宁夏枸杞遗传多样性的 RAPD 分析 [J]. 植物研究, 30(1): 116-119.

邵千顺, 高磊, 南雄雄, 等, 2015. 利用 SSR 技术对十七份枸杞材料进行遗传多样性分析及标准指纹图谱构建 [J]. 北方园艺 (12): 91-95.

石志刚, 万如, 李彦龙, 等, 2016. 宁夏枸杞主要品种 psbA-trntH 的 DNA 条形码鉴定的初步研究 [J]. 农业科技与装备 (6): 1-2.

思彬彬, 马艳辉. 2010. 枸杞干果 DNA 不同提取方法的比较 [J]. 安徽农业科学, 38(1): 70-71.

思彬彬, 王镇. 2011. ISSR-PCR 分子标记法鉴别宁杞 1 号与雄性不育枸杞 [J]. 安徽农业科学, 39(14): 8309-8310.

思彬彬, 张靠稳, 刘国迪, 2012. 采用 ISSR-PCR 分子标记法鉴别黑果枸杞与雄性不育枸杞[J].安徽农业科学,40(33):16094-16095.

思彬彬,赵海燕,热汗姑·阿布都,2011.宁夏枸杞ISSR-PCR反应体系的建立与优化[J].江苏农业科学,39(5):41-43.

唐燕,火艳,宋敏,等,2021.基于表型的枸杞属种质遗传多样性分析[J].分子植物育种,19(22):7618-7628.

万如,王亚军,安巍,等,2019.基于psbA-trnH序列条形码鉴定21份枸杞属植物[J].江苏农业科学,47(1):56-59.

万如,王亚军,赵建华,等,2018.基于matK条形码序列鉴定枸杞属种质资源[J].宁夏农林科技,59(9):1-2.

万如,王亚军,赵建华,等,2020.基于trnL-trnF基因序列鉴定10种枸杞属种质资源[J].宁夏农林科技,61(1):14-15.

王佳伟,段林渊,戴国礼,等,2022.基于枸杞果实转录组SSR位点的开发与引物设计[J].分子植物育种,1-19.

王锦秀,李健,王立英,等,1998.枸杞同源四倍体诱导新方法初报[J].宁夏农林科技(6):4-7.

王锦秀,马晖,赵健,2006.三倍体枸杞99-3坐果率不稳定的原因探讨[J].宁夏农林科技(4):5-6.

魏玉清,许兴,王璞,2007.不同地区主要栽培宁夏枸杞品种的RAPD分析[J].西北农林科技大学学报(自然科学版)(1):91-95.

吴龙军,门惠芹,尹跃,等,2014.枸杞品种SRAP分析[J].宁夏农林科技,55(12):20-22.

严奉坤,许兴,杨亚亚,等,2007.同一品种不同产地宁夏枸杞DNA指纹图谱特征研究[J].时珍国医国药(10):2385-2386.

杨辉,周旋,王学琴,等,2017.枸杞种质遗传多样性SCoT分析[J].北方园艺(2):95-98.

杨志强,2022.基于三维重建的枸杞植株表型测量系统研究与实现[D].银川:宁夏大学.

尹跃,安巍,赵建华,等,2017.枸杞品种SSR荧光指纹图谱构建及遗传关系分析[J].西北林学院学报,32(1):137-141.

尹跃,曹有龙,陈晓静,等,2013.枸杞SRAP反应体系建立和优化[J].福建农林大学学报(自然科学版),42(3):297-301.

尹跃,赵建华,安巍,等,2018.利用SSR标记构建枸杞品种分子身份证[J].生物技术通报,34(9):195-201.

尹跃,赵建华,何昕孺,等,2019.枸杞种间杂交F₁群体的SSR鉴定及遗传分析[J].西北农业学报,28(12):2027-2034.

余意,王凌,孙嘉惠,等,2020.基于微卫星群体遗传学的栽培枸杞遗传多样性和遗传结构评价[J].中国中药杂志,45(4):838-845.

虞杭, 张得芳, 樊光辉, 等, 2018. 枸杞转录组 SSR 分布特征分析及其与基因组 SSR 分布特征的比较 [J]. 江苏农业科学, 46 (14): 24-27.

张波, 李敦, 戴国礼, 等, 2012. 22份枸杞属种质的 RAPD 分析 [J]. 广东农业科学, 39(5): 112-113, 127.

张磊, 任贤, 2009. 枸杞基因组 DNA 的提取及 RAPD 反应体系的优化 [J]. 安徽农业科学, 37(30): 14611-14613, 14634.

张满效, 陈拓, 肖雯, 等, 2005. 不同盐碱环境中宁夏枸杞叶生理特征和 RAPD 分析 [J]. 中国沙漠 (3): 391-396.

张新宁, 沈效东, 王锦秀, 1996. 枸杞四倍体同二倍体杂交败育的形态分析及解决方法 [J]. 宁夏农林科技 (4): 16-18.

张益芝, 戴国礼, 秦垦, 等, 2018. 宁夏枸杞 (*Lycium barbarum*) 花器官形态多样性与品系间识别研究 [J]. 广西植物, 38(9): 1205-1214.

赵春江, 2019. 植物表型组学大数据及其研究进展 [J]. 农业大数据学, 1(5): 5-18.

赵东利, 徐红梅, 胡忠, 等, 2000. 中宁枸杞 (*Lycium barbarum* L.) 的核型分析 [J]. 兰州大学学报 (6): 97-100.

赵建华, 安巍, 石志刚, 等, 2007. 枸杞种质过氧化物酶同工酶分析与评价 [J]. 江苏农业科学 (3): 175-177.

赵建华, 安巍, 石志刚, 等, 2008. 枸杞种质资源若干植物学数量性状描述指标的探讨 [J]. 园艺学报, 35(2): 301-306.

赵建华, 述小英, 李浩霞, 等, 2017. 不同果色枸杞鲜果品质性状分析及综合评价 [J]. 中国农业科学, 50(12): 2338-2348.

赵孟良, 任钢, 李屹, 等, 2018. 枸杞 ISSR-PCR 反应体系优化与遗传多样性研究 [J]. 分子植物育种, 16 (2): 502-511.

郑蕊, 岳思君, 罗秀梅, 等, 2009. 雄性不育枸杞花蕾 POD 和 EST 同工酶分析 [J]. 安徽农业科学, 37(27): 12953-12954.

周云龙, 2016. 植物生物学 [M]. 北京: 高等教育出版社.

Collard B C Y, Mackill D J, 2009. Start targeted (SCoT) polymorphism: a simple, novel DNA marker technique for generating gene-targeted markers in plants [J]. Plant Molecular Biology Reporter, 27(1): 86-93.

Liu Z G, Shu Q Y, Wang L, et al., 2012. Genetic diversity of the endangered and medically important *Lycium ruthenicum* Murr. revealed by sequence-related amplified polymorphism (SRAP) markers [J]. Biochemical Systematics and Ecology(45): 86-97.

Zhao W G, Chung J W, Cho Y I. et al., 2010. Molecular genetic diversity and population structure in *Lycium* accessions using SSR markers [J]. Comptes rendus-Biologies(333): 11-12.

第三章 PARTTHREE

宁夏枸杞主要功效成分及其生物活性研究

枸杞作为传统中药已有 2 000 多年的历史，具有重要的生物活性，如抗氧化、免疫调节、抗衰老、抗疲劳、降糖、降脂、抗癌、神经保护及缓解代谢综合征等。除了药用之外，宁夏枸杞及其衍生食品也被归类为膳食补充剂或"超级食品"，具有巨大的健康潜力。本章重点介绍宁夏枸杞的主要功效成分，包括多糖、类胡萝卜素、酚类化合物、生物碱和 AA-2βG 等，及其生物活性的研究进展。

第一节　枸杞多糖

在现代药理和化学研究中，枸杞子中被认为最有价值和研究最深入的成分是一组独特的水溶性糖合物，统称为枸杞多糖（*Lycium barbarum* polysaccharides，LBPs）。由于 LBPs 组成和结构的复杂性，决定了 LBPs 生物学功能的复杂性和多面性。大量研究表明，LBPs 具有抗氧化、抗衰老、免疫调节、促进新陈代谢、神经保护特性和抗糖尿病等诸多有益于人体健康的生物学功能。下面就 LBPs 的提取、纯化、结构表征及生物活性等方面进行介绍，以期对 LBPs 的研究有一个全面的认识。

一、枸杞多糖的提取

由于枸杞子中含有脂肪和小分子化合物等，一般在提取前先使用有机溶剂进行回流脱脂。常用的有机溶剂有乙醚、三氯甲烷和甲醇等。现行《中华人民共和国药典》指出枸杞子多糖提取前采用乙醚脱脂，一些研究也利用三氯甲烷-甲醇（2∶1）回流脱脂。小分子化合物的去除，在多糖净化中较为关键，因为其可能对多糖含量测定和活性研究产生较大的影响。《中华人民共和国药典》和大多数研究中脱脂后的残渣用80%乙醇回流除去单糖、寡糖和其他小分子物质，弃去乙醇上清液后再对残渣进行提取。

（一）热水浸提法

多糖作为一种极性大分子，难溶于有机溶剂、易溶于水，且其在热水中的溶解程度大于冷水，因此采用热水作为溶剂可以有效地提取多糖。热水浸提法具有低成本、易操作的优点，在多糖提取中使用最为广泛，也是最常用的枸杞多糖提取方法。

（二）酶解提取法

酶解提取法是指在提取多糖的同时，加入特异性酶如蛋白酶、果胶酶、纤维素酶等，以破坏细胞壁和脂质体，促进胞内多糖溶出释放。因酶具有高度专一性，选择适宜的酶尤为重要，同时，提取温度、pH、时间、酶的用量等条件均会影响提取效率。通过优化复合酶法提取枸杞多糖工艺，得到最佳工艺条件为纤维素酶和木瓜蛋白酶比例为1∶1.5、总加酶量2%、料液比1∶40、提取温度50℃、pH 4，多糖提取率为（7.28±0.12）%（缪风，2021）。酶解提取法条件温和、绿色环保且高效。然而，此法的特异性较高、对试验条件和步骤要求较为苛刻，且酶价格较昂贵，用量大，限制了该方法的广泛使用。

（三）超声辅助提取法

超声辅助提取法是采用超声波辅助溶剂进行提取，声波产生高速、强烈的空化效应和搅拌作用，增加溶剂穿透力，从而加速目标成分进入溶剂，促进提取的进行。超声提取与不同提取方法的组合可以提高LBPs的提取得率。与传统热水浸提法相比，超声提取可以大幅度提高有效成分的提取率，缩短提取时间。

（四）微波提取法

微波辅助提取是利用样品和溶剂中的偶极分子在高频微波作用下，诱导极性分子内部快速产生大量热，加速被提取物向提取溶剂的迁移。微波具有选择性，极性较大的分子可以获得较多的微波能，利用这一性质可以选择性地提取极性分子。张自萍等以枸杞多糖相对含量为考察指标，采用正交试验法考察了微波火力、提取时间及提取温度对枸杞多糖提取效率的影响，表明微波实际辐照的时间对多糖提取率的影响显著，在火力为3、120℃提取24min的最佳条件下，其所对应的微波实际辐照时间最长（1 082s），提取效果最好。而微波火力越大，达到相同的温度时，微波实际辐照的时间就越短，提取率反而较低。与传统热水回流方法相比，微波辅助提取可极大地缩短反应时间，由传统回流方法的6h缩短到24min，枸杞多糖的含量由传统方法的5.170%提高到6.574%。

微波提取法可使物质由内向外快速传热，加速多糖提取过程。但也可能导致多糖糖链断开，使之结构发生变化。Wu等在试验中发现微波功率在700～900W时枸杞多糖分子质量无明显变化，然而，微波功率从1 100～1 300W，多糖的提取率和分子质量急剧下降；当微波功率为900W时，在5～7min的辐照时间下，多糖组分的分子质量没有明显变化，且提取时间为7min时提取率最高；但随辐照时间（9～11min）的增加，多糖的含量和分子质量却显著降低。Wu等认为这是由于多糖在更高的微波功率和较长辐照时间下发生了分解（Wu et al.，2015）。所以，需要关注微波可能引起的多糖结构破坏。

总之，上述这些提取方法各有优缺点，不同提取方法对枸杞多糖的质量及活性会有不同的影响。在选择提取工艺时，应考虑提取率高、LBPs生物活性好的提取方法。

二、枸杞多糖的分离纯化

提取得到的粗多糖还需要去除蛋白、色素及小分子等共存杂质，并根据试验目的进行分离纯化，以获得所需要的高纯度多糖及其组分。

（一）多糖中蛋白质的去除

Sevag法和三氯乙酸法是脱蛋白的常用方法，其原理是使蛋白质变性沉淀而多糖不易沉淀。Sevag法是在多糖溶液中加入1/5体积分数的 Sevag试剂（正丁醇：氯仿=1∶4），剧烈振荡后离心去除蛋白质。Sevag法反应条件温和，能较好地避免多糖降解，是最常用的除蛋白方法，但操作步骤烦琐，需要多次重复操作才能获得较高的蛋白脱除率，致使多糖损失量较大。三氯乙酸法是将等体积的三氯乙酸试剂加入多糖溶液中，搅拌后离心去除蛋白质，此法除蛋白效率高，但所用试剂挥发性大，易造成污染，反应也较为剧烈，要控制好用量避免三氯乙酸对多糖结构的影响。此外，酶法脱蛋白也用于枸杞粗多糖脱蛋白，通过在多糖溶液中加入蛋白酶，使蛋白质酶解从而去除蛋白。近年来，双水相萃取技术由于环保、高效等优点也被用于枸杞粗多糖的蛋白除杂。

（二）多糖中色素的去除

多糖提取液通常颜色较深，影响产品外观及进一步的纯化，常需选择适宜的方法去除色素。常用的脱色方法包括活性炭吸附法、过氧化氢法、大孔吸附树脂法等。活性炭具有多孔结构，对非极性分子如芳香族有机物具有较强的吸附性，可以有效吸附多糖溶液中的色素。活性炭加入量、溶液 pH、脱色温度、脱色时间等直接影响脱色效果，该法条件较为温和，应用范围广，但也存在严重吸附多糖、多糖损失率大的缺点。过氧化氢可将多糖溶液中的色素氧化，从而达到脱色的效果，但过氧化氢的氧化性较强，若用量过大，反应时间较长，容易对多糖的结构和功能造成破坏。大孔吸附树脂是一类不含交换基团且有大孔结构的高分子吸附树脂，对多种色素、蛋白质均有不同程度的吸附性，在脱色的同时对蛋白质也有一定的去除作用，是植物多糖分离纯化的一种有效方法。

大孔树脂型号众多，选择适宜的型号有助于提高色素脱除率及多糖保留率。张自萍等以脱色率、多糖保留率和蛋白清除率为指标，从9种大孔吸附树脂中筛选出脱色效果最佳的 D318 大孔树脂，最佳脱色条件（样液质量浓度 3.0mg/mL、树脂用量 3g/25mL、pH7、处理 3h）下，D318 树脂的脱色率、多糖保留率和蛋白清除率分别为 67.32%、85.49% 和 58.76%。而且，与有机溶剂洗涤法相比，大孔树脂脱色所得到的枸杞多糖样品对 DPPH 自由基具有较强的清除能力，提示不同处理方式会影响枸杞多糖的生物活性。

（三）多糖的分级纯化

多糖经除色素、除蛋白后纯度得到了进一步的提高，但此时的多糖往往还是含有多个组分的混合物，其单糖组成、化学结构及聚合度大小各异，需要进一步分级纯化，才能得到高纯度的分子质量较为均一的组分多糖。常用的方法有乙醇分级沉淀法、膜超滤法和色谱分离法（如离子交换色谱和凝胶色谱等）。

1.乙醇分级沉淀法　乙醇分级沉淀法是利用不同聚合度多糖在不同浓度乙醇中具有不同的溶解度，而对其进行分离。Zhang 等采用不同浓度的乙醇沉淀枸杞多糖，得到 LBPs 不同组分（如 LBP-40、LBP-50、LBP-70、LBP-75 和 LBP-80），发现随着乙醇的体积浓度增加，多糖分子质量降低，抗氧化能力增强（Zhang et al.，2014）。乙醇分级法成本低、操作简易，适用于大量分离多糖。但该方法分离得到的多糖纯度较低，多糖组分不能有效分离。

2.膜超滤法　膜超滤法是根据多糖几何形状及分子质量大小的不同，运用不同截留分子质量的超滤膜对多糖进行分离，可实现多糖的纯化和浓缩。膜超滤法整个过程不发生相变，无须添加任何有毒化学试剂，无须高温条件，不会破坏多糖的结构，具有收率高、多糖的生物活性不易被破坏等特点。Deng 等采用不同截留分子质量的超滤膜分离枸杞粗多糖，得到 5 个分子质量不同的组分 LBP-1、LBP-2、LBP-3、LBP-4 和 LBP-5，试验发现只有 LBP-3 能够显著降低 H22 荷瘤小鼠的肿瘤重量，表明 LBP 的抗肿瘤活性与其分子质量密切相关，其中具有中等分子质量（40～350ku）的 LBP-3 为主要活性组分（Deng et al.，2017）。但由于多糖等大分子物质黏性大，容易产生膜污染和堵塞。

3.色谱分离法 离子交换色谱和凝胶色谱是多糖分离纯化最常用的两种色谱分离方法。离子交换色谱法是利用不同多糖与离子交换剂之间的离子交换能力差异从而将不同的组分进行分离，是一种极性分离。如酸性多糖带负电，可用阴离子交换柱层析将其与中性多糖分离，同时可控制洗脱液的离子强度将带电性不同的酸性多糖进行分离。最常用的阴离子交换剂是二乙基氨基乙基（DEAE)-纤维素（如 DEAE-52）、DEAE Sepharose Fast Flow 等，洗脱剂可用水及不同浓度的盐溶液、碱溶液和硼砂溶液等。凝胶色谱法是依据不同多糖组分的分子质量大小进行分离，也称空间排阻色谱法。在流动相的洗脱下，待分离的各组分按其分子质量由大到小的顺序依次分离，常用的凝胶填料有 Sephadex、Sephacryl 等系列。离子交换色谱法通常用于多糖组分的初步分离，凝胶色谱则被用于多糖组分的精制纯化，离子交换层析和凝胶过滤层析常联合用于多糖纯化。

1999 年 Huang 等报道，将水提、醇沉、脱蛋白后得到的粗多糖经 DEAE-纤维素阴离子交换色谱分离，继而在 Sepharose 4B 上进行凝胶色谱纯化，得到三种糖缀合物 LbGp3、LbGp4 和 LbGp5（Huang et al.，1999）。后续研究者也都借鉴他们的方法，利用阴离子交换色谱和凝胶色谱分离纯化枸杞多糖及其组分。这样水提、醇沉、脱蛋白、离子交换柱层析、凝胶色谱纯化也就成为枸杞多糖的传统分离纯化工艺。大量研究表明所用色谱分离填料的来源、型号不同，以及洗脱方式不同，都会导致最终得到的多糖组分在结构、分子质量大小等方面的差异。

柱色谱法不需要有机溶剂，对多糖等高分子物质具有很高的分离效率。但因上样量小，流速慢，不耐压，且填料价格昂贵，目前大多局限于试验室研究。

三、枸杞多糖的结构表征

单糖是多糖的基本组成单元，单糖之间的连接位点与连接方式多样，因而多糖结构复杂多样，结构解析存在很大的难度，特别是对多糖高级结构的解析目前尚无有效手段。因此，关于枸杞多糖的结构研究也主要聚焦于一级结构。

多糖一级结构研究主要包含分子质量大小和分布、组成单糖的种类及比例、糖残基键合结构分析等。

（一）分子质量测定

分子质量大小及其分布对认识多糖结构与活性研究具有重要意义。不同的提取方法、纯化及检测方法，以及不同的枸杞品种和栽培地区都导致了枸杞多糖分子质量的差异，文献报道枸杞多糖的重均分子质量（Mw）范围为 $2.1 \times 10^3 \sim 6.5 \times 10^6$ u 不等。

目前多糖分子质量测定多采用尺寸排阻色谱（size-exclusion chromatography，SEC）与示差折光检测器（differential refractive index detector，RID）或蒸发光散射检测器（evaporative light scattering detector，ELSD）联用，以不同重均分子质量的葡聚糖或普鲁兰聚糖（dextran or pullulan）对照品绘制标定曲线，然后根据待测样品在凝胶柱上的保留时间求得相对分子质量及分子质量分布范围。张鑫等采用 SEC-ELSD 法，建立了枸杞多糖分子质量分布特征图谱，结果表明采自青海、宁夏、内蒙古、甘肃 4 个不同产区共 16 批次枸杞多糖的特征图谱与对照图谱相似度大于 0.891，分离出 9 个分子质量特征峰，测定了 7 个多糖分子质量片段的分子质量分布，分子质量分布在 2 ~ 106ku 之间；灰度关联分析表明分子质量约为 34.6ku 的多糖片段与抗炎活性关联性较强（张鑫 等，2020）。SEC 是一种测定多糖 Mw 的相对方法，测定结果与所用标准品密切相关，若标准品与待测样品的性质、形状等有较大的差别，或所选凝胶柱、流动相不恰当，则会造成较大的误差。由于枸杞多糖是大分子混合物，其结构特征与葡聚糖或普鲁兰多糖标准物有显著差异，无论是 SEC-RID 还是 SEC-ELSD 的准确性都不够高，较难准确表征枸杞多糖分子质量分布。

近年来尺寸排阻色谱耦合多角度激光散射-示差检测器法（size exclusion chromatography coupled with multi-angle laser light scattering and refractive index detector，SEC-MALLS-RID）逐渐被用于多糖的结构研究。Wu 等采用 SEC-MALLS-RID 法，对青海、宁夏、内蒙古、新疆、甘肃等地采收的 50 批枸杞果实的水溶性多糖及其组分的分子质量进行了测定。结果表明，不同产地采集的枸杞多糖的 SEC 色谱图和分子质量分布相似，5 个地区枸杞多糖的 3 个多糖组分分子质量相近，分别为 $1.124 \times 10^6 \sim 3.868 \times 10^6$ u（峰 1）、$1.371 \times 10^5 \sim 5.783 \times 10^5$ u（峰 2）和 $5.360 \times 10^4 \sim 3.554 \times 10^5$ u（峰 3）（Wu et al.，2016）。SEC-

MALLS-RID法有其不可替代的优势，是一种*Mw*的绝对测定方法，获得分子质量不依靠对照品，准确度较高。但此仪器的普及率不高，其分子质量的获得需要多角度激光散射MALLS与示差检测器RID串联使用，对操作人员技术要求也比较高。

（二）单糖组成分析

单糖组成种类及比例是多糖重要的结构特征。枸杞多糖的主要组成单糖有阿拉伯糖（Ara）、半乳糖（Gal）、鼠李糖（Rha）、葡萄糖（Glc）、木糖（Xyl）、果糖（Fuc）、核糖（Rib）、甘露糖（Man）、葡萄糖醛酸（GlcA）和半乳糖醛酸（GalA）。枸杞多糖是一种杂多糖，不同的提取分离方式以及所用检测方法不同，所得多糖及其组分的单糖组成也不同。

1.**气相色谱-质谱法（GC-MS）** GC-MS是分析碳水化合物的优秀技术，已被广泛应用于测定多糖的单糖组成。通常，组分单糖分析首先用硫酸（H_2SO_4，1mol/L）或三氟乙酸（TFA，2mol/L）对样品进行完全水解，并对释放的单糖进行乙酰化，以确定中性多糖的组成单糖；然后用GC-MS对醇酯进行分析。然而，GC-MS 不适用于酸性多糖，可能原因是糖醛酸具有不同寻常的耐酸水解，糖醛酸一旦从多糖中释放出来，就会发生内酯化和脱羧。

2.**柱前衍生高效液相色谱法（PMP-HPLC）** 由于糖类物质一般不具备紫外和荧光生色基团，而通用型检测器灵敏度相对较低，因此，利用高效液相色谱（HPLC）对多糖的单糖组成进行分析时，需要先用三氟乙酸或硫酸等将其水解成单糖，再进行柱前衍生化使其具有紫外或荧光显色基团，以便能被紫外或荧光检测。试剂1-苯基-3-甲基-5-吡唑啉酮（PMP）在245nm处具有较强的紫外吸收性，与还原糖在碱性条件下反应后所得衍生化产物较为稳定，反应条件温和易控，灵敏度高，是常用的HPLC柱前衍生化试剂。

与GC-MS相比，PMP-HPLC能同时测定多糖释放的中性、酸性和碱性单糖，识别不同类型的单糖，对LBP释放的成分单糖进行定性和定量分析。Zhu等对比了GC-MS和PMP-HPLC分析枸杞酸性多糖（LBP-s-1）的单糖组成，前者测定表明LBP-s-1的组成单糖为Rha、Ara、Xyl、Man、Glc和Gal，没有检测到糖醛酸；而PMP-HPLC分析表明LBP-s-1由Rha、Ara、Xyl、Man、Glc、Gal和GalA组成，摩尔比为1.00∶8.34∶1.25∶1.26∶1.91∶7.05∶15.28，且半乳糖醛酸（GalA）是LBP-s-1的优势单糖（Zhu et al.，2013）。

3.**高效阴离子交换色谱法** 无论气相还是液相色谱测定多糖的单糖组成，都需要对样品进行较为复杂的衍生化处理。高效阴离子交换色谱利用单糖的电化学活性以及在强碱中呈离子化状态特性，使其较好保留在离子型色谱柱上，无须衍生即可被离子型检测器识别及准确测定，并且中性、酸性和碱性单糖都可以很容易地通过高效阴离子交换色谱-脉冲安培检测法（HPAEC-PAD）进行解析和测定。王梓轩等将枸杞子经水提醇沉，Hiprep DEAE FF16/10 柱分离，再由 HPAEC-PAD 测定，结果表明枸杞粗多糖及其不同组分均由阿拉伯糖、氨基葡萄糖、半乳糖、葡萄糖、木糖、甘露糖、果糖、核糖、半乳糖醛酸和葡萄糖醛酸组成（王梓轩 等，2021）。HPAEC-PAD 的主要优点是在定量之前不需要柱前衍生化或样品处理，被认为是对枸杞多糖的组成单糖进行定性和定量分析的最有效技术之一。

（三）糖残基键合结构分析

多糖的键合结构分析包括糖残基类型及糖苷键连接位点分析、糖环类型及构型分析、糖苷键连接顺序以及糖残基上羟基被取代情况等。

高碘酸氧化和 Smith 降解法是鉴定糖苷键连接的传统化学分析方法，但随着现代谱学技术的发展，上述两种方法已较少使用。甲基化反应与 GC-MS 联用是目前糖残基类型及糖苷键连接位点分析的主要方法，利用该技术可以揭示多糖主干结构残基、末端残基、分支点的出现等信息。单糖多以吡喃环或呋喃环的形式存在，且单糖成环后会形成一个端基异头碳原子，有 α 和 β 两种构象，通常借助红外光谱（IR）及核磁共振（NMR）可分析单糖的成环类型及构型。NMR 是一种强大的多糖结构表征技术，可提供多糖结构中糖苷键的构型、单糖的数目及种类、糖残基的连接位置和连接顺序及取代基等信息，但目前多糖的 NMR 图谱解析还存在很大困难。

关于枸杞多糖的结构，由于原料来源、提取分离方式以及所用检测方法不同，迄今为止，无论是在组成糖缀合物的单糖方面，还是在聚糖主干、分支位点和侧链的糖苷连接分析方面，文献数据提供了不同的结果。Peng 等分析表明枸杞多糖 LBGP2 是由 Ara 和 Gal 以 4：5 组成的阿拉伯半乳聚糖，通过糖苷键连接分析、完全酸水解、部分酸水解、^{1}H 和 ^{13}CNMR 确定了 LBGP2 聚糖的主链由 $(1 \rightarrow 6)$-β-半乳糖残基组成，其中约 50% 的残基在 C-3 上被半乳糖或阿拉伯糖基取代（Peng et al.，2001）。段昌令等分离得到 4 个均一枸杞多糖，其中 LBP-1a-1 和 LBP-1a-2 为 1, 6 连接的葡聚糖；LBP-3a-1 和 LBP-3a-2 具有 1, 4 连接的多聚半乳糖醛酸主链及微量的半乳糖和阿拉伯糖分支，且具有 1, 4 连接多聚半乳糖醛酸主链结构的多糖活性较强（段昌令 等，2001）。Wu 等分离纯化了一种水溶性多糖 LBP-3，结构分析表明 LBP-3 由阿拉伯糖和半乳糖组成，是一种高度支化的多糖，其主链是 1, 3 -linked β-Galp，在 C-6 上被部分取代（Wu et al.，2021）。Huang 等通过一系列光谱技术（IR、NMR、质谱等）结合化学方法（甲基化分析、部分酸水解、Smith 降解等）鉴定枸杞阿拉伯半乳聚糖是一种高分支的多糖，主链只有→6)-β-Galp-（1→残基，在 C-3 位取代（Huang et al.，2022）。

目前文献报道的 LBP 聚糖骨架的特征糖苷键主要表现为 1,3-linked β-Galp、1,6-linked β-Galp、1,4-linked α-Glcp、1,6-linked α-Glcp 或 1,4-linked α-GalpA。由于糖苷连接位置测定的前处理过程较为烦琐，涉及多步反应，且质谱图谱和核磁共振图谱分析解析难度较大，对于枸杞多糖及其组分的精确结构，还需要通过一系列先进的谱学技术（IR、1DNMR、2DNMR、质谱等）结合化学方法（甲基化分析、部分酸水解、Smith 降解等）深入研究。

四、枸杞多糖的含量测定

现行植物多糖含量多采用苯酚-硫酸比色法或蒽酮-硫酸比色法检测，这两种方法均是通过显色后采用分光光度计进行测定。但近年来，色谱分析方法也逐渐被用于多糖的定量分析。

（一）分光比色法

目前测定枸杞多糖含量主要采用《中华人民共和国药典》（2015 年版）和 GB/T 18672—2014 附录 A 中规定的方法，即苯酚-硫酸法，以葡萄糖为标准品绘制标准曲线，再以比色法测定。苯酚-硫酸法测定的最大吸收波长会因水解出的单糖种类的不同而不同，一般最大吸收波长在 480 ～ 491nm 之间。由于多糖的单糖组成比较复杂，相同质量浓度的不同单糖在同样的波长下响应不同，当葡萄糖作为单一参考标准时，苯酚-硫酸法的准确性受到影响，导致该方法的特异性和准确性较差。为此，有些研究提出建立混合单糖的校正曲线提高苯酚-硫酸法的准确度，如将枸杞多糖进行水解衍生化处理后用气相色谱法和高效液相色谱法测定单糖组成，在此基础上，根据各单糖组成物质的量比，建立混合单糖的校正曲线以提高苯酚-硫酸法的准确度。

考虑到以单糖作为参考标准时方法的特异性和准确性较差，孙红梅等采用蒽酮-硫酸法，以葡聚糖为对照品，建立枸杞子的多糖含量测定方法。其原理是利用多糖在浓硫酸的作用下水解成单糖，然后迅速生成糖醛衍生物，再与蒽酮结合生成蓝绿色的化合物，以葡聚糖代替葡萄糖为标准品，在最大吸收波长 620nm 附近测定吸光度。通过对宁夏、青海、新疆等 3 个产地 86 批次枸杞子中多糖的含量测定分析，显示其多糖含量分布范围为 1.71% ～ 4.56%，多糖含量高低顺序为青海＞新疆＞宁夏（孙红梅 等，2020）。张自萍等也尝试用该方法测定了不同树龄、不同品种宁夏枸杞的多糖含量，发现采用蒽酮-硫酸法测定的多糖含量都低于苯酚-硫酸法测定的多糖含量。

（二）色谱分析法

目前对天然多糖进行色谱定量分析的典型方法是将多糖水解释放单糖，然后进行色谱分析（如PMP-HPLC、HPAEC-PAD和GC-MS等）。宁夏回族自治区药品检验研究院（国家枸杞产品质量检验检测中心（宁夏））等单位发布了团体标准《枸杞中枸杞多糖含量的测定—高效液相色谱法》（T/NAIA 0121—2022），其原理是将枸杞多糖用三氟乙酸溶液水解为单糖，再加PMP衍生化，然后用HPLC测定，以2-脱氧-D-核糖为内标，以甘露糖、岩藻糖、核糖、鼠李糖、葡萄糖醛酸、木糖、半乳糖醛酸、半乳糖、阿拉伯糖和葡萄糖溶液作为混标进行定量。中国科学院兰州化学物理研究所提出了国家标准《枸杞中枸杞多糖的测定　离子色谱法》（征求稿），其原理是将枸杞多糖水解液中的单糖以离子交换色谱柱，氢氧化钠/醋酸钠溶液梯度洗脱，脉冲安培检测器即HPAEC-PAD法检测，测定枸杞多糖水解产生的单糖组成及含量，以各单糖的加和含量为基准计算出枸杞样品中枸杞多糖的含量。虽然HPAEC-PAD、GC-MS、PMP-HPLC是多糖释放单糖定量分析的可行和可取的技术，但这些方法都需要多糖的完全酸水解，这样就无法在线定量多糖的不同组分；此外，多糖的不完全水解或所释放的单糖的破坏都会降低定量的准确性。

近年来澳门大学李少平教授课题组开发了一种基于dn/dc量化的SEC-MALLS-RID方法来定量评估天然多糖及其不同组分。他们首先采用SEC法分离天然多糖，然后用MALLS法测定各组分的分子质量，最后，根据多糖对RID的响应和通用折射率增量（dn/dc）对多糖及其组分进行定量分析。与苯酚-硫酸法和SEC-ELSD相结合的方法相比，基于通用的dn/dc的SEC-MALLS-RID对多糖及其组分进行定量分析，不需要单独的多糖标准或校准曲线，具有简单、快速、准确的优点。将该方法用于不同地区（包括青海、宁夏、内蒙古、新疆和甘肃）采集的枸杞多糖及其不同组分的定量分析，结果显示枸杞子的水溶性多糖含量在1.02%～2.48%之间，宁夏地区枸杞粗多糖中各多糖组分的平均含量与内蒙古、新疆、甘肃的含量相近，宁夏和青海的枸杞多糖含量差异显著，宁夏产枸杞原料中多糖总组分的平均含量显著高于青海产枸杞（Wu et al.，2016）。此方法操作简单且不依赖于对照品的使用，但由于仪器准确性影响因素较多，若作为枸杞多糖及其相关产品质量评价的常规方法还需进行深入考察。

五、枸杞多糖的质量评价

由于枸杞多糖具有显著的药理特性，以枸杞多糖为功效的产品研发越来越多，因此判定枸杞多糖产品的质量好坏及原料真伪也越发重要。通常采用苯酚-硫酸法或蒽酮-硫酸法测定多糖含量来控制枸杞多糖产品的质量，但此类方法选择性较差，无法得到多糖的单糖组成以及糖残基连接方式等结构信息，所以不能有效地鉴别出掺假品。因此，建立能切实反映枸杞多糖质量的标准方法是近年来关注的热点问题。

近些年中药指纹图谱分析技术逐渐被应用于中药多糖质量分析。指纹图谱技术可较为全面地反映产品内在成分的类别和含量，在质量评价以及监控产品批次间差异上具有实用价值。多糖的活性与其单糖组成、糖残基连接方式、相对分子质量及空间结构等有着密切的联系，采用指纹图谱技术对多糖结构进行表征，可以比较直观及全面地反映多糖结构特征；同时利用指纹图谱结合化学计量学对不同批次、不同品种及不同产地间多糖产品进行直观比较，可以有效、科学地评价多糖产品的质量。

（一）HPLC指纹图谱分析

目前文献中大部分多糖指纹图谱是通过完全水解或部分水解，对多糖的单糖组成或寡糖组成进行测定。检测技术包括HPLC、GC-MS、TLC、电泳法等，其中以PMP-HPLC应用最为广泛。席璟睿等通过水提醇沉法提取16批不同产地的枸杞多糖，采用三氟乙酸部分水解，将水解产物中的单糖和寡糖采用PMP-HPLC分析，构建枸杞多糖的部分酸水解产物指纹图谱，结合多种化学计量学方法评价不同产地枸杞多糖的差异并用于市售样品的真伪鉴别。结果表明，不同产地枸杞多糖部分酸水解产物中均含有7种单糖、聚合度（DP 2～4）的半乳糖醛酸聚糖和3种其他类型的二糖；16批产地的枸杞多糖相似度在0.911～0.997，可将不同产地的枸杞多糖分为3类，分类结果与产地有一定的相关性，并且筛选出3个影响产地间差异的标志性成分，即葡萄糖、阿拉伯糖和半乳糖（席璟睿 等，2021）。

（二）多元指纹图谱法

原理是将多种分析方法的结果整合，从而形成多糖的多元指纹图谱，即利用多种分析手段包括IR、HPLC、UV和高效凝胶渗透色谱（HPGPC）等，获得反映不同结构特征的指纹图谱。目前基于多糖物理化学性质（包括分子量、组成单糖和糖苷键）综合比较的指纹分析技术已被用于LBPs的定性分析。此外，SEC-MALLS-RID被应用于LBPs的定量。Liu等建立了基于IR、UV、HPGPC以及PMP-HPLC的枸杞多糖多维指纹图谱，采用化学计量学的手段对16批不同产地、不同品种枸杞多糖进行了评价分析，结果表明，产地是影响枸杞多糖质量的主要因素，指纹技术与化学计量学相结合能够识别LBPs样品的不同栽培地点，从分析中，选择了半乳糖醛酸、葡萄糖、半乳糖、阿拉伯糖4种单糖作为标记来区分来自不同地点的枸杞样品（Liu et al.，2015）。

多元指纹图谱法是利用多种技术结合的方式对多糖的初级结构进行分析，同时结合化学计量学手段对多糖结构的相似性和差异性进行判断。方法的优势在于能较为全面地反映多糖的基本结构，相比于传统的初级结构测定方法，结合化学计量学能对质量做出更直观的评价。但此技术仍存在一定不足，如测定过程涉及检测项目较多，检测成本高，检测步骤烦琐，且未能反映多糖结构与活性相关信息。

（三）糖谱法

糖谱法（saccharide mapping）是指采用特异性的酶对多糖进行酶解，对获得的片段采用多种色谱技术进行分析，同时结合多糖活性检测，确定多糖的活性结构特性并完成定性或定量分析。一般来说，比较酶解前后多糖的生物活性，可以揭示糖苷键对多糖生物活性的影响，继而，根据酶解得到的多糖的生物活性和结构特征，又可以评价多糖的结构-生物活性关系。Xie等研究了枸杞多糖（LBP05）及其部分酸水解物和酶消化物对RAW264.7巨噬细胞功能的影响。结果表明，LBP05诱导的RAW264.7细胞NO的产生和吞噬活性与其α-1，4-半乳糖醛酸和α-1，5-阿拉伯糖苷键有关（$p < 0.001$），NO的产生和吞噬活性的降低可能是由于与生物活性相关的糖苷键（如α-1，4-半乳糖醛酸和α-1，5-阿拉伯糖苷键）的破坏（Xie et al.，2017）。糖谱法测定的关键前提是需筛选出特异性的酶及差异性片段，对样品做出有效鉴别和区分。

综上所述，由于枸杞多糖制备过程可能存在原料、种属、地域、提取分离方法等方面的差异性，导致得到LBPs产物的结构、纯度均有很大差异，加之枸杞多糖结构的复杂性，因而从现有技术手段实际情况出发，单一检测手段难以客观反映枸杞多糖的质量。建立单糖组成、Mw及其分布、糖连接位置以及多糖含量等测定方法，采用其中2种或2种以上结合的方式，可达到对枸杞多糖类产品的初步质量控制。但要建立专属性更强的方法，尤其对某些易混淆产品进行区分时，则需要更加充分的研究基础。

六、枸杞多糖的生物活性

枸杞多糖一直是研究枸杞药理和保健作用的焦点。大量研究表明，枸杞多糖具有抗氧化、抗衰老、免疫调节、抗肿瘤、神经保护、促进新陈代谢、抗糖尿病、保肝、抗骨质疏松和抗疲劳等诸多有益于人体健康的生物学功能。现代药理学表明，免疫调节是枸杞多糖最显著的生物活性，LBPs的许多生物学功能与抗氧化活性相关，免疫调节和神经保护作用是近年来研究关注的热点。因此，本书主要介绍LBPs的抗氧化、免疫调节和在中枢神经系统疾病方面的神经保护作用。

（一）枸杞多糖的抗氧化活性

抗氧化活性作为LBPs的主要活性之一，亦是其质量评价的关键指标之一。研究表明，枸杞多糖可以通过清除自由基、增强抗氧化酶活性、激活抗氧化应激通路等途径起到抗氧化的作用。

1.LBPs清除自由基　体外抗氧化活性常采用1，1-二苯基2-三硝基苯肼基（DPPH）清除率、ABTS总抗氧化能力、总还原能力、羟基自由基（·OH）清除率等作为抗氧化活性评定指标。张强钰等通过DPPH自由基和·OH自由基清除能力分析了6个不同品种枸杞多糖的体外抗氧化能力。结果表明，不同品种间枸杞多糖总含量有显著性差异（$p<0.05$），其中宁杞1号多糖含量最高，宁杞5号多糖含量最低；不同品种枸杞多糖对DPPH自由基、·OH自由基均有一定的清除作用，且还原能力也很强，但不同品种的枸杞多糖抗氧化能力存在差异，总体而言，宁杞7号的抗氧化活性最强。Gong等将水提、醇沉和脱蛋白所得LBP，用8～14ku膜透析，得透析液LBP-O和保留液LBP-Ⅰ，继而采用乙醇分级沉淀分离保留液得到三个组分，体外抗氧化活性表明所有样品均具有体外抗氧化活性，其中LBP-O对超氧阴离子自由基、DPPH自由基和·OH自由基的清除能力最强，且体外还原能力随浓度的增加而增加。分析认为抗氧化活性与多糖的分子质量及结构有关，小分子质量多糖在水中溶解度好，结构更疏松，使活性基团更容易与自由基接触而表现出更高的活性（Gong et al.，2018）。

2.LBPs增强抗氧化酶活性　人体内主要的抗氧化酶系统包括超氧化物歧化酶（SOD）、过氧化氢酶（CAT）、谷胱甘肽过氧化物酶（GSH-Px）等，它们是体内主要的自由基清除物质。机体老化后，抗氧化酶含量下降，自由基增多，产生大量脂质过氧化物（如丙二醛MDA），增加细胞的损伤。但如果补充外源性抗氧化剂，可以提高体内SOD、CAT、GSH-PX的含量，有效抑制自由基氧化损伤，延缓衰老。缪凤建立体外H_2O_2诱导的HepG2细胞氧化损伤模型，探究14种LBP纯化组分的抗氧化活性差异，结果表明LBPa1组分对H_2O_2诱导的HepG2细胞的保护作用最强，而LBPc5组分保护作用最弱；在抗氧化应激能力测定中，LBPa1试验组MDA含量最低，LBPc5试验组MDA含量最高；LBPa1使SOD活力达到最大值，LBPc5则使SOD活力处于最低值（缪凤，2021）。

3.LBPs激活Nrf2/ARE抗氧化途径在氧化应激相关疾病中发挥作用　Nrf2/ARE信号通路是细胞抵御氧化应激等外界刺激的重要途径。Nrf2是一种内源性的抗氧化应激调节因子，生理条件下Nrf2定位于细胞浆，当细胞受到活性氧（ROS）信号刺激时，Nrf2转位至细胞核与抗氧化反应元件（ARE）结合，启动下游的解毒、抗氧化、抗炎、抗凋亡基因的表达以抵抗有害刺激。研究表明LBPs可诱导Nrf2核易位，增加依赖于Nrf2的ARE靶基因表达，通过激活Nrf2/ARE通路部分保护UVB照射诱导的光损伤，从而清除ROS，减少DNA损伤，进而抑制UVB诱导的p38MAP通路（Liang et al.，2018）。LBPs可显著降低脓毒症模型大鼠血清ROS含量，通过调节Keap1-Nrf2/ARE信号通路影响NF-κB和促炎细胞因子水平，减弱肾脏炎症损伤，对炎症诱导的肾脏损伤提供保护作用（Wu et al.，2020）。Yang等通过高脂肪诱导的细胞和小鼠模型试验，发现LBPs可通过诱导Nrf2/ARE通路、激活PI3K/Akt来降低高脂肪诱导的胰岛素抵抗，保护IR和糖代谢异常，抑制炎症因子表达（Yang et al.，2016）。

（二）枸杞多糖在中枢神经系统疾病方面的保护作用

近年来，中枢神经系统（central nervous system，CNS）疾病，如阿尔茨海默病、帕金森综合征、抑郁症等的发病率呈直线上升，给社会和家庭带来沉重的经济和精神负担。国内外大量研究显示枸杞多糖在预防CNS疾病方面展现出潜在的治疗作用，可能成为有价值的预防和治疗CNS疾病的药剂。

1.LBPs在阿尔茨海默病中的作用　阿尔茨海默病（alzheimer's disease，AD）是一种以进行性认知障碍和记忆能力损害为主的中枢神经系统退行性疾病，是最常见的痴呆症。AD患者的典型病理特征包括脑内由淀粉样β蛋白（Aβ）沉积的淀粉样斑块，Aβ是淀粉样前体蛋白在β分泌酶和γ分泌酶的作用下连续裂解的产物，$Aβ_{40}$和$Aβ_{42}$是最常见的形式。$Aβ_{42}$具有很强的神经毒性，更容易聚集，导致Aβ沉淀和神经毒性，引起多种神经病理学改变，如氧化应激、炎性反应、突触丧失、神经元传递功能障碍和神经元死亡等。因此，抑制Aβ的产生或防止Aβ的聚集、降低$Aβ_{42}$与$Aβ_{40}$的比值、减轻或抑制Aβ沉淀导致的神经毒性等被认为是一种有希望的AD治疗策略。Zhang等采用Morris水迷宫法观察到枸杞多糖提取物能改善APP/PS1双转基因AD小鼠的学习记忆能力，降低小鼠海马组织中Aβ_{42}水平（Zhang et al., 2013）。Zhou等从枸杞子中得到了一种阿拉伯半乳聚糖LBP1A1-1，ELASA测定表明LBP1A1-1抑制了Aβ_{42}产生；硫黄素T荧光测定显示LBP1A1-1可以阻碍Aβ_{42}聚合，抑制原纤维形成。而Western-blot显示另一种杂多糖LBP1C-2抑制了BACE1（β-分泌酶1）的表达，进而抑制Aβ的生成（Zhou et al., 2018）。吴嘉欣等研究表明LBP-3诱导N2a/APP695细胞Aβ_{42}/Aβ_{40}比值呈浓度依赖性降低，蛋白质组学分析表明其作用机制可能与LBP-3抑制γ分泌酶的活性从而降低Aβ_{42}/Aβ_{40}比值有关（Wu et al., 2021）。

2.LBPs在帕金森综合征中的作用　帕金森综合征（parkinson's disease，PD）是仅次于AD的第二大神经退行性疾病，PD的主要病理特征是黑质致密区多巴胺能神经元的丧失。研究表明，枸杞对于防治PD具有潜在的作用。LBPs可改善PD小鼠的运动功能，缓解黑质纹状体的退化进程，可能与SOD等抗氧化酶水平的上升、α-突触核蛋白的沉积减少和PTEN/AKT/mTOR信号通路的激活相关（Wang et al., 2018）。LFP-1是从枸杞子中分离得到的一种酸性杂多糖，研究表明LFP-1促进了PD细胞模型PC12细胞的神经元分化和神经突起生长，对MPP$^+$诱导的PC12细胞具有显著的保护作用，提示LFP-1具有神经营养和神经保护活性，可能被开发用于预防或治疗PD的神经变性（Zhang et al., 2020）。

3.LBPs在抑郁症中的作用　抑郁症（depression）是一种危及生命的精神疾病，以连续且长期的心情低落为主要的临床特征，发作时常伴思维迟缓、食欲下降、意志活动减退等症状。Fu等使用厌恶刺激建立了抑郁症的小鼠模型，持续28d向小鼠胃内施用5mg/kg的枸杞多糖糖蛋白，其结果表明枸杞多糖糖蛋白是抑郁症的潜在预防性干预措施，作用机制可能通过防止外侧松果体缰中的异常神经元活动和小胶质细胞激活起作用（Fu et al., 2021）。一项随机、双盲、安慰剂对照试验结果表明，LBPs给药减轻了患病青少年的抑郁症状，同时LBPs耐受性良好，没有限制治疗的不良事件（Li et al., 2022）。

苏国辉院士课题组等根据多年来LBPs在青光眼、糖尿病性视网膜疾病和视网膜色素变性等多种视网膜疾病的动物模型中的研究，并结合LBPs在AD和PD等CNS退行性疾病方面的研究，揭示了LBPs的抗氧化、稳定血管通透性和调节神经免疫的特性（林幼红 等，2019）。

（三）枸杞多糖的免疫调节作用

LBPs的免疫调节作用是其最主要的生物功能（Xiao et al., 2022），LBPs可以激活不同的免疫系统成分，具有广泛的免疫调节功能。

1.LBPs可以激活巨噬细胞　巨噬细胞在感染后的免疫功能调节、组织损伤和肿瘤细胞毒性中发挥关键作用。巨噬细胞作为专业的抗原呈递细胞，通过在损伤或感染后的早期时间点释放各种促炎症介质，帮助形成先天和适应性免疫反应。研究表明，LBPs可以激活巨噬细胞，显著上调腹腔巨噬细胞上CD40、CD80、CD86和MHC Ⅱ类分子的表达；LBP和LBPF1-5通过RAW264.7巨噬细胞激活转录因子NF-κB和AP-1，诱导TNF-α、IL-β、IL-12p40mRNA表达，并以剂量依赖性方式增强TNF-α的产生。此外，LBPs显著增强了巨噬细胞在体内的内吞和吞噬能力。由此表明，LBPs通过激活巨噬细胞增强先天免疫，其机制可能是通过激活转录因子NF-κB和AP-1诱导TNF-α的产生和MHC Ⅱ类共刺激分子的上调（Cheng et al.，2015）。

2.LBPs促进NK细胞的细胞毒性　NK细胞是一种对非特异性免疫反应至关重要的细胞毒性淋巴细胞，是先天免疫的主要效应器。Huyan等研究报道了LBP在正常或模拟微重力条件下对人原代NK细胞的影响，结果表明，在正常条件下，LBP通过增加IFN-γ和穿孔素的分泌，增加激活受体NKp30的表达，显著促进NK细胞的细胞毒性；在模拟微重力条件下，LBP通过恢复激活受体NKG2D的表达，减少早期凋亡和晚期凋亡/坏死，增强了模拟微重力条件下NK细胞的功能；抗体中和试验表明补体受体CR3可能是参与LBP诱导NK细胞激活的关键受体。结果表明，LBPs是一种有效的免疫调节剂（Huyan et al.，2014）。

3.LBPs具有调节树突状细胞的功能　树突状细胞（DC）是哺乳动物免疫系统的抗原呈递细胞，在初级免疫反应的启动中起着关键作用，并作为先天免疫系统和适应性免疫系统之间的信使。Zhu等报道LBP可通过TLR2和（或）TLR4介导的NF-κB信号通路诱导骨髓来源的DC表型和功能成熟（Zhu et al.，2013）。Wang等试验发现，LBP作用后Notch和Jagged以及Notch靶点Hes1和Hes5的表达均上调，表明LBP可通过Notch信号诱导DC表型和功能成熟，并增强DC介导细胞毒性T淋巴细胞的细胞毒性，有望作为一种基于树突状细胞的疫苗设计的有效佐剂（Wang et al.，2018）。

4.LBPs在适应性免疫中的作用　适应性免疫是机体与外来抗原接触时的一种机体防御功能。适应性免疫包括细胞免疫和体液免疫。研究表明，枸杞多糖可以延缓衰老小鼠胸腺和脾脏的萎缩，从而防止细胞和体液免疫功能的丧失，并在一定程度上延缓衰老。T淋巴细胞在适应性免疫中起核心作用。Chen等从LBP中分离得到五个均质组分，发现LBP、LBPF4和LBPF5可以激活T细胞的转录因子核因子和激活蛋白-1，促进*CD25*的表达，诱导*IL-2*和*IFN-γ*基因的转录和蛋白分泌，LBP（i.p.或p.o.）显著诱导T细胞增殖，表明LBP激活T淋巴细胞可能有助于其免疫功能增强（Chen et al.，2009）。滤泡辅助T

细胞（Tfh）被认为是辅助T细胞的一个亚群，主要功能是辅助B细胞增殖和产生抗体，参与体液免疫。Su等研究报道，LBP能够激活雌性Balb/C小鼠的CXCR5＋PD-1＋Tfh细胞，并诱导IL-21分泌。此外，LBP作为佐剂增加了重组腺病毒疫苗-1诱导的小鼠Tfh细胞的生成，表明LBP可能通过作为Tfh细胞生成的辅助剂来增强T细胞依赖的抗体应答（Su et al., 2014）。Deng等研究表明枸杞多糖对H_{22}荷瘤小鼠实体瘤生长有抑制作用，但对小鼠体重和脾脏指数影响不大；枸杞多糖能维持外周血、肿瘤引流淋巴结和肿瘤组织中较高水平的T细胞，防止调节性T细胞（Tregs）的增加，同时促进CD8＋T细胞在肿瘤组织中的浸润，抑制血清中TGF-β1和IL-10的产生，降低T细胞的衰竭表型，维持淋巴细胞的细胞毒性。表明枸杞多糖可减轻小鼠的免疫抑制和维持小鼠的抗肿瘤免疫应答，同时诱导H_{22}荷瘤小鼠的全身和局部免疫应答（Deng et al., 2018）。

5.LBPs的结构特征和理化特性与免疫活性的关系 多糖的生物活性与其结构特征和理化特性息息相关。研究表明，TLR4多糖配体在10～1 000ku的Mw范围内活性较高，分子质量较高的多糖组分具有较好的免疫活性。大量研究表明，从枸杞子中提取纯化的多糖分子质量在10～400ku之间，然而，Mw低于10ku或超过350ku的多糖很少有免疫调节活性。许多具有免疫调节活性的LBP含有阿拉伯半乳聚糖骨架，主要由阿拉伯糖和半乳糖组成。Gong等采用分级沉淀、凝胶渗透色谱从枸杞可溶性多糖中得到三个组分LBGP-I-1、LBGP-I-2和LBGP-I-3，它们的单糖组成分别为阿拉伯糖21.95％、19.35％、48.15％，葡萄糖51.22％、32.26％、0％，半乳糖17.07％、35.48％、44.44％，发现这三个组分在体外均显示出免疫调节活性，其中LBGP-I-3活性优于其他样品，在增强巨噬细胞NO生成、吞噬能力和酸性磷酸酶活性方面表现出更强的作用。可能是由于单糖的组成和分子质量不同所致，LBGP-I-3具有较高的阿拉伯糖和半乳糖含量，属于阿拉伯半乳聚糖，可诱导巨噬细胞表面TLR4受体。LBGP-I-3的Mw（9.12×10^4u）高于LBP-I-1（3.19×10^4u）和LBP-I-2（2.92×10^4u），所以LBGP-I-3具有最强的免疫活性（Gong et al., 2018）。

Zhang等研究了枸杞多糖-蛋白复合物4（LBPF4，Mw为214.8ku）和其聚糖部分（LBPF4-OL，Mw为181ku）对小鼠脾细胞、T细胞、B细胞和巨噬细胞的体内外免疫调节作用。结果表明，LBPF4-OL的主要靶细胞为小鼠巨噬细胞，而非T细胞和B细胞；进一步比较了LBPF4和LBPF4-OL对雌性Balb/C小鼠脾细胞增殖和有丝分裂原诱导的B、T淋巴细胞增殖的影响。体外试验发现，LBPF4诱导的脾细胞增殖依赖于B细胞和T细胞，而LBPF4-OL诱导的脾细胞增殖主要依赖于B细胞；LBPF4和LBPF4-OL均可显著诱导巨噬细胞TNF-α、IL-1β和NO的产生；还发现LBPF4和LBPF4-OL都能增强巨噬细胞的吞噬作用；电泳迁移率转移试验发现，LBPF4 100g/mL处理能更有效地提高NF-κB活性，且活性高于LBPF4-OL，LBPF4可以增强T细胞、B细胞和巨噬细胞的功能，而LBPF4-OL只增强B细胞和巨噬细胞的功能。上述研究表明枸杞多糖和多糖-蛋白复合物之间存在活性差异，多糖-蛋白复合物可以激活先天免疫和适应性免疫，但多糖部分主要增强先天免疫力，LBPF4-OL在枸杞多糖-蛋白复合物的免疫药理学活性中起重要作用（Zhang et al., 2014）。

综上所述，LBPs具有广泛的免疫调节活性。然而，目前大多数都还停留在动物和细胞水平，还需要进一步的大规模临床试验来证实LBPs对人体的作用和免疫调节特性。此外，由于LBPs的结构异质性和发色团的缺乏，对LBPs是如何在免疫系统中发挥作用及其机制还需要深入研究。

6.枸杞多糖的免疫调节活性及其细胞摄入的初步研究 由于缺乏准确和灵敏的检测手段，LBPs能否被胃肠道吸收以及如何被吸收、是否进入细胞以及如何进入细胞发挥生物学效应等相关问题都尚待研究。针对这些问题，张自萍等以热水浸提法制备LBP，并进一步分离出具有高免疫调节活性的高分子质量枸杞多糖组分（HLBP）；采用荧光染料标记LBP，追踪LBP的细胞摄取途径及胞内分布，并通过Caco-2细胞单层模型，初步研究了LBP的吸收转运机制。

（1）枸杞多糖的提取分离与结构表征。通过石油醚脱脂、80%乙醇去除小分子杂质、热水提取、乙醇沉淀法制备LBP。采用超滤法将LBP分为高分子质量枸杞多糖组分（HLBP）和低分子质量枸杞多糖组分（LLBP）。

采用HPSEC-MALLS-RID测定HLBP和LLBP两个组分的分子质量为27.71ku和6.99ku。PMP-HPLC分析LBP样品的单糖组成，结果如表3-1所示，显示HLBP和LLBP的单糖组成种类相似，但单糖的摩尔百分比明显不同，HLBP主要由阿拉伯糖、半乳糖和葡萄糖构成，摩尔百分比分别为45.86%、22.09%和19.30%，葡萄糖是LLBP的主要单糖，摩尔百分比为84.34%，说明两种多糖组分的结构存在差异。

表3-1　LLBP和HLBP组分的单糖摩尔百分比

单糖种类	LBP（%）	LLBP（%）	HLBP（%）
阿拉伯糖	25.45	1.45	45.86
半乳糖	12.08	2.14	22.09
葡萄糖	52.06	84.34	19.30
木糖	2.47	1.97	3.16

（续）

单糖种类	LBP（%）	LLBP（%）	HLBP（%）
鼠李糖	1.56	2.22	2.76
半乳糖醛酸	1.79	1.05	2.41
甘露糖	2.22	3.45	2.11
氨基葡萄糖	0.98	3.70	1.29
岩藻糖	0.65	4.89	1.02
核糖	0.19	1.00	nd

注：nd表示未检出。

（2）枸杞多糖的免疫调节活性

①枸杞多糖对RAW264.7巨噬细胞活力的影响。CCK-8试验结果表明，HLBP能显著提高RAW264.7巨噬细胞的细胞活力，但对测试的肿瘤细胞和正常细胞影响较小；在100 ~ 1 000μg/mL浓度范围内，细胞经LBP处理48h后，肿瘤细胞的相对细胞活力为（94.30±4.53）% ~ （147.51±3.73）%，表明LBP对测试肿瘤细胞系没有抗肿瘤活性。HEK-293相对细胞活力为（99.80±12.09）% ~ （123.39±5.34）%，说明LBP对正常细胞无毒性。然而，随着LBP浓度的增加，巨噬细胞的相对细胞活力显著增加，在1 000μg/mL时细胞活力高达（274.07±19.83）%。

基于以上试验，进一步比较了LBP、HLBP和LLBP对RAW264.7巨噬细胞活力的影响。如图3-1所示，LBP和HLBP以浓度依赖的方式显著（$p < 0.001$）提高RAW 264.7细胞的细胞活力。然而，LLBP对RAW264.7细胞活力没有影响（$p > 0.05$）。该结果可能是由于HLBP和LLBP之间单糖组成和分子质量的差异。据报道，分子质量在10 ~ 1 000ku之间的TLR4受体的多糖配体具有更高的活性，这与HLBP的平均分子质量（27.71ku）相匹配。

②枸杞多糖对RAW264.7细胞增殖的影响。CCK-8法是通过检测细胞线粒体中脱氢酶的活性来评估细胞增殖能力的间接方法。无法直接证明细胞是否正在增殖。CFSE分布测定法是检测细胞增殖的直接有效方法，可通过羧基荧光素二乙酸酯琥珀酰亚胺酯（CFDA-SE）标记细胞，然后用流式细胞仪检测分析，在488nm的激发光下检测细胞荧光强度，进一步分析得出细胞分裂增殖的情况，细胞增殖通常导致细胞荧光减少和细胞数量增加。因此，我们进一步考察了不同浓度的LBP对RAW264.7细胞的细胞周期（图3-2）和CFSE分

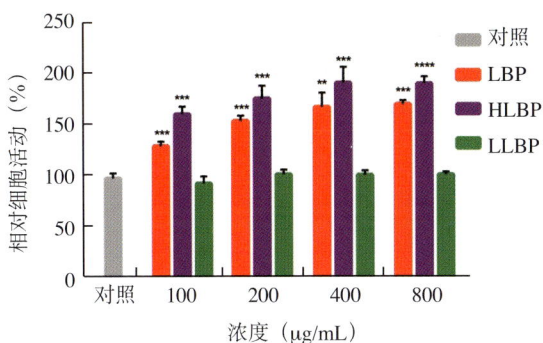

图3-1　CCK-8法检测LBP、LLBP和HLBP对RAW264.7细胞活力的影响

（结果为$\bar{x} \pm s$，$n=3$。$*p < 0.05$，$**p < 0.01$，$***p < 0.001$，$****p < 0.000\ 1$，与对照组比较）

A

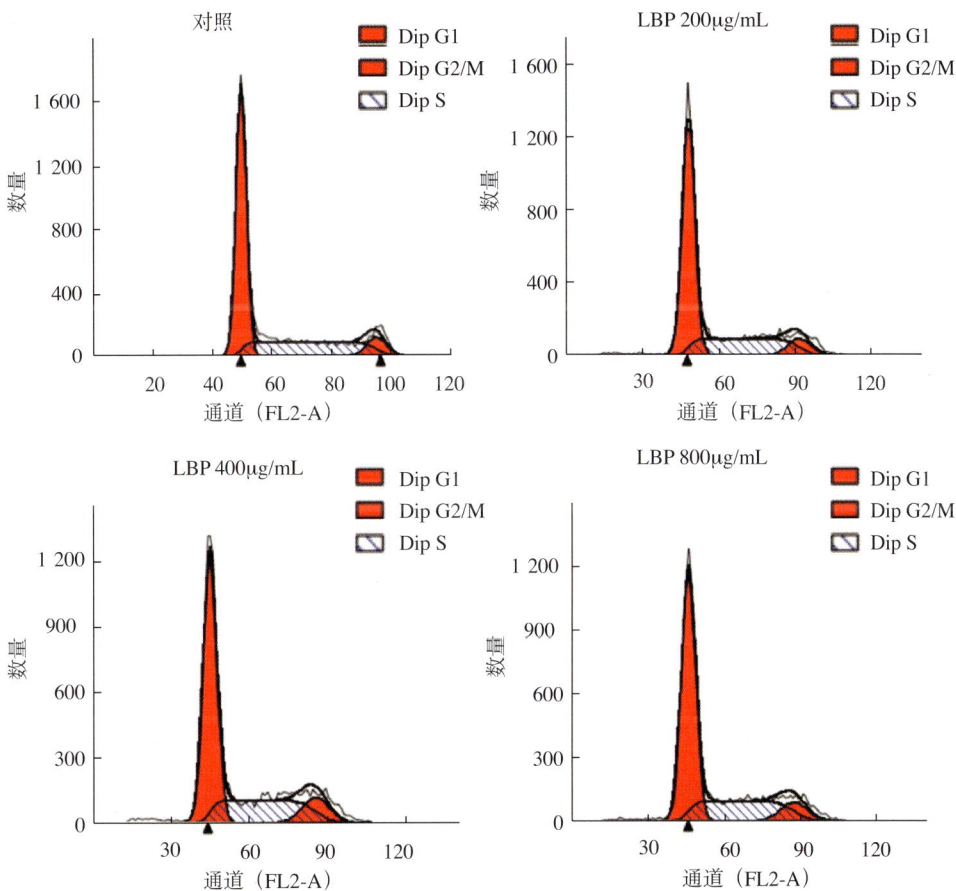

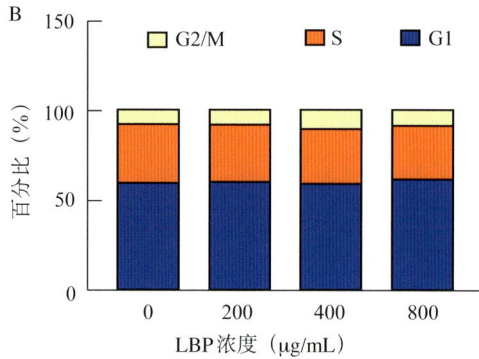

图3-2　LBP对RAW264.7细胞周期的影响

A.不同浓度LBP对RAW264.7细胞周期影响　B.定量分析

($\bar{x} \pm s$，$n=3$，$*p<0.05$，$**p<0.01$ vs 对照组)

布（图3-3）的影响。结果显示，LBP组（200μg/mL、400μg/mL、800μg/mL）对细胞周期（G1，S和G2/M）的影响不具有统计学意义（$p>0.05$），也没有导致细胞中荧光素荧光的降低，由此表明LBP不会诱导RAW264.7细胞增殖。

③枸杞多糖对RAW264.7细胞形态的影响。利用细胞膜荧光探针（FAM-WGA）、线粒体荧光探针（Mito-Tracter）和细胞核荧光探针（DAPI）对LBP组分处理24h后的RAW264.7细胞染色，进一步观察LBP组分对RAW264.7细胞形态的影响。由图3-4所示，RAW264.7细胞经HLBP处理24h后，与对照组相比，细胞体积变大、长出丝状伪足，细胞线粒体数量增加，

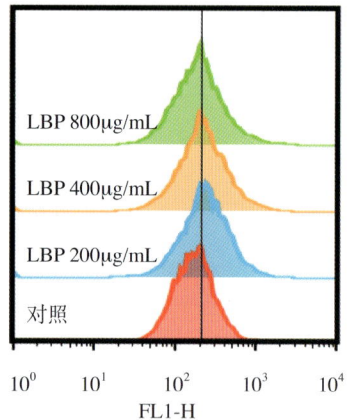

图3-3　CFSE分布测定法检测LBP对RAW264.7细胞分裂的影响

细胞核体积显著增大（$p<0.01$）。LLBP对RAW264.7细胞的形态没有显著影响，这与CCK-8试验结果一致。

④枸杞多糖对RAW264.7细胞一氧化氮（NO）、细胞因子分泌的影响。巨噬细胞中的一氧化氮水平与巨噬细胞的免疫活性密切相关。NO是活化的巨噬细胞杀死致病性微生物和肿瘤细胞的主要途径，过量的NO也会诱导炎性细胞因子的分泌（例如TNF-α和IL-6）。脂多糖（LPS）是巨噬细胞的激活剂，诱导巨噬细胞分泌大量的炎性细胞因子，从而引起强烈的炎症反应。以巨噬细胞中的细胞因子、NO和ROS为指标，对HLBP的免疫调节活性进行评价。如图3-5A ～ C所示，不同浓度的LBP处理巨噬细胞24h后，巨噬细胞中NO、

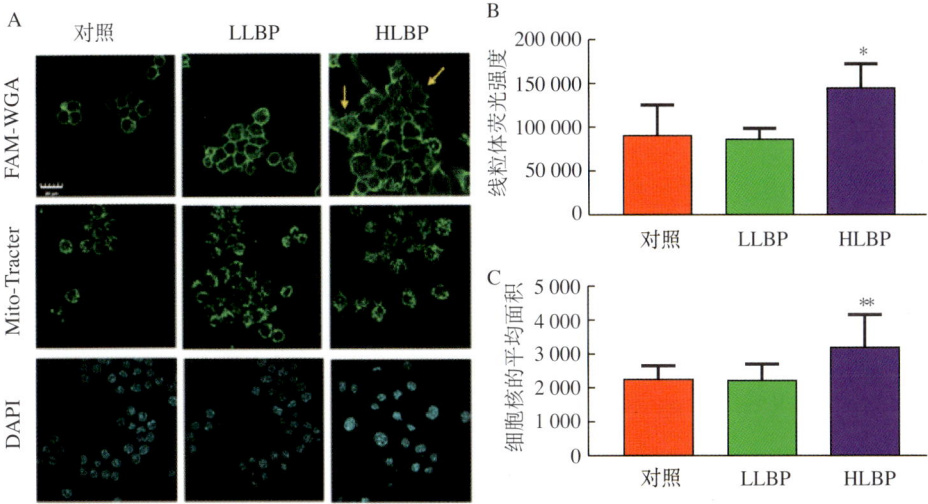

图3-4　LLBP和HLBP对巨噬细胞形态（A）、线粒体数（B）和细胞核大小（C）的影响

（黄色箭头表示丝状伪足，比例尺=20μm。$\bar{x} \pm s$，$n=5$，$*p<0.05$，$**p<0.01$vs 对照组）

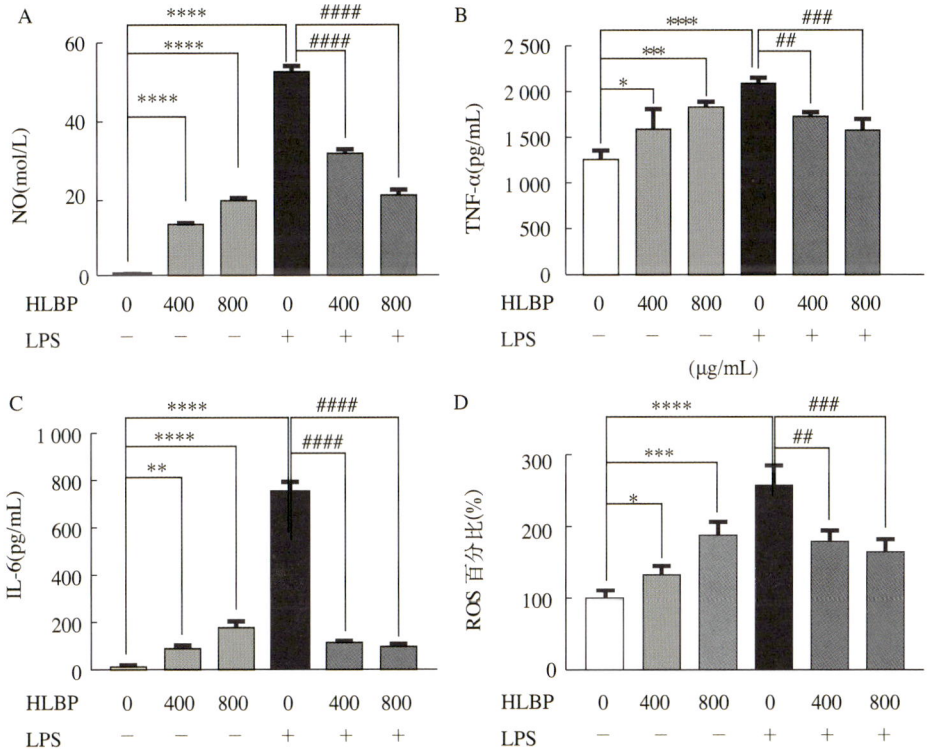

图3-5　HLBP对巨噬细胞的炎症调节作用

[ELISA检测细胞上清液中NO（A）、TNF-α（B）、IL-6（C）的水平；流式细胞仪检测细胞中ROS（D）的水平；$\bar{x} \pm s$，$n=3$，$*p<0.05$，$**p<0.01$，$*** p<0.001$，$****p<0.000\ 1$vs 对照组；$\# p<0.05$，$\#\#p<0.01$，$\#\#\# p<0.001$，$\#\#\#\#p<0.000\ 1$，vs LPS组]

TNF-α和IL-6的释放量增加，并呈剂量依赖性，但促进程度小于阳性对照组LPS。另外，还观察到不同浓度的LBP预处理可以显著抑制LPS诱导RAW264.7细胞中NO、TNF-α和IL-6分泌。

在巨噬细胞吞噬过程中，超氧自由基形式的ROS有助于消除细胞内病原体。通过流式细胞术测定RAW264.7细胞中的ROS水平，观察到HLBP不仅能以剂量依赖性方式促进ROS的产生，而且巨噬细胞经400μg/mL和800μg/mL的LBP预处理后使LPS诱导的ROS水平分别降低30.39%和36.02%（图3-5D和图3-6）。这组结果表明，适量的LBP不仅可以用作免疫激活剂增强免疫反应，而且还可以防止巨噬细胞过度活化而引起的免疫损伤。当然，这仍然需要通过动物试验进一步验证。

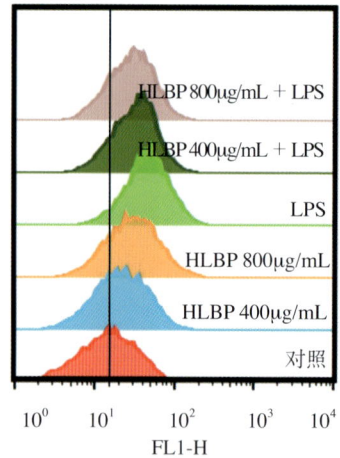

图3-6 HLBP对RAW264.7细胞内ROS的影响

⑤枸杞多糖对RAW264.7细胞分化的影响。巨噬细胞在不同的微环境中可分化为M1型巨噬细胞和M2型巨噬细胞。经典活化巨噬细胞（M1型巨噬细胞）可以分泌大量的炎性因子，杀死入侵的生物体并激活适应性免疫。替代性活化巨噬细胞（M2型巨噬细胞）分泌抗炎细胞因子并发挥抗炎作用，包括加速组织修复和伤口愈合。CD86被认为是M1巨噬细胞的标志物，而CD206通常用于M2巨噬细胞的鉴定和筛选。为了研究HLBP对巨噬细胞极化的影响，通过流式细胞仪检测了巨噬细胞标志物的变化（图3-7）。与对照组相比，HLBP组的CD86和CD206表达明显增加（$p<0.01$）。这组结果表明，HLBP可能通过调节巨噬细胞分化来维持炎症反应的平衡。

综上，高分子质量组分HLBP能显著提高RAW264.7巨噬细胞的细胞活力，诱导RAW264.7细胞形态改变，包括细胞体积、细胞核变大以及细胞中线粒体数量增加；能显著促进RAW264.7细胞NO、ROS、TNF-α及IL-6的产生，激活细胞免疫应答，也能抑制脂多糖诱导细胞产生NO、ROS、TNF-α及IL-6，并且诱导RAW264.7细胞向M1、M2型极化。这些结果提示HLBP可能通过调节M1/M2型的比例而双向调节RAW264.7细胞中NO、ROS、TNF-α及IL-6的分泌；相比之下，低分子质量组分LLBP对RAW264.7细胞的增殖和极化没有显著影响，没有表现出免疫调节活性。

（3）枸杞多糖的胞内分布及其入胞途径研究

①LBP的荧光标记。分别用荧光染料FITC和RBITC对LBP进行荧光

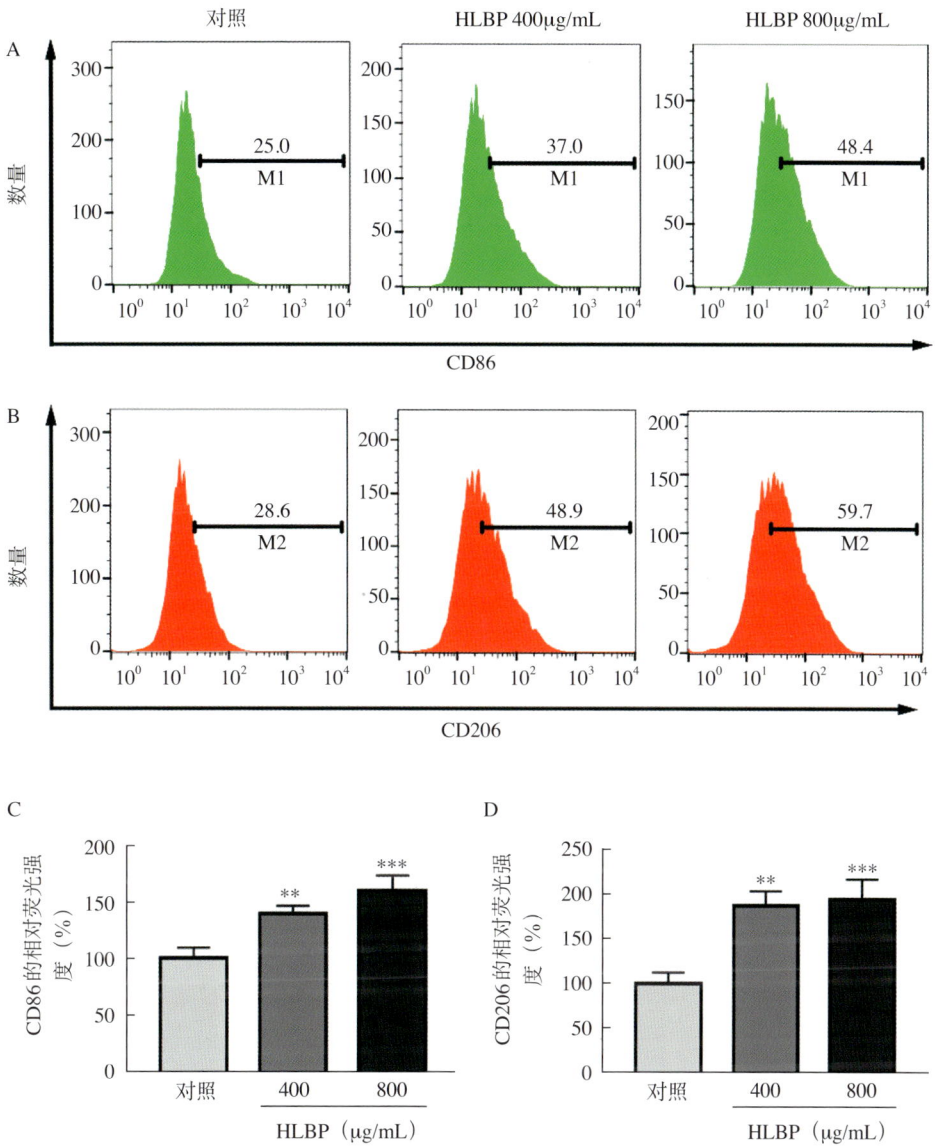

图3-7 HLBP对巨噬细胞极化的影响

A.RAW264.7细胞标志分子CD86的表达 B.RAW264.7细胞标志分子CD206的表达
C.CD86的定量分析图 D.CD206的定量分析图

($\bar{x} \pm s$, $n=3$, $*p<0.05$, $**p<0.01$vs 对照组)

标记，荧光标记产物分别命名为LBP-F和LBP-RB，通过紫外可见光谱扫描（图3-8），其吸收峰分别在488nm或561nm处。根据FITC和RBITC的线性回归方程，计算LBP-F和LBP-RB的荧光取代度分别为0.86％和1.45％。

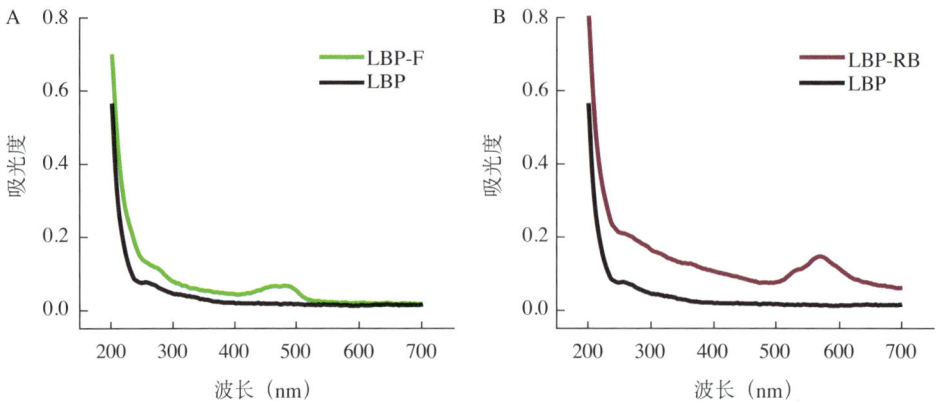

图3-8　紫外-可见光谱扫描

A.LBP-F　B.LBP-RB

②RAW264.7细胞对荧光标记的LBP的摄取及细胞内分布观察。为了探究LBP在RAW264.7细胞中的入胞途径以及胞内分布，将LBP-F和LBP-RB与巨噬细胞共孵育1h或24h，通过溶酶体探针（lyso tracker green）和线粒体探针（mito tracker green）进一步检测它们在RAW264.7细胞内的亚细胞定位。共聚焦成像（图3-9）显示LBP-F和LBP-RB与RAW264.7细胞共孵育1h后，LBP荧光标记物主要分布在细胞膜表面，在孵育24h后，与溶酶体探针发生共定位（图3-10至图3-13），提示LBP荧光标记物以时间依赖性方式内化到RAW264.7细胞中，且累积于细胞溶酶体中。

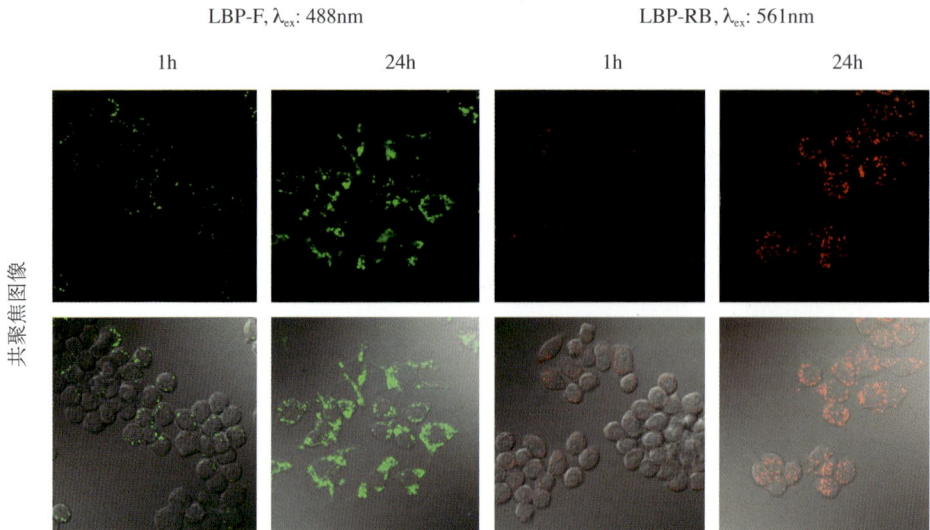

图3-9　LBP-F/LBP-RB与RAW264.7细胞共孵育的共聚焦成像（比例尺，20 μm）

LBP-RB   Lyso-Green   Merged

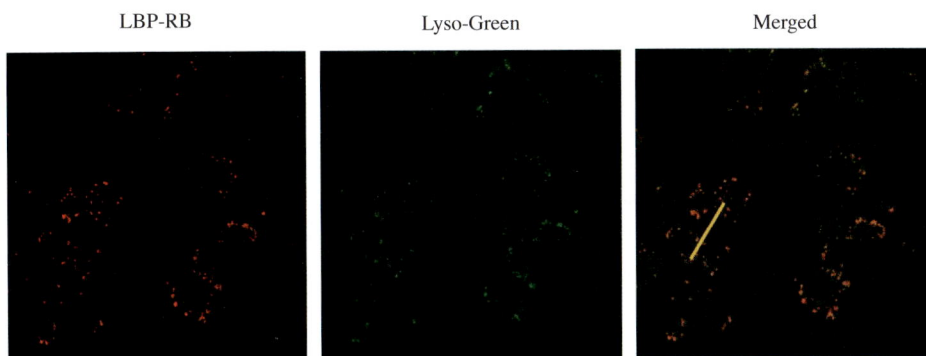

图3-10　LBP-RB（100 μg/mL，λ_{ex}=561nm）和Lyso Tracker-Green（500mol/L，λ_{ex}=488nm）共染的RAW 264.7细胞的共聚焦成像（比例尺：20 μm）

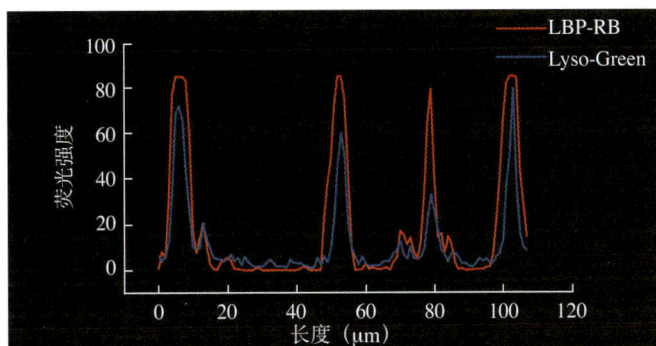

图3-11　图3-10中黄色线条区域的荧光强度分布

LBP-RB   Mito-Green   Merged

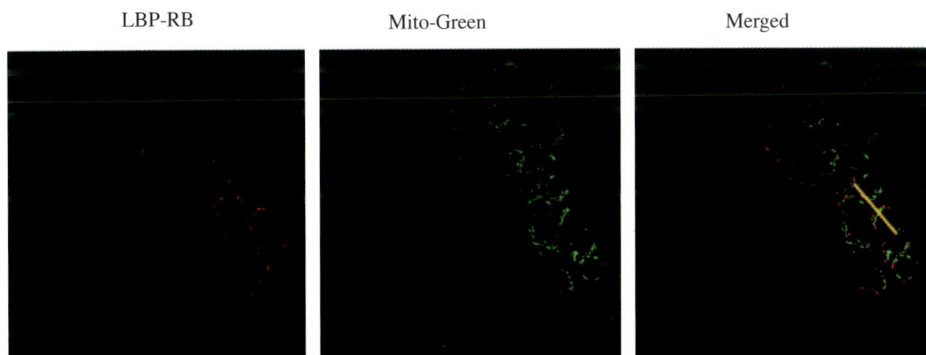

图3-12　LBP-RB（100 μg/ mL，λ_{ex}=561nm）和Mito Tracker-Green（500mol/L，λ_{ex}=488nm）共染的RAW 264.7细胞的共聚焦成像（比例尺：20 μm）

　　③不同细胞对荧光标记的LBP的摄取及细胞内分布观察。前面CCK-8试验表明LBP可以显著提高RAW264.7细胞的活力，对其他测试细胞的活力却

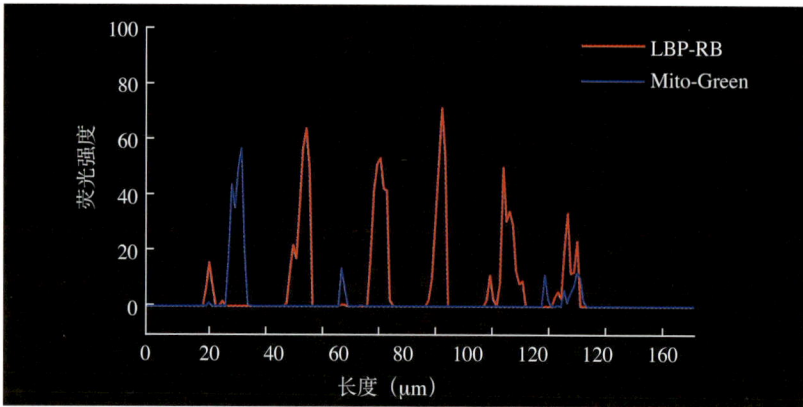

图3-13　图3-12中黄色线条区域的荧光强度分布

没有影响。因为药物的入胞途径与胞内分布与其最终"命运"密切相关，是影响药物发挥药理、药效的关键。将LBP荧光标记物与不同细胞共孵育24h，进一步观察其胞内分布情况，以期对CCK-8试验结果作出解释。通过激光共聚焦观察LBP在Caco-2、HeLa、LoVo、MCF-7和MCF-7R的胞内分布，与RAW264.7细胞相似，LBP累积在所有测试细胞的溶酶体中，提示LBP入胞途径可能涉及核内体途径。LBP对RAW264.7细胞的特异性激活作用还有待于进行更深层次的研究。

　　④LBP进入RAW264.7细胞的入胞途径研究。内吞途径抑制剂试验（主要用抑制剂抑制关键蛋白）是文献公认的方法，可以初步判断药物的入胞途径。使用4种特异性细胞内吞抑制剂：氯丙嗪（抑制网格蛋白在细胞膜和核内体上的组装和拆卸）、动力蛋白抑制剂（有效抑制 dynamin 1 和 2 的GTPase活性，能快速抑制被膜囊泡的形成）、细胞松弛素D（破坏肌动蛋白丝并抑制肌动蛋白聚合，抑制细胞吞噬作用）、阿米洛利（作为一种特定的 Na^+/H^+ 交换抑制剂，可选择性抑制细胞的巨胞饮作用）探究LBP进入RAW264.7细胞的入胞途径。与对照组相比，所有抑制剂对LBP的内化都有不同程度的抑制作用（图3-14），推测LBP主要通过网格蛋白依赖性内吞途径、吞噬作用及巨胞饮三种途

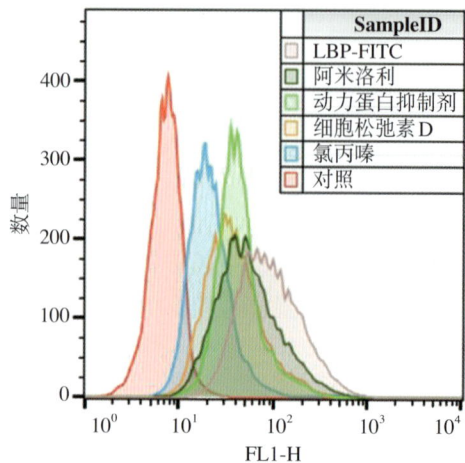

图3-14　流式细胞术检测抑制剂对LBP-F内化的影响

径进入RAW264.7细胞。因为FITC在激光照射下很容易淬灭，pH依赖性强，在488nm处细胞背景高，所以我们选择RBITC标记的LBP通过激光共聚焦显微镜进一步验证抑制剂对细胞摄取的影响。共聚焦成像（图3-15）显示，所有抑制剂组的荧光强度均低于LBP-RB阳性对照组，高于空白对照组，这与流式细胞仪检测结果一致。

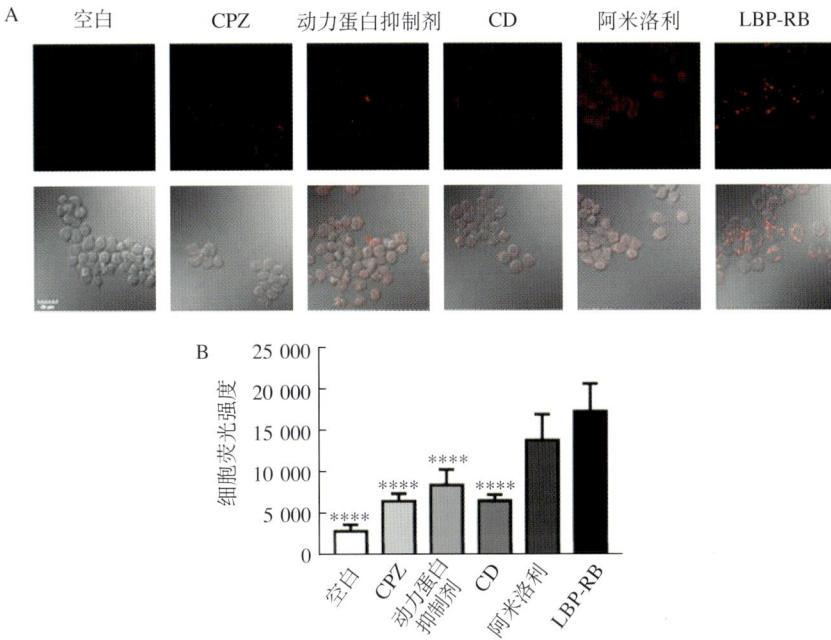

图3-15 内吞抑制剂对RAW264.7细胞摄取LBP-RB的影响

A.共聚焦成像（λ_{ex}=561），比例尺：20μm B.各组细胞平均荧光强度的柱状图

（$\bar{x} \pm s$，n=3。*p<0.05，**p<0.01，*** p < 0.001，****p < 0.000 1vs LBP-RB组）

综上，通过异硫氰酸酯键与LBP中氨基的反应，实现了对LBP的荧光标记，荧光标记产物LBP-荧光素（LBP-F）和LBP-罗丹明（LBP-RB）的荧光团取代度分别为0.86%和1.45%。细胞摄取试验表明，LBP-F和LBP-RB可内化进入多种细胞，并定位于溶酶体中；内化通路抑制试验表明LBP-F和LBP-RB可通过网格蛋白介导的内吞途径、吞噬途径及巨胞饮等多种途径内化到RAW264.7细胞中。

（4）LBP-F在Caco-2细胞模型的跨膜转运试验研究。为了评估枸杞多糖LBP被机体吸收利用的情况，我们构建了Caco-2细胞模型，然后对荧光标记的枸杞多糖（LBP-F）进行跨膜转运试验研究。Caco-2细胞模型是研究口服药物体外吸收和转运机制的重要模型，构建出细胞单层完整、紧密的Caco-2模型是药物转运研究的先决条件。通过检测跨膜电阻（TEER>400 Ω·cm²）、显微形态观察和FITC渗漏率（0.99%±0.58%<1.0%）检测，证明Caco-2细胞模型构建成功，符合药物跨膜转运要求。

①LBP-F跨膜转运试验。LBP-F从AP-BL侧的跨膜转运量如图3-16所示，各浓度LBP-F可由AP-BL方向进行跨膜转运，随着孵育时间的延长，LBP-F的跨膜转运量（ΔQ）呈线性增长，在240min内未达到饱和状态，揭示LBP-F在Caco-2细胞AP-BL侧方向可能存在主动转运机制。

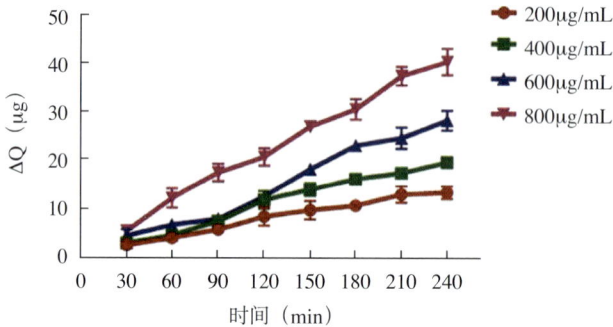

图3-16 LBP-F通过Caco-2细胞单层的累积转运量（ΔQ）曲线

各浓度LBP-F从Caco-2模型AP-BL侧的表观渗透系数（Papp）值如图3-17所示，LBP-F（200μg/mL）的Papp值在各个时段均高于LBP-F（400、600、800μg/mL），推测LBP-F的吸收转运需要载体。各浓度LBP-F（200、400、600和800μg/mL）的Papp值介于（2.14±0.17）×10^{-6}～（5.88±0.35）×10^{-6}cm/s，根据国际药物吸收难易判定标准：Papp<$1.0×10^{-6}$ cm/s属于吸收不良药物，吸收率在0%～20%；Papp>$10×10^{-6}$ cm/s属于吸收良好药物，吸收率在70%～100%，推测LBP-F为吸收率高的生物大分子，口服利用率为

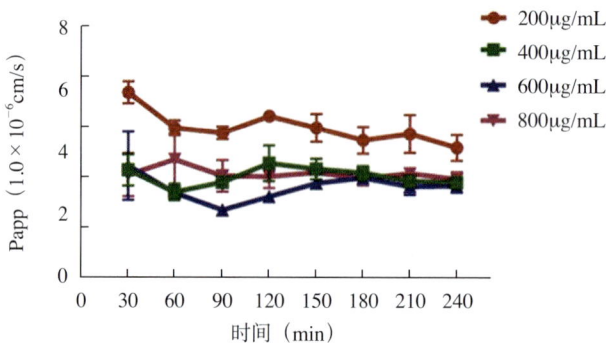

图3-17 LBP-F从AP到BL的Papp值

20%～70%。

②温度和网格蛋白抑制剂对LBP跨膜转运吸收的影响。为了研究摄取过程是否依赖能量，我们考察了温度在LBP跨膜转运中发挥的作用，由表3-2可见，LBP-F（200 μg/mL）在37℃和4℃下的Papp值分别为（2.82±0.44）×10^{-6} cm/s和（0.46±0.26）×10^{-6} cm/s，低温降低了LBP-F的转运量及Papp值，特别是Papp值在4℃时显著下降（$p<0.01$），表明LBP-F的转运是一个耗能的过程，推测LBP可能通过主动运输进行跨膜转运。

网格蛋白介导的内吞途径是大分子物质进入细胞最常见的方式，氯丙嗪可以抑制网格蛋白在细胞膜上的组装（Kadlecova et al.，2016），是最常用的内吞抑制剂之一。用氯丙嗪（37℃）预处理Caco-2细胞单层膜后，测得的LBP-F（200μg/mL）的Papp值为（0.61±0.18）×10^{-6} cm/s（表3-2），与对照组有较大差异（$p<0.01$），提示氯丙嗪明显抑制Caco-2细胞单层膜对LBP-F的摄取，表明网格蛋白参与了LBP的细胞内吞。

表3-2　温度和网格蛋白抑制剂对LBP-F吸收的影响

处　理	ΔQ（μg/cm²）	Papp（×10^{-6} cm/s）
37℃	8.11±0.95	2.82±0.44
4℃	1.33±0.55	0.46±0.26**
氯丙嗪（37℃）	1.74±0.39	0.61±0.18**

注：$\bar{x}±s$，$n=3$。*$p<0.05$，**$p<0.01$，*** $p<0.001$，****$p<0.000$ 1vs 37℃组。

综上，试验成功建立了Caco-2细胞单层模型，从AP-BL侧方向进行了LBP-F的跨膜转运试验，评估LBP的跨膜转运能力，结果表明不同浓度的LBP-F在0～240min内持续转运通过Caco-2细胞单层，其表观渗透系数Papp值介于（2.14±0.17）×10^{-6}～（5.88±0.35）×10^{-6} cm/s之间，相当于口服利用率为20%～70%。内吞抑制剂氯丙嗪可降低LBP-F的跨膜转运量和Papp值，表明网格蛋白参与了LBP的跨膜转运。

上述研究表明LBP活性组分（HLBP）具有免疫调节活性，荧光标记产物LBP-F可被细胞摄入并通过小肠内皮细胞吸收，这些结果为阐明LBP的体内吸收和代谢途径以及分子作用机制奠定了基础。然而，当LBP共价形成LBP-F和LBP-RB后，LBP的高级结构及生物活性是否发生变化？荧光标记的LBP是否能够准确定量LBP的跨膜转运，进而推测LBP在小肠中的吸收和转运？这些问题仍然有待进一步研究。

第二节　类胡萝卜素

类胡萝卜素是一类具有聚异戊二烯长链结构的不饱和化合物，按其化学结构可分为胡萝卜素和含氧类胡萝卜素两类。胡萝卜素包括α-胡萝卜素、β-胡萝卜素、γ-胡萝卜素、番茄红素等，易溶于石油醚、苯、氯仿，难溶或不溶于乙醇和甲醇；含氧类胡萝卜素，即叶黄素类含氧衍生物，可以以醇、醛、酮、酸的形式存在，包括玉米黄质、隐黄质、叶黄素、辣椒红素等，能溶于甲醇、乙醇和石油醚。

枸杞果实中含有丰富的类胡萝卜素，是枸杞外观呈现橙色或橙红色的基础。玉米黄质是枸杞中最常见的类胡萝卜素之一，多以二棕榈酸玉米黄质的形式存在，占总类胡萝卜素的31%～56%，β-胡萝卜素、新黄质、隐黄质也以较低浓度存在。枸杞被认为是迄今为止已知的最好的二棕榈酸玉米黄质的天然来源，因此，苏国辉院士等将玉米黄质二棕榈酸酯称为枸杞红素，枸杞中的类胡萝卜素成分也被称为枸杞红素类成分。近二十年来，在枸杞类胡萝卜素提取、分离纯化、结构鉴定、含量测定和生物活性方面都取得了一些重要进展。

一、枸杞类胡萝卜素的组成及分类

早前发表的文献将枸杞果实中主要的类胡萝卜素称为β-胡萝卜素，然而，1998年、1999年两个研究组相继报道了枸杞中主要的类胡萝卜素是玉米黄质二棕榈酸酯（李忠 等，1998；Zhou et al.，1999）。他们对枸杞中的类胡萝卜素的分类及结构进行了较为系统的研究，结果表明枸杞子中类胡萝卜素可分为游离胡萝卜素和类胡萝卜素脂肪酸酯，游离类胡萝卜素包括β-胡萝卜素、β-隐黄质和玉米黄质，类胡萝卜素脂肪酸酯主要是玉米黄质双棕榈酸酯、玉米黄质单棕榈酸酯和β-隐黄质棕榈酸酯。

二、枸杞类胡萝卜素的提取制备

（一）有机溶剂提取

有机溶剂提取是基于相似相溶原理，依据类胡萝卜素的结构和极性大小选择有机溶剂进行提取。极性大的含氧类胡萝卜素主要使用丙酮等极性强的溶剂，极性小的类胡萝卜素主要使用石油醚等极性弱的溶剂，选择合适的溶剂是有效提取类胡萝卜素的关键。目前常用组合溶剂提高提取效率，如石油醚/丙酮、丙酮/正己烷、甲醇/四氢呋喃、正己烷/乙酸乙酯和正己烷/丙酮/乙醇等。

　　超声辅助提取和微波辅助提取具有时间短、溶剂少、提取率高等优点，也被用于一些枸杞类胡萝卜素的提取。张自萍等采用超声波法提取枸杞子中的类胡萝卜素，通过正交试验设计考察了提取时间、料液比、粒度三个因素对提取率的影响，确定枸杞子中类胡萝卜素最适宜的提取方法，即提取溶剂为石油醚∶丙酮（4∶1），料液比1∶15，粒度小于40目，室温超声2次，每次10min，浸提12h，采用分光光度法于448nm测定其吸光度值。结果表明，不同产地、不同品种共13个枸杞样品的总类胡萝卜素含量在1.13%～2.19%之间，其中宁夏中卫市镇锣镇、宁夏中宁县舟塔乡和河北巨鹿县枸杞样品中类胡萝卜素百分含量相对略高，其他地区枸杞样品中类胡萝卜素百分含量无明显区别。

（二）超临界流体萃取

　　基于枸杞类胡萝卜素总体上以极性小的脂溶性化合物为主的特点，近年来超临界流体萃取法（supercritical fluid extraction，SFE）逐渐被用于枸杞类胡萝卜素的提取。该法以超临界CO_2为溶剂，使用的助溶剂（如乙醇）少，并且减少了光、热以及氧等对类胡萝卜素提取的影响。牛东玲等获得了200g原料的枸杞脂溶性色素的超临界小量制备工艺：分离压力为5～11MPa、分离温度为30～50℃，所得脂溶性成分为β-胡萝卜素、β-隐黄质和玉米黄质（牛东玲 等，2015）。SFE对提取高纯类胡萝卜素等热不稳定化合物来说是一种绿色环保的方法，但对极性大的含氧类胡萝卜素的提取效率很低，不适合含有大量水分的枸杞鲜果中类胡萝卜素的提取。

（三）高速逆流色谱

　　高速逆流色谱（high-speed counter-current chromatography，HSCCC）是一种基于液-液分配色谱的现代制备色谱技术，具有负载能力大、回收率高、重复性好等优点，适用于生物组分的大规模制备。玉米黄质二棕榈酸酯（ZDP）是枸杞成熟果实中主要的非皂化类胡萝卜素，Kan等以己烷-二氯甲烷-乙腈（10∶3∶7，*V/V/V*）为两相溶剂体系，采用HSCCC法从枸杞果实的超声提取物中分离出纯度高于95%的ZDP（Kan et al.，2020）。Gong等构建了一种高速剪切辅助正己烷萃取以及高速剪切辅助疏水低共熔溶剂萃取技术、高速逆流色谱在线联用快速分离枸杞红素的新技术，获得了纯度大于

90%的玉米黄质、玉米黄质单棕榈酸酯和玉米黄质双棕榈酸酯（Gong et al.，2020）。

三、枸杞类胡萝卜素的分离分析

（一）反相C$_{18}$色谱柱的分离分析

反相C$_{18}$柱HPLC-DAD在将枸杞子中不同极性的类胡萝卜素分离的同时，又可分别定量，是类胡萝卜素定量分析最常用的方法。李忠等在反相C$_{18}$色谱柱上，以乙腈-二氯甲烷（60∶42）作流动相，采用等度洗脱，同时，将类胡萝卜素提取液不经皂化直接分析，提供了枸杞子中类胡萝卜素组成的真实信息，也避免了皂化可能引起的类胡萝卜素的异构和破坏。测定结果表明，不同产地及品种的枸杞子中类胡萝卜素的组成相同，均由10种主要类胡萝卜素组成，但含量不同。其组成有以下共同点：

（1）除含少量玉米黄质和β-胡萝卜素外，97%以上的类胡萝卜素以酯化形式存在。

（2）仅少量以单酯化（不完全酯化）形式存在，大部分以双酯化（完全酯化）形式存在。

（3）类胡萝卜素酯全部与饱和脂肪酸结合（C14∶0和C16∶0）。

（4）玉米黄素双棕榈酸酯为枸杞子中主要的类胡萝卜素，占总量的65%以上，其中，宁夏枸杞中玉米黄素双棕榈酸酯的含量高达77%，可作为这类植物的特征类胡萝卜素。

张自萍等采用反相C$_{18}$柱对枸杞类胡萝卜素色谱分析的检测波长、流动相、洗脱方法、流速等色谱分析条件进行优化，确定的枸杞类胡萝卜素的色谱分析条件为：

流动相：甲醇∶乙腈∶二氯甲烷∶正己烷（15∶40∶15∶20）

洗脱方式：梯度洗脱

0 ~ 10min   0.5mL/min

10 ~ 45min   1.0mL/min

检测波长：448nm；柱温：25℃；进样量7.5μL

对15批不同产地和来源的枸杞样品（表3-3）进行HPLC分析，所有组分均在45min内洗脱出柱，均有14个共有特征峰（占总峰面积的90%以上），其HPLC色谱图及各色谱峰编号如图3-18所示，且由β-类胡萝卜素对照品色谱图确定样品图中4号峰为β-胡萝卜素。

表3-3 枸杞样品来源

样品号	样品来源	样品号	样品来源
1	宁夏银川南梁农场	9	宁夏同心河西镇
2	宁夏银川枸杞研究所	10	宁夏中宁舟塔乡
3	宁夏中宁恩和乡	11	新疆精河县托里乡枸杞研究站
4	宁夏中卫镇锣乡	12	内蒙古杭锦后旗沙海乡
5	宁夏固原黑城乡	13	河北巨鹿
6	宁夏惠农路家营	14	大麻叶
7	宁夏同心清水河	15	宁杞2号
8	宁夏银川园林场		

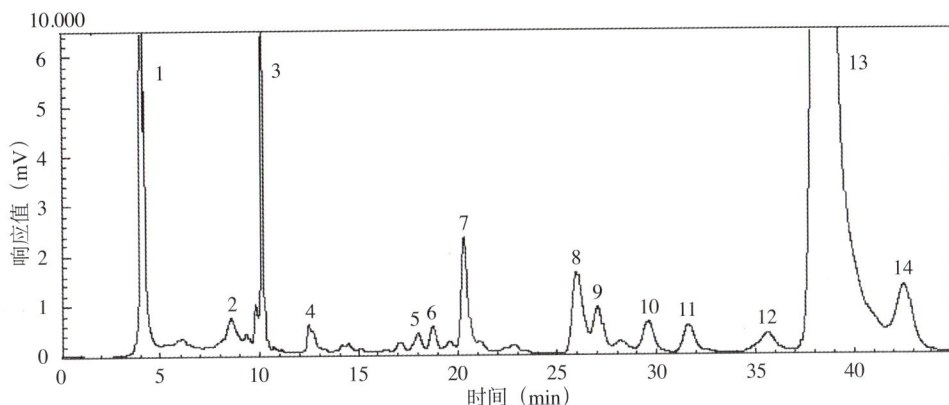

图3-18 枸杞样品类胡萝卜素色谱图

以宁夏本地产的10批宁杞1号样品，使用国家药典委"中药色谱指纹图谱相似度评价系统"生成宁夏枸杞类胡萝卜素对照指纹图谱，即共有模式（表3-4）。

表3-4 宁夏宁杞1号类胡萝卜素共有模式

峰号	相对保留时间	相对峰面积	峰号	相对保留时间	相对峰面积
1	0.199	1.234	8	1.283	0.899
2	0.425	0.553	9	1.335	0.476
3	0.499	1.541	10	1.455	0.429
4	0.616	0.294	11	1.557	0.508
5	0.890	0.185	12	1.752	0.455
6	0.925	0.243	13	1.899	39.064
7	1	1	14	2.099	0.711

以宁夏枸杞类胡萝卜素对照指纹图谱为基准，以余弦夹角和相关系数作为测度，使用国家药典委"中药色谱指纹图谱相似度评价系统"软件，计算所有样品的相似度，结果见表3-5。

表3-5　15批枸杞样品相似度评价结果

样品号	余弦夹角	相关系数	样品号	余弦夹角	相关系数
1	0.999 8	0.999 8	9	0.999 8	0.999 8
2	0.998 6	0.998 6	10	0.999 9	0.999 9
3	0.999 8	0.999 8	11	0.999 7	0.999 7
4	0.999 5	0.999 9	12	0.999 9	0.999 9
5	0.999 8	0.999 9	13	0.999 8	0.999 8
6	0.999 8	0.999 9	14	0.999 8	0.999 8
7	0.999 9	0.999 9	15	0.999 9	0.999 9
8	0.999 8	0.999 8			

通过对15批枸杞样品类胡萝卜素指纹图谱分析表明：不同产地、不同品种枸杞样品色谱图中都含有14个共有峰，各共有峰的丰度变化相差不大；不同产地、不同品种类胡萝卜素色谱指纹图谱共有峰的相对保留时间基本一致，相对峰面积比值没有显著的差异。对相似度计算结果（表3-5）分析可知，样品余弦夹角和相关系数计算结果基本一致。以10批宁夏不同产地的宁杞1号样品所建立的枸杞类胡萝卜素共有模式为对照指纹图谱进行比较，发现所有枸杞样品相似度高，说明不同产地、不同品种间枸杞类胡萝卜素的分布不存在明显差异。虽然，不同产地、品种的枸杞类胡萝卜素指纹图谱之间不存在明显差异，但是，采用类胡萝卜素指纹图谱能找出枸杞的共性特征，对种属鉴别具有重要意义，可为有效鉴别枸杞药材的真伪提供一定的依据。

（二）C_{30}色谱柱的分离分析

C_{18}色谱柱分析时间短，pH范围宽，适用于极性类胡萝卜素的分离。然而，考虑到C_{18}柱对位置异构体和顺-反式异构体的分辨率较低，C_{30}柱逐渐成为极性较低的类胡萝卜素及其异构体的良好选择，同时也带来了分析时间过长的问题。2008年Inbaraj等采用常压化学电离（APCI）模式的高效液相色谱-光电二极管阵列检测-质谱（HPLC-DAD-MS）方法，即HPLC-DAD-APCI-MS技术，对枸杞果实中类胡萝卜素及其酯类物质进行了定性和定量分析。对干燥的枸杞样品进行不皂化提取和皂化提取，采用C_{30}色谱柱，梯度流动相二氯甲烷（100%）和甲醇-乙腈-水（81：14：5，$V/V/V$）分离类胡萝卜素，在51min和41min内分别从未皂化和皂化枸杞提取物中分离出11种游离类胡萝卜素和7种类胡萝卜素酯，通过质谱数据分析、借助气相色谱法确定类胡萝卜素酯的脂肪酸组成，初步鉴定了枸杞子中2个游离型类胡萝卜素（all-trans-zeaxanthin 和 all-trans-carotene）和7个类胡萝卜素酯化衍生物（3个 zeaxanthin monopalmitates，3个 cryptoxanthin monopalmitates 和1个 zeaxanthin dipalmitate），并进行了定量分析。其中玉米黄质双棕榈酸酯（1 143.7μg/g）含量最多，其次是β-隐黄质单棕榈酸酯及其两个异构体（32.9 ～ 68.5μg/g）、玉米黄质单棕榈酸酯及其两个异构体（11.3 ～ 62.8μg/g）、全反式β-胡萝卜素（23.7μg/g）和全反式玉米黄质（1.4μg/g）（Inbaraj et al.，2008）。2017年 Hempel 等采用 HPLC-DAD-APCI-MS 技术，结合标准品比对、质谱数据挖掘等手段，分析了宁夏枸杞绿色未成熟果实和成熟果实中类胡萝卜素类物质的变化情况。结果表明，宁夏枸杞绿色未成熟果实中基本上含有的都是游离型类胡萝卜素，而成熟果实中游离型类胡萝卜素非常少，基本上都被脂肪酸酯化成类胡萝卜素酯化衍生物（Hempel et al.，2017）。2019年 Bertoldi 等采用反相C_{30}色谱柱分离、HPLC-DAD 耦合 ESI-MS 检测，对不同产地的23个枸杞样品的类胡萝卜素进行了分析，鉴定了14种类胡萝卜素，提供了完整的 HPLC-DAD-MS 表征的枸杞类胡萝卜素图谱（Bertoldi et al.，2019）。

然而，类胡萝卜素的 HPLC 法定量通常是基于标样的质量与峰面积之间的线性关系，而目前大多数需要分析的类胡萝卜素都没有标样，故只能采取半定量方法。

四、枸杞类胡萝卜素的生物化学活性

类胡萝卜素是一类天然的抗氧化剂，具有清除自由基、抑制活性氧、增强自身防御系统、改善视力和光保护等多种生物活性。研究表明枸杞子中提取的类胡萝卜素在眼保健、调剂免疫、抗衰老、抗应激方面均有一定的疗效。枸杞是玉米黄质最丰富的天然来源，被认为是一种准"天然药丸"，特别是其传统的改善视力的用途被广泛研究。

（一）改善视力

眼保健功效是类胡萝卜素物质主要的功效作用之一。枸杞子含有丰富的与眼睛保护作用有关的类胡萝卜素，即叶黄素、玉米黄质、β-胡萝卜素和β-隐黄质。在类胡萝卜素中，叶黄素和玉米黄质是人类视网膜黄斑区最具代表性的色素。玉米黄质和叶黄素在人眼视网膜黄斑部浓度最高，黄斑色素能够有效地抑制光敏物质所启动的氧化反应，防止膜脂过氧化，减少脂褐素形成，有效缓解氧化应激反应引起的视网膜色素上皮细胞凋亡，从而可以有效预防年龄相关性黄斑变性。而且，叶黄素类物质的抗氧化作用可减轻视网膜细胞强光照射引起的损害，抑制慢性高糖引发的氧化应激损伤，打断氧化应激引发的多种炎症免疫反应，并能缓解内皮细胞凋亡，减轻高血糖对眼底血管等的损害，保障正常的视网膜功能。临床试验表明添加含有叶黄素和玉米黄质的类胡萝卜素配方可增强青光眼患者的黄斑色素（Loughman，2021）。因此，叶黄素与玉米黄质在对视网膜光损伤的保护中具有非常重要的意义。

枸杞子中高含量的玉米黄质酯是一种神奇的天然设计，以一种浆果的形式提供了对人类健康有益的稳定的玉米黄质来源。研究发现，日常膳食中补充枸杞提取物可以提高血浆玉米黄质和抗氧化水平，并使老年受试者的黄斑色素下降（Bucheli，2011）。体内试验观察到枸杞子乙醇提取物能改善AMD小鼠的组织病理学变化，降低Bruch膜厚度；体外研究发现，枸杞果实中的叶黄素或玉米黄质可促进H_2O_2处理的ARPE-19细胞的增殖，并下调*MMMP-2*和*TIMP-1*的表达，表明枸杞子乙醇提取物及其活性成分叶黄素/玉米黄质对AMD具有体内外保护作用（Xu，2013）。

（二）预防和改善糖尿病及其并发症

类胡萝卜素不仅能够预防，而且能够治疗或改善糖尿病及其并发症，特别是对糖尿病视网膜病变具有保护作用。Yu等研究表明饲喂枸杞6周后能提高糖尿病小鼠肝脏和视网膜组织中的玉米黄质和叶黄素水平，可有效下调糖尿病小鼠的促炎应激和氧化应激，减缓和调节糖尿病引起的小鼠视网膜损伤（Yu，2013）。

（三）保肝护肝作用

苏国辉院士带领团队在枸杞保肝明目功效方面进行了大量卓有成效的研究，他们将枸杞中的玉米黄质二棕榈酸酯称为枸杞红素，枸杞中的类胡萝卜素成分也被称为枸杞红素类成分（肖佳 等，2017）。他们以慢性酒精性脂肪肝大鼠为模型，发现每天灌胃25mg/kg枸杞红素能够通过调控MAPK通路显著改善肝脏损伤；枸杞红素发挥肝细胞保护效应的细胞膜"第一受体"包括P2X7、脂联素受体和胰岛素受体，通过这3个受体转导激活细胞内AMPK-FoxO3通路，刺激线粒体自我吞噬通路的高表达，抑制NLRP3炎症小体的形成，可达到缓解肝细胞内炎症、细胞凋亡和氧化应激损伤的结果。他们还发现在乙型肝炎病毒转基因小鼠合并非酒精性脂肪性肝炎模型中，口服2mg/kg枸杞红素对乙肝病毒复制、肝脏脂肪代谢紊乱和肝炎症状起到明显的改善效果，且长期服用没有观察到任何明显的副作用。

（四）细胞保护作用

Juan等研究表明叶黄素、玉米黄质和富含类胡萝卜素的枸杞提取物对白僵菌素（BEA）诱导的细胞毒性（包括Caco-2细胞、SH-SY5Y神经细胞和HepG2）具有细胞保护作用，特别是玉米黄质二棕榈酸酯对HepG2细胞的保护作用随着暴露时间（24 ~ 48h）和毒素剂量（BEA 1.25 ~ 2.5μmol/L）的增加而增强。表明类胡萝卜素含量较高的枸杞，可能有助于降低饮食中天然污染物白僵菌素对人体产生的毒理学风险（Juan et al.，2022）。Cenariu等利用靶向干细胞标记CD44和CD105，揭示了枸杞活性成分玉米黄质对正常皮肤细胞BJ成纤维细胞和恶性黑色素瘤源性细胞A375有选择性的作用。与恶性黑色素瘤细胞相比，富含玉米黄质的枸杞提取物可显著下调A375中CD44和CD105的膜表达和胞外分泌，并上调BJ细胞中CD44和CD105的表达和胞外分泌，结果提示玉米黄质可作为细胞保护剂在正常皮肤中应用（Cenariu et al.，2021）。

第三节　酚类化合物

多酚类物质是植物王国中最丰富的芳香族次生代谢产物，被认为是人类饮食中最大的一组天然抗氧化剂，在食品工业、化妆品、药品和其他领域具有广泛的应用潜力。枸杞中酚类化合物的研究多集中在黑果枸杞、宁夏枸杞和枸杞上，Jiang等综述了枸杞属中检测发现的186种酚类化合物，并给出了它们的化学结构（Jiang et al.，2021）。体内外研究表明酚类化合物具有较强的抗氧化、抗糖尿病、抗炎、神经保护、抗癌和肠道菌群调节等多种作用。

一、宁夏枸杞果实的酚类物质

目前从宁夏枸杞果实中分离鉴定的多酚类物质，包括类黄酮、酚酸、香豆素类、木脂素、苯丙烷类等，其中类黄酮、酚酸及其衍生物最为丰富。

2017年高昊研究团队对枸杞子所含多酚进行了系统分离和结构鉴定研究，从枸杞子中分离得到53种多酚类化合物，包括苯丙烷（1 ~ 28）、香豆素（29 ~ 32）、木酚素（33 ~ 40）、黄酮（41 ~ 45）、异黄酮（46 ~ 48）、绿原酸衍生物（49，50）和其他成分（51～53），其中木酚素和异黄酮类化合物是首次从宁夏枸杞中分离得到，22个已知多酚化合物为首次从枸杞属植物中分离得到，9种苯丙烷苷lycibarbar phenylpropanoids A–I 和1种香豆素苷lycibarbar coumarin A 是新化合物（Zhou et al.，2017）。

（一）类黄酮

类黄酮（Flavonoids），泛指两个具有酚羟基的苯环通过中央三个碳原子相互连结而成的一系列化合物，也称黄酮类化合物。枸杞中的类黄酮可分为黄酮醇、黄酮、黄烷醇、黄烷酮、异黄酮、二氢查耳酮、花青素和花色素苷7个亚群。其中黄烷酮和二氢查耳酮在宁夏枸杞中未见报道，也没有特定的花青素在宁夏枸杞中被表征。

2016年Zhang等分析测定了包括大麻叶、宁杞1号在内的8种不同基因型中国本土枸杞鲜果中的多酚，从测试的宁夏枸杞鲜果中共鉴定出11种酚类化合物，包括6种黄酮类化合物（槲皮素、杨梅素、山奈酚、芦丁、quercetin-rhamno-di-hexoside 和quercetin-3-O-rutinoside）和5种酚酸（咖啡酸、对香豆酸、阿魏酸、香草酸和绿原酸）（Zhang et al.，2016）。结果显示quercetin-rhamno-di-hexoside 和 quercetin-3-O-rutinoside是含量最丰富的黄酮类化合物，其次是槲皮素，而芦丁含量最低。Jarouche 等在枸杞子中检测到低含量的烟花苷（nicotiflorin）和水仙苷（narcissin）（Jarouche et al.，2019）。Ali 等采用基于深共晶溶剂的超声辅助萃取枸杞子黄酮类化合物并分析检测到杨梅素（myricetin）、桑黄素（morin）、芦丁（rutin）、木犀草素（luteolin）、金丝桃苷（hyperoside）、槲皮苷（quercitrin）和芹菜素（apigenin），其中含量最高的是杨梅素（57.2mg/g），而芦丁（9.1mg/g）含量却较低（Ali et al.，2019）。

（二）香豆素类

枸杞子中含有4种具有1-苯并吡喃-2-酮基骨架的香豆素：东莨菪亭（scopoletin）、法荜枝（fabiatrin）、东莨菪苷（scopolin）、枸杞香豆素A（lycibarbar coumarin A），其中法荜枝和枸杞香豆素A为东莨菪亭的糖苷（Zhou et al.，2017）。

（三）木脂素

木脂素是由苯丙烷单元结合在C8-C8′的苯丙烷二聚体，而其他苯丙烷单元在其他位置结合的二聚体称为新木脂素。Zhou等报道在枸杞子中共检测到8

种木脂素。

(四)酚酸

酚酸是植物酚类化合物中重要的一类，具有酚环和羧基的基本结构。羟基苯甲酸和羟基肉桂酸是酚酸的两个关键基团，其中最常见的有咖啡酸、对香豆酸、阿魏酸、对羟基苯甲酸、香草酸和原茶酸，常以酯或苷的形式出现在果蔬中。

Inbaraj 等报道枸杞子中含量最多的酚酸是二咖酰奎宁酸异构体，包括 3, 4-di-*O*-caffeoylquinic acid、3, 5-di-*O*-caffeoylquinic acid 和 4, 5-di-*O*-caffeoylquinic acid 及绿原酸。而对香豆酸、咖啡酸和香草酸含量较低（Inbaraj et al., 2010）。Zhang 等从宁夏枸杞鲜果中鉴定出 5 种酚酸，包括咖啡酸、对香豆酸、阿魏酸、香草酸和绿原酸，其中绿原酸占主导地位，而咖啡酸和对香豆酸的浓度相对较低。Zhou 等还从枸杞子中分离出顺式对香豆酸、反式对香豆酸、顺式阿魏酸和反式阿魏酸，有趣的发现是，在枸杞子中反式比顺式更丰富。另外，也发现了反式芥子酸（trans-sinapinic acid）和反式肉桂酸。

(五)苯丙烷类

Zhou 等 2017 年从枸杞子分离检测到 28 个苯丙烷类多酚化合物，包括苯丙素苷 lycibarbarphenylpropanoids A-M。2019 年他们又检测到 15 个苯丙烷类糖苷（Li et al., 2019），其中有 7 种糖基化羟基肉桂酸，包括糖苷 4-*O*-β-D-吡喃葡萄基-反式咖啡酸、3-*O*-β-D-吡喃葡萄基-反式咖啡酸、4-*O*-β-D-吡喃葡萄基-顺式对香豆酸、4-*O*-β-D-吡喃葡萄基-反式对香豆酸和 4-*O*-β-D-吡喃葡萄基-顺式对香豆酸、枸杞苯丙酸 N 和枸杞苯丙酸 O（Li et al., 2019）。

(六)其他酚类化合物

除了常见的羟基苯甲酸和羟基肉桂酸及其衍生物外，Zhou 等在枸杞子中还检测到对羟基苯丙酸、二氢阿魏酸和阿魏酸乙酯，以及对羟基苯甲醛。Inbaraj 等还检测到熊果苷。此外，枸杞也是酚酸酰胺的良好来源，酰胺类化合物将在生物碱部分介绍。

二、枸杞酚类物质的提取纯化

(一)酚类物质的提取

枸杞酚类提取通常采用的方法包括溶剂提取法、超声波辅助提取法、微波辅助提取法等。

酚酸或类黄酮的提取一般采用水、乙醇、甲醇或水与乙醇或甲醇的混合物等极性溶剂进行。高浓度的醇（90%～95%）适用于提取黄酮苷元类化合物，低浓度的醇（60%～70%）更适合提取黄酮苷类化合物。通过对溶剂的选择、提取温度、提取时间的调控与优化，从而提高酚类的提取得率。

张自萍等以宁夏枸杞总黄酮提取率为指标，利用正交设计优化试验条件，比较研究了微波提取与回流提取法及超声波提取法所得枸杞总黄酮的提取率，与回流法相比，超声波和微波提取法都能明显缩短提取时间，有效提高枸杞黄酮的提取率，特别是微波提取能显著提高枸杞黄酮的提取效率，枸杞总黄酮的提取率由0.57%提高到1.04%，并且大大缩短了提取时间，由6h缩短到40min，可节省大量能源。所确定的微波提取的最佳试验条件为温度100℃，固液比1∶30，火力3，提取时间20min。

（二）酚类物质的纯化

大孔树脂吸附法（MAR）是目前采用较多的用于植物多酚类物质分离纯化的方法。当含酚类物质的溶液通过树脂时，酚类化合物被吸附在树脂上，而其他水溶性杂质可用水洗除，然后用不同浓度的甲醇或乙醇将酚类化合物洗脱下来。张自萍等分别采用大孔吸附树脂、聚酰胺柱层析、硅胶柱层析对枸杞总黄酮粗提物进行纯化，比较三种方法的纯化效果，发现最适宜的纯化方法为大孔树脂吸附法。从多种大孔吸附树脂中筛选出HPD600树脂用于精制枸杞总黄酮，继而通过试验确定其最佳纯化条件，即上柱液浓度为0.414mg/mL，吸附流速为2BV/h，吸附效果最优；以50%乙醇溶液洗脱，洗脱率达到最高。Liu等开发了混合模式大孔吸附树脂，通过计算机辅助计算黄酮类化合物的分子大小和精确匹配MAR的理化性质来纯化枸杞中的黄酮类化合物（Liu et al.，2020）。Liu等人考察了10种不同分子尺寸和极性的MARs，包括2种强极性（BSKB-1和BSKC-1）、3种中极性（BMKX-4、BMKX-1和BMKX-3）、3种弱极性（AUKJ-1、BWKS-1和BWKX-1）和2种非极性（BNKX-5和BNKX-1），对黄酮类化合物的吸附/解吸行为进行了研究。结果表明AUKJ-1和BWKX-1分离效率均高于其他MARs，然后以2∶1的比例混合形成混合模式，可获得最佳的吸附效率。分离的最佳条件：进料浓度为600g/L、流速为10BV/h、洗脱速率为15BV/L、洗脱液为60%乙醇。在最佳条件下，一次纯化后枸杞中总黄酮的含量从0.97%提高到36.88%。

三、酚类物质的含量测定和分析检测

（一）枸杞果实中总酚含量和总黄酮含量的测定

总酚含量和总黄酮含量常用于表征不同枸杞品种间酚类物质含量的差异。总酚含量（TPC）常采用福林酚比色法测定，总黄酮含量（TFC）常采用三氯化铝比色法测定。枸杞果实的TPC和TFC值可能受栽培环境、生长季节甚至提取溶剂的影响，因此很难通过比较不同的研究来得出哪个物种的酚类物质含量最高。例如，由于地理来源和提取方法的不同，宁夏枸杞的TPC和TFC差异很大。张自萍等分析比较了10批宁夏不同产地的枸杞，结果发现秋果枸杞的总黄酮含量总体上高于夏果枸杞。此外，新鲜和干燥枸杞果实中酚类化合物的组成也可能不同，不同的生长环境和收获时间也会导致酚类化合物的含量和组成变化。

（二）酚类化合物的分析检测

张自萍等以宁夏、新疆、内蒙古、河北四大产地种植的宁杞1号（1～13号样）及参比品种大麻叶（14号样）和宁杞2号（15号样）夏季盛果期的果实为材料（表3-3），建立了宁夏枸杞黄酮类化合物HPLC指纹图谱。

通过对枸杞黄酮类化合物的检测波长、流动相、洗脱方法、流速等色谱分析条件进行优化，确定了枸杞黄酮类化合物的色谱分析条件：

色谱柱：岛津VP-ODS 250mm×4.6mm（5μm）；

流动相　A：乙腈：水：乙酸（5：29：0.5）

　　　　　B：乙腈：水：乙酸（70：94：0.5）

洗脱方式：梯度洗脱

时间	流动相A	流动相B
0 ～ 14min	100% ～ 86% A	0% ～ 14% B
14 ～ 40min	86% ～ 70% A	14% ～ 30% B
40 ～ 50min	70% ～ 0% A	30% ～ 100% B
50 ～ 55min	0% ～ 100% A	100% ～ 0% B

流速：0.5mL/min；检测波长：342nm；柱温：30℃ ；进样量5μL。

以10批宁夏不同产地的宁杞1号样品，建立了由16个共有特征峰组成的黄酮类化合物色谱指纹图谱（图3-19），并确定供试品色谱图中12号和16号峰分别为绿原酸和芦丁。

图3-20给出了中宁恩和乡（3＃）、新疆精河（11＃）、内蒙古杭锦后旗

（12#）、河北巨鹿（13#）以及大麻叶（14#）和宁杞2号（15#）枸杞的样品色谱图，可以比较直观地观察到不同产地和不同品种枸杞在黄酮类化合物的分布上存在差异。

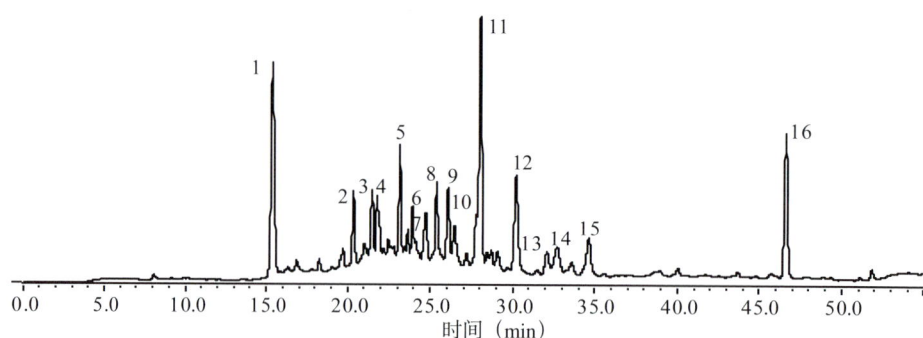

图3-19　宁夏枸杞黄酮类化合物色谱分析的共有特征峰

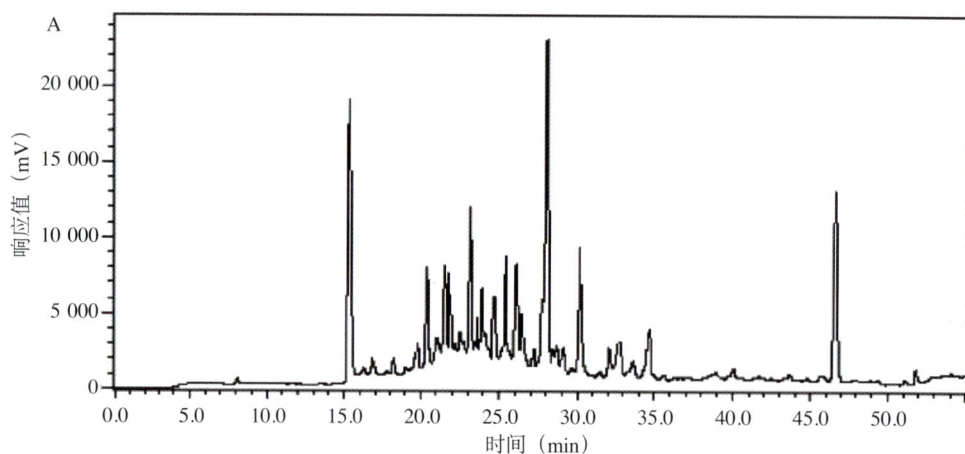

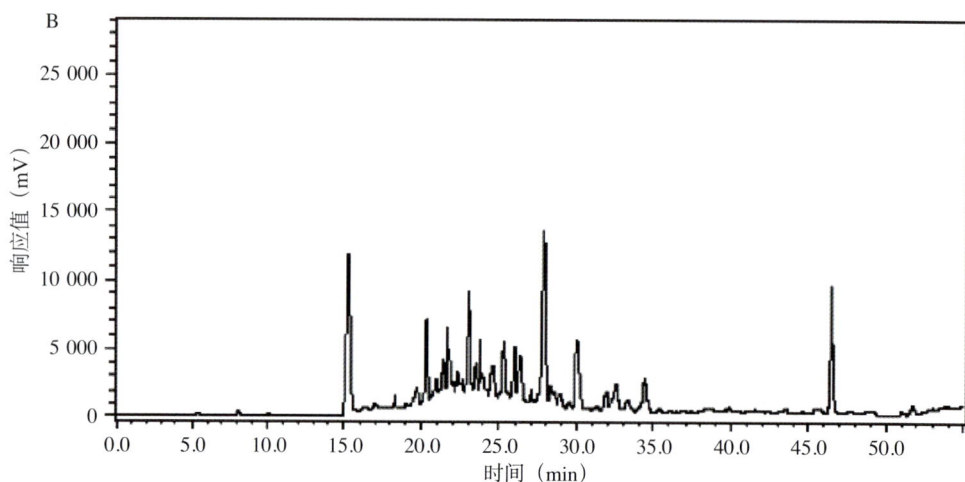

C

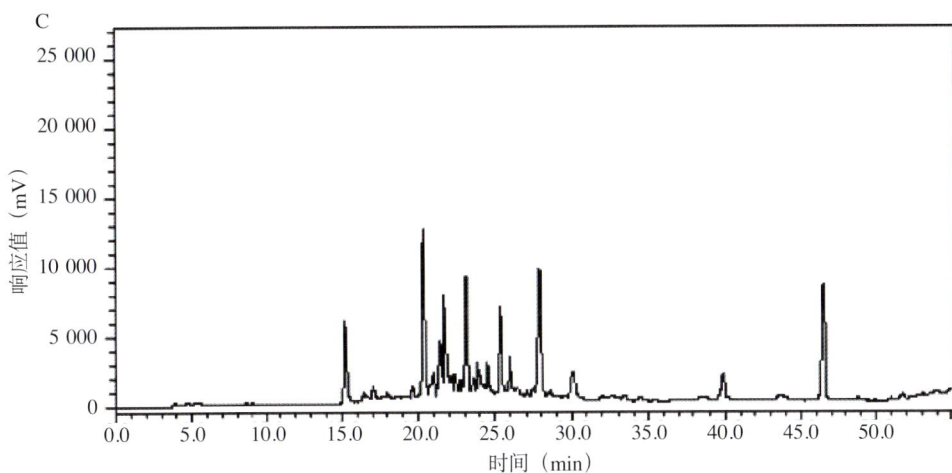

D

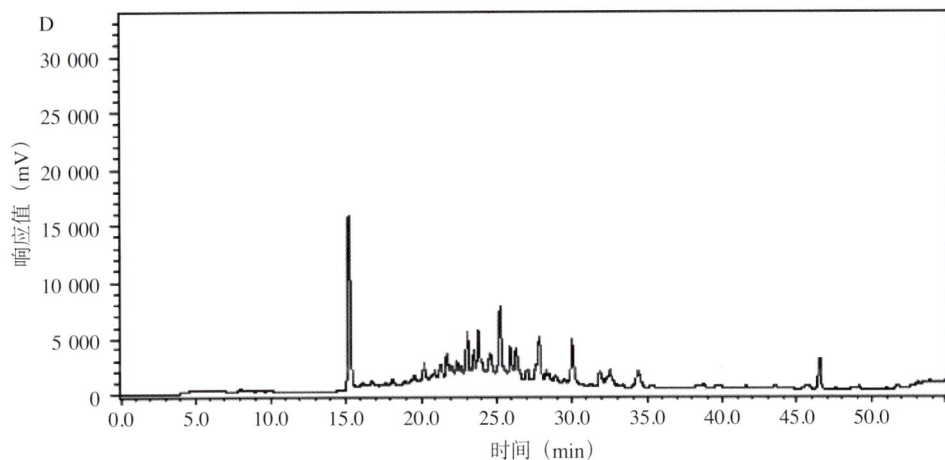

E

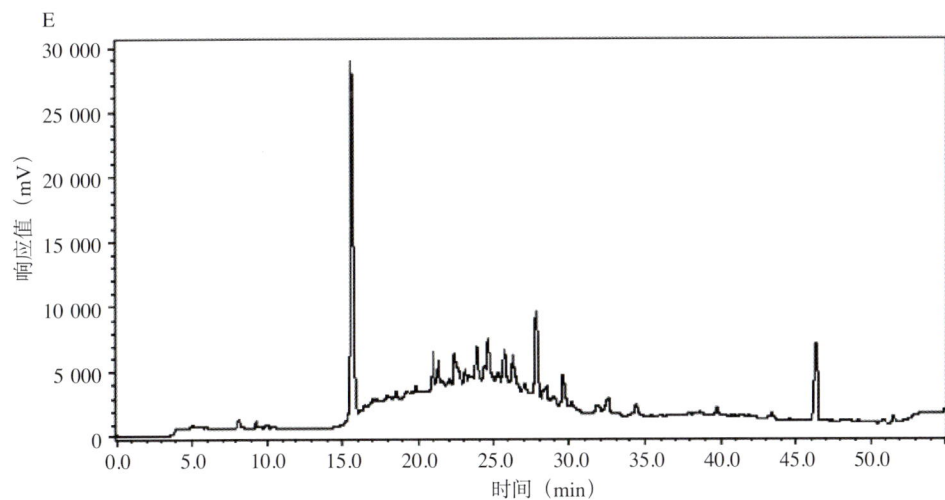

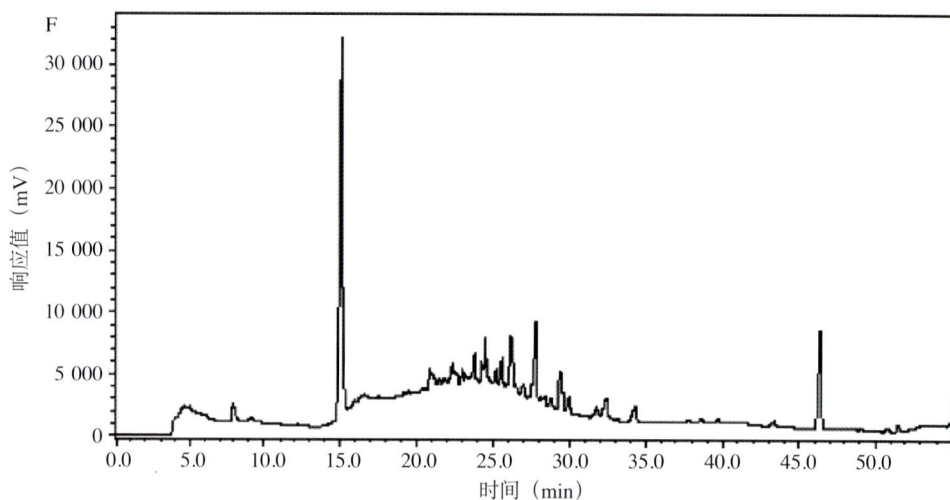

图3-20　不同产地及品种枸杞样品色谱图

A.3#样品　B.11#样品　C.12#样品　D.13#样品　E.14#样品　F.15#样品

运用国家药典委推荐的"中药色谱指纹图谱相似度评价系统"生成黄酮类化合物对照指纹图谱（共有模式），以此共有模式为基准，以余弦夹角、相关系数为测度，比较所有样品的相似度。如表3-6所示，宁杞1号样品中，宁夏产地、新疆精河样品与共有模式相似度高，内蒙古样品与共有模式相似度低，表明存在产地差异；河北巨鹿样品是不同于宁夏枸杞（*L. barbarum*）的枸杞（*L. chinense*），河北巨鹿样品与共有模式相似度最低，也证明枸杞（*L. chinense*）与宁夏枸杞（*L. barbarum*）种间存在显著差异；大麻叶、宁杞2号与宁杞1号共有模式间相似度也比较低，表明枸杞品种间存在差异，但品种间的差异要小于种间差异。

表3-6　15批枸杞样品相似度计算结果

样品号	余弦夹角	相关系数	样品号	余弦夹角	相关系数
1	0.981 6	0.972 2	9	0.967 2	0.958 4
2	0.961 4	0.925 2	10	0.978 8	0.949 7
3	0.991 9	0.974 8	11	0.985 5	0.954 9
4	0.920 2	0.889 2	12	0.907 4	0.796 0
5	0.986 4	0.957 4	13	0.840 4	0.595 4
6	0.981 9	0.951 1	14	0.821 2	0.817 2
7	0.971 0	0.914 7	15	0.817 1	0.794 3
8	0.979 7	0.945 1			

此外，利用上述建立的高效液相色谱方法，同时测定了不同产地、不同品种枸杞中芦丁与绿原酸的含量（表3-7）。

表3-7　枸杞黄酮类化合物芦丁和绿原酸含量测定结果　　　　单位：mg/g

样品号	样 品 来 源	芦丁含量	绿原酸含量
1	宁夏银川南梁农场	0.668	0.148
2	宁夏银川枸杞研究所	0.465	0.127
3	宁夏中宁恩和乡	0.805	0.132
4	宁夏中卫镇锣镇	0.323	0.123
5	宁夏固原黑城乡	1.057	0.130
6	宁夏惠农路家营	0.566	0.114
7	宁夏同心清水河	0.696	0.105
8	宁夏银川园林场	0.557	0.116
9	宁夏中宁舟塔乡	0.488	0.114
10	宁夏同心河西镇	0.563	0.195
11	新疆精河县	0.604	0.120
12	内蒙古杭锦后旗沙海乡	0.195	0.120
13	河北巨鹿县	0.554	0.097
14	大麻叶（内蒙古沙海）	0.391	0.089
15	宁杞2号	0.522	0.081

综合分析枸杞黄酮类化合物的色谱指纹图谱以及相似度评价结果，结合芦丁、绿原酸的含量测定结果，表明不同产地、不同品种枸杞在黄酮类化合物成分的含量和分布上存在差异，黄酮类化合物的分布特征对枸杞药材的产地以及品种鉴别具有指导意义。

关于酚类化合物的分离鉴定，LC-MS是常用的手段。Inbaraj等建立HPLC-DAD-ESI-MS同时分析鉴定枸杞果实中酚酸和黄酮类化合物的方法（Inbaraj et al.，2010）。采用50%乙醇提取，固相萃取纯化，Vydac C_{18} 色谱柱分离，0.5%甲酸水溶液（V/V）和乙腈-水溶液（94：6，V/V）梯度洗脱，检测波长为280nm，在70min内分离出52种酚酸和黄酮类化合物。15个酚酸和黄酮类化合物经吸收光谱和质谱鉴定，其余37个化合物经吸收光谱与文献报道值比较鉴定，用内标3-羟基苯甲酸和橙皮苷分别定量测定酚酸和黄酮含量。在15个鉴定出的化合物中，槲皮素-鼠李苷二己糖的质量分数最高（438.6μg/g）。

马雪等建立超高效液相色谱-离子淌度-四极杆飞行时间质谱法（UPLC-IM-QTOF-MS）对新疆精河枸杞多酚类化合物进行鉴定。初步筛选并识别出精河枸杞中含有28种（响应值＞1 000）多酚类物质，包括黄酮类18种、酚酸类8种、鞣酸类2种，主要多酚成分为芦丁、异槲皮素、对香豆酸、莰菲醇-3-*O*-芸香糖苷、异鼠李素、异鼠李素-3-*O*-芸香糖苷，其中芦丁和对香豆酸是现有已识别多酚类成分中最主要的多酚类化合物，且同一产区，不同时期、不同品种枸杞多酚含量存在显著性差异（马雪 等，2022）。Liu等采用超高效液相色谱-四极杆飞行时间质谱（UPLC-QTOF-MS）与化学计量学相结合的方法对宁夏枸杞（LBL）、枸杞（LCM）、黑果枸杞（LRM）等四种枸杞果实中的酚类物质进行了表征，鉴定了63种酚类物质，其中9种酚类物质 [对香豆酸糖苷（p-coumaric acid-glycosides），七叶亭（esculetin），咖啡酸，对香豆酸，芦丁，阿魏酸，kaempferol-3-*O*-Glu-7-*O*-Rha nicotiflorin，异鼠李素-3-*O*-芸香糖苷，N-反式阿魏酰酪胺] 是枸杞果实中常见的优势成分。各枸杞品种的酚类物质分布具有一定的特征，有5个标记物 [对香豆酸糖苷，对香豆酸，芦丁，东莨菪亭，芥子酰基苹果酸酯（sinapyl malate）] 可用于枸杞果实鉴定。芦丁、对香豆酸、异鼠李素-3-*O*-芸香糖苷和芥子酰基苹果酸酯可作为鉴别LBL和LCM的标记成分；三羟基亚油酸（trihydroxyoctadecedienoic acid）和东莨菪亭是区分LBL与LRM的主要标记物。而且宁夏枸杞酚类提取物对5α-还原酶活性较好，分析认为这可能与宁夏枸杞酚类提取物中标记化合物（对香豆酸、芦丁、东莨菪亭、异鼠李素-3-*O*-芸香糖苷、三羟基亚油酸、芥子酰基苹果酸酯）含量较高有关（Liu et al.，2021）。这些结果为枸杞果实是酚类物质的丰富来源，食用枸杞可能有助于预防和治疗良性前列腺增生的概念提供了化学和药理基础。

四、枸杞酚类物质的生物活性

（一）抗氧化活性

Wang 等采用制备柱层析法从枸杞子中分离出具有重要生物活性的类胡萝卜素、类黄酮和多糖，并对其抗氧化活性进行了评价。结果发现黄酮部位对DPPH和ABTS$^+$自由基、螯合金属离子和还原力的作用最明显，玉米黄质部位和多糖对羟基自由基和超氧阴离子的清除作用最明显（Wang et al.，2010）。Zhou 等从宁夏枸杞中分离得到53个化合物，通过对ORAC和DPPH自由基清除能力的测定评价了这些化合物的抗氧化活性，在ORAC试验中，所有化合物都表现出不同程度的氧自由基吸收能力，且大多数被测化合物的氧自由基吸收能力强于阳性对照EGCG；在DPPH自由基清除试验中，18种化合物的

DPPH自由基清除率在100μmol/L时均超过60%；8种化合物对DPPH自由基的清除能力强于阳性对照维生素C；构效关系分析表明糖苷产物活性相当弱，提示糖基化导致DPPH自由基清除活性减弱（Zhou et al., 2017）。

吕海洋等采用Q-TOF/MS从宁夏枸杞果实中共鉴定出28种多酚类化合物，研究发现多酚提取物能有效降低氧化应激状态下人克隆结肠癌细胞（Caco-2）中ROS水平和还原型谷胱甘肽（GSH）水平，且效果呈剂量依赖性，从细胞水平证明枸杞多酚提取物可以显著增强Caco-2细胞的抗氧化能力（吕海洋 等，2017）。

（二）抑菌作用

Soesanto 等研究发现枸杞子提取物浓度在6.25 ～ 100μg/mL范围对变形链球菌和牙龈假单胞菌具有抗菌作用，100 μg/mL是抑制变形链球菌和牙龈假单胞菌及生物膜的最有效浓度；黄酮结构中的羟基（·OH）通过增加细菌细胞膜的通透性来提高提取物抑制微生物生长的能力，在100μg/mL时，与其他浓度相比具有最有效的抗菌活性，抗生物膜作用比阳性对照更有效，使变形链球菌和牙龈假单胞菌的生物膜分别减少87.15%和97.73%。以上结果表明，枸杞子可能是一种有应用前景的天然抗菌治疗剂（Soesanto et al., 2021）。

（三）降血糖作用

王伟等研究发现宁夏枸杞总黄酮对链脲佐菌素（STZ）诱导的糖尿病（DM）大鼠有降血糖作用，能明显保护DM大鼠胰岛功能，改善大鼠胰岛素抵抗，延缓血糖升高速度，调节血脂代谢紊乱，进而推迟DM病程进展（王伟，2015）。

（四）抗衰老作用

研究发现大孔树脂纯化的枸杞黄酮（p-FLA）对秀丽隐杆线虫具有较好的抗衰老作用和较强的抗氧化能力，可显著提高抗衰老基因（如 *ins-18*、*daf-16* 等）的表达，在老年性阿尔茨海默病AD模型菌株中，p-FLA能下调Aβ的表达，表现出较好的抗衰老效果（熊磊，2021）。

第四节　生 物 碱

生物碱是存在于自然界中的一类含氮的有机化合物，具有显著的生物活性，是中草药中重要的有效成分。茄科枸杞属植物中富含生物碱，在枸杞果实、根、茎、叶中均有分布，且种类多样，主要包括甜菜碱、有机胺类生物碱（包括酰胺类、酚酰胺类、精胺类和亚精胺类）和杂环生物碱（包括莨菪烷类、吡咯烷类、哌啶类、咪唑类、喹啉类和吲哚类)。迄今为止，生物碱在枸杞属小分子化学成分中占30%以上，枸杞属植物中已报道了上百个生物碱类化学成分（刘建飞 等，2022)，其中大多数是从枸杞或地骨皮及枸杞叶中发现的。在宁夏枸杞果实中发现报道的并不多，主要包括甜菜碱、酚酰胺生物碱、亚精胺衍生物、哌啶类生物碱、喹啉类生物碱。近年来，以酚酰胺和亚精胺为代表的生物碱类成分，因显示出抗氧化、抗炎、抗衰老、抗AD等神经保护活性，吸引了诸多研究者，被认为是枸杞子的主要活性成分之一。下面主要介绍目前在枸杞子中发现报道的生物碱类的化学成分及其生物活性。

一、甜菜碱

甜菜碱（betaine)，化学名称为 N，N，N-三甲基甘氨酸，又称甘氨酸甜菜碱，是甘氨酸的衍生物，属季铵碱类物质。甜菜碱是枸杞的主要功能成分之一。宁夏枸杞和枸杞在《中华人民共和国药典》(ChP)、《韩国药典》(KP)、《日本药典》(JP)、《欧洲药典》(EP) 等药典中已作为药材使用多年，其中甜菜碱被用作ChP和KP中枸杞品种质量评价的标记物，《中华人民共和国药典》规定枸杞子中甜菜碱的含量不低于0.3%。

（一）甜菜碱含量的测定方法

甜菜碱是由一个具有季铵基团和羧酸基团的偶极离子组成，这种特殊结构特征使得甜菜碱及其类似物的紫外发色团较差，且易溶于水，给它们的定量带来了很大的挑战。

1.薄层扫描法和分光光度比色法　早期枸杞甜菜碱的检测主要采用薄层扫描法和分光光度比色法。《中华人民共和国药典》(2015版) 一直采用薄层扫描法测定枸杞甜菜碱含量。但薄层扫描法复杂的样品提取工艺难以获得良好的回收率，且层析过程常会出现拖尾现象，展开时的温度、展开剂的极性和蒸汽饱和度都会影响色谱条件的恒定，从而影响分离效果和方法的重现性。

甜菜碱的分光光度法即雷氏盐比色法，其原理是甜菜碱在强酸条件下能与雷氏盐反应生成银白色沉淀，用丙酮溶解后形成红色溶液，产物在525nm处具有特征吸收峰，通过吸光值的变化即可定量检测甜菜碱的含量。但该法也多采用和薄层扫描法相同的样品提取方法，需要对甜菜碱粗提物进行活性炭脱色、雷氏盐沉淀等多个步骤，处理方法较烦琐、耗时较长，且其中活性炭脱色和雷氏盐沉淀过程均会造成样品甜菜碱的损失，影响测定结果的准确度和重复性。因此，无论是雷氏盐比色法还是薄层扫描法，由于灵敏度和分辨率都比较低，已不适用于甜菜碱的定量分析。

2.高效液相色谱法 目前测定枸杞果实甜菜碱的分析方法多为液相色谱配以不同的检测器，如HPLC-UV、HPLC-ELSD和LC-MS /MS。

张自萍等建立了枸杞甜菜碱含量测定的HPLC-UV法。通过对波长、流动相、流速、洗脱方式的优化确定了枸杞甜菜碱提取物色谱分析条件为：250mm×4.6mm（5μm）NH$_2$色谱柱，乙腈：水（85：15）为流动相，等度洗脱，检测波长195nm，流速0.7mL/min，柱温30℃，进样量5μL。利用所建立的高效液相色谱法和分光光度法测定比较了8批不同产地的枸杞子中甜菜碱的含量，结果如表3-8所示。由表可见：HPLC测定的甜菜碱含量明显高于分光光度法。结果表明HPLC法不须对样品进行前处理，避免了操作步骤太多带来的样品损失问题；采用NH$_2$柱也无须对甜菜碱提取物进行衍生，可直接测定枸杞中甜菜碱的含量，保留了枸杞中甜菜碱提取物的原始成分，方法简便、快速。

表3-8 分光光度法和高效液相色谱法测定枸杞甜菜碱含量的结果

样品编号	分光光度法 甜菜碱含量（mg/g）	高效液相色谱法 甜菜碱含量（mg/g）
1#	0.923	1.498
2#	0.570	1.043
3#	1.125	1.608
4#	0.815	1.144
5#	0.865	1.208
6#	0.948	1.311
7#	1.075	1.361
8#	0.983	1.359

此外，利用所建立的高效液相色谱法，我们分析了不同发育期枸杞果实中甜菜碱的含量变化，表明枸杞果实发育过程甜菜碱的含量逐渐降低（图3-21），呈反双S形下降趋势。其积累过程可分为三个阶段：花后9 ～ 14d，甜菜碱含量缓慢降低；花后14 ～ 29d时，合成量迅速下降；花后29 ～ 37d，下降趋势又减缓。

《中华人民共和国药典》（2020版）介绍枸杞子中甜菜碱的含量测定方法改进为高效液相色谱法，采用碱性氧化铝固相萃取柱萃取，以氨基键合硅胶为填充剂；以乙腈-水（85：15）为流动相；检测波长为195nm。Zhao等以30mmol/L醋酸铵缓冲液和乙腈（20：80，*V/V*）为流动相，采用Atlantis亲水

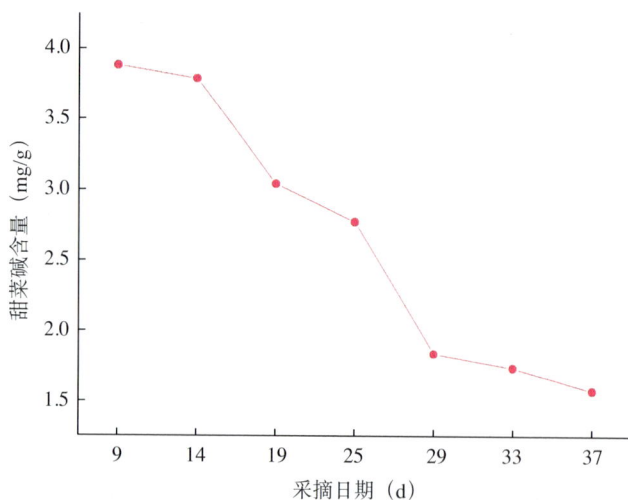

图3-21　枸杞果实发育过程甜菜碱含量变化趋势图

性相互作用液相色谱硅胶柱，等度洗脱分离甜菜碱，以蒸发光散射检测器，建立了HPLC-ELSD方法用于分析测定92份枸杞样品中甜菜碱的含量（Zhao et al.，2013）。Liu等采用高效液相色谱-二极管阵列检测器-固相萃取联用技术同时分离测定4个不同种枸杞的30个枸杞果实中的甜菜碱含量，结果表明，经二氯甲烷脱脂、80%乙醇（盐酸调节pH至1.0）萃取、氧化铝（OH^-形式）洗脱后，甜菜碱的平均得率比《中华人民共和国药典》（2015版）方法提高了3倍。此外，该报道首次在枸杞中鉴定出甜菜碱的干扰物质为葫芦巴碱，并同时对甜菜碱和葫芦巴碱进行了分离和定量（Liu et al.，2020）。

由于甜菜碱结构特殊、紫外发色团差、极性高，为获得更高的提取效率、更好的灵敏度和分辨率，现有的甜菜碱提取和定量分析方法尚需改进。

（二）甜菜碱的生物活性

甜菜碱广泛存在于动植物体内，在营养物质的代谢中起着十分重要的作用，是蛋氨酸和S-腺苷蛋氨酸形成的甲基供体来源，具有调节体内渗透压，缓和应激，促进脂肪代谢和蛋白质合成等作用。在植物中，枸杞、豆科植物均含有甜菜碱，是非常重要的渗透调节物质，对于植物增强抗逆性，比如抗盐碱、耐旱均十分重要。现代药理研究表明甜菜碱具有抗肿瘤、降血压、抗消化性溃疡及胃肠功能障碍、治疗或预防2型糖尿病、脂肪肝和肝损伤等功能，对肌肉分化和能量产生代谢也具有积极作用。枸杞中的甜菜碱还被证明具有抗衰老作用、减轻四氯化碳引起的肝损伤等活性（Ma et al.，2019）。

二、酰胺类生物碱

　　酰胺类生物碱，也称羟基肉桂酸酰胺，是由羟基肉桂酸与胺结合而成。这类化合物广泛存在于枸杞属植物中，是枸杞属中一类主要的生物碱，具有显著的抗氧化活性。2015年Gao等首次从宁夏枸杞果实的乙醇提取物中分离得到3个新的酚酰胺二聚体lyciumamide A、lyciumamide B和lyciumamide C以及两个单体N-E-coumaroyl tyramine和N-E-feruloylamine，且所有化合物都具有清除DPPH自由基活性和对大鼠肝微粒体脂质过氧化的抑制作用，特别是两个单体表现出比对照叔丁基-4-羟基茴香醚更强的抗氧化活性（Gao et al.，2015）。Wang等通过LC-MS/MS和NMR分析，从枸杞果实中鉴定出9种酰胺类化合物，其中7种化合物是首次从该植物中鉴定出来的，含有酪胺部分的酰胺类化合物最为丰富。体外研究表明，5种羟基肉桂酸酰胺化合物对脂多糖诱导的RAW624.7细胞NO产生具有抑制作用，$IC_{50}<15.08\ \mu mol/L$（反式N-阿魏酰基多巴胺）。这些发现表明枸杞酰胺类，特别是咖啡酸衍生物具有良好的抗炎性能（Wang et al.，2017）。2020年，Zhu等又从宁夏枸杞果实中分离得到3种新的酚酰胺生物碱lyciumamide L、lyciumamide M和lyciumamide N和12个已知酚酰胺生物碱，考察了酚酰胺组分对泼尼松诱导的免疫缺陷小鼠的免疫器官指数和细胞因子水平的影响。结果表明，总酚酰胺和枸杞多糖的免疫恢复活性均优于阳性对照，更重要的是，对免疫器官指数（胸腺指数和脾脏指数）和免疫细胞因子（IFN-γ、IL-2和IL-10）的分析发现，总酚酰胺比枸杞多糖具有更强的免疫调节活性（Zhu et al.，2020），这些研究结果表明，枸杞子中不只是多糖具有免疫活性，酚酰胺类化合物也发挥了重要作用。

三、多胺类生物碱

　　据报道，在枸杞果实中分离鉴定的多胺生物碱包括二咖啡酰亚精胺衍生物和二咖啡基精胺类衍生物。二咖啡酰亚精胺衍生物是一种稀少的植物次生代谢产物，其中咖啡酸衍生物和亚精胺通过酰胺键连接，是一类兼具脂肪胺单元和酚羟基的两性产物。2016年Zhou等首次从宁夏枸杞果实中分离得到了19个二咖啡酰亚精胺衍生物lycibarbarspermidine A-S，这也是首例报道的二咖啡酰亚精胺衍生物的糖苷产物，其中lycibarbarspermidine N和lycibarbarspermidine O是首次发现的二咖啡酰亚精胺衍生物的环化产物。在此基础上，通过液质分析，他们估算了枸杞中所有二咖啡酰亚精胺衍生物的总含量超过2.1g/kg，其中化合物lycibarbarspermidine A和lycibarbarspermidine F的含量均超过0.5g/kg。另外，结构分析表明枸杞果实中发现的二咖啡酰亚精胺衍生物的苷元结构与地骨皮中的地骨皮甲素（kukoamine A）和地骨皮乙素（kukoamine B）的苷元结构相似，揭示了枸杞果实的化学成分与枸杞根皮的化学成分的分布存在相关性。转基因果蝇阿尔茨海默病AD模型的短期记忆试验表明，15个二咖啡酰亚精胺衍生物对AD果蝇表现出不同水平的抗AD活性。氧自由基吸收能力测定结果显示，这些化合物均具有抗氧化能力，表明二咖啡酰亚精胺衍生物是宁夏枸杞中具有抗AD和抗氧化作用的活性成分，而它们的抗氧化活性也有助于枸杞的抗衰老、神经保护和抗AD作用（Zhou et al.，2016）。

Ahada等利用UPLC-Q-TOF/MS对枸杞中亚精胺进行化学分析，根据亚精胺的结构特点，建立了高选择性强阳离子交换固相萃取与RP-LC相结合的选择性富集和质谱检测兼容方法，用该方法初步鉴定了58种亚精胺中的41种，其中26种为首次从枸杞中分离得到（Ahada et al.，2020）。结果说明，枸杞中含有丰富的具有生物活性的天然亚精胺，是一种很有前景的药用和新药开发的亚精胺来源。2022年Selonke课题组报道从宁夏枸杞果实中发现并表征了约100种不同结构的糖基化多胺，其中咖啡基亚精胺糖苷以亚精胺为核心，与含有1、2、3个单糖（β-D-吡喃葡萄糖）的咖啡酸或二氢咖啡酸随机结合分布；还有一些葡萄糖-咖啡基亚精胺的新颖异构体，如葡萄糖-咖啡基亚精胺四糖苷、非线性二咖啡基亚精胺等；特别是首次报道枸杞果实中存在一类以精胺为多胺核心和更高程度的糖基化，多达4个β-D-吡喃葡萄糖单元连接到不同的位点，作为单糖或寡糖侧链；在这些新的咖啡酰精胺糖苷中，糖基化模式不同可产生不同数目的同分异构体，糖基化的程度，1~4个葡萄糖单位不等。DPPH自由基清除试验和TBARS试验表明，富含葡萄糖-二咖啡基多胺组分的枸杞提取物具有良好的抗氧化性能（Selonke et al.，2022）。

四、喹啉类生物碱

喹啉类生物碱是结构中含有喹啉环的一类生物碱。2021年，Chen等从宁夏枸杞的果实中首次分离得到了3种具有螺杂环基团的四氢喹啉生物碱lycibarbarines A、lycibarbarines B和lycibarbarines C，该类生物碱具有独特的三环四氢喹啉-恶嗪-酮己糖融合骨架，是天然产物中首次报道的新骨架分子结构。其中，化合物lycibarbarines A和lycibarbarines C在1.0~20.0 μmol/L范围内，通过抑制caspase-3和caspase-9减少PC12细胞的凋亡，对皮质酮诱导的损伤表现出神经保护活性（Chen et al.，2021）。

五、莨菪烷类生物碱

莨菪烷类生物碱曾称托品烷生物碱，指具有由吡咯环和哌啶环骈合而成的莨菪烷基本骨架的生物碱。2006年奥地利学者Adams利用HPLC-MS对来自中国和泰国的8个宁夏枸杞样本进行分析。结果表明，宁夏枸杞所含阿托品量最高不超过19ppb（part per billion，W/W），远低于毒性水平（Adams et al.，2006）；2020年，Zhao等制备了石墨烯/六方氮化硼杂化物作为萃取吸附剂，建立了一种UPLC-MS同时定量枸杞中3种托烷生物碱的新方法，并对中国30个不同产区枸杞子进行安全性分析评价。结果表明，所有样品均未检测到山莨菪碱和东莨菪碱，阿托品含量最高为23.4 μg/kg，远低于致毒含量（Zhao et al.，2020）。

第五节　2-O-β-D-葡萄糖基-L-抗坏血酸（AA-2βG）

近年来枸杞中的一种维生素C衍生物：2-O-β-D-葡萄糖基-L-抗坏血酸（2-O-β-D- glucopyranosyl-L-ascorbic acid，AA-2βG），因具有抗氧化、抗肿瘤、降血糖等多种生物活性，受到广泛关注。

L-抗坏血酸（L-ascorbic acid，L-AA）又名维生素C，具有很强的抗氧化特性，可参与人体内的多种代谢过程，是维持生命不可缺少的水溶性维生素。维生素C结构的活泼性决定了它可与多种物质发生化学反应，但是维生素C极不稳定，因为其分子结构中特殊的连烯二醇结构，易被氧化为脱氢型抗坏血酸，后者在水溶液和空气中进一步被氧化降解，丧失生理活性；暴露于中性、碱性pH，光，热和重金属下，也会导致其快速降解。因此寻求稳定的维生素C衍生物，一直是国际关注的研究热点。

研究发现，L-AA分子结构中C_2位的氢原子被糖苷替代，其被氧化的速率大大下降，水溶液稳定性提高，耐热，不易降解。1992年，日本学者Itaru等从口服了麦芽糖和维生素C的豚鼠和鼠类的尿液中获得一种新型高稳定性的维生素C葡萄糖苷：2-O-α-D-葡萄糖基-L-抗坏血酸（2-O-α-D-glucopyranosyl-L-ascorbic acid，AA-2αG）；2004年，日本学者 Toyoda-Ono 等从宁夏枸杞和北方枸杞的干果中分离纯化得到2-O-β-D-葡萄糖基-L-抗坏血酸。作为维生素C的前体物质，AA-2αG和AA-2βG结构中含葡萄糖基，以α/β-1，4糖苷键连接于维生素C的C_2上，由于2位上有葡萄糖基掩蔽，不易发生维生素C的氧化反应，所以在水溶液中特别稳定，并且没有直接还原性，从而有效地保护了维生素C的生物活性（Toyoda-Ono et al.，2004）。

目前，只有AA-2αG可以用化学合成法和酶法进行工业化生产。其作为一种新型稳定的维生素C前体被日本政府批准为皮肤保健的一种主要成分，作为一种美白添加剂用于高端化妆品中。日本学者用Dowex1-X8强碱阴离子结合HPLC从枸杞子中制备出纯品AA-2βG，但成本很高且得率较低，不适用于工业化生产；而酶法和化学合成法得率都比较低，依然处于试验室研究阶段（Toyoda-Ono et al.，2005）。

AA-2βG是目前唯一一种从天然资源（枸杞）中发现的稳定的维生素C类似物，AA-2βG表现出与AA及其合成衍生物AA-2αG在清除DPPH自由基试验中相当的抗氧化活性。研究报道枸杞果实中AA-2βG的含量高达干果的0.5%。2020年，Bubloza等检测发现枸杞根状茎、茎、叶中都存在AA-2βG（Bubloza et al.，2020），不过与枸杞果实相比，根状茎、茎、叶中的含量要低得多（每100g叶片干重为3.34mg，每100g茎干重为4.05mg，每100g根状茎干重为12.6mg，而每100g果实干重为40 ～ 280mg）。表明枸杞果实是AA-2βG的天然植物资源，可作为维生素C的稳定替代品。

张自萍课题组在国内最早开展枸杞AA-2βG方面的研究，现将有关AA-2βG的研究进展进行简介。

一、AA-2βG的提取分离和检测

2005年张自萍等借鉴Toyoda-Ono等的方法，综合利用超声萃取、离子交换层析、高效液相色谱等现代分离纯化技术，建立了一套快速、高效、适用的提取分离纯化AA-2βG的技术路线。具体方法如下：

1.提取 烘干的枸杞子→研磨过筛去籽（40目）→30%乙醇浸渍→超声提取1h（30℃）→静置隔夜→抽滤去渣→负压浓缩（45℃）→获得粗品→5℃冷藏备用。

2.分离 粗品→强碱性阴离子交换层析柱分离（Dowex 1-X8或205×7 树脂）（用0、0.1、1.0mol/L浓度冰醋酸梯度洗脱），收集分离组分→负压浓缩（45℃）→真空干燥4h→获取高纯度AA-2βG成品（干燥粉末）。

3.HPLC检测 采用VP-ODS柱（4.6mm×250mm，内径5μm），紫外检测（波长254nm），柱温35℃，流动相为5%甲醇、20mol/L磷酸、5mol/L四丁基溴化铵，流速0.5mL/min，如图3-22所示。

枸杞果实发育过程中AA-2βG的含量变化：在上述提取纯化检测方法的基础上，优化了枸杞鲜果中AA-2βG的纯化方法，并对枸杞果实发育过程中AA-

2βG和维生素C的含量变化进行了研究。结果表明，枸杞果实发育过程中维生素C含量呈先降低后升高的趋势（图3-23），幼果初期含量最高，随果实的发育迅速降低，从转色期直至成熟又略有上升。枸杞果实发育过程中AA-2βG含量变化呈上升趋势（图3-24），幼果期含量较低，且呈缓慢上升趋势，于花后25d迅速积累，到成熟时达最大值。可见，在枸杞果实成熟过程中，随着维生素C含量的减少，AA-2βG的合成相应增加，表明枸杞果实发育过程AA-2βG的积累受维生素C、糖合成的影响，三者之间可能存在转化关系。

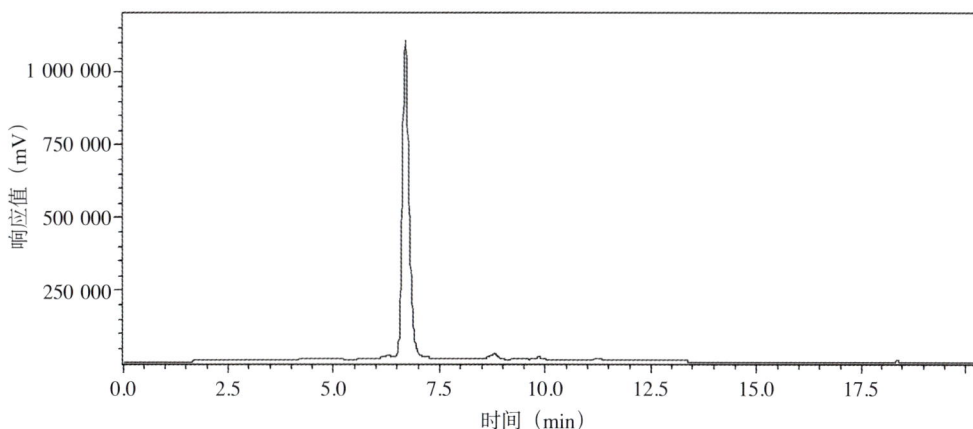

图3-22　AA-2βG的HPLC色谱图

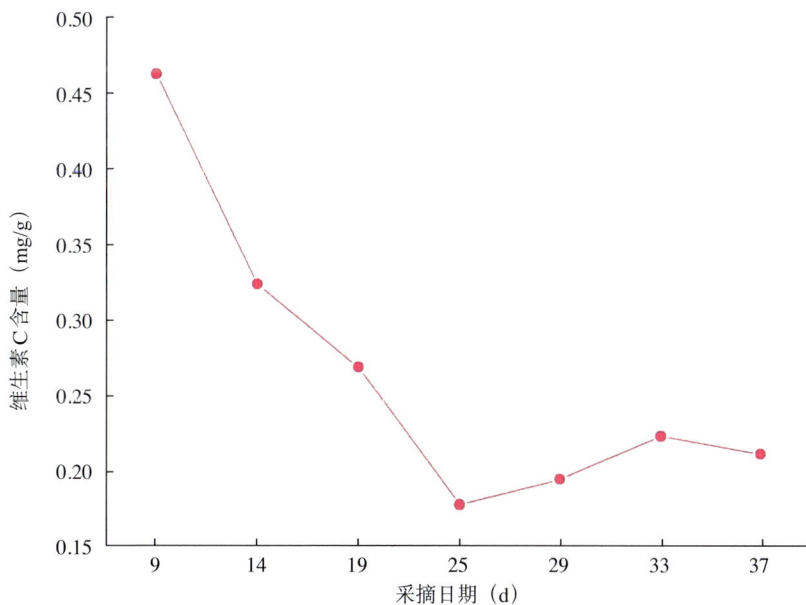

图3-23　枸杞果实发育过程维生素C含量变化趋势图

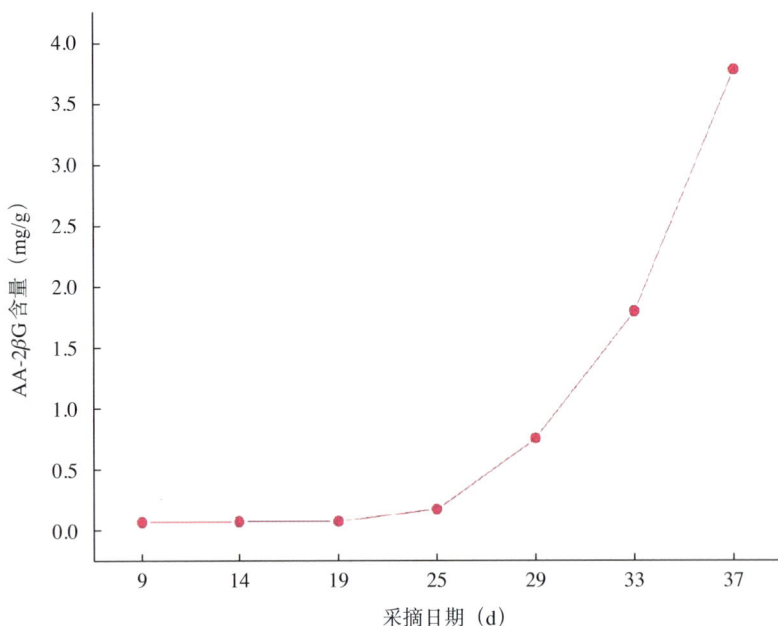

图3-24　枸杞果实发育过程AA-2βG含量变化趋势图

2022年，梅利中等采用氨基色谱柱 ACQUITY UPLC Glycan BEH Amide Column 130A（2.1mm×150mm，1.7 μm）建立了超高效液相色谱法（UPLC）法，以乙腈为流动相A、0.05mol/L乙酸铵溶液为流动相B，梯度洗脱，检测波长260nm，对4个主要产地、8种不同批次枸杞中的AA-2βG含量进行测定，结果表明，不同产地之间枸杞中AA-2βG的含量变化差异大，整体而言，宁夏产的枸杞AA-2βG含量较其他产地高，但是批次间差异也较大（梅利中 等，2022）。

二、AA-2βG的生物活性

张自萍等研究表明AA-2βG是枸杞果实中的另外一种抗氧化成分，抗氧化能力相比抗坏血酸更持久，能够长时间存在于体内发挥抗氧化活性，具有更高效的清除自由基能力，减缓H_2O_2导致的晶状体氧化损伤，能有效抑制黑色素的生成，显示出抑制宫颈癌Hela细胞增殖的抗肿瘤活性。

（一）AA-2βG抑制黑素合成

鉴于抗坏血酸能够显著地抑制细胞黑素合成，是公认的美白护肤添加剂和祛斑药物，张自萍等以体外培养的B16黑素细胞为研究对象，研究了AA-

2βG对黑素合成方面的影响及作用机制，首次发现AA-2βG具有明显的抑制细胞黑素合成作用，对酪氨酸酶抑制效果明显优于维生素C。

1.对B16黑素细胞生长的抑制情况　经MTT法检测，AA-2βG对B16黑素细胞增殖的抑制呈浓度依赖性，结果见表3-9。AA-2βG与维生素C抑制B16细胞的IC_{50}分别为2.33mmol/L和3.16mmol/L，当浓度为4.00mmol/L时，AA-2βG的抑制率可达85.97%。

表3-9　AA-2βG与维生素C对B16细胞增殖抑制率的比较

组　别	剂量（mmol/L）	抑制率（$\bar{x} \pm s$，%）
对照组	—	—
AA-2βG	1.50	31.65±2.20
AA-2βG	3.00	75.99±2.10*
AA-2βG	4.00	85.97±2.00*
维生素C	1.50	10.84±2.94
维生素C	3.00	35.17±5.54*
维生素C	4.00	62.78±1.22*

注：$\bar{x} \pm s$，$n=3$。*$p<0.05$　vs 对照组。

2.对细胞生长中酪氨酸活性和细胞黑素合成的影响　试验发现AA-2βG与维生素C对细胞生长中酪氨酸酶活性均有浓度依赖性的抑制作用，IC_{50}浓度分别为1.84mmol/L和3.85mmol/L，说明AA-2βG对B16细胞酪氨酸活性抑制作用明显高于维生素C。而AA-2βG与维生素C对B16细胞黑素合成的影响作用则相似，IC_{50}分别为3.77mmol/L和3.04mmol/L。结果见表3-10。

表3-10　AA-2βG与维生素C对B16细胞酪氨酸活性黑素合成的影响

组　别	剂量（mmol/L）	酪氨酸活性抑制率（$\bar{x} \pm s$，%）	黑素合成抑制率（$\bar{x} \pm s$，%）
空白对照		—	—
AA-2βG	1.50	47.25±0.90*	25.63±9.44
AA-2βG	3.00	80.46±1.48*	32.29±7.91*
AA-2βG	4.00	78.27±0.42*	58.75±9.21*
维生素C	1.50	37.61±2.30	18.75±5.01
维生素C	3.00	40.17±0.20	22.50±3.75*
维生素C	4.00	51.53±0.92*	36.88±6.34*

注：$\bar{x} \pm s$，$n=3$。*$p<0.05$　vs 对照组。

上述研究表明，AA-2βG具备显著的抑制黑素细胞生长，降低细胞黑素合成的作用，尤其在抑制酪氨酸酶活性方面明显优于等量的维生素C。从分子结构上分析，AA-2βG以β-1，4糖苷键连接于维生素C的C2上，由于2位上有葡萄糖基掩蔽，该化合物不易发生氧化还原反应，能较好地解决维生素C由于其特殊的连二烯醇结构的不稳定而导致的易于被氧化降解的难题，从而保护了L-抗坏血酸的母环，增强了维生素C活性。这可能是AA-2βG优于维生素C的原因之一。

（二）AA-2βG的抗氧化作用

张自萍等通过体外和体内模型系统评价了AA-2βG和维生素C的抗氧化活性。体外自由基清除试验表明，AA-2βG的还原能力极显著低于维生素C，在pH3.0缓冲液的条件下对DPPH自由基的清除能力强于维生素C（图3-25）；对·O_2^-自由基几乎不具有清除作用，但对H_2O_2的清除能力较维生素C更强（$p < 0.01$ 或 $p < 0.05$）（图3-26）；对·OH的清除能力与维生素C相近，半数清除浓度依次为136.69 μmol/L和130.92 μmol/L；对NO^{2-}具有一定清除作用（图3-27）；对H_2O_2诱导的红细胞溶血有较好的抑制作用（表3-11）。上述结果表明，AA-2βG具有较好的清除自由基能力，是枸杞果实中重要的抗氧化成分，可能具有与维生素C相似但又不同的抗氧化机理。

表3-11　不同浓度AA-2βG和维生素C对H_2O_2诱导红细胞氧化溶血的影响

Dose (μmol/L)	H_2O_2 (μmol/L)	AA		AA-2βG	
		溶血率（%）	抑制率（%）	溶血率（%）	抑制率（%）
0	0	9.01±0.78	—	9.01±0.78	—
0	500	100	—	100	—
100	500	110.95±2.78**	-10.95	70.66±0.81**	29.34
500	500	72.82±3.43**	27.18	13.48±0.53**	86.52
800	500	51.23±1.03**	48.77	12.36±0.11**	87.64
1 000	500	43.71±1.61**	56.29	13.48±0.26**	86.52

注：$\bar{x}\pm s$，$n=3$，*$p<0.05$，**$p<0.01$ vs 损伤组。

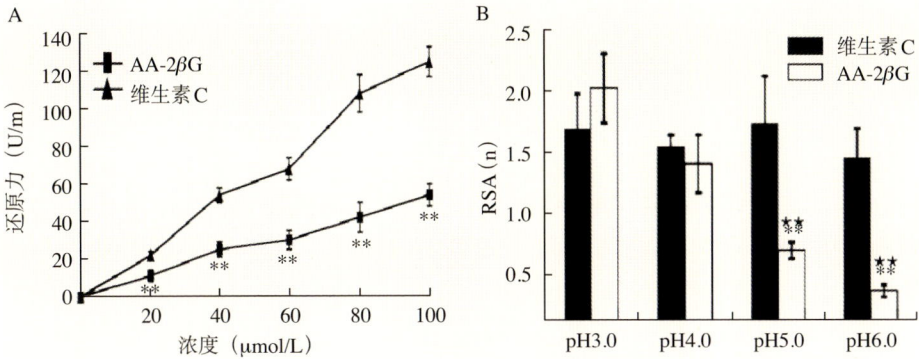

图3-25　AA-2βG和维生素C的总还原力和清除自由基能力

A.总还原力（Total reduction capability）　B.清除自由基能力（RSA）

（$\bar{x} \pm s$，$n=3$，$**p<0.01$vs维生素C）

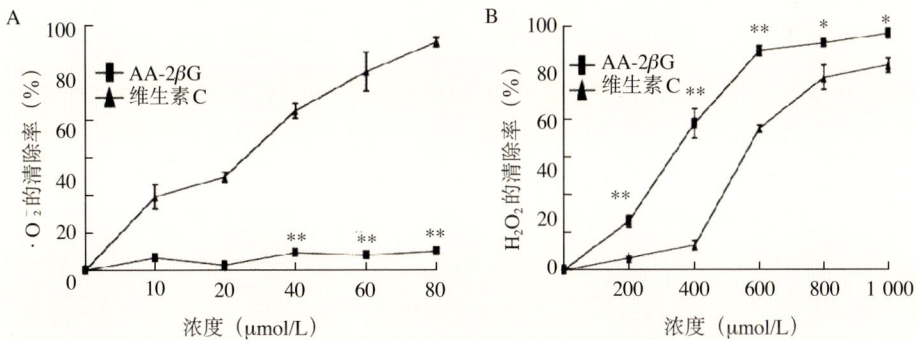

图3-26　AA-2βG和维生素C对·O_2^-和H_2O_2的清除作用

（$\bar{x} \pm s$，$n=3$，$*p<0.05$，$**p<0.01$vs维生素C）

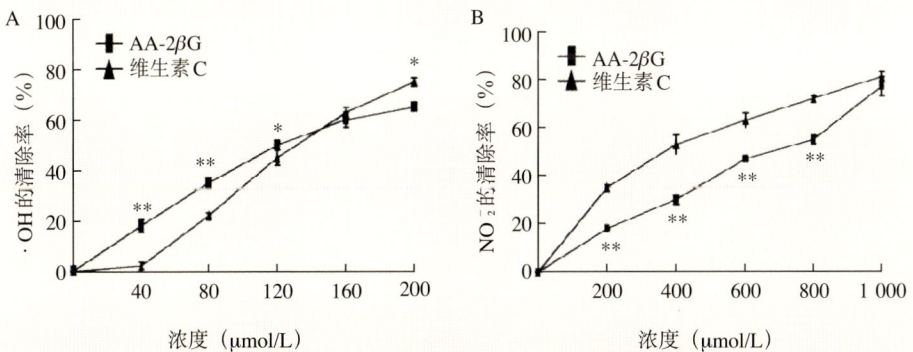

图3-27　AA-2βG和维生素C对·OH和NO_2^-的清除作用

（$\bar{x} \pm s$，$n=3$，$*p<0.05$，$**p<0.01$ vs 维生素C）

此外，体内研究表明AA-2βG能降低CCl$_4$致小鼠急性肝损伤血清中丙氨酸转氨酶（ALT）、天门冬氨酸转氨酶（AST）值的升高，降低肝组织中MDA含量，增强SOD的活性，对GSH含量无明显作用，表明AA-2βG在体内具有抗氧化作用及保肝作用，结果如表3-12所示。

表3-12　AA-2βG对CCl$_4$致肝损伤小鼠的保护作用

组　别	AA-2βG 剂量 (mg/kg)	血清		肝组织		
		ALT (U/L)	AST (U/L)	SOD (U/mg)	MDA (nmol/mg)	GSH (ng/mg)
正常组	—	58.48±4.3	128.3±22.3	160.3±20.1	2.9±0.6	42.6 + 1.28
CCl$_4$损伤组	—	131.5±7.4[#]	281.1±32.2[#]	138.3±16.4[#]	7.2±0.8[#]	23.3±1.3[#]
损伤 + AA-2βG组	100	81.0±5.4[**]	196.1 + 31.3[*]	136.9 + 27.5[**]	4.8±0.6[*]	24.2±1.1[*]
	200	74.1±4.5[**]	154.2 + 16.4[*]	143.0±34.1[**]	4.1±0.9[*]	29.6±1.9[*]
	300	61.9±8.0[**]	137.5±20.1[*]	155.4±19.9[**]	3.3±0.2[**]	23.5±2.2[*]

注：$\bar{x}\pm s$，$n=3$。[##]$p<0.01$vs正常组；[*]$p<0.05$，[**]$p<0.01$vs损伤组。

Takebayashi等通过体外4种抗氧化能力测试法（DPPH自由基清除试验、ABTS自由基清除试验、ORAC试验、AAPH诱导红细胞溶血抑制试验），比较了L-AA及其衍生物AA-2βG和AA-2αG的抗氧化活性（Takebayashi et al.，2008），发现AA-2βG与AA-2αG大致相同，缓慢而持续地清除DPPH自由基和ABTS自由基，而L-AA立即猝灭了这些自由基。在ORAC试验和溶血抑制试验中，AA-2βG表现出与AA-2αG和L-AA相似的整体活性，但AA-2βG对过氧自由基的抑制作用均低于AA-2αG和L-AA。这些数据表明AA-2βG具有与AA-2αG大致相同的自由基清除性能，并且AA-2βG比L-AA更稳定，抗氧化能力较L-AA持久温和，可长时间存在于体内直接发挥抗氧化活性。Wang等评估了AA-2βG与L-AA及AA-2αG在M1/ M2样小鼠巨噬细胞RAW264.7中的ROS清除能力（Wang et al.，2019）。结果表明：（1）对自由基的活性顺序为AA-2βG>AA-2αG>L-AA，AA-2βG比L-AA和AA-2αG能更有效地消除氧化应激和恢复细胞谷胱甘肽池。（2）AA-2αG 和AA-2βG在Fenton试剂中的稳定性高于L-AA，AA-2βG在RAW264.7细胞中没有代谢为L-AA，提示其抗氧化活性可能不需要L-AA作为中间体。（3）AA-2βG 和AA-2αG与L-AA具有相同的细胞摄取转运蛋白；AA-2βG的抗氧化活性与Keap1/Nrf2信号通路的激活和抗坏血酸钠共转运蛋白依赖的细胞摄取有关。（4）AA-2βG增强Nrf2- DNA结合亲和力的能力约为L-AA和AA-2αG的两倍，AA-2βG上的糖基部分及其构型提高了Nrf2-DNA结合的稳定性和亲和力。研究结果证实枸杞中AA-2βG具有良好的自由基清除活性，是一种有前景的天然L-AA衍生物，提示AA-2βG可作为一种高活性抗氧化剂用于预防化疗药物诱导的损伤和其他自由基引发的疾病。研究结果为枸杞中稳定的AA衍生物AA-2βG具有增强的自由基清除活性提供了药理学证据。

（三）AA-2βG对晶状体氧化损伤的保护作用

采用H_2O_2氧化损伤法诱导晶状体混浊建立试验性白内障模型，分别于24、48、72h培养结束后观察各组晶状体（空白对照组、H_2O_2氧化损伤组、维生素C组、AA-2βG组）的混浊情况。如图3-28形态学观察显示，空白对照组晶状体混浊不明显，H_2O_2组在24h开始出现混浊，随着培养时间的延长，H_2O_2组晶状体完全混浊；AA-2βG和维生素C可以延缓H_2O_2诱导的晶状体混浊，AA-2βG组和维生素C组在48h才开始出现混浊，且混浊度明显轻于H_2O_2组。而且AA-2βG和维生素C作用于晶状体后明显增加了抗氧化酶的保护作用，SOD、GSH及T-AOC水平都有提高，脂质过氧化物MDA的含量降低。表

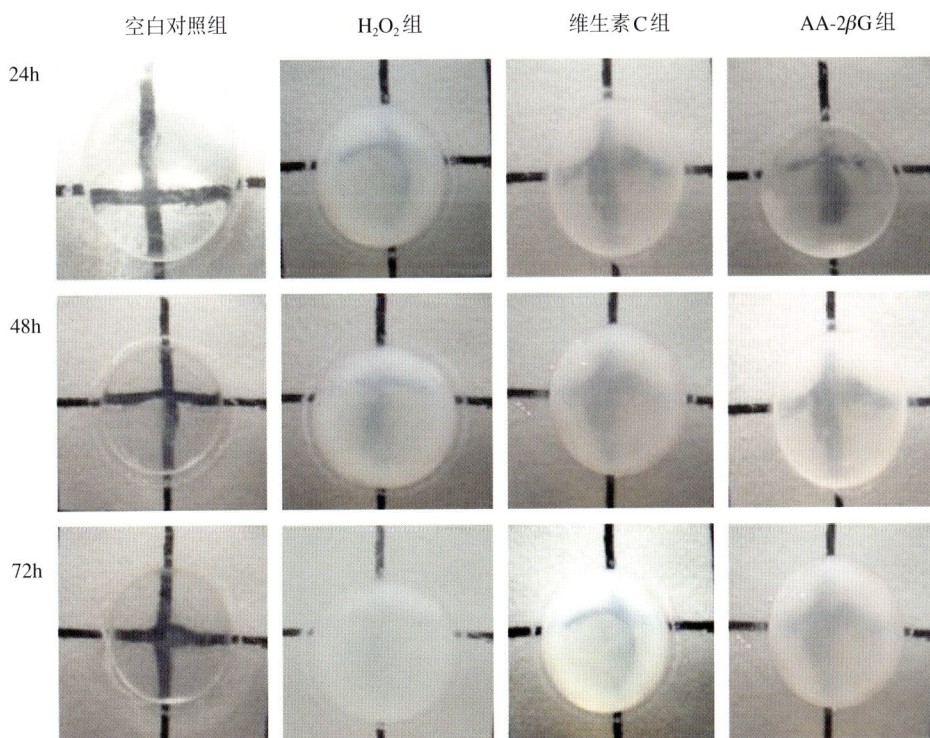

图3-28 不同时间各组晶状体混浊程度变化

明 AA-2βG 可以延缓 H_2O_2 诱导的兔晶状体混浊，对晶状体的氧化损伤具有保护作用。为枸杞保肝明目作用提供了理论基础。

（四）AA–2βG 对宫颈癌 Hela 细胞生长的抑制作用及机制研究

以人血管内皮细胞（VEC）为对照，利用 MTT 法检测不同浓度的 AA-2βG 对胃癌细胞（HS-746T）、直肠癌细胞（Colo-320）、肝癌细胞（Bel-7402）、宫颈癌细胞（Hela）的作用，结果如图 3-29 和图 3-30 所示：AA-2βG 对

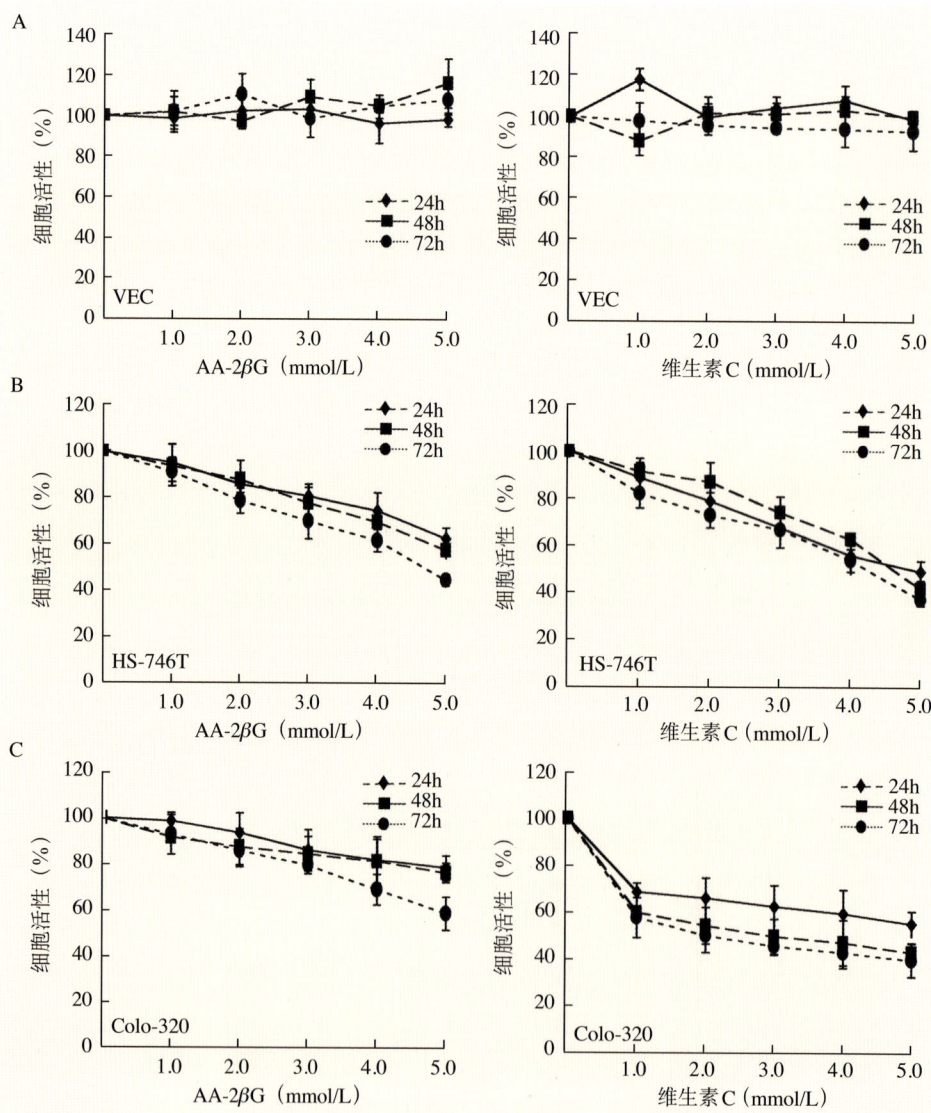

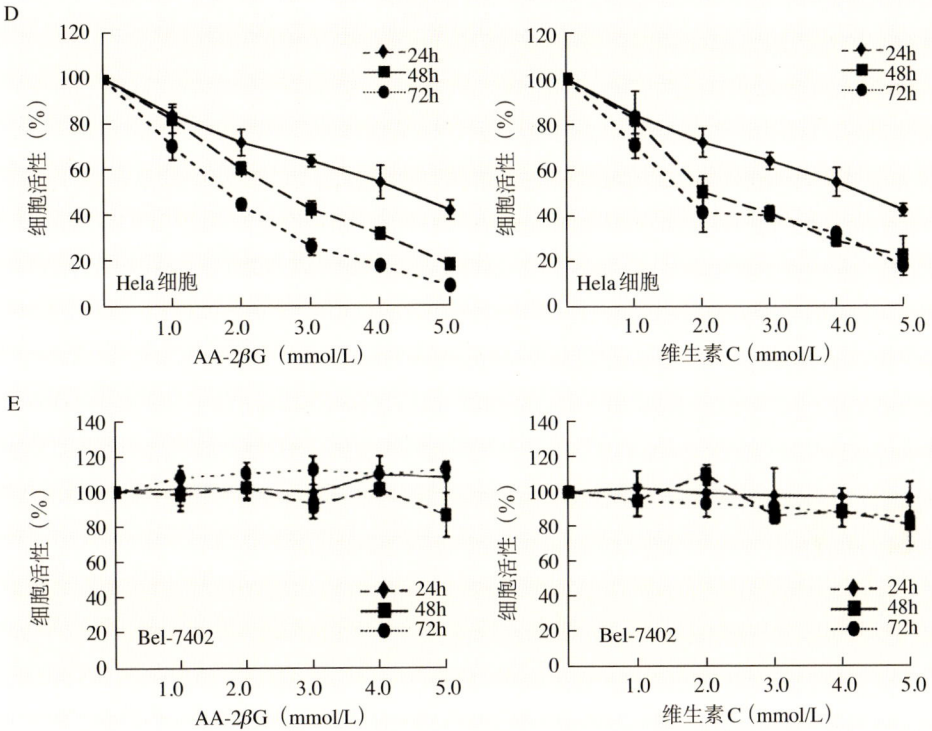

图 3-29　不同浓度、不同时间 AA-2βG 和维生素 C 对肿瘤细胞活力的影响

($\bar{x} \pm s$，$n=3$)

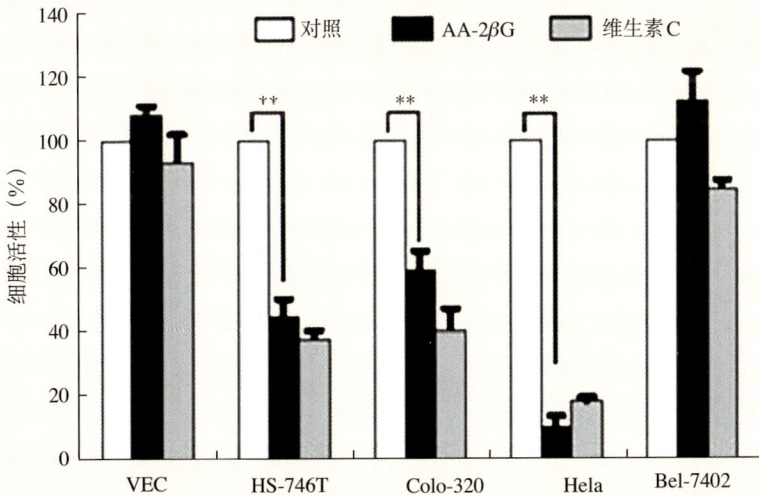

图 3-30　AA-2βG 和维生素 C 对肿瘤细胞的选择性抑制作用（72h，c=5mmol/L ）

($\bar{x} \pm s$，$n=3$，**$p < 0.01$vs 对照）

不同细胞的作用不同，对VEC具有一定的促生长作用，对肿瘤细胞的抑制作用具有选择性，能明显抑制Hela细胞生长，对HS-746T、Colo-320、Bel-7402无明显抑制作用。而且，AA-2βG对人宫颈癌Hela细胞的抑制作用呈明显的时间-效应和剂量-效应关系，浓度5mmol/L时抑制率高达90.8%（图3-29D）。

1.AA-2βG诱导人宫颈癌Hela细胞凋亡的研究　MTT法表明AA-2βG对宫颈癌Hela细胞的增殖具有明显的抑制作用，进而利用可见光显微镜和透射电镜进行细胞凋亡的形态学观察，流式细胞仪检测细胞周期，在细胞水平探讨AA-2βG诱导Hela细胞凋亡的作用机制。形态学观察可见AA-2βG作用于Hela细胞后出现不同程度的细胞凋亡现象。

细胞周期分析结果表明：AA-2βG作用后可将Hela细胞周期阻滞在G0/G1期，S期细胞明显减少，且细胞周期阻滞的生物功能呈明显的时间-效应和剂量-效应关系（表3-13和图3-31）。

表3-13　AA-2βG对Hela细胞周期的影响

组　别	剂量 (mmol/L)	时间 (h)	细胞周期（%）		
			G0/G1	G2/M	S
对照	—	—	55.90 ± 3.82	11.35 ± 2.46	32.75 ± 3.18
AA-2βG	0.001	48	58.58 ± 2.65**	10.20 ± 1.07**	31.22 ± 1.98*
AA-2βG	0.01	48	60.95 ± 4.44*	12.33 ± 0.33**	26.72 ± 4.46*
AA-2βG	0.1	48	72.02 ± 6.59**	5.13 ± 1.13*	22.85 ± 0.97**
AA-2βG	1.0	24	74.30 ± 4.68*	4.70 ± 0.41**	21.00 ± 1.26*
AA-2βG	1.0	36	80.69 ± 6.84**	5.04 ± 0.80*	14.27 ± 1.03**
AA-2βG	1.0	48	85.16 ± 3.85**	3.68 ± 0.63**	11.16 ± 1.49**

注：$\bar{x} \pm s$，$n=3$，*$p<0.05$；**$p<0.01$vs对照组。

结合形态学观察，表明AA-2βG在Hela宫颈癌细胞系中促进细胞凋亡和细胞周期阻滞，这可能是AA-2βG抑制Hela细胞增殖作用的结果。

2.AA-2βG作用HeLa细胞差异蛋白质表达谱分析　为了探究AA-2βG诱导Hela细胞凋亡和细胞周期阻滞的可能机制，揭示AA-2βG存在时Hela细胞的蛋白表达谱变化，利用2-DE和MALDI-TOF-MS分析鉴定与AA-2βG抗增殖活性相关的蛋白。

首先，用AA-2βG和维生素C干预Hela细胞，提取经AA-2βG和维生素C在适宜浓度、最佳作用时间下的Hela细胞处理组和对照组的总蛋白质；然

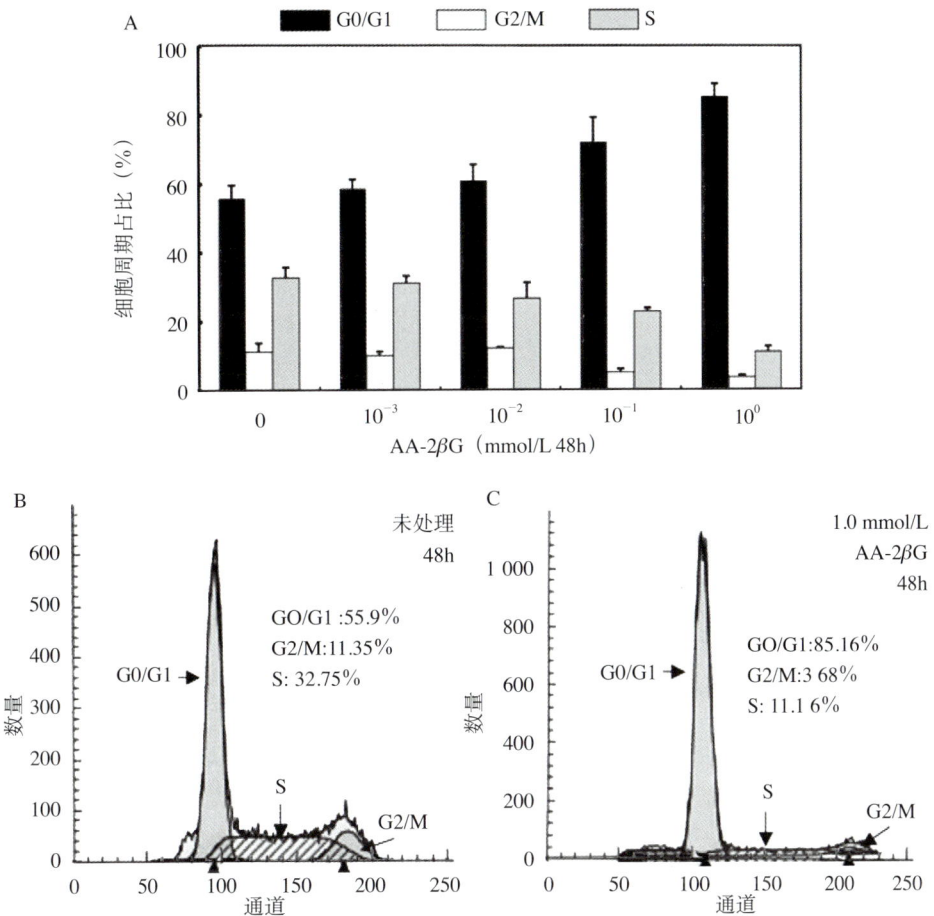

图3-31 流式细胞仪检测AA-2βG对Hela细胞周期的影响

A.不同浓度AA-2βG处理48h对细胞周期分布的影响（$\bar{x} \pm s$，$n=3$）
B.正常对照48h C.1.0mmol/L AA-2βG处理48h

后利用固相pH梯度（immobilized pH gradient，IPG）双向凝胶电泳（two-dimensional electrophoresis，2-DE）分离处理组和对照组的总蛋白质，经考马斯亮蓝染色，图像扫描，得到了分辨率较高、重复性较好的对照组和处理组的双向凝胶电泳图谱，Hela细胞对照组、AA-2βG处理组和维生素C处理组的平均蛋白质点数分别为894±43、794±42和728±51，匹配率达91.5%、90.6%和87.6%。利用PDquest软件比较分析对照组和处理组的双向凝胶电泳图谱，共鉴定出54个差异表达大于5倍的蛋白点（图3-32），其中在AA-2βG处理组表达上调的3个，表达下调的18个，仅在对照组中表达的9个；在维生素C处理组表达上调的5个，表达下调的17个，仅在对照组中表达的13个；表明宫颈

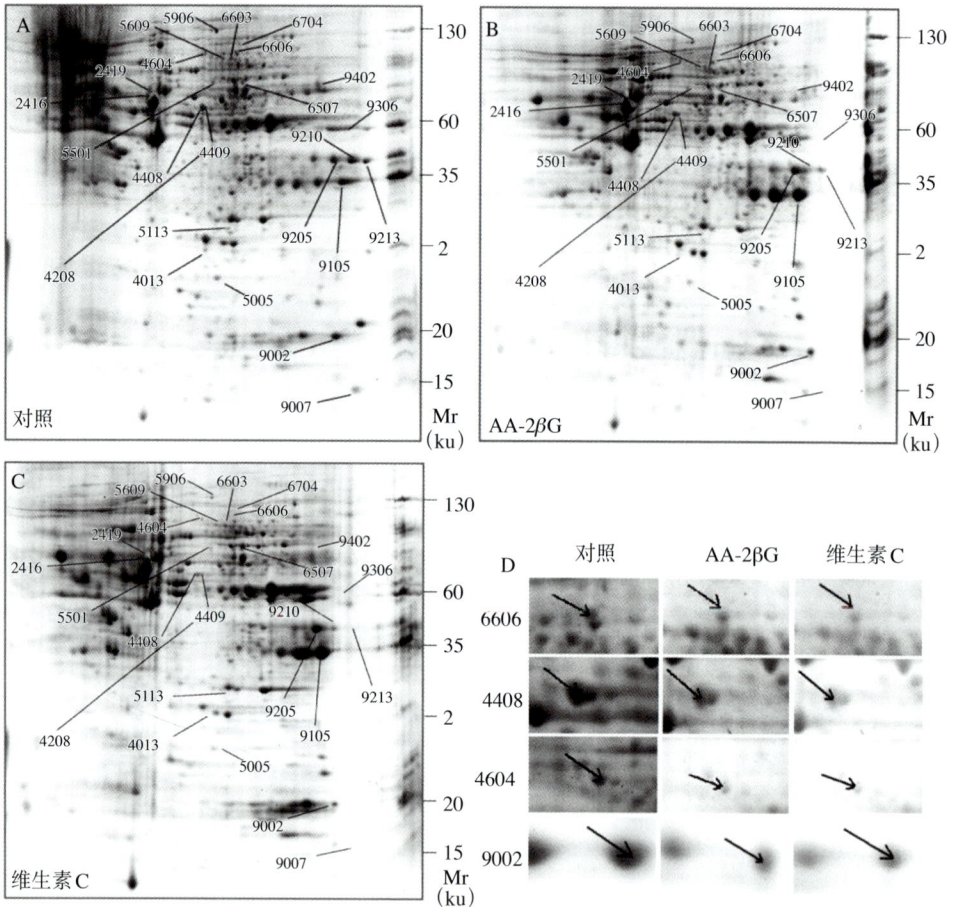

图 3-32　对照组、AA-2βG 处理组和维生素 C 处理组的双向凝胶电泳图谱

A.对照组　B、C.维生素 C 和 AA-2βG 处理组　D.部分差异表达蛋白点

癌 Hela 细胞、AA-2βG 处理组和维生素 C 处理组 2-DE 图谱的蛋白质表达具有差异性。

从染色的 2-DE 凝胶中分离出表达量差异较明显的 26 个蛋白点，应用基质辅助激光解吸离子化飞行时间质谱（matrix-assisted laser desorption ionization time-of-flight mass spectrometry，MALDI-TOF-MS）进行分析鉴定，获得蛋白质点的肽质量指纹图谱（peptide massfingerprint，PMF）；运用 Mascot Distiller 软件进行识别，并搜索 SWISS-PROT 和 NCBI 蛋白质数据库，26 个蛋白点中有 6 个无法识别，其余 20 个分离点被识别并列在表 3-14 中，这些蛋白主要分为四类：（1）分子伴侣（热激蛋白 27 和热激蛋白 60）；（2）糖酵解酶（丙酮酸激酶 2，醛缩酶 A）；（3）转录调节相关蛋白（hnRNP-H1）和细胞骨架相关蛋白（α-微管蛋白，钙结合蛋白，斑联蛋白，黏着斑蛋白）。此外，还有线粒体内膜蛋白（丝裂蛋白）、巨噬细胞迁移抑制因子。这些蛋白在暴露于5.0mmol/L AA-2βG或维生素C的Hela细胞中表达下调。

表3-14　MALDI-TOF-MS鉴定的表达差异在5倍以上的蛋白质

蛋白名称	登录号	识别码	分值	肽段匹配	p*l*	M$_r$ (u)	概率
醛缩酶A（Aldolase A）	GI：4557305	9 205	300	17	8.30	39 395	7.6×10^{-24}
醛缩酶A（Aldolase A）	GI：4557305	9 210	459	11	8.30	39 395	9.3×10^{-40}
α-微管蛋白（α-Tubulin）	GI：32015	2 416	83	11	4.95	49 761	0.038
钙结合蛋白1亚型5（Caldesmon 1 isoform5）	GI：15149465	5 609	564	36	6.40	61 176	3×10^{-50}
钙结合蛋白2亚型5（Caldesmon 1 isoform5）	GI：15149465	6 603	190	48	6.40	61 176	7.6×10^{-13}
链A，人源Dj-1（Chain A, human Dj-1）	GI：33358055	5 005	313	13	6.50	20 971	3.7×10^{-25}
链A，巨噬细胞G（Chain A, macrophage cap G）	GI：21730367	4 208	96	7	5.32	38 500	0.002 1
GAPDH	GI：73962174	9 105	71	1	6.71	33 579	—
热激蛋白27（HSP27）	GI：662841	4 013	489	14	7.83	22 313	9.3×10^{-43}
热激蛋白60（HSP60）	GI：31542947	2 419	426	32	5.70	61 016	1.9×10^{-36}
hnRNP-H1	GI：5031753	4 408	206	35	5.89	49 198	1.9×10^{-14}
hnRNP-H1	GI：5031753	4 409	171	32	5.89	49 198	6×10^{-11}
线粒体内膜蛋白（Mitofilin）	GI：154354964	4 604	260	43	6.08	83 626	7.6×10^{-20}
角蛋白10（Keratin 10）	GI：21961605	9 306	112	9	5.05	58 792	4.7×10^{-5}
MIF	GI：4505185	9 007	84	6	7.74	12 468	0.033
丙酮酸激酶2（PKM2）	GI：67464392	9 402	178	42	8.22	59 707	1.2×10^{-11}
黏着斑蛋白（Vinculin）	GI：24657579	5 906	198	65	5.83	116 663	1.2×10^{-13}
斑联蛋白（Zyxin）	GI：4508047	6 606	297	15	6.22	61 238	1.5×10^{-23}
未知蛋白（Unnamed protein product）	GI：189053643	6 507	194	17	6.35	64 594	3×10^{-13}
未知蛋白（Unnamed protein product）	GI：158255138	9 002	292	13	6.43	18 002	4.8×10^{-23}

3.转录水平和翻译水平对部分鉴定蛋白质的验证　利用qRT-PCR和Western blot对Vinculin、Mitofilin、HSP60、α-Tubulin、hnRNP-H1和GAPDH

等8种与肿瘤的发生及细胞凋亡密切相关的差异点进行验证。qRT-PCR结果显示，这8种下调的蛋白，与β-actin内参相比没有显著差异（$p > 0.05$；图3-32A），因此不能确定它们在转录水平上的表达下调。而Western blot证实其中6种蛋白的表达下调（图3-32B）。研究表明这6种表达下调的蛋白与细胞凋亡和增殖有关，AA-2βG和维生素C下调了Hela细胞中抑制凋亡和（或）刺激增殖相关蛋白的表达，从而促进细胞凋亡和（或）抑制细胞增殖。在AA-2βG存在的情况下，肿瘤相关蛋白表达下调可能导致Hela细胞凋亡和细胞周期阻滞，这可能是AA-2βG在体外抗宫颈癌（Hela）细胞的另一种机制。

此外，采用Western blot方法检测了Hela细胞中c-Jun/AP-1和p53蛋白的表达。结果显示在AA-2βG或维生素C处理的Hela细胞中，c-Jun/AP-1蛋白表达下调，p53蛋白表达上调（图3-32C），提示p53介导了Hela细胞凋亡/死亡机制。这些结果也表明AA-2βG和维生素C可能具有相似的体外诱导Hela细胞凋亡/死亡的机制。

综上所述，研究结果表明，AA-2βG对癌细胞的细胞毒性和抗增殖活性具有细胞类型、时间和剂量依赖性；AA-2βG和维生素C通过下调细胞凋亡和增殖相关蛋白的表达，进而诱导Hela细胞凋亡和细胞周期阻滞，从而介导抗肿瘤活性，AA-2βG和维生素C可能具有相似的诱导Hela细胞凋亡的机制；与维生素C类似，AA-2βG可能通过稳定p53蛋白诱导的细胞凋亡和细胞周期阻滞

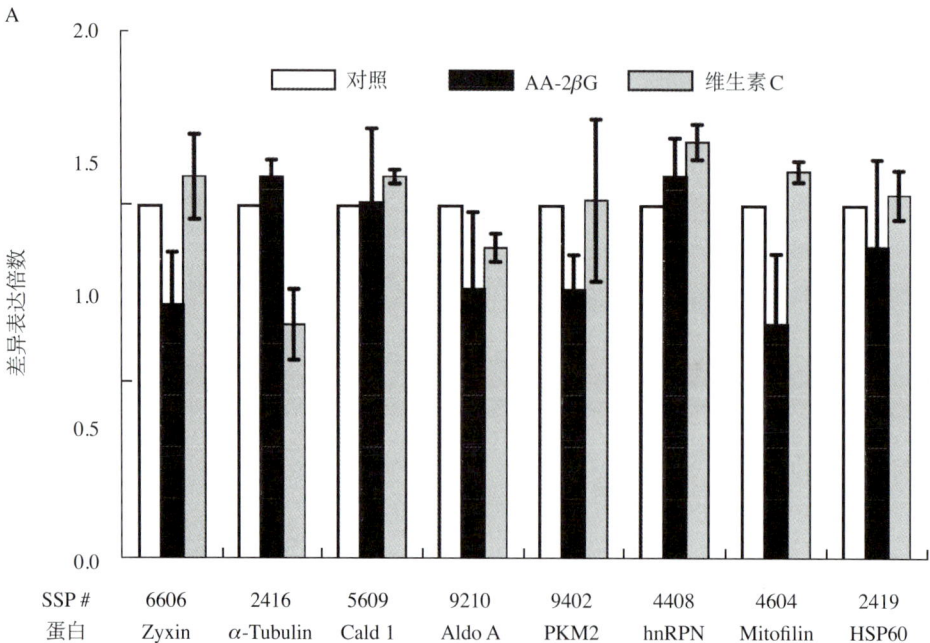

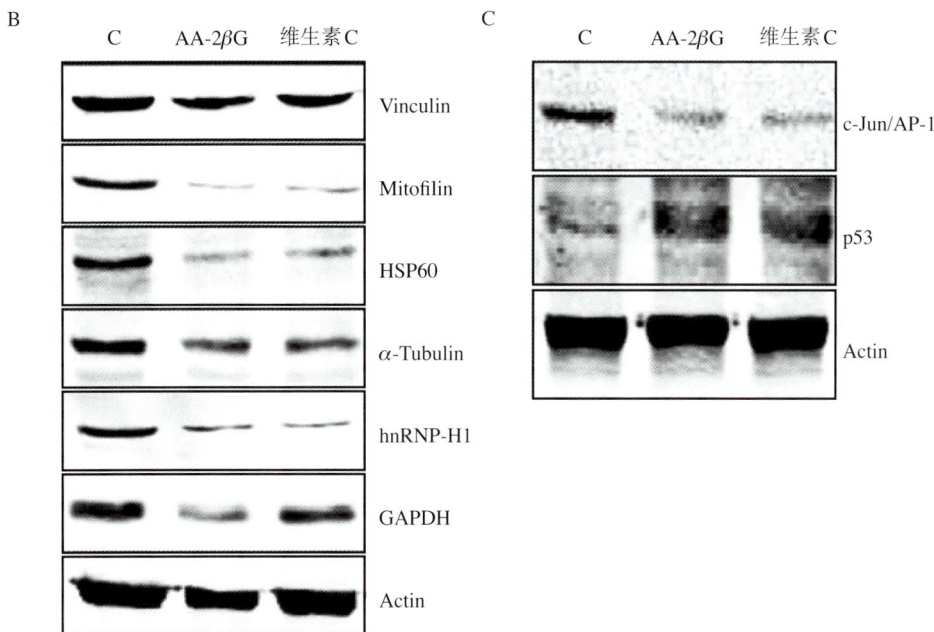

图 3-33　转录和翻译水平上对部分鉴定蛋白的验证

A.RT-qPCR 转录水平的验证　B.Western blot 翻译水平的验证
C.AA-2βG 及维生素 C 处理组 c-Jun/AP-1 和 p53 的 Western blot 分析（内参 Actin）

机制来抑制 Hela 细胞的增殖。这些结果表明 AA-2βG 是枸杞子中的一种重要天然抗氧化产物，也可能是一种潜在的抗癌药物，尤其是在预防和治疗宫颈癌，同时也证实枸杞果实是一种潜在的功能膳食补充剂和抗癌剂。

（五）其他生物活性

Huang 等研究发现 AA-2βG 可以缓解葡聚糖硫酸钠（DSS）诱导的小鼠结肠炎，并显著改善结肠炎模型小鼠的肠道菌群结构；对环磷酰胺诱导的免疫抑制小鼠具有免疫调节作用（Huang et al.，2020）。马济美等通过化学方法合成了 AA-2βG，且试验发现 AA-2βG 对 α- 葡萄糖苷酶有显著的抑制作用，表明 AA-2βG 具有作为 α- 糖苷酶抑制剂开发的潜质，为开发枸杞降血糖功能提供了新的依据（马济美 等，2017）。

一直以来，学者们认为 AA-2βG 是枸杞中独特的维生素 C 衍生物，因此，国内一些研究将其称为枸杞酸。但最近 Richardson 等通过对几种苹果属植物进行非靶向液相色谱 - 质谱代谢组学研究时在苹果果实中检测到 AA-2βG，发现酸苹果（crab apples）中 AA-2βG 的含量要高于当地国产可食苹果（Richardson et al.，2020）；同时也发现AA-2βG在其他驯化作物的果实和叶片（主要包括蔷薇科、猕猴桃科和鸢尾科）以及新西兰毛利（Māori）野生作物（包括茄科、胡椒科、菊科和虎尾蕨科中的一种蕨类植物）中广泛存在（Richardson et al.，2021），如马铃薯（*solanum tuberosum* L.）叶片和果实中也有。不过，除酸苹果外的大多数水果和叶片中含量都较低。鉴于此，能否将AA-2βG称为枸杞酸有必要斟酌。

【参考文献】

段昌令，乔善义，王乃利，等，2001. 杞子活性多糖的研究[J]. 药学学报，36(3): 196-199.

缪凤，2021. 枸杞多糖酶提、分离纯化及抗氧化和免疫活性研究[D]. 扬州：扬州大学.

林幼红，刘晋锋，苏国辉，等，2019. 枸杞多糖的神经保护作用—"以眼为鉴"[J]. 中国中医眼科杂志，29(5): 403-406.

刘建飞，巩媛，杨军丽，等，2022. 枸杞属植物中生物碱类成分研究进展[J]. 科学通报，67，(4-5): 332-350.

李忠，彭光华，张声华，1998. 非水反相高效液相色谱法分离测定枸杞子中的类胡萝卜素[J]. 色谱，16(4): 341-343.

吕海洋，幸岑璨，高梦笛，等，2017. 宁夏枸杞多酚Q-TOF/MSE分析及对细胞抗氧化能力的影响[J]. 核农学报，31(02): 298-306.

马济美，谢凌云，王龙文，等，2017. 三种抗坏血酸糖苷的合成及其 α-糖苷酶抑制活性[J]. 有机化学，37(6): 1426-1432.

马雪，琚艳君，苟春林，等，2022. 超高效液相色谱-离子淌度-四极杆飞行时间质谱法识别精河枸杞中多酚类化合物[J]. 食品安全质量检测学报，13(10): 3243-3251.

梅利中，丁慧，钱勇，2022. 超高效液相色谱法测定枸杞中枸杞酸的含量[J]. 中国食物与营养，28(8): 29-33.

牛东玲，安绍芳，2015. 一种枸杞子脂溶性色素的制备方法[P]. 中华人民共和国专利局：CN 104893355A.

孙红梅，李振，彭喜春，等，2020. 不同产地枸杞子中多糖含量的比较研究[J]. 中国食物与营养，26(10): 5-8.

王伟，2015. 宁夏枸杞总黄酮对高糖诱导氧化应激损伤保护作用的研究[D]. 银川：宁夏医科大学.

王梓轩，李娅琦，柳国霞，等，2021. 高效阴离子交换色谱-脉冲安培检测法测定枸杞多糖的单糖及糖醛酸组成[J]. 中华中医药杂志，36(10): 6082-6085.

肖佳，高昊，周正群，等，2017. 枸杞属中枸杞红素类成分研究进展[J]. 科学通报，62(16): 1691-1698.

席璟睿，张懿琳，吴梦琪，等，2021. 基于化学计量学的枸杞多糖部分酸水解产物PMP-

HPLC 指纹图谱 [J]. 食品工业科技 , 42(18): 268-275.

熊磊 , 2021. 枸杞多酚提取物抗衰老活性及其作用机制研究 [D]. 广州 : 华南理工大学 .

张强钰 , 吉涛 , 张璐瑶 , 等 , 2021. 不同品种枸杞多糖的分离纯化及抗氧化、抗增殖能力探究 [J]. 美食研究 , 38(4): 72-78.

张鑫 , 刘洋 , 程亚茹 , 等 , 2020. 枸杞多糖分子量分布测定与抗炎活性关联研究 [J]. 北京中医药大学学报 , 43(11): 959-964.

Adams M, Wiedenmann M, Tittel G, et al., 2006. HPLC-MS trace analysis of atropine in *Lycium barbarum* berries[J]. Phytochem Anal, 17: 279-283.

Ahada H, Jin H, Liu Y, et al., 2020. Chemical profiling of spermidines in goji berry by strong cation exchange solid-phase extraction (SCX-SPE) combined with ultrahigh-performance liquid chromatography-quadrupole time-of-flight mass spectrometry (UPLC-Q-TOF/MS/MS)[J]. Journal of Chromatography B, 1137: 12192.

Ali M, Chen J, Zhang H, et al., 2019. Effective extraction of flavonoids from *Lycium barbarum* L. fruits by deep eutectic solvents-based ultrasound-assisted extraction[J]. Talanta, 203: 16–22.

Bertoldi D, Cossignani L, Blasi F, et al., 2019. Characterisation and geographical traceability of Italian goji berries[J]. Food Chem, 275: 585-593.

Bubloza C, Udrisard I, Micauxa F, et al., 2020.The vitamin C analogue 2-*O*-*β*-D-Glucopyranosyl-l-ascorbic acid in rhizomes, stems and leaves of *Lycium barbarum*[J]. Chimia, 74: 828-830.

Cenariu D, Fischer E, Tigu A, et al., 2021. Zeaxanthin-Rich extract from superfood *Lycium barbarum* selectively modulates the xellular adhesion and MAPK signaling in melanoma versus normal skin cells in vitro[J]. Molecules, 26, 333.

Chen H, Kong J, Zhang, L et al., 2021.Lycibarbarines A–C, three tetrahydroquinoline alkaloids possessing a spiro-heterocycle moiety from the truits ot *Lycium barbarum* [J]. Organic Letters, 23(3): 858-862.

Chen Z, Soo M, Srinivasan N, et al., 2009. Activation of macrophages by polysaccharide-protein complex from *Lycium barbarum* L.[J]. Phytother Res, 23: 1116-1122 .

Cheng J, Zhou Z, Sheng H, et al., 2015. An evidence-based update on the pharmacological activities and possible molecular targets of *Lycium barbarum* polysaccharides[J]. Drug Design, Development and Therapy, 9: 33-78.

Deng X , Luo S, Luo X, et al., 2018. Polysaccharides from Chinese herbal *Lycium barbarum* induced systemic and local immune responses in H22 tumor-bearing mice[J]. Journal of Immunology Research, https://doi.org/10.1155/2018/3431782.

Deng X, Li X, Luo S, et al., 2017. Antitumor activity of *Lycium barbarum* polysaccharides with different molecular weights : An in vitro and in vivo study[J]. Food Nutr Res, 61(1):

1399770.

Fu Y, Peng Y, Huang X, et al., 2021. *Lycium barbarum* polysaccharide-glycoprotein preventative treatment ameliorates aversive[J]. Neural Regen Res, 16(3): 543-549.

Gao K, Ma D, Cheng Y, et al., 2015. Three new dimers and two monomers of phenolic amides from the fruits of *Lycium barbarum* and their antioxidant activities[J]. J Agric Food Chem, 63: 1067-1075.

Gong G, Dang T, Deng Y, et al., 2018.Physicochemical properties and biological activities of polysaccharides from *Lycium barbarum* prepared by fractional precipitation[J]. International Journal of Biological Macromolecules, 109: 611-618.

Gong Y, Huang X, Liu J, et al., 2020.Effective on-line high-speed shear dispersing emulsifier technique coupled with high-performance countercurrent chromatography method for simultaneous extraction and isolation of carotenoids from *Lycium barbarum* L. fruits[J]. Journal of Separation Science, 43(14): 2949-2958.

Hempel J, Schadle C, Sprenger J, et al., 2017.Ultrastructural deposition forms and bioaccessibility of carotenoids and carotenoid esters from goji berries (*Lycium barbarum* L.) [J]. Food Chem, 218: 525–533.

Huang K, Yan Y, Chen D, et al., 2020.Ascorbic Acid Derivative 2-*O*-β-D-Glucopyranosyl-L-Ascorbic Acid from the Fruit of *Lycium barbarum* Modulates Microbiota in the Small Intestine and Colon and Exerts an Immunomodulatory Effect on Cyclophosphamide-Treated BALB/c Mice[J]. J Agric Food Chem, 68: 11128-11143.

Huang W, Zhao M, Wang X, et al., 2022.Revisiting the structure of arabinogalactan from *Lycium barbarum* and the impact of its side chain on anti-ageing activity[J]. Carbohydrate Polymers, 286: 119282.

Huyan T, Li Q, Yang H, et al., 2014.Protective effect of polysaccharides on simulated microgravity-induced functional inhibition of human NK cells[J]. Carbohydrate Polymers, 101: 819-827.

Jarouche M, Suresh H, Hennell J, et al., 2019.The quality assessment of commercial Lycium berries using LC-ESI-MS/MS and chemometrics[J]. Plants (Basel), 8(12): 1-17.

Jiang Y, Fang Z, Leonard W, et al., 2021.Phenolic compounds in Lycium berry: Composition, health benefits and industrial applications[J]. Journal of Functional Foods, 77: 104340.

Juan C, Montesano, D, Manes J, et al., 2022.Carotenoids present in goji berries *Lycium barbarum* L. are suitable to protect against mycotoxins effects: An in vitro study of bioavailability[J]. Journal of Functional Foods, 92, 105049.

Kadlecova Z, Spielman S J, Loerke D, et al., 2016.Regulation of clathrin-mediated endocytosis by hierarchical allosteric activation of AP2 [J]. Journal of Cell Biology, 216 (1): 167-179.

Kan X, Yan Y, Ran L, et al., 2020.Ultrasonic-assisted extraction and high-speed counter-current chromatography purification of zeaxanthin dipalmitate from the fruits of *Lycium barbarum* L.[J] .Food Chemistry, 310: 125854.

Li Q, Zhang R, Zhou Z, et al., 2019.Phenylpropanoid glycosides from the fruit of *Lycium barbarum* L. and their ioactivity[J]. Phytochemistry, 164: 60-66.

Li X, Mo X, Liu T, et al., 2022.Efficacy of Lycium barbarum polysaccharide in adolescents with subthreshold depression: interim analysis of a randomized controlled study[J]. Neural Regen Res, 17(7): 1582-1587.

Liu J, Meng J, Du J, et al., 2020. Preparative separation of flavonoids from goji berries by mixed-mode macroporous adsorption resins and effect on abeta-expressing and anti-aging genes [J]. Molecules, 25: 3511.

Liu W, Xia M, Bai J, et al., 2021.Chemical characterization and 5α-reductase inhibitory activity of phenolic compounds in goji berries[J]. Journal of Pharmaceutical and Biomedical Analysis, 201: 114119.

Liu W, Xia M, Yang L, et al., 2020.Development and optimization of a method for determining betaine and trigonelline in the fruits of Lycium species by using solid-phase extraction combined with high-performance liquid chromatography–diode array detector[J]. J Sep Sci, 43: 2073–2078.

Liu W, Xu J, Zhu R, et al., 2015.Fingerprinting profile of polysaccharides from *Lycium barbarum* using multiplex approaches and chemometrics[J]. International Journal of Biological Macromolecules, 78: 230-237.

Loughman J, Loskutova E, Butler J, et al., 2021.Macular pigment response to lutein, zeaxanthin, and meso-zeaxanthin supplementation in open-angle glaucoma[J]. Ophthalmology Science, 1(3), https://doi.org/10.1016/j.xops.2021.100039

Ma J, Meng X, Kang S, et al., 2019.Regulatory effects of the fruit extract of *Lycium chinense* and its active compound, betaine, on muscle differentiation and mitochondrial biogenesis in C_2C1_2 cells[J]. Biomedicine & Pharmacotherapy, 118: 109297.

Peng X, Tian G. 2001.Structural characterization of the glycan part of glycoconjugate LbGp2 from *Lycium barbarum* L. [J]. Carbohydrate Research, 331(1): 95-99.

Peng Y, Ma C, Li Y, et al., 2005. Quantification of zeaxanthin dipalmitate and total carotenoids in Lycium fruits (Fructus Lycii)[J]. Plant Foods for Human Nutrition, 60(4): 161–164.

Richardson A, Cho J, McGhie T, et al., 2020. Discovery of a stable vitamin C glycoside in crab apples (Malus sylvestris)[J]. Phytochemistry, 173: 112297.

Richardson A, Cho J, McGhie T, et al., 2021. 2-*O*-β-D-Glucopyranosyl L-Ascorbic Acid, a stable form of Vitamin C, is widespread in crop plants[J]. J Agric Food Chem, 69: 966-973.

Selonke G, Almeida V , Carlotto J, et al., 2022.Identification and fingerprint analysis of novel multi-isomeric Lycibarbarspermidines and Lycibarbarspermines from *Lycium barbarum* L. by liquid chromatography with high-resolution mass spectrometry (UHPLC-Orbitrap)[J]. Journal of Food Composition and Analysis, 105: 104194.

Soesanto S, Jaya Soen R, Oktaviani R, et al., 2021. Goji Berry Extract (*Lycium barbarum* L.) efficacy on oral pathogen biofilms[J]. 2021 IEEE International Conference on Health, Instrumentation & Measurement, and Natural Sciences (InHeNce), DOI: 10.1109/InHeNce52833.2021.9537235.

Su C, Duan X, Liang L, et al., 2014.*Lycium barbarum* polysaccharides as an adjuvant for recombinant vaccine through enhancement of humoral immunity by activating tfh cells[J]. Vet Immunol Immunopathol, 158: 98-104.

Takebayashi J, Yagi Y, Ishii R, et al., 2008.Antioxidant properties of 2-*O*-β-D-Glucopyranosyl-L-ascorbic acid[J]. Biosci Biotechnol Biochem, 72(6): 1558-1563 .

Wang C, Chang S, Inbaraj S, et al., 2010.Isolation of carotenoids, flavonoids and polysaccharides from *Lycium barbarum* L. and evaluation of antioxidant activity[J]. Food Chemistry, 120: 184-192.

Wang S, Suh J, Zheng X, et al., 2017.Identification and quantification of potential anti-inflammatory hydroxycinnamic Acid Amides from wolfberry[J]. Journal of Agricultural and Food Chemistry, 65(2): 364-372.

Wang S, Liu X, Ding M, et al., 2019.2-*O*-β-D-glucopyranosyl-l-ascorbic acid, a novel vitamin C derivative from *Lycium barbarum*, prevents oxidative stress[J]. Redox Biol, 24: 101173.

Wang W, Liu M, Wang Y, et al., 2018. *Lycium barbarum* polysaccharide promotes maturation of dendritic cell via notch signaling and strengthens dendritic cell mediated T lymphocyte cytotoxicity on colon cancer cell CT26-WT[J]. Evidence-Based Complementary and Alternative Medicine, https://doi.org/10.1155/2018/2305683

Wang X, Pang L, Zhang Y, et al., 2018. *Lycium barbarum* polysaccharide promotes nigrostriatal dopamine function by PTEN/AKT/mTOR pathway in a Methyl-4-phenyl-1, 2, 3, 6-tetrahydropyridine (MPTP) murine model of parkinson's disease[J]. Neurochemical research, 43(4): 938-947.

Wu D, Lam S, Cheong K, et al., 2016.Simultaneous determination of molecular weights and contents of water-soluble polysaccharides and their fractions from *Lycium barbarum* collected in China[J]. Journal of Pharmaceutical and Biomedical Analysis, 129: 210-218.

Wu J, Chen T, Wan F, et al., 2021.Structural characterization of a polysaccharide from *Lycium barbarum* and its neuroprotective effect against β-amyloid peptide neurotoxicity[J]. International Journal of Biological Macromolecules, 176: 352-363.

Wu J, Chen T, Wan F, et al., 2021.Structural characterization of a polysaccharide from *Lycium barbarum* and its neuroprotective effect against β-amyloid peptide neurotoxicity[J]. Journal of Biological Macromolecules, 176 (8): 352-363.

Wu Q, Liu L, Wang X, et al., 2020. *Lycium barbarum* polysaccharides attenuate kidney injury in septic rats by regulating Keap1-Nrf2/ARE pathway[J]. Life Sciences, 242: 117240.

Xiao Z, Deng Q, Zhou W, et al., 2022. Immune activities of polysaccharides isolated from *Lycium barbarum* L. What do we know so far?[J]. Pharmacology & Therapeutics, 229: 107921.

Xie J, Wu D, Li W, et al., 2017. Effects of polysaccharides in *Lycium barbarum* berries from different regions of China on macrophages function and their correlation to the glycosidic linkages[J]. Journal of Food Science, 82: 2411-2420.

Xu X, Hang L, Huang B, et al., 2013.Efficacy of ethanol extract of Fructus lycii and its constituents Lutein/Zeaxanthin in protecting retinal pigment epithelium cells against oxidative stress: In Vivo and in vitro models of age-related macular degeneration[J]. Journal of Ophthalmology, https://doi.org/10.1155/2013/ 862806.

Yang Y, Li W, Li Y, et al., 2016.Dietary *Lycium barbarum* polysaccharide induces Nrf2/ARE pathway and ameliorates insulin resistance induced by high-fat via activation of PI3K/AKT signaling[J]. Oxid Med Cell Longev, 2014: 145641.

Yu H, Wark L, Ji H, et al., 2013.Dietary wolfberry upregulates carotenoid metabolic genes and enhances mitochondrial biogenesis in the retina of db/db diabetic mice[J]. Mol. Nutr. Food Res., 57, 1158-1169.

Zhang F, Zhang X, Guo S, et al., 2020.An acidic heteropolysaccharide from Lycii fructus: Purification, characterization, neurotrophic and neuroprotective activities in vitro[J]. Carbohydrate Polymers, 249: 116894.

Zhang M, Wang F, Liu R, et al., 2014.Effects of superfine grinding on physicochemical and antioxidant properties of *Lycium barbarum* polysaccharides[J]. LWT-Food Science and Technology, 58(2): 594-601.

Zhang Q, Du X, Xu Y, et al., 2013.The effects of Gouqi extracts on Morris maze learning in the APP/PS1 double transgenic mouse model of Alzheimer's disease[J]. Experimental and Therapeutic Medicine, 5: 1528-1530.

Zhang Q, Chen W, Zhao J, et al., 2016.Functional constituents and antioxidant activities of eight Chinese native goji genotypes[J]. Food Chemistry, 200: 230-236.

Zhang X, Li Y, Cheng J, et al., 2014. Immune activities comparison of polysaccharide and polysaccharide-protein complex from *Lycium barbarum* L.[J]. International Journal of Biological Macromolecules, 65: 441-445.

Zhao B, Jeong S, Hwangbo K, et al., 2013.Quantitative analysis of betaine in Lycii Fructus by HILIC-ELSD[J]. Arch Pharm Res 36: 1231-1237.

Zhao W, Shi Y, 2020.Simultaneous quantification of three tropane alkaloids in Goji berries by clean up of the graphene/hexagonal boron nitride hybrids and ultra-high-performance liquid chromatography tandem mass spectrometry[J]. J Sep Sci, 43: 3636-3645.

Zhou L, Leung I, Tso M, et al., 1999.The identification of dipalmityl zeaxanthin as the major carotenoid in Gou Qi Zi by high pressure liquid chromatography and mass spectrometry[J]. J Ocular Pharmacol Therapeut., 15: 557-565.

Zhou L, Liao W, Zeng H, et al., 2018. A pectin from fruits of *Lycium barbarum* L. decreases β-amyloid peptide production through modulating APP processing[J]. Carbohydrate Polymers, 201: 65-74.

Zhou Z, Fan H, He R, et al., 2016.Lycibarbarspermidines A–O, new dicaffeoylspermidine derivatives from wolfberry, with activities against Alzheimer's disease and oxidation[J]. J Agric Food Chem, 64: 2223-2237.

Zhou Z, Xiao J, Fan H, 2017.Polyphenols from wolfberry and their bioactivities[J]. Food Chemistry, 214: 644-654.

Zhu J, Liu W, Yu J, et al., 2013.Characterization and hypoglycemic effect of a polysaccharide extracted from the fruit of *Lycium barbarum* L. [J]. Carbohydrate Polymers, 98: 8-16.

Zhu J, Zhang Y, Shen Y, et al., 2013. *Lycium barbarum* polysaccharides induce toll-like receptor 2- and 4-mediated phenotypic and functional maturation of murine dendritic cells via activation of NF-κB[J]. Molecular Medicine Reports, 8: 1216-1220.

Zhu P, Zhao Y, Dai Z, et al., 2020. Phenolic amides with immunomodulatory activity from the nonpolysaccharide fraction of *Lycium barbarum* fruits[J]. Journal of Agricultural and Food Chemistry, 68(10) : 3079-3087.

宁夏枸杞生理生态学研究

　　道地药材的特殊品质是由道地药材的基因型、特定的生态环境、栽培措施和特定的产地初加工及炮制方法共同作用的结果。"凡用药必须择土地之所宜者，则药力具，用之有据。"古代学者在有关药材道地性的论述中，表达了道地药材产出所必需条件，即道地地区的生态环境条件。中药材遗传变异是物种对不同环境及生态条件的长期适应与自然选择的结果，种内变异是道地药材区别于其他中药材品质优劣和疗效差异的实质。道地药材的化学组成有其独特的自适应特征，道地性越明显，其基因特化越明显，而"逆境效应"是环境对道地药材形成影响的一种重要表现，道地性是在经历了无数次环境胁迫而获得的，逆境胁迫可能是道地药材特殊品质形成的重要因子。枸杞生长环境多集中在降雨偏低且集中、高温干旱、土壤贫瘠等区域，现代生理生态学研究发现，作为一种道地中药材，宁夏枸杞的生长习性和适应性对环境的变化有着较好的反应能力，其生长和发育受环境因素的影响较大。

第一节　环境因子对宁夏枸杞生长及营养成分的影响

　　生态环境是化学物质形成和变异的重要因素，药用植物中有效成分的形成和积累与其生态环境息息相关。环境因子主要包括温度、光照、水分、土壤等，最适合药用植物生长的生态因子才能组成最适宜的环境条件。各个生态因子不是孤立或者恒定地发挥作用，而是彼此相互联系，相互促进、相互制约的，环境中任何一个单因子的变化，必将引起其他因子发生不同程度的变化。即对药用植物起作用的是生态环境中各因子的综合作用。另一方面，在各个生态因子中，其中一个或两个因子，在一定条件下，起着主导作用。枸杞除本身遗传特性以外，生态因子影响其光合作用、蒸腾、呼吸消耗和物质运输的速率和强度。海拔高度、生长季日照时数、采摘当月最高温度、生长季均温、生长季平均温差和采摘当月均温等对枸杞果实中营养成分累积的影响都较大，是枸杞品质形成的主要决定因素。从生态、生理上看，生态环境导致内部刺激，导致结构物质、能源物质和激素等的改变，引起各种生理生化、生物学变化，最终形成宁夏枸杞独特的品质，故生态环境对宁夏枸杞有效成分的积累有着重要的影响。

一、宁夏枸杞适栽区气候条件

宁夏地处我国西北内陆，居黄河中上游，位于东经104°17′～107°39′，北纬35°14′～39°23′。宁夏全境地形地貌差异明显，中北部是由黄河冲积平原和贺兰山洪积倾斜平原组成的宁夏平原，土地肥沃，能灌能排，是闻名全国的"塞上江南"；南部是古老的旱作农业区，春多风沙，夏少酷暑，秋凉较早，冬寒漫长，雨雪稀少，日照充足，是典型的大陆性气候。由于从南向北自然环境具有明显的过渡性、复杂性和不均衡性，南北气候差异十分显著，呈南寒北暖、南湿北干等特点。年均降水量由南向北迅速递减，总幅度在700～2 000mm之间。全区各地实测蒸发量多在1 500mm以上，干燥度由南向北递增。年平均气温在5～9℃之间，呈北高南低分布。日平均气温稳定通过≥10℃的天数，北部170d，积温3 200～3 300℃，南部130～140d，积温1 900～2 400℃。

枸杞对温度的要求不太严格，具有较强的耐寒性。从目前的引种栽培范围来看，在北纬25°～45°范围内，1月平均气温−15.4～−3.3℃，绝对最低气温−41.5～−25.5℃，年平均气温4.4～12.7℃，7月平均气温17.2～26.6℃，绝对最高气温33.9～42.9℃，枸杞的生存和有效生产均能适应。从这个意义上说，宁夏全区的气候条件均能满足枸杞生存需要，气候暖干化趋势使宁夏枸杞适宜种植区域扩大。但若要达到获得相应的种植经济效益的目的，必须细致考虑当地的实际气候条件。枸杞适生区的温度在5.4～12.7℃，但最适合温度在8.5～9.3℃，温度过高过低，都会影响枸杞的质量。枸杞要完成整个生长发育过程需要一定的气候条件作保障，但每一个发育阶段由于自身生物特性的不同，所需的气候条件也有所不同。枸杞发育期间积温高，生长周期长，容易获得高产；日夜温差小，呼吸蒸腾强度大，枸杞有效营养积累偏小；日夜温差大，枸杞有效营养积累多，容易获得优质产品。

由于枸杞对水、肥条件要求较高，因此，在不考虑水分条件的情况下，仅从光、热气候因素来综合分析，宁夏枸杞种植可划分为最适宜区、次适宜区、可种植区、不适宜区。

1.最适宜区 在灌溉条件满足水分需要的条件下，宁夏枸杞种植最适宜区包括宁夏银北地区贺兰山前阳坡地带及银川灌区、卫宁灌区东部及盐池北部、同心西部。这一地区热量条件一般为≥10℃积温为3 300～3 600℃之间，其间的持续天数一般≥170d，平均气温≥10℃期间累积日照时数在1 600h左右，降雨天数少，有黄河及清水河流域灌溉，夏、秋果产量均较高，气象条件有利于枸杞产量的形成。因此，该区在有灌溉条件的地方，应该扩大枸杞种植面积，提高农业生产的经济效益。

2.次适宜区　在灌溉条件满足水分需要的条件下，宁夏枸杞种植的次适宜区包括盐池南部、同心东部及海原、原州区中北部、彭阳及西吉的部分地区。这一地区热量条件为≥10℃和温在3 000～3 300℃之间，持续天数一般160d以上，≥10℃期间累积日照时数在1 550h左右，气象条件与最适宜区类似，但6月下旬容易遭受干热风，夏果期降水量也比最优区大，产量、品质与最适宜区类似，该区可适当种植枸杞，以优化农业产业结构，增加农民收入，但不可盲目扩大种植面积。

3.可种植区　包括海原北部、同心至海原黑城段清水河流域及周边地区、彭阳红河、茹河谷地。该地区热量条件一般为≥10℃积温在2 800～3 000℃之间，持续天数一般150～160d，积温不足，枸杞秋果热量欠缺，秋果产量低而不稳，采果期容易遇到较大的降水，影响品质。

4.不适宜区　包括固原市原州区南部、西吉部分地区及隆德、泾源阴湿区。该地区热量条件一般为≥10℃积温在2 600℃以下，持续天数一般在140d以下，虽然枸杞幼果期不产生干热风，但采果期比灌区迟，遇到雨季，且降水量较高，枸杞黑果严重，品质差。由于光热条件较差，产量低而不稳，很难形成经济效益。因此，该地区不适合种植果用枸杞，可适当发展叶用枸杞。

二、宁夏枸杞物候期

枸杞由于长期适应一年中温度的寒暑节律性变化，从而形成与此相适应的植物生长发育周期性变化的起止日期，称为物候期。枸杞树的物候期一般分为萌动期、萌芽期、展叶期、新梢生长期、现蕾期、开花期、果熟期、落叶期和休眠期。

物候期是枸杞树对当地气候适应做出的反应。除年平均气温对枸杞物候期的迟早影响明显外，萌芽、展叶、落叶、休眠等均与≥5℃的有效积温关系密切，春梢生长、开花、果熟与≥10℃的有效积温关系密切。各物候期出现时间因各地平均气温不同有所变化。一般情况下，年平均气温高的地区比低的地区萌芽开花、果熟物候期要早，落叶和休眠期要迟。枸杞品种不同，树龄不同，在一个片区各物候期的迟早有一定差距，尤其是萌芽和落叶时间差异较大。幼树比老树萌动早1～2d，落叶早1～2d。

在宁夏枸杞主产区，枸杞主栽品种一般在3月下旬树液流动；4月上中旬老眼枝发芽、展叶；4月下旬至5月上旬进入新梢生长期；5月中旬七寸枝条现蕾，老眼枝处于开花期；5月下旬七寸枝条开花，老眼枝现幼果；6月上中旬七寸枝条幼果期及老眼枝果实开始成熟；6月下旬至7月下旬夏果成熟盛期；8月上中旬秋梢生长期；8月下旬至9月上旬秋枝幼果期；9月中下旬幼果开始成熟；10月上中旬秋果成熟盛期至末期；10月下旬至11月中旬落叶期，采收果实可持续到11月上旬；12月至翌年3月中旬处于休眠期。

宁夏枸杞一年多数都有明显的3次开花结实，在青海等地方由于有效积温不够，只有两次开花结实。在宁夏，枸杞的第一次开花结实是在上一年形成的枝上（上一年形成的枝条为老眼枝，老眼枝所结的果实称老眼果），4月中旬现蕾，4月下旬至5月上旬始花，5月中旬盛花，6月中旬果实成熟，采果时间延续到7月上旬。枸杞的第二次开花结实是在春季生长的枝条上，5月上旬现蕾，6月上旬盛花，7月上旬果实成熟，采摘时间可延续到7月中旬。枸杞的第三次开花结实是老眼果采摘结束后老眼枝经过一段时间的养分积累，又生长出新的枝条，新枝条在8月中旬现蕾，9月上旬开花，10月上旬果实成熟，生产的果实称为秋果。

三、温度对宁夏枸杞的生理生态效应

温度对植物的生理功能有直接的影响，从而影响到其体内有效成分的形成和积累。通常情况下，适温有利于无氮物质如糖、淀粉等的合成，高温却有利于生物碱、蛋白质等含氮物质的合成。只有在适宜温度条件下，道地药材的生长及有效成分的积累才能顺利进行，过高或过低都不合适。

（一）枸杞生长的适宜温度条件

枸杞是强阳性树种，对温度的要求因品种和生长发育阶段不同而异。宁夏地区在3月下旬，根系层土壤温度达到0℃时，新根开始活动，4℃时根系开始加快生长。4月上旬，地温达到8～14℃时新根生长最快，20～25℃时根系生长稳定，随着气温升高，逐渐停止生长；4月中旬，气温达到6℃以上时冬芽萌动，达到10℃时开始展叶，12℃时春梢生长，15℃以上生长迅速。5月上旬，气温达到15℃以上时花芽开始分化，16℃以上时开始开花，20～22℃是最适宜开花的温度；果实生长发育温度在16℃以上，20～25℃最适宜。秋季气温下降到11℃时，果实生长发育迟缓，体形变小，品质降低，但果实还能成熟。10月底，当地温降到10℃下时，根系基本停止生长，日平均气温降至10.8℃以下时开始落叶，随后进入休眠期。

1.树液流动期　根系土层温度达到0℃以上时根系开始活动，7℃时，新根开始生长，地温达到15℃以上时新根生长进入高峰期。但地温低于7℃时，根系活动微弱，新根生长缓慢。

2.发芽至展叶期　4月上旬气温达到6℃以上时冬芽萌动，4月中旬气温达到10℃以上时开始展叶。但是，4月上旬平均气温低于6℃时，对冬芽萌动有一定不利影响；4月中旬平均气温低于10℃时枸杞展叶缓慢，最低气温低于0℃时可能使叶缘或整叶受冻。在霜冻天气来临时可结合提前灌水、联合熏烟等方式减轻或防御霜冻危害。如果受冻，冻后要加强管理，结合浅耕增加土壤通透性，提高地温；及时追肥，促进根系生长；结合防治病虫害喷施叶面肥，提高叶片活性，增强树势。

3.新梢生长期　平均气温在12℃以上时适合春梢生长。光照充足，日照时间长，有利于新梢和叶片生长，枝条生长健壮，发枝力强，叶片厚，叶色绿。但平均气温在12℃以下时新梢生长缓慢，最低气温在0℃以下时叶片和新梢可能受冻。连阴天多、日照不足会导致枝条生长弱，枝条节间长，发枝力低，同时会造成叶片薄、叶色淡。

4.七寸枝条现蕾、老眼枝开花期　日平均气温达到16℃以上时开始开花，果实开始发育；开花最适宜的温度17～22℃。但日平气温低于17℃时发育缓慢，开花会受到一定不利影响；日最高气温超过33℃时开花授粉将受到不利影响，落花率增高，同时枝条生长缓慢；最低气温在0℃以下时新枝条叶片、老眼枝花可能受冻。在温度较低时，结合中耕提高地温、增加土壤通透性，促进枸杞生长；遇到高温时段，结合灌水、喷施叶面肥，降低枸杞园温度，增加空气湿度，增强枸杞抗逆性，减轻高温对开花、授粉及枝条生长的不利影响。

5.七寸枝条开花、老眼枝现幼果期　18～20℃有利于果实生长，果实发育最适温度为20～25℃。日照强、日照时间长有利于开花、坐果、幼果发育和生长。但日平均气温低于17℃时发育缓慢，开花会受到一定不利影响，对果实生长也不利；日最高气温超过33℃时开花授粉将受到不利影响，落花率增高，同时果实生长受影响，枝条生长缓慢。出现连续阴雨天，日照时间短，光照度过低，不利于开花结实和幼果生长。同时阴雨高湿天气条件易导致枸杞黑果病侵染、发生、流行，产生僵果，增加落花落果率。

6.七寸枝幼果期及老眼枝果实成熟期　18～20℃有利于果实生长。光照充足、日照时间长有利于开花和果实形成、生长。但是，日平均气温低于17℃时发育缓慢，开花会受到不利影响，对果实生长也不利；日最高气温超过33℃时开花授粉将受到不利影响，落花率升高，同时果实生长受影响。出现连续阴雨天，日照时间短，光照不足，不利于开花结实和果实生长，易使红果产生裂果。同时阴雨高湿天气条件易导致枸杞黑果病侵染、发生、流行，产生僵果，增加落花落果。

7.夏果成熟期 18～20℃有利于夏果果实生长，果实发育最适温度20～25℃。日照强、日照时间长有利于果实生长。雨日少、空气相对湿度适宜有利于果实正常生长；晴天有利于采收和晾晒。但是，日平均气温低于17℃时果实生长较慢，日最高气温超过33℃时果实生长受影响，风力大、风日多容易造成落果。出现连续阴雨天，日照时间短，光照度降低，不利于果实生长和成熟；连阴雨、连续高湿天气容易诱发枸杞黑果病，降低枸杞产量和品质；雨日多、空气相对湿度大也容易造成枸杞红果裂果，不利于采收和晾晒。

8.秋梢生长期 开花最适宜的温度17～22℃，18～20℃有利于果实生长，果实发育最适温度20～25℃。日照时间长有利于开花和果实发育。雨日少、空气相对湿度低有利于减轻枸杞黑果病危害。但是，日平均气温低于17℃时秋梢开花会受到不利影响，日最高气温超过33℃时开花授粉将受到不利影响，落花率升高，同时秋梢生长缓慢。出现连续阴雨天，日照时间短，光照度降低，不利于开花和果实发育。降水量大、空气湿度大容易诱发枸杞黑果病，侵染花，坐果率降低。

9.秋枝幼果期 18～20℃有利于秋果果实生长。光照充足、日照时间长有利于开花和果实发育。但是，日平均气温低于17℃时果实生长较慢，日最高气温超过33℃时果实生长受影响，枝条生长缓慢。出现连续阴雨，日照时间短，光照度降低，不利于幼果生长；连续阴雨、连续高湿天气容易诱发枸杞黑果病，造成落果和侵染幼果。

10.秋果成熟前 18～20℃有利于果实生长，果实发育最适温度为20～25℃。日照强、日照时间长有利于果实生长。雨日少、空气相对湿度适宜有利于果实正常生长。晴天有利于采收和晾晒。但是，日平均气温低于17℃时果实生长较慢，日最高气温超过33℃时果实生长受影响。出现连续阴雨天，日照时间短，光照度降低，不利于果实生长和成熟；连续阴雨、连续高湿天气容易诱发枸杞黑果病，降低枸杞产量和品质，也不利于枸杞采收和晾晒。

11.秋果成熟期 18～20℃有利于果实生长。风力小、风日少有利于减少落果率。日照强、日照时间长有利于果实生长。雨日少、空气相对湿度适宜有利于果实正常生长。晴天有利于采收和晾晒。但是，日平均气温低于10℃时果实生长发育缓慢，日最低气温降到0℃以下时可能使秋果受冻。雨日多、空气相对湿度大不利于枸杞采收和晾晒。

12.落叶期 日平均气温较高有利于延长生长期，增加越冬期树体养分积累，为越冬和翌春生长打下良好基础。但是，日平均气温偏低不利于越冬前生长，落叶早，树体养分积累少，影响春季萌动、发芽和抽条。

13.休眠期 枸杞在宁夏各地均能安全越冬。

（二）温度对枸杞果实营养成分的影响

1.枸杞总糖、多糖含量与温度的关系 枸杞多糖是枸杞主要且重要的功效成分，主要由阿拉伯糖、鼠李糖、葡萄糖、木糖、甘露糖和半乳糖组成。枸杞总糖与活动积温、年平均气温、7月平均气温呈显著负相关，枸杞多糖与年平均气温、7月最高气温、7月平均气温呈显著负相关，说明在一定温度范围内，适度低温有利于枸杞多糖和总糖的合成。但随着年平均气温的增大，枸杞多糖含量减少，气温较大时，光合作用加强，临时贮存碳源和能源的叶绿体加速了淀粉的合成。这时体内的糖作为能量物质，糖合成酶的分解活力增加，从而造成枸杞果实内多糖含量的降低。气温既影响光合速率，又制约着蒸腾速率和气孔阻力。随着光合速率开始下降，叶绿体和细胞结构受到破坏，失水过多，影响气孔开度，呼吸速率的增加大于光合速率的增加，枸杞光合器官合成产物的增加相对降低，干物质合成减少，造成多糖含量减少。

2.枸杞甜菜碱含量与温度的关系 枸杞甜菜碱含量与年平均气温的相关性显著，主要是与年最高气温的影响有关，温度高、光照强，有利于甜菜碱在叶绿体内通过光诱导合成，甜菜碱合成酶活性加强，在果熟期间的高温有利于甜菜碱的积累。

3.枸杞中类胡萝卜素含量与温度的关系 枸杞果实的色泽主要由枸杞果实中类胡萝卜素的种类和含量决定。枸杞果实中主要含有β-胡萝卜素、玉米黄质等游离类胡萝卜素和玉米黄素双棕榈酸酯、β-隐黄素棕榈酸酯等类胡萝卜素酯的成分，其中玉米黄素双棕榈酸酯含量最高。枸杞β-胡萝卜素含量与年平均气温的相关性显著，通过对它的主要构成因素年最高气温和最低气温的相关性分析发现，这主要与年最高气温的影响有关，同时它也受到最低气温的负影响。说明温度的高低影响宁夏枸杞β-胡萝卜素含量，高温有利于脂溶性物质β-胡萝卜素的积累，温度高、光照强、昼夜温差大对β-胡萝卜素含量的积累有促进作用。同时，贮藏温度也会影响枸杞类胡萝卜素含量，-4℃贮藏的枸杞果实中β-胡萝卜素、玉米黄素和玉米黄素双棕榈酸酯含量显著高于4℃，说明-4℃贮藏更有利于枸杞类胡萝卜素的积累、保持较好的营养品质，并延缓果实衰老劣变（周宜洁 等，2022）。

4.枸杞中黄酮类和微量元素含量与温度的关系 枸杞富含黄酮类化合物，如芦丁、柚皮素、香叶木素、儿茶素、表儿茶素、槲皮素、山柰酚等，以及多种微量元素。生长季均温越高，枸杞果实中总黄酮和硒含量越低；生长季平均温差越大，则枸杞果实中锌含量越低；采摘当月最高温度越高，枸杞果实中总黄酮含量越低、果实锌的含量越高；而采摘当月平均温度与枸杞果实中总黄酮含量、硒含量息息相关，采摘当月平均温度越高，枸杞果实中总黄酮含量和硒含量越低。

四、光照对宁夏枸杞的生理生态效应

枸杞是强喜光树种，生长发育需要充足的光照。宁夏地处大陆腹地，光照充足，全年日照达 2 500 ~ 3 000h，很适合枸杞生长。光照不足，一是会造成幼果脱落，夏果枝封顶，使秋枝生长和结果期推迟，结果数明显减少，黑果和坏果增多，从而导致枸杞产量下降；二是会导致成熟果实粒径明显降低，而果长无变化；三是鲜果百粒重明显降低，光照度越弱，阴天时间越长，百粒重越低；四是使枸杞由鲜红色褪色至橘黄色，口感由甜中微苦逐渐变成酸涩。枸杞全生育期最适日照时数为 1 640h，在 1 500 ~ 1 800h 内，日照不是限制枸杞产量的因素，低于 1 500h 时，全生育期积温少，使枸杞减产；高于 1 800h 时，与高温相伴，加速了夏果发育，延长了夏眠期，产量也会有所下降。

（一）遮光对枸杞生长的影响

遮光改变了枸杞生长的环境气候条件，到达冠层的总辐射和辐射垂直分布差异都很大。不同遮光量对枸杞生长性状的影响主要表现在：一是枝条伸展长度减小，直径变细，木质化程度降低。秋条生长比外界提前，枝条不再萌发二次果枝。二是遮光对叶面积的影响很大，营养缺少导致叶片脱落，遮光越多，脱落越重。三是光照越少，果节数越少，弱光处理的枝条果节间距离明显变长。因此在南方阴雨多的地区种植，会表现出果枝节位间距离长，形成的树冠比北方干旱地区大，不利于通风透光，也容易形成黑果。

（二）光照对枸杞果实营养成分影响研究

1.枸杞总糖、多糖含量与年平均日照时数的关系　枸杞多糖的形成对光照反应特别敏感，遮光使枸杞多糖明显减少，总糖含量也呈减少趋势，但减幅没有多糖大。枸杞多糖和总糖含量与年平均日照时数呈正相关，表明一定的年平均日照时数有利于枸杞多糖和总糖的积累，生长季日照时数越大，枸杞果实中总糖含量越大。因此，枸杞多种植在中国北方地区，年平均日照时数充足且降水较少的中温带、暖温带和高原气候区。

2.枸杞中甜菜碱含量与光照的关系　枸杞甜菜碱含量与日照时数呈现显著正相关关系，日照时数越长越有利于甜菜碱的积累。植物体内甜菜碱是在叶绿体内通过光或激素（如ABA）诱导合成的，一般认为甜菜碱的合成是以丝氨酸为原料，经过一系列的反应生成胆碱，再由胆碱经甜菜碱醛通过两步不可逆的氧化反应生成甜菜碱，这两步都需要充分的光照条件。在影响日照时数的不利条件下，如天空有云覆盖，直接造成太阳辐射强度和辐射量的减少，这样到达枸杞光合器官的太阳辐射强度减少，不利于甜菜碱的合成。

3.枸杞中β-胡萝卜素含量与日照时数的关系　　枸杞β-胡萝卜素含量与日照时数呈现显著正相关关系，日照时数越长，越有利于β-胡萝卜素的积累。在阴天等不利条件下，天空有云覆盖，直接造成太阳辐射强度和辐射量的减少，这样到达枸杞光合器官的太阳辐射强度减少。而枸杞是喜光作物，这就直接影响了枸杞光合产物β-胡萝卜素的合成，从而造成β-胡萝卜素含量的减少。

4.枸杞中其他有效成分与光照的关系　　枸杞的粗脂肪、粗蛋白、氨基酸总量和灰分也随着光强的减弱而增强。光照不足，微量元素Se的含量有增强的趋势。

五、水分对宁夏枸杞的生理生态效应

植物体内各组织都含有水分，但各部分之间含水量却不尽相同，主要与物种和植物各器官生理特性有关，生长活跃的植物和代谢旺盛的根尖、嫩梢等组织含水量一般比较高，可达60%～90%。植物体内含水量高、生长发育旺盛的部位也是植物体抗逆性最弱的部分，抚育管理过程中也要注意保护。靠近原生质体颗粒而被胶粒紧密吸附的水分子称为束缚水，而远离原生质胶粒，吸附不紧密，能自由流动的水分子称为自由水。束缚水决定植物的抗性能力，束缚水越多，原生质黏性越大，植物代谢活性越弱，使植物抗旱抗寒能力减弱；束缚水含量越高，植物抗旱抗寒能力越强。自由水决定植物的光合作用、呼吸作用、营养生长和生殖生长等代谢活动，自由水含量越高，原生质黏性越小，新陈代谢越旺盛。

植物体内水分参与多种物质组成和代谢活动。水是原生质的组成成分，蛋白质、糖类和核酸都含有大量的亲水集团，吸附着大龄的水分子，使原生质保持溶胶状态，以保证旺盛的生理代谢活动正常进行。当原生质胶体含水量降低时会逐渐向凝胶状转变，代谢活性将明显减弱，失水过多会严重破坏原生质胶体状态，进而导致细胞死亡。

（一）水对枸杞生长的影响

枸杞生长结实需要充分的水分，一般土壤含水量以16%～20%为宜，地下水位不能高于1.2m。水位太高则叶片枯黄，生长不良。枸杞生长虽然需湿润土壤，但不喜多雨的气候，大气干旱又具有优良排灌条件的宁夏引黄灌区，是最适合枸杞生长的地方。

灌溉条件下，枸杞全生育期降水量在100～170mm以内，产量不受降水量的影响；降水量小于100mm，对枸杞产量有不利影响；当降水量达到200～300mm或以上，特别是夏果采摘期间，虽然生理上提高了鲜果产量，但因果实吸水膨胀，裂口、黑果病严重，坏果率高，丰产不丰收。另外，枸杞在6月下旬处于老眼枝果熟期和新梢幼果期，高温、晴天、日照强烈和大的风速对枸杞产量有明显的负影响，而适当的降水、相对较高的湿度反而有助于枸杞产量的提高。

夏季降水相对集中，枸杞夏果成熟期在6月13日前后，当降水量超过240mm时，日照偏少，黑果率较高，产量受到影响，品质变差，总糖、多糖含量偏低。因此自夏果开花始期起，除了中间经历的夏眠期外，多数时期枸杞花、幼果和熟果期重叠，果实不断成熟，需要分多批次采摘、晾晒。

不同灌溉定额对枸杞枝条生长影响显著，大田滴灌试验结果显示，当灌溉定额为1 620m³/hm²时，枸杞枝条生长量最大。田间试灌水试验结果显示，灌溉量为2 850m³/hm²时枸杞植株长势最佳，最有利于枸杞生长。

（二）水分对枸杞果实营养成分影响研究

1.枸杞总糖、多糖含量与水分的关系　枸杞总糖与平均年降水量、年相对湿度呈显著负相关，枸杞多糖与年相对湿度呈显著负相关，说明在一定温度范围内，水分过多不利于枸杞多糖和总糖的合成。

2.枸杞甜菜碱含量与蒸发量的关系　枸杞甜菜碱含量与蒸发量呈显著正相关关系，说明大的蒸发量有利于甜菜碱的积累。蒸发量加大，引起枸杞体内水分含量减少，造成水分胁迫，而枸杞在受到盐或其他环境胁迫时，会对外界产生一种适应性防御反应迅速合成并积累大量小分子化合物来维持细胞的正常功能，甜菜碱便是这类相容性小分子有机物中重要的一种。

3.枸杞β-胡萝卜素含量与蒸发量及降水量的关系　β-胡萝卜素含量与蒸发量存在极显著正相关关系，蒸发量越大，β-胡萝卜素积累越多，含量越高。而与降水量之间的相关性不显著。枸杞果实中甜菜碱和类胡萝卜素的含量随着灌水量的增加有减少趋势，若想进一步提高枸杞类胡萝卜素、黄酮等次生物质的含量，需要适当控水。

4.枸杞牛磺酸含量与降水量关系　枸杞中牛磺酸含量与降水量呈现显著负相关性。枸杞是喜光作物，光饱和点较高，果实期降水量的增加，减少了太阳辐射作用于枸杞光合器官的时间，直接减少了枸杞光合产物的数量。换言之，在果实期，降水量的增加减少了枸杞的光合产物，同时枸杞的光合产物牛磺酸的含量也就相对减少了。

5.枸杞牛磺酸含量与蒸发量关系　枸杞中牛磺酸含量与蒸发量有显著的负相关性。当蒸发量增加时，地面的水分含量相对减少，而枸杞耗水大于所吸水时，出现水分供应不足，就使组织内水分亏缺，引起水分胁迫，当水分不足时，气孔关闭，叶绿体受伤，光合作用显著下降，造成光合产物从同化组织运输出去的速度受阻，造成枸杞体内牛磺酸合成减少，含量降低。

6.枸杞中牛磺酸、黄酮含量与风速的关系　枸杞中牛磺酸、黄酮的含量与风速呈现正相关性。当在枸杞果实期，风速加大时，风能将气孔外边的水蒸气吹走，补充一些相对湿度较低的空气，扩散层变薄，外部扩散阻力减小，蒸腾就加快，影响枸杞的蒸腾速率，从而影响枸杞根部对养分和矿物质的运输速率，从而影响光合作用所需物质的运输，使光合总产量增加，合成物质多，同时物质向果实的运输速率也加快，使枸杞中牛磺酸、黄酮的含量相对增加。

六、土壤对宁夏枸杞的生理生态效应

土壤是植物生长的基础，植物的根系与土壤有极大的接触面，在植物和土壤之间进行着频繁的物质交换，彼此有着强烈的影响，因此土壤是影响植物生长代谢，从而影响其内在化学成分的重要生态因子。宁夏枸杞对土壤的要求不严，适应性很强，无论是荒土、沙土、沙壤土、轻壤土、中壤土或黏土，都能生长和生存。

（一）宁夏枸杞适种区土壤类型

地貌是宁夏枸杞生长的基本条件之一，它影响和制约着土壤和小气候、水文、植被等自然条件，也影响着水、肥、气、热等土壤肥力因素的再分配，从而直接或间接地影响了宁夏枸杞的生产。土壤是宁夏枸杞生长的物质基础，宁夏平原土壤的形成与分布，受生物、气候、地形地貌等因素的影响和制约。宁夏平原的土壤类型主要有灰钙土、草甸土、沙土、潮土、灌淤土、盐土等几大类，土壤所处的地貌部位及其物理化学条件，对宁夏枸杞品质具有重要影响。在银川平原，宁夏枸杞主要种植于平原西部和贺兰山东麓的冲洪积扇交界地带，土壤类型主要为潮土、盐土和灰钙土。在卫宁平原，宁夏枸杞主要种植于灌淤土和灰钙土中。宁夏枸杞主产区土壤有机质、有效氮、有效磷、速效钾间存在一定差异。

（二）土壤对枸杞生长影响研究

优质丰产园的土壤养分在1～40cm深的土层内，一般全氮含量0.1%以上，有效氮含量在90mg/kg以上，全磷含量在0.1%～0.18%，有效磷含量在

15 ～ 30mg/kg，全钾含量2%～3%，速效钾含量在120mg/kg，有机质含量在1.0%～1.5%，pH8.5。最适产地为宁夏中宁县，土壤类型为淤灌土，质地多为中壤和轻壤，土壤含盐量在0.15%以下。pH达8.7时要获高产必须有肥沃的土壤，有机质含量达1.0%～1.5%。

土壤酸碱度是土壤重要的化学性质，因为它是土壤各种化学性质的综合反映。枸杞从土壤中所摄取的无机元素中有13种对任何植物的正常生长发育都是不可缺少的，其中大量元素有7种（氮、磷、钾、硫、钙、镁和铁）和微量元素6种（锰、铜、锌、钼、硼和氯），这些元素的吸收与枸杞的代谢紧密相关。因此，无机元素在枸杞有效成分的形成中起着极其重要的作用。土壤盐度对宁夏枸杞品质影响的研究表明，枸杞最主要的品质因子多糖含量积累与土壤含盐量具有明显的相关性，在土壤含盐量达到一定的浓度范围，其对于枸杞多糖的积累有一定的促进作用。

（三）土壤对枸杞果实营养成分影响研究

1.枸杞多糖及总糖含量变化与土壤理化因子关系

（1）多糖、总糖含量与土壤肥力因素关系。通过对枸杞果实内多糖、总糖含量与土壤肥力因素研究发现，多糖积累与肥力因子间无显著相关性，而总糖含量与肥力因子间呈负相关，其中与有效氮呈显著负相关，与有效磷呈极显著负相关。大量研究表明，氮对糖分含量的影响是通过氮素对氮糖代谢酶之间的协调作用的结果，随植物体内氮素含量的增加，植物体内的硝酸还原酶、谷氨酸氨合成酶、1,5-二磷酸核酮糖羧化酶和蔗糖合成酶分解活力提高，造成单糖含量的下降。有学者认为土壤中磷素含量与枸杞多糖呈负相关，且相关性显著；也有学者认为：土壤中的磷素含量与枸杞多糖和总糖含量均呈负相关，其中与多糖相关性不显著而与总糖相关性显著，有关这方面的研究还需进一步深入探索。同时，这也说明，过高的土壤肥力虽然有利于提高枸杞产量，但对枸杞优良品质的形成具有一定的限制。

（2）宁夏枸杞多糖与总糖含量与主要盐分组成离子关系。宁夏枸杞果实内的多糖含量和总糖含量分别与土壤盐分总量呈显著相关，说明宁夏枸杞果实内多糖和总糖含量与土壤盐分有一定的相关性。枸杞多糖和总糖与土壤盐分主要构成离子Na^+、Ca^{2+}、Cl^-、SO_4^{2-}分别做相关性分析，其中Na^+和Cl^-与多糖相关性显著，Ca^{2+}和SO_4^{2-}虽有一定相关性但不显著，说明一定浓度的NaCl对多糖的积累有一定的促进作用，土壤全盐含量是影响枸杞多糖含量的第一因子。总糖与Na^+和Cl^-相关性不显著，而与Ca^{2+}和SO_4^{2-}相关性显著。土壤中的K^+与多糖含量呈现一定的负相关性，这可能与植物体内Na-K离子泵作用有关，当土壤中 Na^+ 浓度增大到一定程度的时候，体内的 K 离子泵的作用加强，吸钾能力加强，土壤中的 K^+ 含量相对减少。盐分促进多糖和总糖的积累可能与盐分对多糖和总糖合成相关酶的活性有关，一定浓度范围的土壤盐分对枸杞多糖的积累有一定的促进作用。枸杞多糖含量受土壤、气象因子的共同影响，但土壤因子的影响要大于气象因子的影响。

（3）多糖与土壤微量元素关系。枸杞果实中枸杞多糖分别与土壤中铁和锰含量存在显著正相关关系。说明土壤铁和锰含量越高，枸杞多糖积累越多，含量越高。

2.枸杞甜菜碱与土壤理化因子关系

（1）枸杞甜菜碱与土壤肥力因素关系。枸杞甜菜碱与果熟期土壤肥力的有机质、有效氮相关性不显著，与土壤有效磷呈极显著相关，说明枸杞成熟期有效磷的含量对甜菜碱的形成积累有一定的贡献。由此，推断枸杞甜菜碱形成与枸杞对土壤中的有效磷吸收量和吸收程度有关，但还需进一步研究。速效钾与甜菜碱含量有显著相关性，这是因为钾是枸杞光合器官叶绿素的成分之一，土壤中速效钾含量越高，钾素转移易被作物吸收，枸杞叶片中叶绿素的含量就越高，有利于增加光合产物的积累。这就表明，较高的土壤肥力有利于提高枸杞产量，也对枸杞有效成分甜菜碱含量具有一定的促进作用。

（2）枸杞甜菜碱与土壤盐分总量关系。枸杞果实内的甜菜碱含量与土壤盐分总量呈显著正相关，研究表明，除了 Ca^{2+}、Cl^- 与甜菜碱有不显著的正相关外，其他各离子与甜菜碱均有显著的正相关性。充分说明一定浓度的盐分对甜菜碱的积累有一定的促进作用。盐胁迫下，甜菜碱随着盐胁迫强度的增加在细胞质中逐渐积累达到很高水平，从而调节渗透压，维持细胞的水分平衡，并且对细胞没有毒害作用。其作用还表现在它能保护细胞内蛋白质和代谢酶类的活性，甚至可以起到稳定膜的作用。通过研究，已初步认为盐分促进甜菜碱的积累，同时证明了甜菜碱在提高植物抗盐性中的作用。这就为进一步验证枸杞作为一种具有很强的耐盐耐旱、作为盐渍化土地改良的先锋植物提供了可靠的依据。

（3）枸杞甜菜碱与土壤中硒含量关系。枸杞果实中甜菜碱含量与土壤中硒含量存在显著正相关关系，土壤中硒含量越高，枸杞果实中甜菜碱含量越高。

3.β-胡萝卜素含量与土壤理化因子关系

（1）β-胡萝卜素含量与土壤 pH 关系。土壤 pH 与枸杞 β-胡萝卜素含量有显著的负相关性，说明土壤 pH 的大小对 β-胡萝卜素含量具有负相关性，土壤碱性越大，β-胡萝卜素含量越小。

（2）β-胡萝卜素含量与土壤肥力关系。通过对果实内 β-胡萝卜素含量与肥力因素相关分析发现，有效氮与 β-胡萝卜素积累有显著负相关性，这可能与氮素供应过多时枸杞出现贪青晚熟现象，胡萝卜素含量有所降低有关。土壤中有机质、磷素、钾含量对枸杞中β-胡萝卜素含量无显著相关性。宁夏枸杞主产区土壤有机质、有效氮、有效磷存在一定差异，而速效钾含量差异不显著，这就说明：过高的土壤肥力虽然有利于提高枸杞产量，但对枸杞有效成分β-胡萝卜素含量具有一定的限制。

（3）β-胡萝卜素含量与土壤盐分关系。宁夏枸杞果实内的β-胡萝卜素含量与土壤盐分总量有负相关关系，但是表现不显著。其中对枸杞β-胡萝卜素含量与土壤盐分主要构成离子Na^+、Ca^{2+}、Cl^-、SO_4^{2-}分别作相关性分析，其中Na^+、Cl^-与β-胡萝卜素负相关性显著。Ca^{2+}和SO_4^{2-}虽有一定相关性但不显著，说明一定浓度的Na^+与Cl^-对β-胡萝卜素的积累有一定的抑制作用。初步认为盐分制约β-胡萝卜素的积累，盐胁迫使β-胡萝卜素含量降低，这可能与Na^+、Cl^-提高叶绿素酶的活性，促进叶绿素分解，使其含量降低有关。而目前有关盐分对β-胡萝卜素含量影响其积累的确切生理机制目前尚不清楚，需进一步研究。

4.枸杞牛磺酸含量与土壤理化因子关系

（1）牛磺酸含量与土壤肥力因子的关系。枸杞果实内牛磺酸含量与土壤肥力因素相关研究表明，有机质、有效氮、速效钾与牛磺酸含量有显著正相关性，土壤有效磷对枸杞中牛磺酸含量没有显著的相关性，表明土壤肥力因子对牛磺酸的积累影响极大，好的土壤肥力条件有利于提高枸杞产量，对枸杞有效成分牛磺酸含量也具有一定的促进作用。

（2）枸杞牛磺酸含量和土壤盐分的相关性研究。枸杞果实内的牛磺酸含量与土壤盐分总量无相关关系，其中对枸杞牛磺酸含量与土壤盐分主要构成离子Na^+、Ca^{2+}、Cl^-、SO_4^{2-}相关性分析，其中除了Cl^-与牛磺酸正相关性显著，其他离子都与牛磺酸的含量没有显著的相关性。不同土壤类型中，枸杞牛磺酸含量与盐分没有关系，与主要盐分组成离子也没有相关性，盐分对牛磺酸的合成积累没有影响。

5.枸杞黄酮含量与土壤理化因子关系

（1）枸杞黄酮含量与土壤肥力因子的关系。通过对果实内黄酮含量与土壤肥力因素相关研究表明，有效磷与枸杞黄酮有显著的正相关性，表明有效磷对于枸杞黄酮的合成积累有一定的贡献，土壤中有机质、氮素、钾含量与枸杞中黄酮含量无显著相关性。

（2）枸杞黄酮含量与主要盐分组成离子关系。枸杞果实内的黄酮含量与土壤盐分总量呈负相关关系，且相关性极显著。枸杞黄酮含量与土壤盐分主要构成离子Na^+、Ca^{2+}、Cl^-、SO_4^{2-}相关性研究表明，其中Ca^{2+}、SO_4^{2-}与黄酮含量负相关性显著，而Na^+和Cl^-虽有一定相关性但不显著，说明一定浓度的

CaSO₄和CaCl₂对黄酮含量的积累有一定的抑制作用。初步认为盐分制约黄酮含量的积累，可能与盐分对黄酮合成相关的酶的活性有关，而目前有关盐分对黄酮含量以及怎样影响其积累的确切生理机制尚不清楚，需进一步研究。

6.土壤有效氮对果实中蛋白质和氨基酸的影响 土壤中有效氮含量较低的情况下，随有效氮的增加，枸杞蛋白质和氨基酸迅速增加。但当有效氮含量达到一定水平后，枸杞中蛋白质含量增加缓慢。说明土壤中有效氮与枸杞蛋白质和氨基酸呈对数关系是符合实际情况的。

7.土壤中微量元素对果实中微量元素的影响 枸杞果实中硒含量与土壤中锌含量存在显著负相关关系，枸杞果实中铁含量与土壤硒含量存在显著正相关关系，枸杞果实中锌含量与土壤中铁含量存在显著负相关关系。

8.枸杞果实中内在营养成分之间的相关性 在枸杞果实中，总黄酮和类胡萝卜素的含量具有显著正相关关系，与果糖和葡萄糖的含量存在显著负相关关系，即枸杞果实中的总黄酮含量越高，类胡萝卜素含量就越高，而果糖和葡萄糖含量越低；类胡萝卜素含量与果糖和葡萄糖的含量呈极显著负相关，即枸杞果实中类胡萝卜素的含量越高，则果糖和葡萄糖的含量越低；枸杞多糖的含量与果糖和葡萄糖含量呈显著负相关，即枸杞果实中枸杞多糖含量越高，果实中果糖和葡萄糖含量越低；果糖与葡萄糖的含量存在极显著正相关关系；总糖与果糖的含量也存在正相关关系。

第二节 宁夏枸杞响应盐碱胁迫的机制研究

植物对环境的响应，本质上是植物进化与环境变化之间选择与被选择的一种相互妥协。自然界中的植物常受重金属污染、盐碱胁迫、干旱缺水、低温胁迫、高温、水涝、强光紫外和矿物质元素缺乏、污染等非生物胁迫。在非生物胁迫环境条件下，植株生长缓慢矮小，生理代谢紊乱，细胞膜系统受损害，膜透性增大。细胞积累大量的ROS，胞内物质外渗，光合作用下降，气孔关闭，酶活性降低等，严重影响了植物生长发育。在长期的自然选择过程中，植物为了适应逆境，其形态结构和生理生化方面均会发生改变，形成一系列完整的调控应答机制来适应或抵御各种逆境胁迫，以提高植物对环境的适应性。

土壤盐渍化是全球农业最具有破坏性的非生物胁迫之一，严重导致耕地土壤的退化。在我国，土壤盐渍化问题日趋突出。盐碱土的综合治理和植物耐盐性的提高已成为农业可持续发展和环境改善的重要内容。盐胁迫对植物的影响在形态上体现在植株生长势的下降，总的特征是抑制植物组织器官的生长和分化，加速植物的生长发育进程，降低植物的生长速率，降低根、茎、叶的鲜重和干重，减少植物的叶面积，严重的甚至死亡。在生理上，高盐胁迫引起渗透胁迫，表现为植物根系吸水困难，叶面水分流失加重，引发植物多种生理变化，如离子紊乱、质膜损伤、体内过量活性氧的积累及光合速率下降等，还会导致植物细胞结构和生理功能的破坏。为了应对盐胁迫，植物已经在细胞、器官和整个植株水平进化出复杂的盐碱响应信号和代谢过程。

一、盐胁迫对宁夏枸杞生长的影响

盐胁迫下，植物生长受到明显抑制，主要原因是过高的盐浓度会对植物产生渗透胁迫和离子毒害，进而作用于植物的各个生理过程，植物生理代谢紊乱，最终影响到植物的生长。在碱性盐（如$NaHCO_3$）对宁夏枸杞生长的研究中发现，低浓度的$NaHCO_3$胁迫时，宁夏枸杞的净生长量有所增加，但是增加的幅度不大，对宁夏枸杞幼苗的生长无显著影响，这可能是因为宁夏枸杞作为盐生植物已经具有了稳定的遗传特异性，使其在一定程度上对盐胁迫环境具有了适应能力（表4-1）。随着胁迫浓度的增加，净生长率呈下降的趋势。根冠比随胁迫浓度的增高呈上升的趋势。说明随着土壤中盐浓度的增大，土壤水势降低，植物为了生长环境保持平衡必须增大细胞质浓度，使细胞水势低于环境中的水势以此保证正常的水分吸收，使有限的营养物质和水分有限满足根部生长，从而提高枸杞幼苗的根冠比。盐胁迫下植物生长受抑制程度与盐分胁迫的浓度、胁迫时间等因素有直接联系，一般来讲，盐胁迫浓度越高、处理时间越长，造成的抑制程度越大，可抑制株高、胸径、鲜重和干重的增长，抑制植物器官的发育和分化。在NaCl处理对宁夏枸杞生长的研究中发现，枸杞幼苗的株高、基径、叶面积、叶长和叶宽随NaCl浓度的升高均表现为先增加后降低的趋势，纵横比则呈现无规律现象，高浓度的盐对植物的生长具有抑制作用。推测宁夏枸杞可通过减缓生长、改变形态特征及重新构建生物量分配格局来维持在逆境下的存活，还可以应对盐胁迫环境消耗更多的能量，使其生长的能量相应减少（齐延巧 等，2017）。不同的培养条件和处理，产生的结果也不尽相同。付任胜等通过水培方法发现宁夏枸杞的株高、鲜质量和干质量都随NaCl浓度的升高而减少，在研究时间范围内，宁夏枸杞株高有少量增加，而鲜质量有一定减少。付任胜等认为形成这一现象的原因可能是在低盐浓度胁迫时，宁夏枸杞的适应前期消耗的物质过多，同化合成的物质少于异化消耗的物质，而随着枸杞对生长环境的适应，同化合成的物质略多于异化消耗的物质，枸杞的鲜质量净增有所积累（付任胜 等，2012）。NaCl盐胁迫和$NaHCO_3$碱胁迫均对枸杞的株高增长造成了抑制现象，其中，碱胁迫对于枸杞幼苗株高生长抑制要强于盐胁迫。

表4-1　$NaHCO_3$胁迫下枸杞净生长量、干重及根冠比的变化

处理（mmol/L）	净生长量（cm）	地上部干重（g）	地下部干重（g）	整株干重（g）	根冠比
CK	11.80±1.13a	22.55±0.73a	12.28±2.07ab	34.83±2.80a	0.54±0.07a
150	12.00±1.41a	17.95±1.83ab	14.45±1.37a	32.40±0.46a	0.81±0.16a
300	8.80±0.71a	12.67±4.05bc	9.78±2.26ab	22.44±1.78a	0.77±0.45a
450	3.75±1.06b	8.44±2.82c	9.06±2.75b	17.50±5.58b	1.08±0.04a

二、盐胁迫对宁夏枸杞形态结构的影响

（一）叶解剖结构

枸杞叶片的结构由表皮、叶肉和叶脉（维管束）组成。叶片是对环境变化比较敏感且可塑性较大的器官，逆境常导致叶片的长度、宽度、厚度改变，以及叶片表皮细胞、叶片表皮细胞角质层的厚度及其附属物等形态解剖结构的响应与适应。在盐碱条件下，有些植物表皮细胞形状也会发生变化，解剖结构也能表现出对其生境的适应特征。NaCl胁迫下，宁夏枸杞叶随着NaCl胁迫浓度的增加，上表皮细胞增厚，栅栏组织出现缩短现象，由长柱状变为短圆柱状，排列疏松且紊乱。从碱性盐$NaHCO_3$胁迫对宁夏枸杞（宁杞1号）叶片的显微结构的变化中发现，低浓度$NaHCO_3$处理时上下表皮最厚，晶体数目最多，叶肉栅栏组织排列比较紧密，随着$NaHCO_3$胁迫浓度的增加，叶片厚度，上下表皮厚度及晶体数呈现降低的趋势，栅栏组织的细胞层数逐级减少，细胞结构紧密度逐渐降低，维管束不发达，没有花环结构。不同的枸杞品种，不同的处理浓度下叶片对盐胁迫的响应可能存在一定差异。齐延巧等观察NaCl胁迫下宁夏枸杞叶片结构发现，低浓度盐分胁迫对枸杞叶片的组织结构影响较小，当受到中浓度盐分胁迫时，枸杞的叶片可通过自身组织的调节和适应能力，来提高表皮层厚度、角质层厚度、栅栏组织厚度、海绵组织厚度和叶片厚度等适应环境的变化、适应环境中的水分减少，进而降低盐分伤害造成植物生理干旱的同时还促进了植物的生长。以上研究说明NaCl和$NaHCO_3$胁迫对宁夏枸杞叶片的表皮和细胞栅栏组织都产生了显著影响，且在低浓度胁迫时，宁夏枸杞能够通过自身的调节来适应盐胁迫，随着胁迫浓度的增加，都会引起栅栏组织紧密度降低的现象，盐胁迫对宁夏枸杞的结构具有一定的抑制作用（齐延巧 等，2017）。

（二）叶片超微结构

国内外大量研究发现盐碱胁迫对植物细胞的膜脂过氧化有促进作用，主要表现在电解质渗漏率增大，叶绿体、线粒体等细胞器的超微结构破坏，其中叶绿体是感受盐碱胁迫最敏感的细胞器，其结构会随着胁迫浓度的不同而改变。对$NaHCO_3$胁迫下宁夏枸杞叶片的超微结构研究发现，宁夏枸杞叶肉细胞结构在对照条件下，细胞形状较规则，叶绿体在细胞内沿质膜边缘排列。叶绿体呈梭形结构，外膜完整，基粒片层排列整齐；在盐胁迫下，细胞形状变得较不规则，叶绿体结构变形，有的甚至变成球形，基粒片层排列紊乱，轻微弯曲，淀粉粒增多，叶绿体膜受到破坏，同时质膜受到损伤；随着盐胁迫浓度的增加，叶绿体远离细胞壁，叶绿体结构开始皱缩，变短，基粒片层解体，淀粉粒明显增多，同时，细胞质中产生许多膜状结构，观察到有些叶肉细胞被泡状结构所充满。淀粉粒明显增多的主要原因是光合作用的下降，光合产物以淀粉的形式沉积，也可能与高浓度盐碱阻碍了淀粉的水解和向外运输有关。马晓蓉等研究了$NaCl$胁迫对宁夏枸杞叶片超微结构影响发现，随着胁迫浓度的增加，部分叶绿体内类囊体膜发生解体，叶绿体结构逐渐发生变形，基粒片层排列紊乱，有轻微弯曲，而且破裂出现大的空泡，双层膜受到破坏。线粒体形状大小不一，出现极少数空泡现象。高浓度$NaCl$胁迫下，叶绿体基粒片层损伤，淀粉粒增多可能会导致叶片光合作用受到抑制，光合能力下降。因为淀粉粒可以水解释放能量，补充因胁迫造成的能量损失，这为宁夏枸杞具有较强耐盐碱性提供了结构方面的依据。此外，线粒体的变化没有叶绿体的变化显著，马晓蓉等认为受到胁迫后仍需要线粒体提供能量来转移营养物质（马晓蓉 等，2021）。

（三）根解剖结构

宁夏枸杞幼根的初生结构由表皮、皮层和维管柱组成，维管柱又分为中柱鞘、初生木质部和初生韧皮部。从$NaCl$胁迫对宁夏枸杞幼根显微结构中发现，在对照条件下，宁夏枸杞幼根表皮细胞排列整齐而紧密，无细胞间隙。皮层由薄壁细胞组成，在表皮下有一层或几层细胞，排列紧密，为外皮层，皮层的最内一层细胞为内皮层，内皮层细胞排列整齐、紧密。在低盐浓度的胁迫下，根的初生结构无明显变化，且结构完整。随着胁迫浓度的增加，线粒体形状逐渐发生改变，结构破坏，内外膜模糊甚至破裂，大多数嵴模糊，出现空泡现象，这表明高浓度$NaCl$胁迫导致线粒体内膜被损伤，氧化磷酸化体系被破坏，进而导致根细胞正常生理代谢受阻，而这种形态的改变可能是宁夏枸杞响应盐胁迫的重要生理反应之一（马晓蓉 等，2021）。

（四）根超微结构

从NaCl对宁夏枸杞幼根超微结构中发现，无NaCl处理时，宁夏枸杞根细胞核双层膜清晰可见，核基质丰富。线粒体分布在细胞膜周围，呈大小不一的椭球形或球形，结构完整，形态饱满，内膜上的嵴和双层膜清晰；随着NaCl浓度的增加，细胞核逐渐解体，双层膜被破坏，核基质大量外溢，线粒体形状发生改变，内外膜模糊甚至破裂，大多数嵴模糊，出现空泡现象。说明高浓度NaCl胁迫可能导致宁夏枸杞幼根皮层薄壁细胞核膜异常或受损，核内物质得不到正常的保护，细胞核的功能受到影响，从而影响到整个根系细胞的代谢活动（马晓蓉 等，2021）。

三、盐胁迫对宁夏枸杞生理特性的影响

（一）光合作用

光合作用是植物最重要的生命活动之一，是植物合成有机物和获得能量的源泉。有研究显示，盐胁迫抑制了植物的光合作用，也有一些研究显示，低盐环境刺激植物光合作用。由于盐胁迫程度不同以及试验材料和培养条件的不同，对有关盐影响植物光合作用机理报道不一致。有些研究结果认为盐影响植物光合作用主要是气孔因素起作用，如气孔导度下降等，也有报道认为是非气孔因素，如PS II活性的下降等。还有研究认为，在土壤含盐量低于0.5%时，枸杞的光合生理没有受到显著影响。

但大多数研究表明盐胁迫抑制宁夏枸杞的光合作用。惠红霞等通过不同盐浓度处理宁夏枸杞扦插苗，发现盐处理后，光合速率（P_n）和气孔导度（G_s）减小，气孔限制值（L_s）先升高后降低，细胞间隙CO_2浓度（C_i）先降低后升高；C_i和L_s的动态变化表明，在短时间盐胁迫P_n下降是以气孔限制因素为主，长时间盐胁迫则以非气孔限制因素为主（惠红霞 等，2004）。用碱性盐$NaHCO_3$处理宁夏枸杞的研究中也发现了同样的结果。齐延巧等研究发现，NaCl处理后，宁夏枸杞幼苗的P_n、G_s和Tr均呈现先上升后下降的趋势，C_i呈现持续上升趋势，说明低浓度盐分对宁夏枸杞幼苗有促进作用，随着盐浓度逐渐升高，高盐胁迫导致细胞中盐离子的大量累积，破坏了叶绿体的内部结构，引起叶片中光合器官损伤、叶绿素含量下降、叶肉细胞光合活性下降，进而导致光合速率下降，其主要原因为非气孔限制（齐延巧 等，2017）。魏玉清等的研究也指出枸杞叶片在盐胁迫下光合作用总体下降，其光合速率降低是由于活性氧不能及时清除，叶片中光合作用也随之遭到损坏，同时也表明宁夏枸杞幼苗能在一定程度上适

应低盐的环境，短时间内在低盐胁迫环境中存活（魏玉清 等，2005）。

叶绿素荧光是光合作用的探针，通过测定叶绿素荧光参数可以得出有关光能利用途径的信息，间接判断植物生长和抗逆性的大小，其荧光动力学参数 F_v/F_m 代表 PS II 原初光能转化效率，F_v/F_o 代表 PS II 的潜在光化学活性，F_m/F_o 用来代表通过的电子传递情况，F_v 表示可变荧光，用来反映 QA 的还原情况，NPQ 代表荧光的非光化学猝灭效率。对宁夏枸杞叶绿素荧光的显示，F_v/F_m、F_v/F_o、ϕPS II 和 NPQ 随着盐（NaCl）浓度的升高和胁迫时间的变化呈现出不同的变化。其中 F_v/F_m，ϕPS II 随着盐浓度的升高，下降的幅度较缓慢。而 F_v/F_o 随着盐浓度的升高急剧下降，NPQ 出现先升后降的趋势，说明盐胁迫使 PS II 潜在活性中心受损，抑制光合作用的原初反应，光合电子传递过程受到影响，使叶片潜在光合活力下降，进而抑制枸杞幼苗生长。究其原因，可能是 NaCl 胁迫下叶肉细胞对 Na^+ 和 Cl^- 的区域化能力严重不足，不能通过对离子的区域化来避免或减轻对 PS II 的伤害，使它对光能的吸收和传递严重受阻，大大降低了 PS II 电子传递速率，从而使其转能效率下降。表明低盐处理会促进枸杞的光合作用，而高浓度的盐分会改变枸杞叶片 PS II 的激发能分配方式，即通过提高热耗散消耗过多激发能来适应盐胁迫环境。

（二）离子稳态

盐碱胁迫条件下，土壤各离子间动态失衡，导致植物根系吸收离子不均衡，植物体内过量的 Na^+ 和 Cl^- 会造成胞内电荷和离子的失衡，影响植物正常的代谢和生理功能。盐胁迫对植物生长发育的主要危害表现为 Na^+ 在细胞中大量累积，导致细胞内代谢活动受到抑制，细胞内的离子平衡被破坏。对于 Na^+ 而言，植物的叶部比根部对 Na^+ 更敏感。同时，升高的 Na^+ 可以通过直接干扰和抑制细胞质膜对营养元素（K^+ 和 Ca^{2+}）的吸收和转运，造成离子失衡和营养缺乏。许多研究表明植物能够忍耐土壤中高浓度的盐分主要与植物自身在盐渍环境中将 Na^+ 外排到胞质外或外界环境中维持细胞质中较低的 Na^+ 含量有关，植物也可通过减少 K^+ 和 Ca^{2+} 流失，提高体内 K^+ 和 Ca^{2+} 含量。事实上，对于许多植物而言，维持茎叶中较高的 K^+/Na^+ 比值比单纯维持较低的 Na^+ 含量更重要。宁夏枸杞作为盐生植物，盐碱胁迫下离子的选择吸收是宁夏枸杞抗盐的重要机制，主要涉及吸 K^+ 和拒 Na^+ 的特征，通过维持细胞内较低的 Na^+/K^+ 比值，提高宁夏枸杞对 Na^+ 胁迫的耐受性（梁晓婕 等，2020）。随着盐胁迫浓度和时间的增加，宁夏枸杞根系中 Na^+ 和 K^+ 含量逐渐增加，K^+ 外流先增加后降低，表明在低盐胁迫浓度下，Na^+ 进入细胞会诱发质膜电位去极化，并激活质膜外向整流型 K^+ 通道（DA-KORCs）和非选择性阳离子通道（DA-

NSCCs），从而引起K$^+$外流，同时胞内过多的Na$^+$通过质膜和液泡膜上的Na$^+$/H$^+$转运蛋白依赖H$^+$-ATPase提供的驱动力排出胞外或将Na$^+$区隔至液泡，维持细胞内较低的Na$^+$浓度，从而降低了Na$^+$毒害，也是宁夏枸杞耐盐的主要原因。Na$^+$/K$^+$在盐胁迫下较对照降低，表明宁夏枸杞根系能够调节胞内Na$^+$/K$^+$平衡，促进胞内Na$^+$外排，同时抑制K$^+$外流，维持细胞内较低的Na$^+$/K$^+$，进而增加其耐盐性。总之，盐胁迫下对离子的选择吸收是宁夏枸杞抗盐的重要机制，主要涉及以下几个方面：（1）根系对土壤盐离子的选择吸收，即吸K$^+$和拒Na$^+$的特性；（2）随着枸杞种植年限的增长，枸杞选择吸收K$^+$的能力逐渐增强，通过维持细胞内较低的Na$^+$/K$^+$比值，提高了宁夏枸杞对Na$^+$胁迫的耐受性；（3）在短期及低盐浓度胁迫下，枸杞细胞将Na$^+$运出细胞或区隔化液泡从而维持细胞质中Na$^+$的稳态。

（三）渗透调节

渗透调节是盐生植物对盐分胁迫的重要适应手段之一。正常情况下，植物细胞的渗透压高于土壤溶液，植物细胞则通过高渗透压吸收土壤中的水分和矿物元素。土壤中可溶性盐分过多会使土壤水势降低，导致植物吸水困难，严重时会导致植物组织内水分外渗，产生渗透胁迫造成生理干旱。盐胁迫条件下，植物细胞发生水分亏缺现象，土壤的渗透势降低，为了避免这种伤害，植物会在细胞内部积累一些如脯氨酸、甜菜碱、可溶性糖和含氮化合物等有机小分子渗透调节剂来降低胞内的渗透势，维持植物在逆境胁迫下的正常水分吸收。甜菜碱是植物体内的一种非毒性的渗透调节剂。甜菜碱对PSⅡ放氧中心结构以及光呼吸生理功能具有保护作用，并且参与细胞的渗透调节，同时还具有极为重要的"非渗透调节功能"等。盐胁迫下枸杞叶片内源甜菜碱含量显著增加，且随着盐胁迫强度增大而增加，当盐浓度为6g/kg时达到最高，盐浓度超过12g/kg时显著降低。细胞内甜菜碱浓度的升高对叶绿体产生渗透调节作用，有利于维持细胞叶绿体的水分平衡，使其在低水势下保持光合活性，同时，对光合放氧即PSⅡ外周多肽起稳定作用。宁夏枸杞幼苗受到盐碱胁迫后叶片中的蔗糖、脯氨酸都会逐渐积累以降低渗透势，维持细胞膜的稳定性和完整性。脯氨酸含量的增加能有效阻止盐碱条件导致的液泡过度脱水，维持液泡内外水势平衡，保护生物大分子结构的稳定性，提高抗盐碱的作用。但对于在逆境胁迫条件下植物细胞内大量积累脯氨酸是否与其抗逆能力成正相关关系，仍然存在着一定的争议（刘强 等，2014）。细胞在低于盐胁迫的生理过程中，往往需要调节蛋白质的合成与降解来适应新的环境，可溶性蛋白含量的高低也直接影响着细胞代谢速率的快慢。宁夏枸杞的可溶性蛋白含量随着盐处理浓度的增加呈先升高后降低的趋势，可溶性蛋白含量的下降可使细胞代谢减弱，从而降低宁夏枸杞对盐胁迫的抗性。可溶性糖可以作为渗透调节物质，为有机物的合成提供物质和能量供应，并且对细胞的结构和完整起到保护作用。宁夏枸杞的可溶性糖含量随盐处理浓度的增加呈先升高后降低再升高的趋势，说明宁夏枸杞在受到盐胁迫时，能通过渗透保护剂的积累，来保持膨压和细胞结构稳定性（魏玉清 等，2005）。

（四）抗氧化系统

盐胁迫对植物造成伤害的最初部位是细胞膜系统，细胞膜作为外界物质进入细胞的第一层屏障，它的稳定性可以直接影响到植物细胞正常代谢，而造成细胞膜伤害的主要原因之一就是盐胁迫引起植物体内产生活性氧（ROS）导致膜脂过氧化的产生。植物细胞可通过多种途径产生 H_2O_2，过量的 H_2O_2 可以降低叶绿体内抗坏血酸的含量，特别是 H_2O_2 可以和 O_2^- 相互作用产生 OH^- 而直接引发膜脂过氧化。O_2^- 伤害植物的机理之一在于参与启动膜脂过氧化或膜脂脱脂作用。叶绿体 H_2O_2 是强氧化剂，通过 Habe-weiss 反应产生攻击力更强·OH，启动膜脂过氧化，造成 MDA 的增加。NaCl 处理宁夏枸杞的研究发现，随着盐浓度的升高，宁夏枸杞叶片 H_2O_2 含量和 O_2^- 产生速率随着盐浓度的升高呈现先升后降趋势。活性氧自由基伤害学说认为，植物在长期进化过程中形成了一个完善的清除活性氧的防卫系统，使活性氧的产生与清除维持在一个动态平衡。抗氧化防御系统包括酶促抗氧化酶如超氧化物歧化酶（SOD）、过氧化物酶（POD）和过氧化氢酶（CAT）；非酶促抗氧化系统有抗坏血酸、类胡萝卜素和甜菜碱等。该系统中的抗氧化酶活性的变化可以反映植物体内活性氧清除能力和抗逆能力的强弱。在盐分胁迫下，植物体内的 SOD、POD、CAT 等酶活性与植物的抗氧化胁迫能力呈正相关，能有效地清除活性氧，抑制膜质过氧化。

（五）糖代谢

盐胁迫对植物糖代谢的影响是植物抗盐性研究的一个重要方面。可溶性糖是植物重要的有机渗透调节物质，各种植物多糖及植物细胞表面糖蛋白与植物的抗逆性有密切的关系。枸杞多糖在细胞内作为溶质或以高度水合状态而存在，具有良好的亲水特性，有利于细胞质维持膨压，保持其渗透势的平衡。盐分胁迫可促进枸杞多糖的积累，可溶性糖增加，淀粉含量下降，叶片和果实的蔗糖含量均呈现上升的趋势，而还原糖含量呈下降的趋势，0.3%、0.6% NaCl处理可以促进蔗糖的合成，而0.9% NaCl降低了蔗糖的合成。盐胁迫通过影响枸杞叶片和果实蔗糖相关酶（中性转化酶、酸性转化酶、蔗糖磷酸合成酶等）

的活性而影响枸杞叶片和果实中糖的转化和分配。随着NaCl浓度的增加，枸杞叶片和果实中的中性转化酶活性显著降低，酸性转化酶活性呈现下降，其中0.6% NaCl处理对叶片酸性转化酶活性影响不大，而0.6% NaCl处理显著降低了果实酸性转化酶活性。0.3% NaCl胁迫下蔗糖磷酸合成酶活性加强，而0.9% NaCl则降低了蔗糖磷酸合成酶活性。盐胁迫下蔗糖合成酶活性降低，随处理时间延长其活性加强（杨涓 等，2005）。

四、宁夏枸杞响应盐胁迫的分子机制

在自然界中，植物要遭受来自外部环境的多种非生物胁迫。在长期的进化过程中植物形成了相应的应变机制，可以调节相关抗性基因的表达，从而在环境改变后得以继续存活。许盼盼使用RACE方法克隆了枸杞的 *HKT1*、*NHX1* 和 *SOS1* 基因，并对其做了生物信息学分析，验证了三个抗盐基因在枸杞中的表达特点，预测了枸杞NHX1和SOS1蛋白之间可以直接或间接的产生相互作用，也可以同HKT类蛋白直接或间接的相互作用，因此，三个蛋白在特定情况下可以通过相互作用共同调节植物体内的离子运输与平衡。MAPK级联途径在植物逆境信号传导中起着重要作用（许盼盼，2018）。吴电云利用3′-RACE技术首次在枸杞中分离到一个MAPKK基因（*LcMKK*）和ERF转录因子基因（*LchERF*）。qRT-PCR分析表明，PEG、NaCl和4℃处理均能诱导 *LcMKK* 的表达，表明 *LcMKK* 可能参与非生物胁迫应答。*LchERF* 基因的表达明显受干旱、高盐和乙烯的诱导，表明 *LchERF* 可能在保护枸杞抵御非生物胁迫中发挥着重要作用，同时 *LchERF* 可能通过连接不同的代谢通路以调节植物对外界逆境胁迫作出有利反应，从而保护植物免受伤害（吴电云，2015）。NaCl胁迫下宁夏枸杞的糖代谢、氨基酸代谢、脂肪酸代谢等代谢途径中的部分代谢物发生了明显变化，马彩霞采用代谢组学挖掘了不同盐胁迫下宁夏枸杞代谢物差异。*glu* 调控α-葡萄糖苷酶催化麦芽糖产生葡萄糖，为植物的生长提供能量。由 *mdh* 基因编码的苹果酸脱氢酶（MDH）能够催化苹果酸和草酰乙酸的相互转换，还原NAD^+产生NADH，作为参与植物体内TCA循环的关键酶，对植物的生长发育发挥重要的调控作用。*CS* 基因编码的柠檬酸合酶（CS）催化乙酰辅酶A和草酰乙酸形成柠檬酸。此外，由 *gdh1* 编码的谷氨酸脱氢酶（GDH）通过催化α-酮戊二酸与植物细胞内过量的NH_4^+合成谷氨酸，缓解植物体内的毒害作用，从而提高植物的抗逆性，这一途径被称为谷氨酸合成途径，盐胁迫条件下可能通过抑制 *gdh1* 表达量抑制了谷氨酸合成途径。盐胁迫条件下参与调控宁夏枸杞能量代谢的 *glu*、*ICDH1*、*mdh* 和 *gly* 基因的表达量先上升后下降，*gdh1* 基因的表达量呈波动变化的趋势，*CS* 基因的表达量则为先上升后下降又上升的趋势。盐胁迫条件下，这些基因的差异表达调控了能量代谢相关代谢物的变化（马彩霞，2021）。

盐胁迫严重影响作物的产量和质量，为了搞清楚盐胁迫对宁夏枸杞果实质量的影响，林爽通过转录组和代谢组综合分析，从成熟枸杞果实中鉴定出 71 种差异积累代谢物（DAMs）和 1 396 个差异表达基因（DEGs），进一步分析表明盐胁迫通过促进生物合成途径中结构基因的表达，促进了类黄酮糖基化和类胡萝卜素酯化。从枸杞分离出一种编码 *F3H* 基因的新型 cDNA 序列（*LcF3H*），通过生物信息学分析和遗传转化研究证实 *LcF3H* 基因在增强枸杞的抗旱性方面起着重要作用。这些结果表明，盐胁迫促使黄酮类化合物和类胡萝卜素的修饰以减轻 ROS 损伤，从而提高枸杞果实的质量。黄酮类化合物作为植物次生代谢物，在整个植物界中广泛存在，并参与许多生理和生化过程。抗旱性归因于类黄酮在细胞壁和细胞膜中的保护功能方面。编码黄烷酮 3-羟化酶（F3H）基因在黄酮类化合物生物合成途径中是必不可少的（Lin Shuang et al.，2021）。

盐生植物自身抵御植物盐害的有效策略之一是通过质膜和液泡膜上 Na^+/H^+ 转运蛋白与 H^+-ATPase 互作调节植物在盐胁迫下 Na^+ 的吸收及转运。H^+-ATPase 和 Na^+/H^+ 转运蛋白的活性是反映植物盐胁迫环境的关键指标之一。质膜 Na^+/H^+ 逆向转运蛋白由 *SOS1* 基因调控表达，能够依赖质膜上 H^+-ATPase 所形成的 H^+ 电化学梯度将细胞质 Na^+ 排出体外，使植物适应外界环境。梁敏等研究发现，在短期盐胁迫下，随着盐处理浓度的增加，*LbSOS1* 和 *LbHA1* 相对表达量呈升高趋势，说明在适宜浓度（100mmol/L NaCl）下，经短期盐胁迫，细胞质膜和液泡膜上的 Na^+/H^+ 转运蛋白将 Na^+ 运出细胞，从而维持细胞质中 Na^+ 的稳态和 Na^+/K^+ 比值的相对稳定。在高浓度（200mmol/L NaCl）胁迫下，短期内枸杞根中 *LbSOS1* 和 *LbHA1* 基因的表达量较高，但不能将 Na^+ 及时排出，导致根系中 Na^+ 的积累，造成对枸杞的伤害。液泡膜 Na^+/H^+ 转运蛋白（NHX）普遍具有调节细胞内 pH，能够将胞液中的 Na^+ 和 K^+ 区隔化至液泡中，以及维持细胞内离子稳态等功能，在植物抗逆胁迫中具有重要作用。液泡膜 Na^+/H^+ 转运蛋白基因 *LbNHX1* 和 H^+-ATPase 基因 *LbVHA-C1* 的表达量随着盐处理浓度的增加而升高。V-H^+-ATPase 主要通过调节各亚基的表达和酶活性的变化调节 Na^+ 的浓度。在盐胁迫初期，宁夏枸杞根和叶片中 *LbVHA-like* 基因的表达量均高于对照，说明在盐胁迫初期低浓度能促进 *LbVHA-like* 基因的表达，而该基因的高表达可能参与 Na^+ 的外排，降低根细胞质中 Na^+ 的浓度。随着盐胁迫浓度的增加和盐处理时间的延长，Na^+ 积累大幅度增加，

LbSOS1、*LbHA*、*LbNHX1*、*LbVHA-C1* 及 *LbVHA-like* 基因的表达量降低，从而导致枸杞的耐盐性降低。

第三节　宁夏枸杞响应干旱胁迫机制研究

干旱是影响植物正常生长发育和抑制作物产量增加的主要非生物胁迫因子之一。干旱胁迫常常影响植物生长发育，造成作物严重减产。干旱对农作物造成的损失在所有的非生物损失中占首位，仅次于病虫害造成的损失。干旱胁迫对植物的影响包括表型、生理生化和蛋白编码基因表达等多个层次。因此，从不同层面探讨植物对干旱胁迫的响应，研究植物的抗干旱机制以及培育抗旱品种成为植物生理研究的一大趋势。

随着水资源紧张和水指标定额限制，水资源短缺已成为枸杞产业进一步发展的一个限制因素，加之宁夏气候干燥少雨，土壤水分蒸发强烈，导致宁夏枸杞种植受水资源限制十分明显。目前，关于宁夏枸杞抗旱机制的研究，主要涉及干旱对宁夏枸杞生长、生理生化和光合作用等方面。

一、干旱胁迫对宁夏枸杞生长特性的影响

植物生长对水分高度敏感，植物通过细胞分裂、延伸和分化完成生长。水分匮缺后，细胞会因失水导致膨压下降，植株低矮，抑制细胞生长。赵建华等研究发现，随着干旱胁迫加重，枸杞植株的新梢生长率和单果质量显著下降，株高和地径生长缓慢，枸杞株高和地径的增量明显降低，但对地径的影响程度明显小于株高，同时，干旱对成枝力影响程度也远远低于新梢生长率，说明干旱对宁夏枸杞的纵向生长影响高于径向生长，从而有利于提高光能的利用效率（赵建华 等，2012）。李浩霞等研究发现，在整个胁迫时间段内，枸杞幼苗的株高、地径均随着胁迫强度的增强而呈现降低趋势，且整个胁迫时期轻度干旱下枸杞幼苗株高生长量都高于中度干旱及重度干旱。这与植物适应干旱逆境的能力有关（李浩霞 等，2016）。不同干旱胁迫下枸杞植株根和茎中干物质分配率随着干旱胁迫的加重逐渐升高，枝条、叶和果实中干物质分配率随着干旱胁迫的加重而大幅度降低，说明土壤水分对枸杞植株干物质在各器官中的分配具有明显的调节效应，但调节方式和程度随器官不同而异。这也说明当水分亏缺时，枸杞植株将更多生物量分配到根部，从而有利于从土壤中获得更多的水分和营养物质，在干旱环境中得以生存（赵建华 等，2012）。

二、干旱胁迫对宁夏枸杞形态结构的影响

（一）叶片解剖结构

叶片是植物外部形态对水分胁迫最敏感的器官，长期干旱胁迫会导致植物叶片厚度、栅栏组织、海绵组织等解剖结构发生变化。栅栏组织在植物适应干旱环境过程中起着重要作用，构成该组织的细胞与表皮细胞呈垂直方向排列，避免了强光的灼射，而利用衍射光进行光合作用。郑国琦等采用非称量式蒸渗器对枸杞进行不同月灌溉定额的灌水处理的研究发现，当月灌溉定额小于900m³/hm²时，植物栅栏组织厚度增大，海绵组织厚度减小，叶片组织结构紧密度增大，而疏松度减小，且栅栏组织细胞内含有大量的晶体细胞（表4-2），这是由于在此灌溉定额时叶片可以积累大量渗透调节物质，降低叶片渗透势，来维持叶片所需的水分。当月灌水定额在900m³/hm²时，随月灌溉定额的增加，叶片内的栅栏组织的细胞层数逐渐减少，海绵组织细胞层数和比例逐渐增加，叶片组织结构紧密度降低，疏松度增大，且叶肉细胞内观察不到晶体细胞的存在。叶肉栅栏组织发达，细胞层数增加而体积减小，海绵组织相对减少，细胞间隙减小等变化是植物对水分短缺的一种响应，该特征有助于CO_2等气体从气孔下室到光合作用场所的传导，又可抵消因气孔关闭和叶肉结构的变化所引起的CO_2传导率的降低，从而提高植物对水分的利用率，表现出植物的抗旱适应性。

表4-2 不同月灌溉定额处理枸杞叶片内部结构参数

处理	上表皮厚度（μm）	下表皮厚度（μm）	栅栏组织厚度（μm）	海绵组织厚度（μm）	栅栏组织/海绵组织	叶组织紧密度CTR（%）	叶组织疏松度SR（%）
T_0	19.16a	16.68a	240.30c	150.82b	1.59b	0.56b	0.35b
T_{450}	19.78a	16.46a	300.01b	158.02ab	1.90ab	0.61ab	0.32b
T_{900}	19.57a	18.07a	342.31a	163.05ab	2.10a	0.63a	0.30b
$T_{1\,350}$	15.56b	18.31a	124.22d	190.34a	0.65c	0.36c	0.55a
$T_{1\,800}$	12.32b	12.95b	118.41d	174.46ab	0.68c	0.37c	0.55a

（二）根茎次生木质部

水分是从高势能区向低势能区进行运输的，一般情况下，植物上部水势比

下部低，故水分从下到上流动。与水分流动有关的参数很多，其中以导管直径和导管频率最为重要。相对输导率和脆性指数是导管大小和导管频率（数目）的综合反映，被认为是评价植物水分输导的有效性和安全性的重要指标。植物在水分输导的有效性与安全性之间寻求平衡点，这是植物适应环境的策略。研究发现，900m³/hm²的灌水量是确保枸杞根和茎中水分输导的有效性和安全性的一个平衡点，同时也是宁夏枸杞灌水的一个适宜灌溉参考指标（表4-3）。同时发现，根和茎中的木射线频率随灌水量的增多呈现持续下降的趋势，并分别与灌水量呈现极显著的负相关关系。宁夏枸杞根和茎木射线频率的降低，暗示在大量灌水条件下其根和茎内的横向运输功能减弱。随灌水量的增加，其木质部中木薄壁细胞所占的比例呈现持续下降的趋势，与此同时木纤维数量增加，这对于在土壤含水量进一步提高的外界环境下维持茎的功能具有重要意义。

表4-3　不同灌水量下枸杞根内次生木质部结构特征参数

灌水处理	导管直径（μm）	导管频率（mm⁻²）	相对输导率（×10⁶ μm⁴）	脆性指数	木射线频率（mm⁻²）	导管面积比例（%）	纤维面积比例（%）	木薄壁细胞面积比（%）
T_1	28.77cC	135.73bB	5.81cC	0.21bcAB	20.37aA	13.91bA	81.61aA	4.52bA
T_2	34.00bB	175.17aAB	14.63bBC	0.19cB	17.75abA	14.04bA	81.32abA	4.71bA
T_3	39.44aAB	196.20aA	29.67aA	0.20cAB	18.08abA	19.52aA	75.33bA	5.32abA
T_4	39.67aAB	138.36bB	21.42abABC	0.29abAB	15.77abA	16.83abA	78.31abA	4.91abA
T_5	41.59aA	138.69bB	25.93aAB	0.30aA	13.82bA	14.14bA	79.54abA	6.50aA

三、干旱胁迫对宁夏枸杞生理特性的影响

（一）光合作用

　　土壤水分胁迫对植物光合作用的影响十分明显，土壤水分亏缺对光合作用的影响通过降低气孔导度进行，直接影响到叶肉细胞的光合能力，干旱胁迫下，植物的光合能力有不同程度的降低。在轻度干旱胁迫下，叶片光合速率的降低主要是气孔部分关闭的结果；在严重干旱胁迫下，主要是由于细胞和叶绿体失水，叶绿体间质离子浓度增加，间质酸化，叶绿体中一些参与碳固定的酶活性受到抑制，非气孔限制成为光合速率降低的主要原因。干旱胁迫下宁夏枸杞叶片 P_n 随着干旱胁迫的加剧而下降，且 G_s 也呈现下降的趋势；在轻度干旱胁迫下叶片 C_i 降低，且 WUE 最高，而中度和重度干旱胁迫下叶片 C_i 随着干

旱加剧却不断升高。这说明宁夏枸杞在轻度干旱胁迫时光合速率的降低主要是气孔部分关闭的结果，却提高了叶片水分利用率；而在中度干旱胁迫发生后，CO_2利用率逐渐降低，叶片光合速率降低转化为非气孔限制为主。另外，在月灌溉定额<900m³/hm²时，导致枸杞叶片光合速率下降的原因是气孔限制；而当月灌溉定额>900m³/hm²时则是非气孔限制，这说明月灌溉定额超过植物适宜的灌水量（900m³/hm²）后，反而限制了植物的光合作用，最终影响枸杞产量。可见，在水分胁迫下通过气孔和非气孔限制因子降低叶片净光合速率，是宁夏枸杞对干旱胁迫的一种生态适应策略。

（二）渗透调节

干旱胁迫下，植物会产生一系列的生理生化变化，严重抑制植物生长和发育，影响作物产量。可溶性蛋白、脯氨酸和可溶性糖是植物应对干旱胁迫最为重要的渗透调节物质，在干旱胁迫下，这些渗透调节物质含量的升高会增加细胞渗透势，降低细胞水势，稳定细胞壁和保护酶系统，从而提高细胞的抗旱性。随着干旱胁迫程度的加剧，宁夏枸杞和黑果枸杞的可溶性糖、可溶性蛋白质和脯氨酸含量均持续上升。但是增加的幅度不同，认为可能脯氨酸和可溶性糖在黑果枸杞抗旱过程中起到更加重要的作用，而可溶性蛋白在宁夏枸杞的抗旱过程中起到更加重要的作用。渗透调节物质含量变化因干旱处理的方式和浓度不同存在差异，采用土壤含水量占田间持水量的百分数处理枸杞幼苗的结果显示，随着干旱胁迫程度的增加，枸杞幼苗体内的可溶性蛋白含量均有不同程度的下降，30%干旱胁迫处理下降明显，随着干旱胁迫时间的延长，可溶性蛋白含量增加，其与干旱胁迫下特殊蛋白类型的复合有关，如不利环境或应激蛋白。脯氨酸是最重要的有机溶质之一，通过作为膜稳定的渗透保护剂，在胁迫条件下保持水分含量。宁夏枸杞中的游离脯氨酸随着干旱胁迫的增加而明显增加。

（三）抗氧化系统

干旱胁迫时，细胞中生物活性氧的积累是造成细胞伤害乃至死亡的主要原因。活性氧自由基积累导致膜脂过氧化，膜透性增加，电解质和有机物质大量外渗，严重时导致植物死亡。随着干旱处理时间的延长，干旱胁迫处理下的宁夏枸杞幼苗膜透性与对照相比逐渐增大，其中在处理12d后，30%干旱胁迫处理对枸杞幼苗质膜伤害最严重。植物细胞可通过多种途径产生H_2O_2。过量的H_2O_2可以与植物体内产生的O_2^-相互作用产生OH^-，从而直接引发膜脂过氧化。宁夏枸杞幼苗体内的放氧速率随着干旱胁迫浓度的增加呈上升的趋势，其中以30%干旱胁迫的放氧速率上升最为显著，说明30%干旱胁迫对枸杞体内的放氧速率造成了影响。丙二醛是膜脂过氧化的产物之一，其含量可以表明膜脂过氧化的程度。随着干旱胁迫的增加，宁夏枸杞幼苗的膜脂过氧化产物 MDA 的含量呈现明显的增加趋势，这是由于干旱胁迫下枸杞幼苗体内的放氧速率呈现上升的趋势，细胞内活性氧水平增高，引发膜脂过氧化作用生成较多的 MDA，引起膜功能紊乱，使细胞膜透性增加。POD 是广泛存在于植物各个组织器官中的一种活性氧清除酶，它可以清除体内的过氧化氢和有机过氧化物以及各种有机物和无机物的氧化作用，在植物抗旱过程中有非常重要的作用。李捷等研究发现，受到干旱胁迫后，宁夏枸杞中 POD 活性呈先上升后下降的趋势。CAT 是活性氧代谢中重要的抗氧化酶之一，专一催化过氧化氢还原。受到干旱胁迫后，宁夏枸杞中的 CAT 活性呈先升高后降低的趋势。SOD 是植物抗氧化系统的第一道防线，可清除细胞中多余的超氧根阴离子。在干旱胁迫后，宁夏枸杞中的 SOD 呈先升高后降低的趋势，其中在轻度盐胁迫后的活性最高，随着胁迫程度的加重，SOD 活性出现了不同程度的下降（李捷 等，2019）。有研究发现，在干旱胁迫程度低于 45% 的条件下，枸杞幼苗 SOD 酶活性与对照相比变化幅度不大，保持了相对的稳定性，而在 30% 的干旱胁迫下，SOD 酶活性下降显著，表明以 SOD 为主的抗氧化保护酶系统遭到了破坏。APX 是植物活性氧代谢中重要的抗氧化酶之一，它不仅是叶绿体中清除过氧化氢的关键酶，还是维生素 C 代谢的主要酶类。宁夏枸杞在受到干旱胁迫后，其活性呈先降低后升高的趋势，在重度干旱胁迫时的活性最高。说明此时均能够保持较高还原活性氧的能力，保证了叶绿体正常工作。

（四）糖代谢

干旱胁迫下枸杞果实中果糖参与植物细胞内渗透调节能力明显高于蔗糖，这是由于果糖作为植物体内能量物质的载体，对抵御干旱胁迫伤害和维持正常的生理代谢具有缓冲作用。赵建华等研究了干旱胁迫下的糖分积累变化发现，果实发育的青果期和转色期，宁夏枸杞果实中果糖和蔗糖含量逐渐升高，至成熟期升至最高；而在成熟期，蔗糖含量在胁迫发生后显著下降，而果糖含量在轻度胁迫发生后仍显著升高，成熟期枸杞果实中淀粉的积累随干旱的加重不断增多。宁夏枸杞果实在发育过程中果糖含量与转化酶和 SPS 相关性显著，在青果期干旱胁迫加重明显增加转化酶的活性，但 SPS 和 SS 活性均降低，使果实中果糖和蔗糖含量维持较低水平；随着果实生长发育，正常供水情况下枸杞果实中 NI 和 SPS 活性不断升高，但在干旱胁迫发生后，特别是在重度干旱胁迫下，酶活性显著下降，果糖和蔗糖含量也随之降低。说明重度干旱胁迫严重影响枸杞果实中糖分积累，进而显著降低果实品质。因此，保持适度干旱胁迫（含水量为田间持水量55%以上），能提高其水分利用率，促进果实中糖分积累，有效改善果实品质（赵建华 等，2012）。干旱条件下宁夏枸杞叶片蔗糖代谢规律结果显示，干旱胁迫降低了枸杞青果期叶片蔗糖和淀粉含量，轻度干旱胁迫可提高枸杞转色期叶片果糖和蔗糖含量，而成熟期叶片淀粉含量则随着干旱加重而升高，降低了青果期枸杞叶片中性转化酶（NI）、蔗糖磷酸合成酶（SPS）和蔗糖合成酶（SS）的活性，降低了转色期和成熟期叶片酸性转化酶（AI）和SS的活性，但提高了转色期和成熟期叶片NI的活性。研究认为，轻度干旱胁迫能促进宁夏枸杞成熟期叶片蔗糖积累和水分利用率，有利于更多光合同化物输送到果实中（赵建华 等，2013）。李苗等研究了在营养生长和盛花期、盛果期、秋果期枸杞有效成分的变化发现，盛果期轻度水分胁迫后，在秋果期随着胁迫程度的加剧，枸杞多糖、总黄酮、甜菜碱、β-胡萝卜素和脂肪含量均有所增加，维生素C和蛋白质含量降低；中度水分胁迫后，枸杞多糖、总黄酮、甜菜碱、β-胡萝卜素、维生素C和蛋白质含量增加，脂肪含量降低；重度水分胁迫后，枸杞多糖、甜菜碱、β-胡萝卜素、维生素C和蛋白质含量随之增加，总黄酮和脂肪含量则有所降低。综合分析认为，在盛果期和秋果期进行中度或轻度亏缺，可兼顾灌溉的效率以及生产效益（李苗 等，2022）。

（五）分子机制

干旱条件下，植物体内可积累大量的甜菜碱，陆平克隆了枸杞中ABA合成途径关键酶基因*NCED*，*NCED*在枸杞叶片中表达量最高，干旱胁迫能够强烈诱导*LbNCED*基因的表达，且ABA含量的变化与*LbNCED*的表达量平行（陆平，2012）。李倩等从枸杞中克隆了一个类似于*SABP2*的基因*LcSABP*，*LcSABP*通过提高内源性SA（水杨酸）含量，促进ROS清除，在干旱胁迫响应中发挥积极的调节作用，并且调节应激相关转录因子基因的表达。在干旱胁迫下，*LcSABP*的过表达也增加了活性氧（ROS）和胁迫响应基因的表达（Li Q et al.，2019）。

【参考文献】

李浩霞，杜建民，郭永忠，等，2016. 干旱胁迫及复水对宁夏枸杞幼苗生长和叶绿素含量的影响[J]. 宁夏农林科技，57 (8): 5-8.
李捷，崔永涛，柏延文，等，2019. 两种枸杞对干旱胁迫的生理响应及抗旱性评价[J]. 甘肃农业大学学报，54(5): 79-87.

李苗, 马玲, 捍志明, 等, 2022. 不同生育期水分胁迫对枸杞耗水特性及果实品质的影响 [J]. 北方园艺, (7): 106-113.

梁晓婕, 王亚军, 李越鲲, 等, 2019. 宁夏枸杞果实形态特征与气象因子的相关性[J]. 北方园艺, 17: 118-125.

陆平, 2012. 枸杞中三个抗逆基因 *BADH*、*CMO* 和 *NCED* 功能的初步研究[D]. 广东: 华南理工大学.

马彩霞, 2021. 宁夏枸杞响应盐胁迫的代谢组学研究 [D]. 银川: 宁夏大学.

马晓蓉, 杨淑娟, 姚宁, 等, 2021. NaCl 胁迫对宁夏枸杞叶和幼根显微及超微结构的影响 [J]. 西北植物学报, 41(12): 2087-95.

齐延巧, 廖康, 孙静芳, 等, 2017. NaCl 和 Na_2CO_3 胁迫对枸杞幼苗生长和光合特性的影响 [J]. 经济林研究, 35(3): 70-84.

石元豹, 曹兵, 2015. CO_2 浓度倍增对宁夏枸杞叶绿素荧光参数的影响[J]. 经济林研究, 33(3): 108-111.

魏玉清, 许兴, 王璞, 2005. 土壤盐胁迫下宁夏枸杞的生理反应[J]. 中国农学通报, (9): 213-217.

吴电云, 2015. 枸杞 *LcMKK* 及 *LchERF* 基因的分离及抗逆功能分析[D]. 天津: 天津大学.

许盼盼, 2018. 枸杞抗盐种质资源筛选与抗盐基因的克隆鉴定[D]. 杨凌: 西北农林科技大学.

杨涓, 许兴, 魏玉清, 等, 2004. 盐胁迫对枸杞果实糖代谢及相关酶的影响[J]. 宁夏农学院学报, 25(3): 28-31.

张波, 秦垦, 戴国礼, 2014. 不同产区宁夏枸杞果实的主成分分析与综合评价[J]. 西北农业学报, 23(8): 155-159.

赵建华, 李浩霞, 安巍, 等, 2013. 干旱胁迫对宁夏枸杞叶片蔗糖代谢及光合特性的影响 [J]. 西北植物学报, 33(5) : 970-975.

赵建华, 李浩霞, 周旋, 等, 2012. 干旱胁迫对宁夏枸杞生长及果实糖分积累的影响[J]. 植物生理学报, 48(11): 1063-1068.

赵建华, 2016. 枸杞果实发育期糖分及其糖代谢相关基因表达分析[D]. 北京: 北京林业大学.

周宜洁, 李新, 马三梅, 等, 2022. 贮藏温度对鲜枸杞类胡萝卜素和氨基酸的影响及调控机制[J]. 科学通报, 67(4-5): 385-395.

Li Qian, Wang Gang, Guan Chunfeng, et al., 2019. Overexpression of *LcSABP*, an orthologous gene for salicylic acid binding protein 2, Enhances Drought Stress Tolerance in Transgenic Tobacco[J]. Frontiers in Plant Science, 10: 200.

Lin Shuang, Zeng Shaohua, A Biao, et al., 2021. Integrative analysis of transcriptome and metabolome reveals salt stress orchestrating the accumulation of specialized metabolites in *Lycium barbarum* L. fruit[J]. International Journal of Molecular Sciences, 22: 4414.

宁夏枸杞组学研究

第一节　宁夏枸杞基因组学

　　基因组（genome）是指生物体所有遗传物质的总和。这些遗传物质包括DNA和RNA（病毒RNA）。基因组包括编码DNA和非编码DNA、线粒体DNA和叶绿体DNA。研究基因组的科学称为基因组学（genomics），基因组学是对生物体所有基因进行集体表征、定量研究及不同基因组比较研究的一门交叉生物学学科。基因组学主要研究基因组的结构、功能、进化、定位和编辑等，以及它们对生物体的影响，通过使用高通量DNA测序和生物信息学来组装和分析整个基因组的功能和结构。基因组学也研究基因组内的一些现象如上位性（一个基因对另一个基因的影响）、多效性（一个基因影响多个性状）、杂种优势（杂交活力）以及基因组内基因座和等位基因之间的相互作用等。

　　全基因组测序是一次性测定一个生物体基因组全部DNA序列的过程。由于不同植物基因组大小差别很大，以及体细胞内多倍化现象的存在，增加了植物基因组测序工作的难度。自2004年以来，以Illumina边合成边测序为代表的高通量测序技术逐渐发展成熟，测序通量大幅提升、成本急剧下降，其大规模商业化应用促成数以千计的生物体完成了全基因组测序。近年来，以Pacific Biosciences单分子实时测序和Nanopore纳米孔测序为代表的测序技术得到了快速发展，为基因组从头组装以及结构变异检测、泛基因组学研究等提供了极大便利。随着测序技术、组装算法的不断发展，组装质量也不断提升，越来越多的生物体基因组测序实现了染色体水平组装。基于Nanopore超长序列（N50>100kb）结合PacBio HiFi和二代数据进行混合组装，得到高质量的端粒到端粒的完整基因组（telomere-to-telomere genome，T2T），人类首个完整的T2T-CHM13基因组组装完成，标志着基因组组装应用进入4.0时代。

一、枸杞基因组

"枸杞基因组计划"于2011年启动，由国家枸杞工程技术研究中心牵头，联合福建农林大学、比利时根特大学等12家国内外高校及科研机构，开展了单倍体枸杞测序工作。历经10年时间，从评估、三代测序、组装到数据深度分析，于2021年完成枸杞全基因组测序，组装获得了染色体级别的高质量枸杞参考基因组。细胞遗传学分析表明，宁夏枸杞有24条染色体（$2n=2x=24$）。*L. barbarum* 基因组大小为1.8Gb，杂合度约为1%。Cao等通过枸杞离体花粉培养方法获得了单倍体（12条染色体），利用PacBio Sequel测序技术对单倍体进行了基因组测序，连续N50值为10.75Mb，基因组组装量为1.67Gb，基因组完整性为97.75%，注释基因33 581个，其中包含枸杞特有基因760个（Cao et al.，2021）。单倍体枸杞基因组测序的完成，对解析枸杞基因组的起源和进化提供了有力的资料，为基因发掘和作物育种提供了重要的参考，同时系统解析了枸杞属植物的进化和生物地理演化规律。

（一）基于全基因组的枸杞性状相关QTLs研究

随着对枸杞基因组图谱和全基因组序列的不断获得，对一些重要农艺性状相关基因的挖掘和鉴定在不断进行。枸杞基因组测序工作的完成，使得枸杞自交不亲和的分子机制得以阐明，并识别到关键基因 *S-RNase*。同时提出了枸杞细胞壁多糖生物合成模型，挖掘到花青素生物合成调控的2个关键转录因子AN2-like和An1b，明确了白果枸杞突变花青素生物合成受阻、果实颜色变白的原因，解析了黑果枸杞花青素生物合成的调控机制。在解析枸杞基因组的基础上，首次挖掘出枸杞黄酮代谢调控的关键基因簇，构建了枸杞DNA指纹图谱及品种精准鉴定标准，绘制了枸杞遗传图谱。在此基础上，开展了枸杞果形、叶形、糖含量相关的数量性状基因座（quantitative trait locus，QTL）研究。另外，建成枸杞属1 032种代谢物数据库，开发了可作为产区识别的标志性代谢物13种。

Zhao以宁杞1号与枸杞杂交的二倍体F_1群体为材料，采用特异长度扩增片段测序（SLAF-seq）技术构建了首个基于序列的枸杞连锁图谱，该图谱包含6 733个SNP和12个连锁群（linkage group，LG），总图谱距离为1 702.45cM，平均图谱距离为0.253cM。共检测到55个枸杞果实和叶片性状相关的QTLs，其中有18个果实指数稳定的QTLs在LG 11上，分布区间为73.492 ～ 90.945cM。LG 11上的QTLs聚集紧密，每个QTL的平均间隔小于1cM，推测可能存在控制果实指数的聚类区域。叶片指数的 *qLI10-2* 和 *qLI11-2* 在 3 年内均可检测到（Zhao et al.，2019）。在 QTL 区域内含有有利等位基因的 SNP 可以为苗期标记辅助育种提供有价值的选择标记，这为枸杞分子遗传学和分子标记辅助选择（marker assisted selection，MAS）育种研究提供了新的途径。

同时，以宁杞 1 号和云南枸杞为亲本的 200 个 F_1 代杂交个体进行了重测序和遗传分析，共开发了 8 507 个 SNP，构建了高密度遗传图谱 NY，总遗传距离为 2 122.24cM。将 NY 图谱与之前构建的含有 15 240 个 SNPs 的遗传图谱 NC 整合，得到总遗传距离为 3 058.19cM，平均图谱距离为 0.21cM 的遗传图谱。该遗传图谱对枸杞基因组的 12 条染色体进行了锚定，锚定率为 64.3%。鉴定出 25 个与果实重量、果实纵径、叶片长度等相关的稳定数量性状位点（QTLs）。这些 QTLs 被定位到 4 个不同的连锁群，LOD 评分在 2.51 ～ 19.37 之间，表型方差解释量在 6.2% ～ 51.9% 之间。通过转录组测序，在 188 个与果实性状相关的 QTLs 预测基因中，筛选到 82 个差异表达基因，为进一步开展基因克隆和 MAS 提供了有价值的基因资源（Zhao et al.，2021）。

（二）基于全基因组的枸杞类胡萝卜素合成调控因子挖掘

1.R2R3-MYB 类转录因子家族的全基因组鉴定　R2R3-MYB 类转录因子是一个基因大家族，参与调控多种植物功能，包括类胡萝卜素的生物合成。枸杞基因组序列的公布为研究枸杞和其他茄科植物 R2R3-MYB 类基因家族的进化特征提供了全基因组序列。Yin 等从枸杞、番茄、马铃薯、辣椒和茄子等 5 种茄科植物中共鉴定出 610 个 R2R3-MYB 家族基因，其中枸杞中有 137 个。根据系统发育分析、保守基因结构及基序组成，将枸杞 R2R3-MYB 家族基因分为 31 个亚群。对 137 个枸杞 R2R3-MYB 基因的外显子-内含子结构分析，发现除了 A25 亚群中的 1 个基因和 A26 亚群中的 3 个基因外，内含子破坏了大部分编码序列。枸杞 R2R3-MYB 基因家族的外显子数为 1 ～ 12 个，平均为 3.0 个。其中，85 个 R2R3-MYB 基因具有 3 个外显子，占 62%，而 14% 的具有 3 个以上外显子。大多数 R2R3-MYB 基因聚集在具有相似外显子-内含子结构的相关群体中。在枸杞 R2R3-MYB 蛋白中鉴定出 20 个保守基序。大多数 R2R3-MYB 的 DNA 结合域包含基序 1、2、3、4、5 和 8。同一亚群中的 R2R3-MYB 成员通常具有相似的基序组成，但不同亚群之间差异很大。此外，还检测到一些亚群特异性基序，这些基序可能是亚群特异性功能所必需的。例如，基序 17 和 18 只存在于 A13 亚群中，而基序 10 只存在于 A31 亚群中。这表明枸杞 R2R3-MYB 的转录因子存在分化。多基因家族起源于基因复制，是植物基因组进化的重要特征。基因复制模式有全基因组重复（WGD）、串联重复（TD）、近端重复

（PD）、反位重复（TRD）和分散重复（DSD）5种。5种茄科植物共有842对重复基因，最多的是DSD（358）、WGD（213）和TRD（159），表明R2R3-MYB基因家族的扩增主要与DSD、WGD和TRD事件有关。相比之下，仅有49对PD和72对TD。枸杞（63）、番茄（54）、茄子（51）的WGD数量比马铃薯（21）和辣椒（24）要多，这一差异表明WGD事件在枸杞、番茄和茄子R2R3-MYB家族扩展中的重要性。

137个R2R3-MYB基因随机分布在枸杞的12条染色体上，其中1号染色体的基因数最多（21个），10号染色体只有4个，染色体长度与R2R3-MYB基因数目无显著相关性。枸杞与番茄、辣椒、马铃薯、茄子和拟南芥分别有80、26、77、87和17对同源基因。一些共线基因对仅在枸杞和特定物种之间发现。例如，共线基因对Lb08g01691-Solyc10g083900.2.1和Lb11g00940-Capana07g001606仅存在于枸杞与番茄、枸杞与辣椒之间。有79个LbR2R3-MYB基因与茄科特异性共线基因对相关，但枸杞和拟南芥中不存在，这些物种特异性共线基因对的形成，可能与茄科物种的进化机制有关。利用45个枸杞R2R3-MYB的DEGs和15个类胡萝卜素生物合成基因（CBGs）的表达量，构建了枸杞类胡萝卜素生物合成基因共表达网络。发现枸杞R2R3-MYB家族的一些TFs表达量与类胡萝卜素代谢途径的结构基因*PSY1*、*BCH1*、*ZDS*、*PDS*和*ZISO*的表达量呈高度正相关，而另外几个R2R3-MYB的TFs与*PSY1*、*BCH1*、*ZDS*、*PDS*和*ZISO*呈高度负相关。这些TFs可能调节了5个重要的类胡萝卜素积累相关基因的表达，qRT-PCR进一步验证了*Lb11g0183*和*Lb02g01219*是调控枸杞类胡萝卜素生物合成的重要候选基因（Yin et al.，2022）。

2.B-Box蛋白家族的全基因组鉴定　B-Box蛋白（BBXs）是一类具有1～2个B-Box结构域的锌指转录因子家族，在植物生长发育和逆境响应中起重要作用。Yin等以拟南芥的32个BBX蛋白序列为参考，利用HMM和B-box结构域HMM谱进行搜索，共鉴定了28个枸杞BBX基因。根据这些基因在*L. barbarum*染色体上的位置，将其命名为*LbaBBX1*～*LbaBBX28*。BBX基因的编码序列（coding sequence，CDS）在330～1 374bp之间。编码的蛋白质长度为109～457个氨基酸残基。鉴定出枸杞BBX蛋白的B-Box结构域B-Box1和B-Box2、CCT结构域和VP motif的保守序列。*LbaBBX*成员的保守结构为B-Box1序列（C-X2-C-X8-C-X2-D-X4-C-X2-C-D-X3-H-X8-X-R-X，X表示任意氨基酸）和B-Box2序列（C-X2-X8-C-C-X3-X9-H-X-R-X4）。并将其划分为5个支系，这些BBX家族基因具有相似的蛋白基序和基因结构。启动子顺式调控元件预测表明，枸杞BBXs可能对光、植物激素和胁迫条件高度敏感。另外发现，枸杞BBX基因与番茄、茄子、辣椒和拟南芥分别有23、20、8和5个同源基因。

系统发育树将枸杞 *LbaBBX* 基因家族分为 5 个亚群，除了 *LbaBBX23* 只含两个 B-Box 结构域外，Ⅰ和Ⅱ亚群成员同时含有 B-Box 和 CCT 结构域。Ⅲ亚群成员有 1 个 B-Box 域和 1 个 CCT 域。亚群Ⅳ和Ⅴ成员没有 CCT 结构域，分别只有 2 个或 1 个 B-Box 结构域。枸杞 BBX 基因家族的外显子-内含子结构和保守基序分析显示，外显子的数量在 1～5 个之间，平均为 2.9 个。此外，枸杞 BBX 基因在Ⅰ、Ⅱ、Ⅲ和Ⅳ支中表现出高度相似的基因结构，而在Ⅴ中表现出高度可变的结构。在进化支Ⅰ、Ⅱ、Ⅲ和Ⅳ中，大多数 *LbaBBX* 基因分别拥有 2 个、4 个（*LbaBBX23* 除外）、2 个和 4 个（*LbaBBX16* 除外）基因。这些结果表明，外显子的丢失或获得发生在基因家族的进化过程中，并导致密切相关的 *LbaBBX* 之间的功能分化。28 个枸杞 *LbaBBXs* 均匀分布在枸杞 12 条染色体中的 11 条染色体上，每条染色体上 *LbaBBXs* 的数量与染色体大小无关。*LbaBBXs* 基因的名称对应于它在 *L. barbarum* 的 1 号染色体至 12 号染色体上从上到下的物理位置。4 号染色体上 *LbaBBXs* 最多（6 个，占 21.4%），其次是 5 号染色体上（5 个，占 17.9%）和 11 号染色体（5 个，占 17.9%）。1、2、3、12 号染色体上各有 1 个 *LbaBBX* 基因，6、9、10 号染色体上有 2 个 *LbaBBX*，8 号染色体上未发现 *LbaBBX* 基因。枸杞 BBXs 基因家族在 DSD、WGD、TRD、PD 和 TD 的复制分别为 23、12、4、1 和 1 个。DSD 和 WGD 解释了 *LbBBX* 基因家族中大部分的基因复制事件。

用 RNA-seq 评估了 *LbaBBXs* 在枸杞叶、茎、花和果实中的表达谱，表现出组织特异性表达，表达类型可分为三类，第一类中，*LbaBBX16*、*LbaBBX25*、*LbaBBX1*、*LbaBBX19*、*LbaBBX20* 和 *LbaBBX21* 6 个基因在 4 个器官中表达水平较高，表明 *LbaBBXs* 基因在茎、叶、花、果实等组织器官的形成中发挥了重要作用，只有 *LbaBBX15* 和 *LbaBBX25* 在叶片中表达水平相对较低。第二类包括 7 个 *BBX*，其表达模式不是完全相似，*LbaBBX9* 在叶片中转录本丰度最高，*LbaBBX26* 在茎中表达量最高。第三类，除了 *LbaBBX4* 在果实中高表达外，其余 14 个基因在各组织中都具有相似的低表达水平。此外，基因表达量高的基因有 *LbaBBX1*、*LbaBBX4*、*LbaBBX16* 和 *LbaBBX25*。qRT-PCR 进一步验证，*LbaBBX2* 和 *LbaBBX4* 可能在类胡萝卜素的生物合成调控中起关键调控作用（Yin et al.，2022）。

（三）水通道蛋白基因家族的全基因组鉴定

在植物生命周期中，水分转运及其相关分子组分会对极端环境作出响应。水通道蛋白（aquaporin，AQP）介导的植物-水关系在植物的关键生长过程和对环境挑战的响应中起着至关重要的作用。植物基因组测序的完成，使得

AQP基因家族已在包括藻类、苔藓、石松、单子叶植物和双子叶植物约50个不同物种中得到全面鉴定。枸杞在我国西北干旱半干旱、高海拔地区大面积种植，恶劣的自然生长环境为枸杞植物的逆境生物学研究提供了理想的材料。

He等从全基因组水平，对枸杞AQP家族基因进行了系统生物信息学和表达分析。发现枸杞共有38个*AQPs*（*LbaAQPs*），可分为4个亚家族，包括*LbaPIP*亚家族17个，*LbaTIP*亚家族9个，*LbaNIP*亚家族10个，*LbaXIP*亚家族2个。除第10号染色体外，编码LbaAQPs的基因在12条染色体上的分布不均匀，除第2号染色体外，在第1、3、4、5、6、7、8、9、10、11、12号染色体上分别有7、6、2、2、4、3、4、3、1、1和5个*LbaAQPs*基因。LbaAQPs全长蛋白序列共鉴定出10个基序。每个LbaAQP中保守基序的数量在3～8个之间，均含有motif 2、motif 3和motif 4。38个LbaAQPs中，有34个成员有一个保守的MIP结构域。38个LbaAQPs的外显子-内含子结构分析发现，LbaAQPs不同亚家族的内含子数量和长度存在显著差异，内含子数量在1～5个之间。对38个LbaAQPs蛋白的DNA结合域进行多序列比对，发现LbaAQPs的氨基酸序列比较保守。除了LbaPIP2;7、LbaPIP2;12、LbaPIP1;5和LbaPIP1;3含有单个NPA基序外，大多数LbaAQPs含有2个NPA基序。利用PlantCARE数据库预测了38个LbaAQPs相应基因上游1kb启动子区域存在顺式作用元件，发现除了核心启动子元件如TATA-box和CAAT-box外，还鉴定出一些与激素、抗逆性和组织器官发育相关的独特顺式作用元件。

果实发育和成熟是一个复杂的过程，经历了剧烈的生理变化，包括水分状况的变化。qRT-PCR分析表明，LbaAQPs家族基因的表达具有组织特异性，大部分*LbaAQP*在根、茎和叶中转录水平最高，而在花和果实中转录水平相对较低。有24个基因在枸杞果实成熟过程中下调，3个基因上调。上调基因均属于LbaNIP亚家族，而下调基因分布在4个亚家族中。另外，有10个*LbaAQPs*在果实成熟过程中表现出先升高后降低的表达规律，与果实相对含水量呈负相关。将2个月大的枸杞幼苗暴露于42℃，通过转录组测序分析0、1、3、12、24h后的*LbaAQPs*表达情况，大多数转录本对热应激表现出快速而急剧的上调反应。大多数*LbaAQPs*显著上调表达，仅有*LbaNIP5;1*、*LbaXIP1;2*和*LbaPIP1;6*下调表达。大多数转录本丰度呈先升高后降低的表达模式，*LbNIP4;2*和*LbTIP1;1*维持在恒定水平，*LbaNIP3;1*、*LbaTIP5;1*和*LbaXIP1;6*持续升高，近一半的*LbaAQPs*转录本上调了5倍以上。*L. barbarum*基因组中鉴定的38个*LbaAQPs*基因的表达，具有组织特异性、发育特异性和应激特异性。转录反应的快速性和可恢复性突出了LbaAQPs蛋白家族在调节枸杞果实成熟和热胁迫反应中的潜在作用（He et al.，2022）。

二、枸杞叶绿体基因组

叶绿体（chloroplast，cp）是绿色植物完成光合作用的主要场所，绿色植物通过利用叶绿素将光能转化为化学能，将无机物转化为有机物。此外，叶绿体属于半自主性细胞器，具有自身的基因组，即叶绿体基因组（chloroplast genome），是植物细胞相对独立的遗传系统，能够在核遗传系统提供遗传信息的条件下进行半自主复制。研究发现叶绿体基因组是一个裸露的环状双链DNA分子，其一般长120～210kb。并且大多数植物的叶绿体基因组都具有一个典型的结构特征，即两个反向重复区（inverted repeat regions，IRA和IRB），以及两个重复区之间的一个长单拷贝区（large single-copy region，LSC）和一个短单拷贝区（small single-copy region，SSC）。同时，由于叶绿体基因组具有非重组、单倍体和单亲（即母系）遗传的性质，在基因组序列和结构上高度保守，近年来被广泛应用于物种鉴定及系统发育等研究中，可为在分子遗传学角度解决植物鉴定问题及系统进化关系提供重要的支持。

（一）枸杞叶绿体基因组测序

1.叶绿体基因组DNA结构　郑蕊等采用Illumina Hiseq高通量测序技术对宁杞1号、宁杞2号、宁杞3号、宁杞4号、宁杞5号、宁杞6号、宁杞7号、宁杞8号、宁农杞9号、杞鑫1号、大麻叶、2-2、063-19、002、013、006、005、紫果等19个枸杞种质进行叶绿体基因组测序，对测序数据进行组装、注释以及特征分析，并通过MEGAx软件构建系统发育树。19个枸杞材料中，大部分叶绿体基因组全长均为155 656bp，为典型的四分结构（图5-1）。包括一对IR、一个LSC和一个SSC，大小分别为25 456bp、86 554bp和18 189bp。它们分别对应的G＋C含量为43.15％、35.86％、32.35％。而013优系和002的叶绿体基因组全长为155 429bp，其中IR、LSC和SSC的长度分别为25 448bp、86 318bp和18 215bp，对应的G＋C含量分别为43.15％、35.88％、32.31％，与宁杞1号等枸杞存在一定的差异性。

此外，紫果枸杞叶绿体基因组全长为154 911bp，其中IR、LSC、SSC的长度分别为25 393bp、85 917bp、18 208bp，其G＋C含量分别为43.19％、35.98％、32.32％。与宁杞1号以及013优系枸杞等都存在着差异。006枸杞叶绿体基因组的全长以及LSC、SSC的长度与宁杞1号等枸杞均不相同，006枸杞叶绿体基因组的全长为155 645bp，LSC和SSC的长度分别为86 554bp、

18 178bp，其IR的长度及G＋C含量却与宁杞1号等枸杞具有相同特征。对19个枸杞种质的总G＋C含量结果分析发现，只有紫果枸杞的总G＋C含量为

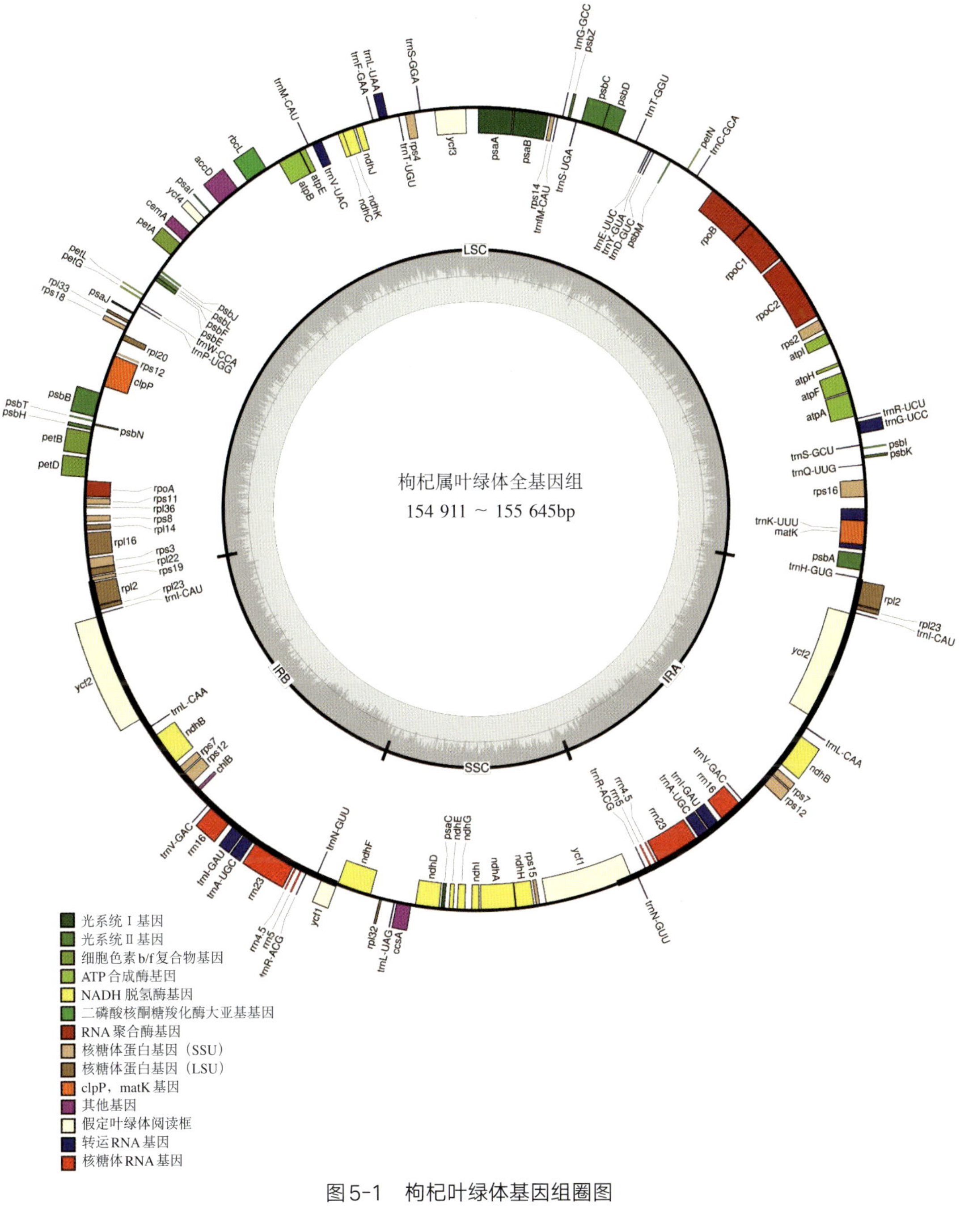

图5-1 枸杞叶绿体基因组圈图

37.9%，其余18个枸杞的总G＋C含量均为37.8%（表5-1）。

表5-1　枸杞叶绿体基因组基本特征

	宁杞1号	大麻叶	013优系	紫果	006
总长度（bp）	155 656	155 656	155 429	154 911	155 645
LSC（bp）	86 554	86 554	86 318	85 917	86 554
SSC（bp）	18 189	18 189	18 215	18 208	18 178
IR（bp）	25 456	25 456	25 448	25 393	25 456
G＋C（%）	37.8	37.8	37.8	37.9	37.8

2.叶绿体基因组注释　所有枸杞材料叶绿体含蛋白编码基因86个、8个 $rRNA$、37个 $tRNA$。$rps16$、$atpF$、$rpoC1$、$petB$、$petD$、$rpl16$、$rpl2$、$ndhB$、$ndhA$ 基因各含有一个内含子，$clpP$、$ycf3$ 基因含有两个内含子，$rps12$ 基因存在反式剪接情况（表5-2）。

表5-2　叶绿体基因组基因内容

功　能	基因组基因名称
ATP 合成酶	$atpA$, $atpB$, $atpE$, $atpF*$, $atpH$, $atpI$
细胞色素 b/f 复合物	$petA$, $petB$, $petD$, $petG$, $petL$, $petN$
NADH 脱氢酶	$ndhA*$, $ndhB*$, $ndhC$, $ndhD$, $ndhE$, $ndhF$, $ndhG$, $ndhH$, $ndhI$, $ndhJ$, $ndhK$
光系统 I	$psaA$, $psaB$, $psaC$, $psaI$, $psaJ$
光系统 II	$psbA$, $psbB$, $psbC$, $psbD$, $psbE$, $psbF$, $psbH$, $psbI$, $psbJ$, $psbK$, $psbL$, $psbM$, $psbN$, $psbT$, $psbZ$
功能未知的蛋白质	$ycf11$, $ycf2$, $ycf3**$, $ycf4$
核糖体蛋白（SSU）	$rps2$, $rps3$, $rps4$, $rps7$, $rps8$, $rps11$, $rps12^{\#}$, $rps14$, $rps15$, $rps16$, $rps18$, $rps19$
核糖体蛋白（LSU）	$rpl2*$, $rpl14$, $rpl16$, $rpl20$, $rpl22$, $rpl23$, $rpl32$, $rpl33$, $rpl36$
核糖体RNA	$rrn4.51$, $rrn51$, $rrn161$, $rrn231$
RNA 聚合酶	$rpoA$, $rpoB$, $rpoC1*$, $rpoC2$
其他基因	$accD$, $ccsA$, $cemA$, $clpP**$, $matK$, $rbcL$, $infA$
转运RNAs基因	$tRNA-Lys*$, $tRNA-Gln$, $tRNA-Ser$, $tRNA-Gly*$, $tRNA-Arg$, $tRNA-Cys$, $tRNA-Asp$, $tRNA-Tyr$, $tRNA-Glu$, $tRNA-Thr$, $tRNA-Ser$, $tRNA-Gly$, $tRNA-Met$, $tRNA-Ser$, $tRNA-Thr$, $tRNA-Leu$,

（续）

功　能	基因组基因名称
转运RNAs基因	*tRNA-Phe*，*tRNA-Val*，*tRNA-Met*，*tRNA-Trp*，*tRNA-Pro*，*tRNA-Ile*，*tRNA-Leu**，*tRNA-Val**，*tRNA-His*，*tRNA-Ile**[1]，*tRNA-Ala**[1]，*tRNA-Arg*[1]，*tRNA-Asn*[1]，*tRNA-Leu*，*tRNA-Asn*，*tRNA-Arg*，*tRNA-Ala*，*tRNA-Ile*，*tRNA-His*

注：*表示含有一个内含子的基因，**表示含有两个内含子的基因，#表示反式剪接基因，1表示处于IR区存的基因。

（二）大麻叶枸杞叶绿体基因组

麻叶系是宁夏枸杞家系中的部分自交亲和突变体（焦恩宁 等，2010）。大麻叶枸杞生长快，树冠开张，通风透光好。对土壤的适应性强，可在沙壤、轻壤或黏土上种植。

1.大麻叶叶绿体基因组结构　测序拼接得到的大麻叶cp基因组DNA全长155 656bp，总 G + C 含量为37.8%。结构为典型的环状双链四分体结构，包括1个LSC、1对IR和1个SSC，其大小分别为86 554bp，25 456bp，18 189bp。注释结果表明大麻叶枸杞cpDNA含 86 个蛋白编码基因、8 个*rRNA*基因和37个*tRNA*基因。按照基因功能可将它们分为参与光合作用、遗传信息表达以及其他类别的基因。cpDNA内含子分析发现，大麻叶*trnK-UUU*、*rps16*、*atpF*、*rpoC1*、*trnL-UAA*、*trnV-UAC*、*petB*、*trnA-UGC*和*ndhA*基因各有 1 个内含子，*clpP*和*ycf3*基因有 2 个内含子，*rps12*基因有反式剪接情况（表5-3）。

表5-3　大麻叶枸杞 cpDNA 内含子的位置和长度

基　因	起　点	终　点	外显子 I 长度（bp）	内含子 I 长度（bp）	外显子 II 长度（bp）	内含子 II 长度（bp）	外显子 III 长度（bp）
trnK-UUU	1 781	4 362	37	2 509	36		
rps16	5 058	6 146	40	822	227		
trnS-CGA	8 974	9 737	31	673	60		
atpF	11 679	12 946	145	713	410		
rpoC1	21 091	23 873	432	737	1 614		
ycf3	43 821	45 829	124	743	232	759	151
trnL-UAA	48 769	49 350	35	497	50		
trnV-UAC	53 242	53 880	36	547	56		
clpP	72 388	74 421	71	803	294	640	226
petB	77 358	78 748	6	743	642		
rpl16	83 565	85 010	9	1 041	396		

（续）

基　因	起　点	终　点	外显子 I 长度（bp）	内含子 I 长 度（bp）	外显子 II 长 度（bp）	内含子 II 长 度（bp）	外显子 III 长度（bp）
trnE-UUC	104 544	105 331	32	716	40		
trnA-UGC	105 396	106 149	37	681	36		
ndhA	121 319	123 566	553	1 156	539		
trnA-UGC	136 062	136 815	37	681	36		
trnE-UUC	136 880	137 667	32	716	40		

2.大麻叶 cpDNA SSR 位点　SSR 分析表明，大麻叶 cpDNA 共有 58 个 SSRs 位点。其中包括 35 个单核苷酸重复基序，10 个二核苷酸重复基序，2 个三核苷酸重复基序，11 个四核苷酸重复基序，未发现五核苷酸和六核苷酸重复基序。SSR 的类型以 A/T 为主，共有 35 个；其次为 AT/AT，共有 10 个（表 5-4）。

表 5-4　大麻叶枸杞叶绿体基因组 SSRs 分析

重复类型	重复序列	数　量	比　例	合计（%）
单核苷酸	A/T	35	100.00	60.34
二核苷酸	AT/AT	10	100.00	17.24
三核苷酸	AAG/CTT	1	50.00	3.45
	AAG/CTT	1	50.00	
四核苷酸	AAAC/GTTT	3	27.27	18.97
	AAAG/CTTT	1	9.09	
	AAAT/ATTT	5	45.45	
	AATC/ATTG	1	9.09	
	AGAT/ATCT	1	9.09	
合计		58		100.00

3.叶绿体基因组密码子偏好性　大麻叶枸杞 cpDNA 共有 21 818 个密码子（表 5-5）参与了氨基酸的编码（含终止密码子）。其中编码亮氨酸（Leu）的密码子使用频率最高，为 2 316 次，占总密码子的 10.62%。其次是异亮氨酸（Ile）和丝氨酸（Ser），分别检测到 1 845（8.46%）和 1 657（7.59%）次，而密码子总数 < 1 000 次的氨基酸有半胱氨酸（Cys）、天冬氨酸（Asp）、组氨酸（His）、甲硫氨酸（Met）、脯氨酸（Pro）、谷氨酰胺（Gln）、色氨酸（Trp）、酪氨酸（Tyr）和终止密码子（terminater，TER），其中编码频次最低的为 TER，为 54 次，占总密码子的 0.25%。大麻叶枸杞 cpDNA 的 64 种密码子中，偏好性（RSCU）值大于 1.00 的密码子有 30 个，其中有 29 个以 A/U 碱基结尾，

仅有1个以C/G碱基结尾；偏好性最强的密码子UUA，编码Leu，其RSCU值
达到1.93（表5-5），表明大麻叶枸杞cpDNA密码子偏好以A/U（T）碱基结尾。

表5-5　大麻叶叶绿体基因组密码子使用情况

氨基酸	密码子	数量	偏好性	氨基酸	密码子	数量	偏好性
Terminater	UAA	29	1.61	Met	AUG	502	1
	UAG	11	0.61	Asn	AAU	813	1.54
	UGA	14	0.78		AAC	244	0.46
Ala	GCU	528	1.76	Pro	CCU	364	1.6
	GCC	209	0.7		CCC	168	0.74
	GCA	332	1.11		CCA	259	1.14
	GCG	128	0.43		CCG	121	0.53
Cys	UGU	173	1.44	Gln	CAA	595	1.5
	UGC	67	0.56		CAG	196	0.5
Asp	GAU	699	1.59	Arg	CGU	284	1.32
	GAC	178	0.41		CGC	86	0.4
Glu	GAA	885	1.5		CGA	320	1.49
	GAG	295	0.5		CGG	93	0.43
Phe	UUU	807	1.33		AGA	372	1.73
	UUC	410	0.67		AGG	136	0.63
Gly	GGU	492	1.29	Ser	UCU	477	1.73
	GGC	182	0.48		UCC	257	0.93
	GGA	592	1.55		UCA	332	1.2
	GGG	265	0.69		UCG	157	0.57
His	CAU	393	1.53		AGU	336	1.22
	CAC	120	0.47		AGC	98	0.35
Ile	AUU	908	1.48	Thr	ACU	432	1.57
	AUC	370	0.6		ACC	226	0.82
	AUA	567	0.92		ACA	331	1.2
Lys	AAA	854	1.52		ACG	112	0.41
	AAG	273	0.48	Val	GUU	446	1.48
Leu	UUA	744	1.93		GUC	146	0.48
	UUG	466	1.21		GUA	450	1.49
	CUU	496	1.28		GUG	163	0.54
	CUC	158	0.41	Trp	UGG	399	1
	CUA	298	0.77	Tyr	UAU	649	1.61
	CUG	154	0.4		UAC	157	0.39

4.大麻叶cpDNA的SC/IR边界分析 刘普浩等比较了大麻叶、枸杞、宁夏枸杞、非洲枸杞、黑果枸杞cpDNA四分体结构的SC/IR边界收缩扩张发现，虽然大麻叶与宁夏枸杞cpDNA长度一致，但整体而言，5种枸杞材料cpDNA的边界序列均不保守，出现了不同程度的变异（图5-2）。5种cpDNA在LSC-IRb交界表现一致，LSC-IRb交界处于*rps19*基因中，*rps19*基因在LSC区长度为229～233bp，在IRb区长度46～50bp，表明LSC-IRb处发生了明显的扩展。除非洲枸杞外，其余4种枸杞的cpDNA均有*ycf1*基因。黑果枸杞、枸杞和宁夏枸杞的IRb-SSC边界位于*ycf1*基因和*ndhF*基因之间，表明IR区域在IRb-SSC边界发生了收缩，*ycf1*基因距IRb-SSC边界仅1bp。而在大麻叶中，*ycf1*基因横跨IRb区和SSC区，1 006bp位于IRb区中，26bp位于SSC区。5种枸杞cpDNA的SSC-IRa边界均位于*ycf1*基因，*ycf1*基因在SSC区长度4 681～4 702bp不等，在IRa区长度995～1 003bp间。在大麻叶和非洲枸杞cpDNA中，IRa-LSC边界位于*rpl2*基因和*trnH*基因之间，*trnH*基因距离IRa-LSC最大为26bp，最小为13bp。黑果枸杞、枸杞和宁夏枸杞cpDNA的IRa-LSC边界位于*rps19*基因和*trnH*基因之间，与IRa区中*rps19*基因存在1bp的间隙。

（三）叶绿体基因组系统进化分析

1.19个枸杞材料系统进化分析 用MEGAx软件将19个枸杞材料cpDNA基因组与NCBI数据库中已提交序列的宁夏枸杞、枸杞、非洲枸杞和黑果枸杞做序列比对，构建进化树（图5-3），进行系统发育分析，研究它们之间的亲缘关系远近。结果显示19个枸杞材料中，宁杞1号、宁杞2号、宁杞3号、宁杞4号、宁杞5号、宁杞6号、宁杞7号、宁杞8号、宁农杞9号、杞鑫1号及006、大麻叶、2-2、063-19、005等枸杞的亲缘关系最近，且与数据库中已知序列的宁夏枸杞聚为一大支，1 000次检验水平上支持率达到100%。表明宁杞1号、宁杞2号、宁杞3号、宁杞4号、宁杞5号、宁杞6号、宁杞7号、宁杞8号、宁农杞9号、杞鑫1号及006、大麻叶、2-2、063-19、005等枸杞与宁夏枸杞的遗传关系最近。013优系枸杞与002聚为一大枝，在1 000次检验水平上支持率达到100%，说明19个所测枸杞中013优系与002的亲缘关系最近。紫果枸杞与NCBI数据库中已知序列的黑果枸杞聚为一支，且在1 000次检验水平上支持率也达到了100%，表明紫果枸杞与黑果枸杞的亲缘关系最近。

2.大麻叶枸杞cpDNA系统进化分析

将大麻叶枸杞cpDNA，在NCBI数据库进行Blastp分析，并将序列同源性高的宁夏枸杞、枸杞、非洲枸杞和黑果枸杞等13种茄科植物与大麻叶cpDNA序列构建系统进化树（图5-4）。以马铃薯（*Solanum lycopersium*）作为外类

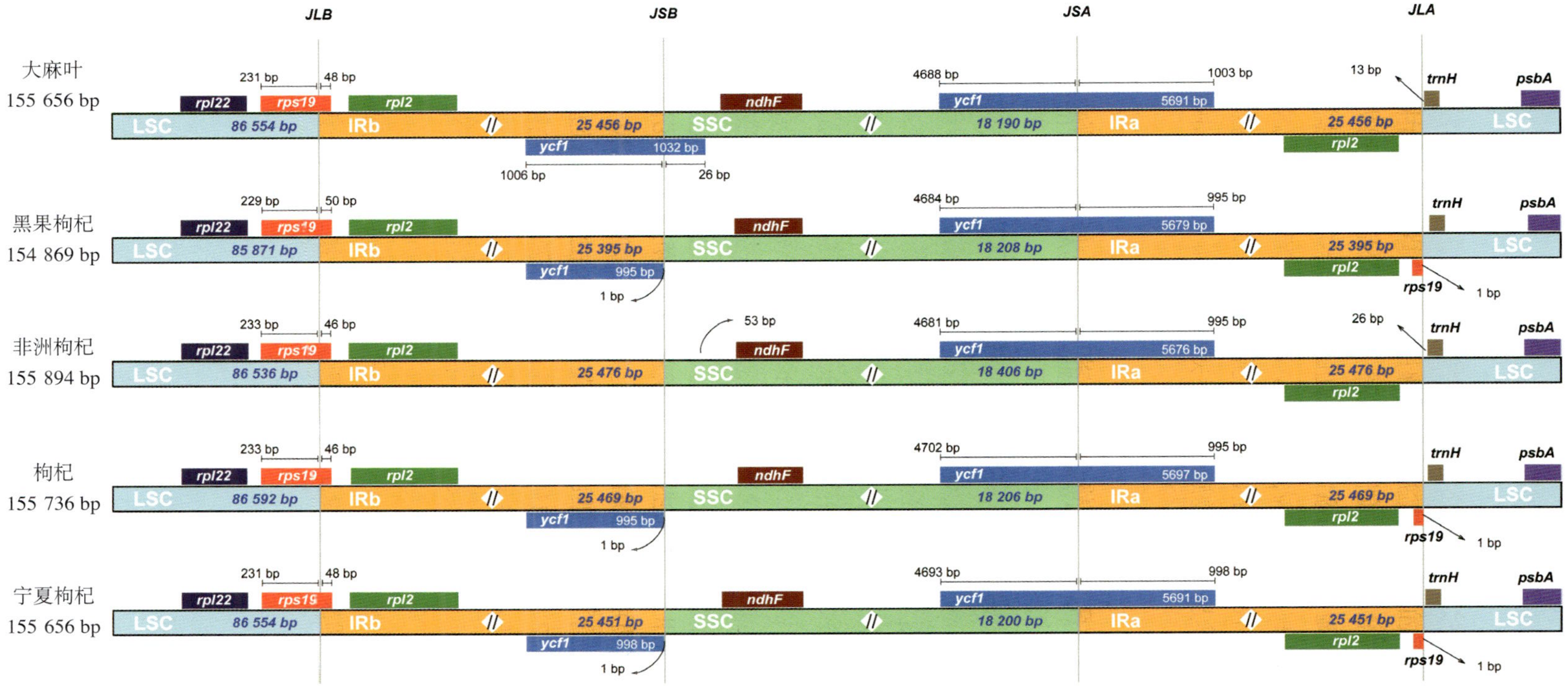

图5-2 枸杞叶绿体基因组LSC、IRs和SSC边界区域比较

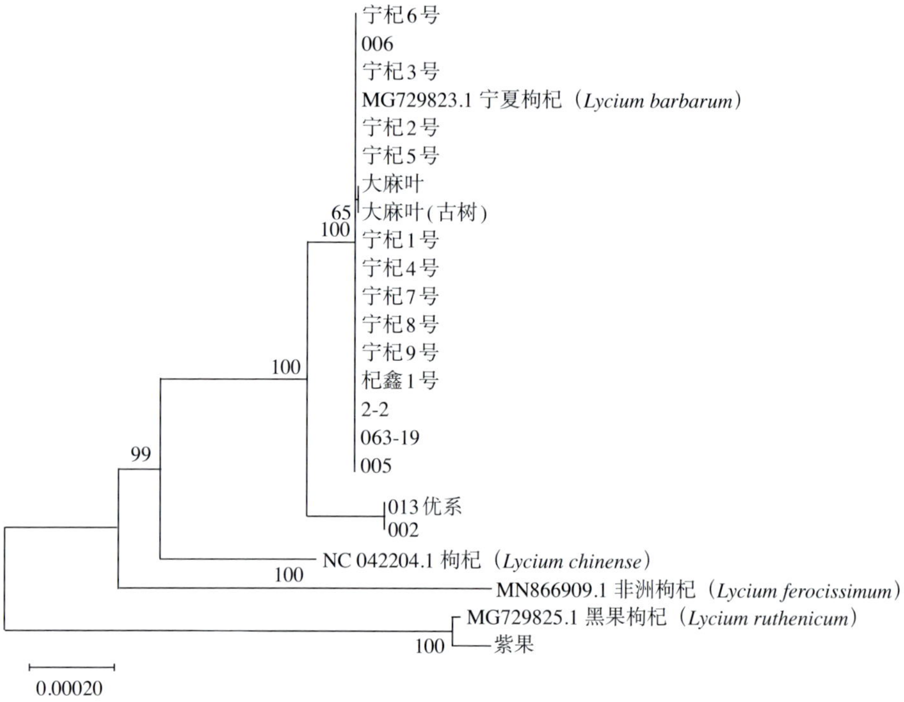

图5-3　基于叶绿体全基因组序列构建系统发育树

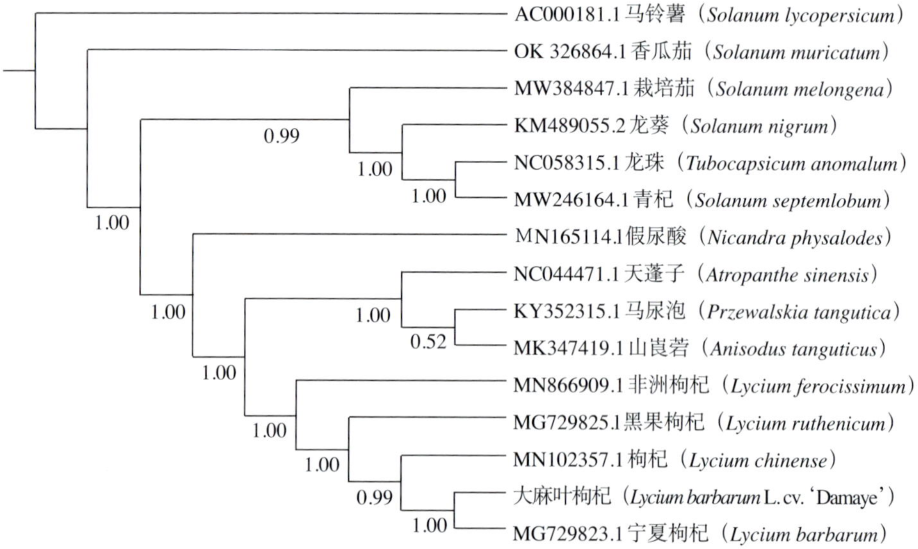

图5-4　大麻叶cpDNA系统进化分析

群，利用最大似然法构建系统进化树。结果表明，大麻叶枸杞与枸杞属宁夏枸杞首先聚为单支，1 000次检验水平上支持率达到100%，表明这两个物种的亲缘关系最近。与枸杞、黑果枸杞、山莨菪等聚为一大支，1 000次检验水平上支持率达到43%。

第二节　宁夏枸杞转录组学

转录组（transcriptome）广义上指某一生理条件下，细胞内所有转录产物的集合，包括信使RNA、核糖体RNA、转运RNA及非编码RNA；狭义上指所有mRNA的集合。转录组学（transcriptomics）是从整体转录水平研究基因转录图谱并揭示复杂生物学通路和性状调控网络分子机制的学科，是特定组织或细胞在某一发育阶段或功能状态下转录出来的所有RNA的总和，主要包括mRNA和非编码RNA（non-coding RNA，ncRNA）。随着基因测序技术的快速发展以及测序成本费用的降低，转录组测序（RNA-seq）以高通量、高灵敏度和应用范围广等多方面优势，已成为转录组研究工作的主要方法，常用于确定基因表达模式、深度挖掘新基因和新转录本、发现低丰度转录本、绘制转录图谱、调控可变剪切、确定代谢途径和基因家族鉴定及进化分析等研究问题。高通量测序技术因其具有数据量大、快速便捷、准确性好等优点，被广泛应用于发掘和鉴定药用植物在生长发育及次生代谢产物生物合成方面的相关功能基因。

一、枸杞果实转录组学研究

（一）果实功效成分转录组

枸杞果实中含有丰富的糖类物质，糖的组分与含量不仅决定着果实品质形成的基础原料供应，还影响着许多次级代谢及活性物质的合成，目前，枸杞糖分积累及其调控机理尚不清楚。

1.宁杞1号和杞鑫1号果实转录组比较　宁夏枸杞主栽品种宁杞1号和杞鑫1号青果期（G）、转色期（T）和成熟期（M）的果实（图5-5）在果实横径、果实纵径、果肉厚度、单果重和成熟果实百粒重等形态指标方面存在差异（图5-6）。刘雪霞等基于Illumina测序技术，对2个品种G、T和M期的果实进行转录组测序，共获得了797、570、278个clean reads。两个品种在G、T和G分别获得469、2 394和1 531个DEGs（图5-7），均在基因本体数据库

图5-5 枸杞青果期、转色期和成熟期果实

A.宁杞1号 B.杞鑫1号

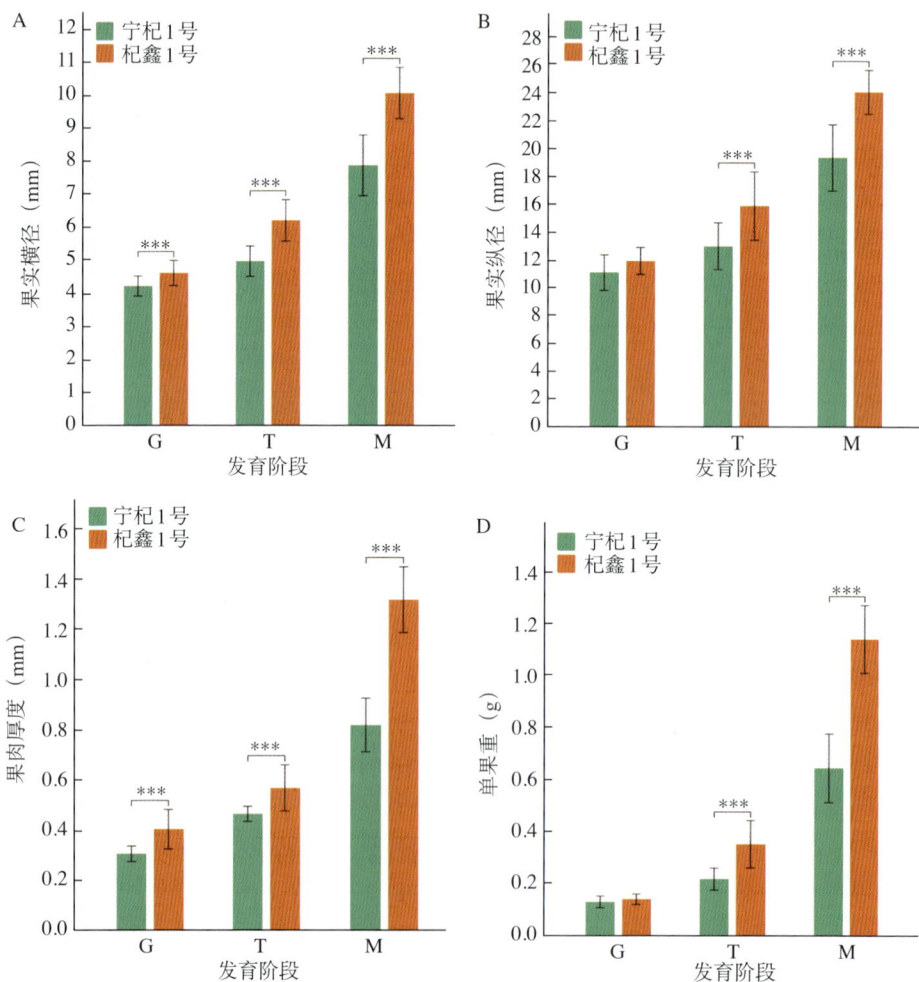

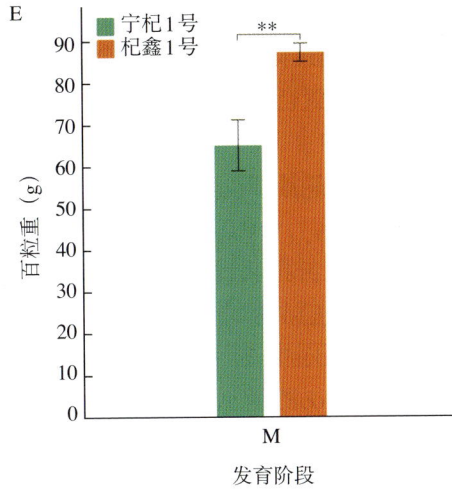

图5-6 果实形态特征
A.果实横径 B.果实纵径 C.果肉厚度 D.单果重 E.成熟百粒重
（误差条表示3个生物学重复试验的标准误差）

（gene ontology，GO）、基因功能和代谢途径数据库（Kyoto encyclopedia of genes and genomes，KEGG）等数据库中进行注释，识别到与活性成分生物合成相关的DEGs。

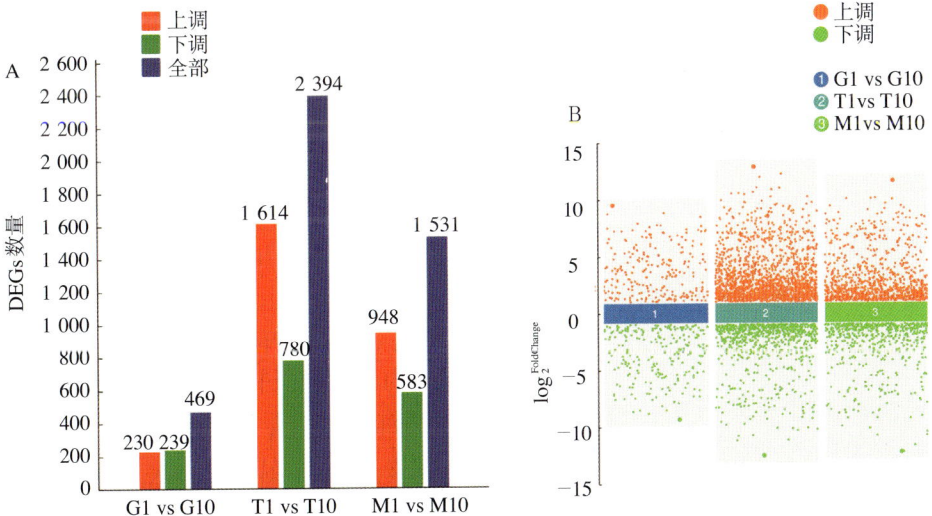

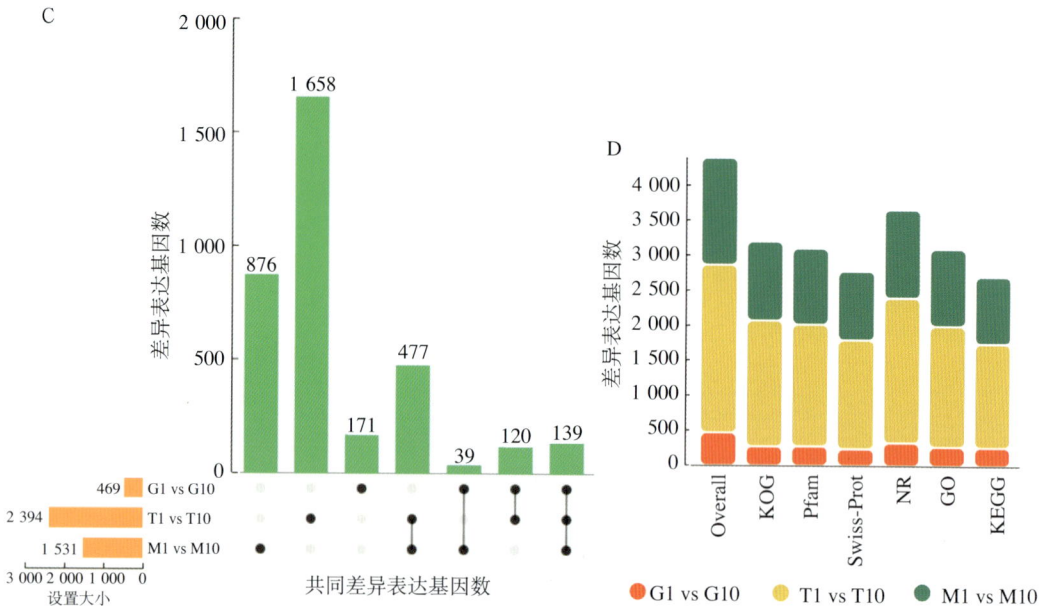

图5-7 果实不同发育时期差异表达基因数

A.不同对比组DEGs　B.DEGs火山图　C.不同组间的维恩图　D.DEGs注释

（1）差异表达基因的GO分类。宁杞1号和杞鑫1号果实G、T和M期的DEGs，在GO数据库中分别被注释了271、1 726和1 101个DEGs，这些DEGs分为生物过程（biological process，BP）、分子功能（molecular function，MF）、细胞组分（cellular component，CC）三个主要功能类别，分别属于44、50和49个亚类。DEGs显著富集的20个GO-term表明G期两个品种的DEGs仅在MF上显著富集，其中富集最多的是ADP结合相关基因，有12个DEGs（GO：0043531）；其次是钙离子结合相关基因，有8个DEGs（GO：0005509）（图5-8A）。而T期的DEGs在CC、MF和BP中富集，其中与DNA复制相关的有47个DEGs（GO：0006260），与有丝分裂细胞周期相关的有39个DEGs（GO：0000278），二者在BP和MF类别中富集最多，CC富集最少，仅富集到与MCM复合物相关的8个DEGs（GO：0042555）（图5-8B）。M期的DEGs主要富集在BP和MF，在BP，阴离子稳态（GO：0055081）、单价无机阴离子稳态（GO：0055083）、磷离子稳态（GO：0055062）、三价无机阴离子稳态（GO：0072506）、次生代谢物生物合成（GO：0044550）、甾醇代谢（GO：0016125）、类固醇代谢（GO：0008202）和吲哚乙酸生物合成（GO：0009684）富集了大量的DEGs；特别是在次级代谢物生物合成中（GO：0044550），富集的DEGs最多。在MF，DNA结合转录因子活性，RNA聚合酶Ⅱ特异性的基因所占比例最高，为23个DEGs（GO：0000981）（图5-8C）。

A

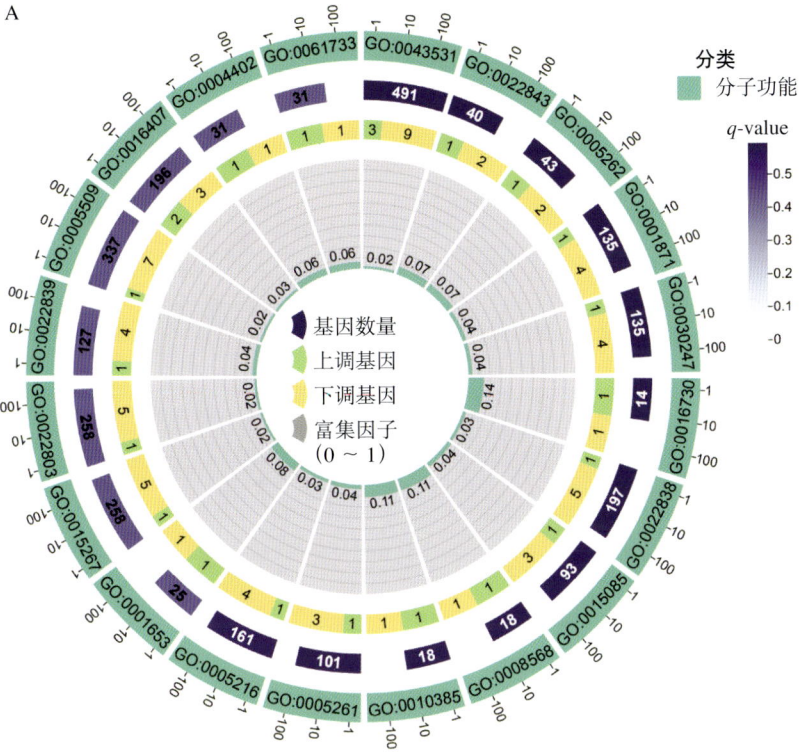

ID	说明
GO:0043531	ADP结合
GO:0022843	电压门控阳离子通道活性
GO:0005262	钙通道活性
GO:0001871	结合模式
GO:0030247	多糖结合
GO:0016730	氧化还原酶活性，硫蛋白作为供体
GO:0022838	底物特异通道活性
GO:0015085	钙离子跨膜转运体活性
GO:0008568	切断微管ATP酶活性
GO:0010385	双链甲基化DNA结合
GO:0005261	阳离子通道活性
GO:0005216	离子迪道活性
GO:0001653	肽受体活性
GO:0015267	通道活性
GO:0022803	被动跨膜转运体活性
GO:0022839	离子门控通道活性
GO:0005509	钙离子结合
GO:0016407	乙酰转移酶活性
GO:0004402	组蛋白乙酰转移酶活性
GO:0061733	肽-赖氨酸-N-乙酰转移酶活性

B

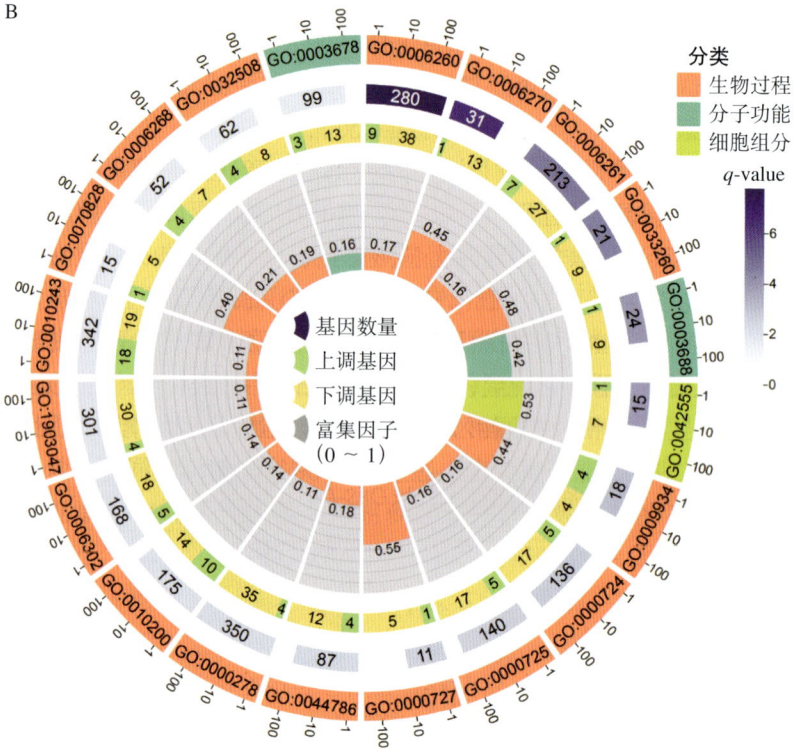

ID	说明
GO:0006260	DNA复制
GO:0006270	DNA复制起始
GO:0006261	DNA依赖性DNA复制
GO:0033260	核DNA复制
GO:0003688	DNA复制起始点结合
GO:0042555	MCM复合体
GO:0009934	分生组织结构组织的调控
GO:0000724	通过同源重组进行双链断裂修复
GO:0000725	重组修复
GO:0000727	通过断裂诱导复制进行双链断裂修复
GO:0044786	细胞周期DNA复制
GO:0000278	有丝分裂细胞周期
GO:0010200	对几丁质的反应
GO:0006302	双链断裂修复
GO:1903047	有丝分裂细胞周期过程
GO:0010243	对有机氮化合物的反应
GO:0070828	异染色质组织
GO:0006268	参与DNA复制的DNA解旋
GO:0032508	DNA双链体展开
GO:0003678	DNA解旋酶活性

C

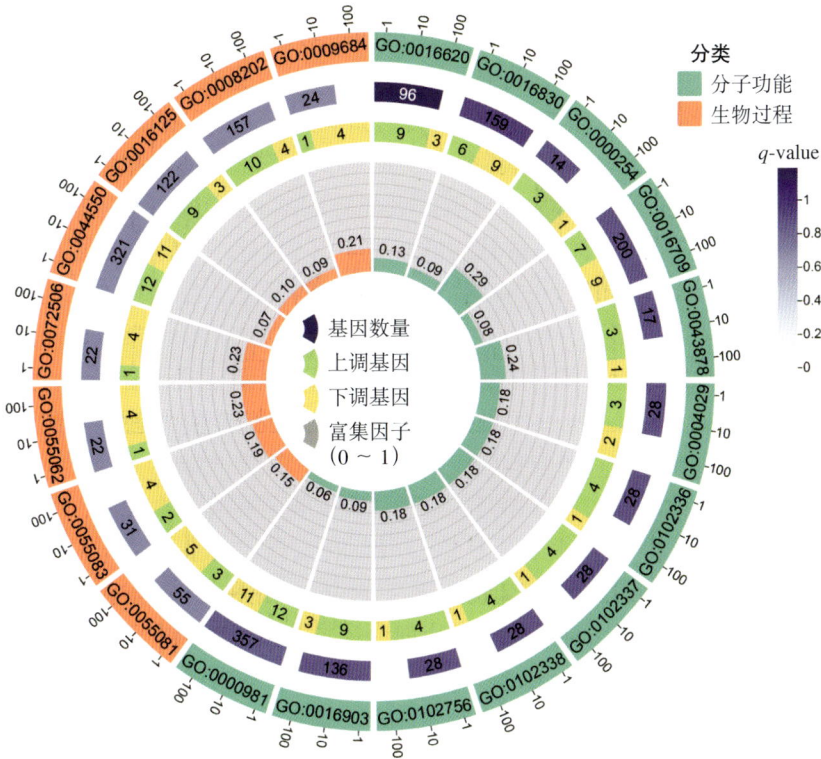

ID	说明
GO:0016620	氧化还原酶活性，作用于醛或氧基供体，NAD 或 NADP 作为受体
GO:0016830	碳-碳裂解酶活性
GO:0000254	C-4 甲基甾醇氧化酶活性
GO:0016709	氧化还原酶活性，作用于配对的供体，掺入或还原分子氧，NAD（P）H 作为一个供体，并掺入一个氧原子
GO:0043878	甘油醛-3-磷酸脱氢酶（NAD+）（非磷酸化）活性
GO:0004029	醛类脱氢酶（NAD）活性
GO:0102336	3-氧代-花生酰辅酶 A 合酶活性
GO:0102337	3-氧代-硬脂酰辅酶 A 合酶活性
GO:0102338	3-氧代木质素-辅酶 A 合酶活性
GO:0102756	超长链 3-酮酰基辅酶 a 合成酶活性
GO:0016903	氧化还原酶活性，作用于供体的醛或氧基团
GO:0000981	结合转录因子活性、RNA 聚合酶 II 特异性
GO:0055081	阴离子稳态
GO:0055083	单价无机阴离子稳态
GO:0055062	磷离子稳态
GO:0072506	三价无机阴离子稳态
GO:0044550	次级代谢物生物合成
GO:0016125	甾醇代谢
GO:0008202	类固醇代谢
GO:0009684	吲哚乙酸生物合成

图 5-8　DEGs 的 GO 富集

A.青果期 DEGs　B.转色期 DEGs　C.成熟期 DEGs

（2）差异表达基因的KEGG代谢通路富集。对G、T、M期共263、1 481和962个DEGs进行KEGG富集分析，鉴定出20条显著富集的KEGG通路。在G期，富集最显著的KEGG途径是泛醌和其他萜类-醌生物合成，卟啉代谢、谷胱甘肽代谢及植物-病原体相互作用等富集最多（图5-9A）。在T期，DNA复制和谷胱甘肽代谢是两个主要的富集显著的KEGG通路，在植物-病原体相互作用中富集的DEGs最多（图5-9B）。M期的大部分DEGs富集到次生代谢物生物合成、代谢途径和抗坏血酸和醛酸代谢通路中（图5-9C）。

（3）枸杞果实活性成分生物合成相关基因的鉴定。在KEGG通路数据库中，G、T、M期的DEGs分别可定位到70、128和125个特异性分支代谢途径中，其中在三个发育阶段筛选的与活性成分相关的代谢途径分别为7、17和16个（表5-6）。G、T和M期共有6条KEGG通路，分别是倍半萜和三萜生物合成、叶酸生物合成、抗坏血酸和醛酸代谢、类胡萝卜素生物合成、类黄酮生物合成和异喹啉生物碱生物合成通路。三个发育时期，抗坏血酸和醛酸代谢途径中注释的DEGs数量最多，分别为3、20和18个。T和M的DEGs在甜菜素生物合成，吲哚生物碱生物合成，花青素生物合成，单萜类生物合成，维生素B_6代谢、黄酮和黄酮醇生物合成，托品烷、哌啶生物碱的生物合成，核黄素

A

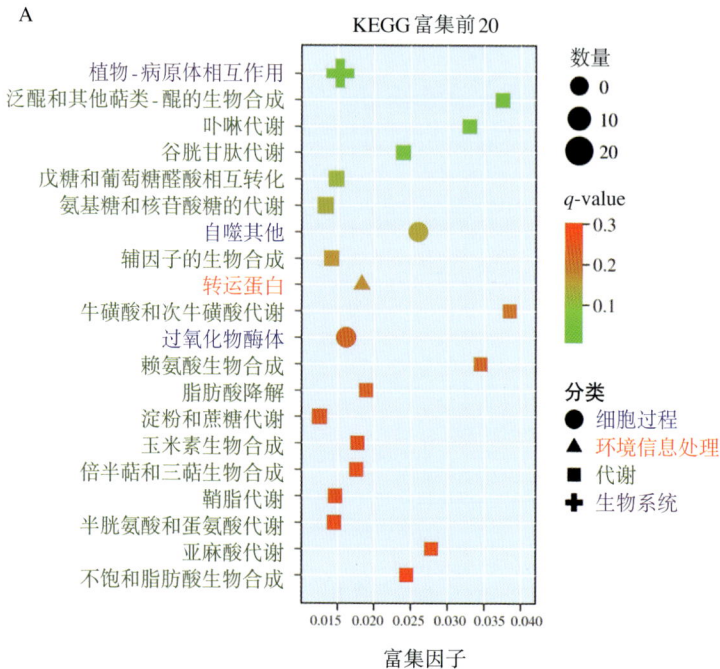

KEGG富集前20

富集因子

B

KEGG 富集前20

C

KEGG 富集前20

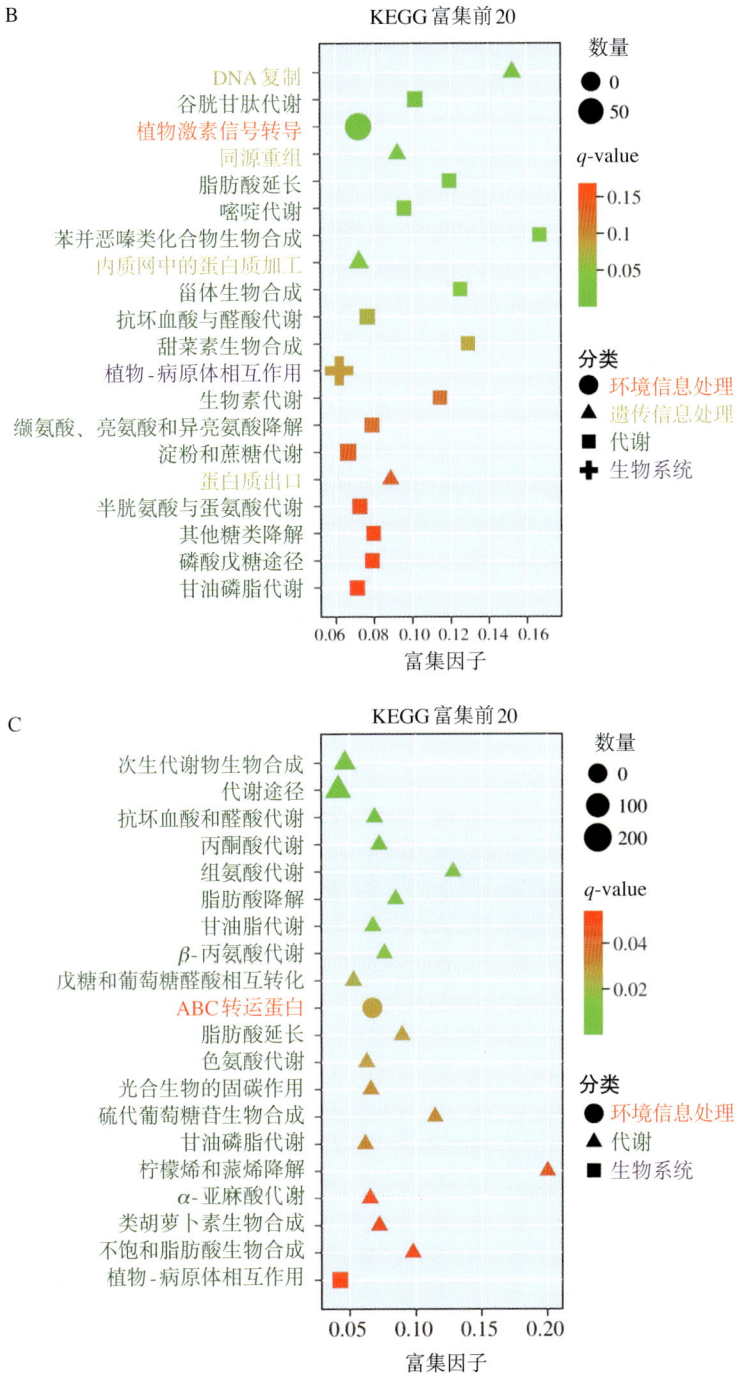

图5-9 DEGs的KEGG通路富集

A.青果期DEGs B.转色期DEGs C.成熟期DEGs

代谢，苯丙氨酸代谢等途径中有注释，而在G中的DEGs没有注释到上述途径中。以上结果表明不同枸杞品种在生长发育过程中，其活性成分代谢存在较大差异。

表5-6　活性成分代谢有关KEGG通路

ID	通路	DEGs数量		
		G期	T期	M期
ko00909	倍半萜和三萜生物合成	2	6	2
ko00790	叶酸生物合成	1	3	3
ko00053	抗坏血酸和醛酸代谢	3	20	18
ko00904	二萜生物合成	1		2
ko00906	类胡萝卜素生物合成	1	5	5
ko00941	类黄酮生物合成	2	10	6
ko00950	异喹啉生物碱生物合成	1	4	1
ko00965	甜菜素生物合成	—	2	2
ko00780	生物素代谢	—	4	—
ko00901	吲哚生物碱生物合成	—	2	1
ko00942	花青素生物合成	—	1	2
ko00902	单萜生物合成	—	1	1
ko00750	维生素B_6代谢	—	1	1
ko00943	异黄酮生物合成	—	2	
ko00944	黄酮和黄酮醇生物合成	—	1	2
ko00960	托品烷、哌啶和吡啶生物碱的生物合成	—	1	1
ko00740	核黄素代谢	—	1	2
ko00360	苯丙氨酸代谢		3	3

根据转录组数据中的FPKM值，宁杞1号和杞鑫1号活性成分相关代谢途径中富集的基因表达特征如图5-10所示。G期中活性成分相关代谢途径富集的

DEGs较少，DEGs的表达模式可分为两种，第一种类型的4个基因，相比于宁杞1号，在杞鑫1号中高表达；第二种类型的7个基因，在杞鑫1号中表达量较低（图5-10A）。

大部分DEGs在T期表达丰富，其中有51个基因在杞鑫1号中的表达量高于宁杞1号；另外有16个基因在杞鑫1号中表达量较低（图5-10B）。在M期，相关通路中有52个基因表达丰富，其中，相对于宁杞1号，有32个DEGs在杞鑫1号中高表达，20个DEGs低表达（图5-10C）。在G、T、M期分别筛选到7、26和27个与活性成分代谢相关的DEGs，涉及黄酮类、木质素、类胡萝卜素、萜类、生物碱、维生素等代谢途径。两个枸杞品种在果实不同发育阶段，黄酮类生物合成和木质素生物合成途径相关基因表达的动态变化如图5-11所示。在黄酮类和木质素共享的苯丙烷代谢途径上游，共发现4个编码2种酶的DEGs，包括1个PAL和3个4CLs，其中PAL在T期和M期时，宁杞1号和杞鑫1号中均高表达，但在G期未检测到。编码4CL酶的3个DEGs中，2个在宁杞1号的G期上调，1个在宁杞1号的T期下调。同时，在类黄酮代谢途径中，分别编码1个CHS、1个CHI、1个HID、1个F3'H、1个ANR和2个3GT等6种酶的7个基因，主要在M期差异表达。同样，木质素代谢途径中编码1个CCR、1个COMT、1个LAC、2个CSE、3个CCoAOMT和1个CAD 6种酶的9个基因，也主要在M期表达。表明宁杞1号和杞鑫1号果实黄酮类化合物和木质素代谢过程在G期和T期差异不大，但在M期差异显著。

（4）差异表达基因的qRT-PCR分析。随机选取了与生物活性成分生物合成相关的8个基因*LbPAL*（Maker00028237）、*LbF′H*（Maker00027109）、*LbANR*（Maker00005595）、*LbCMO*（Maker00043669）、*LbBADH*（novel.17724）、*LbCSE*（Maker00016270）、*LbCCoAOMT*（Maker00008130）和*LbRS*（Maker000-22295），比较qRT-PCR值及RNA测序的FPKM值，评估了DEGs的相对表达量（图5-12）。发现这些DEGs在不同发育阶段的相对表达水平不同，但其表达模式与RNA-seq数据一致。结合NR数据库的注释信息及PubMed数据库文献报道，在宁杞1号和杞鑫1号的G、T和M期分别挖掘到2、7和12个与活性成分代谢相关的候选基因。

2.宁杞1号和宁杞7号果实转录组比较 对宁杞1号和宁杞7号的G、T和M期果实（图5-13）进行转录组测序，比较两个品种果实不同发育期相关基因表达谱的变化。转录组测序共获得811 818 178条clean reads，有121.76Gb有效数据。GC含量为40.42%～43.59%；各样品Q20>95.52%，Q30>89.92%，测序数据质量较高。

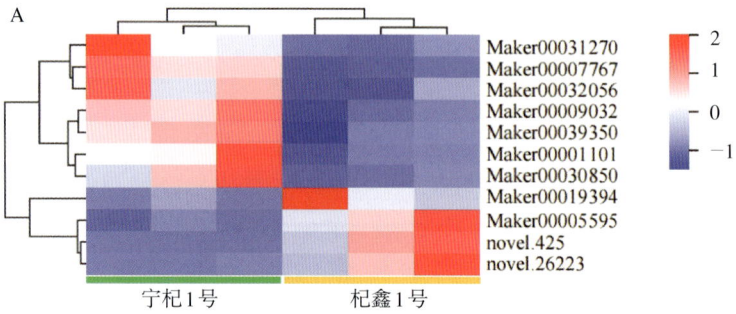

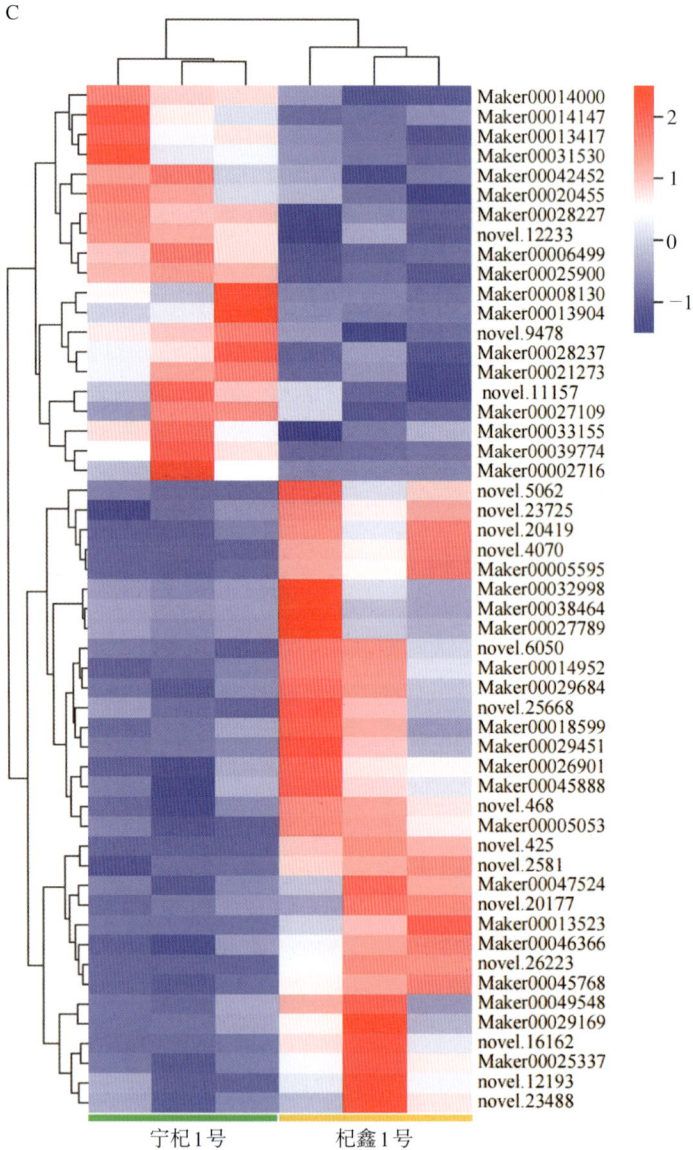

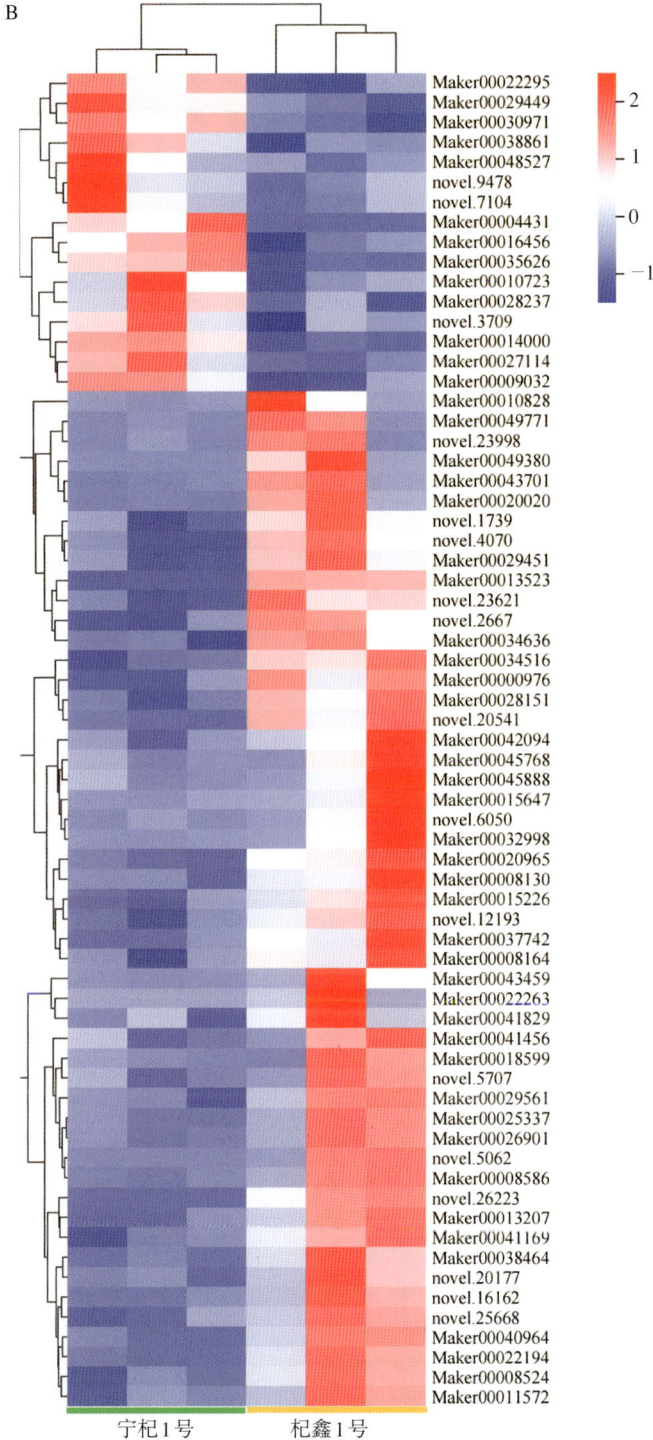

图5-10　活性成分代谢相关的DEGs热图

A.青果期　B.转色期　C.成熟期

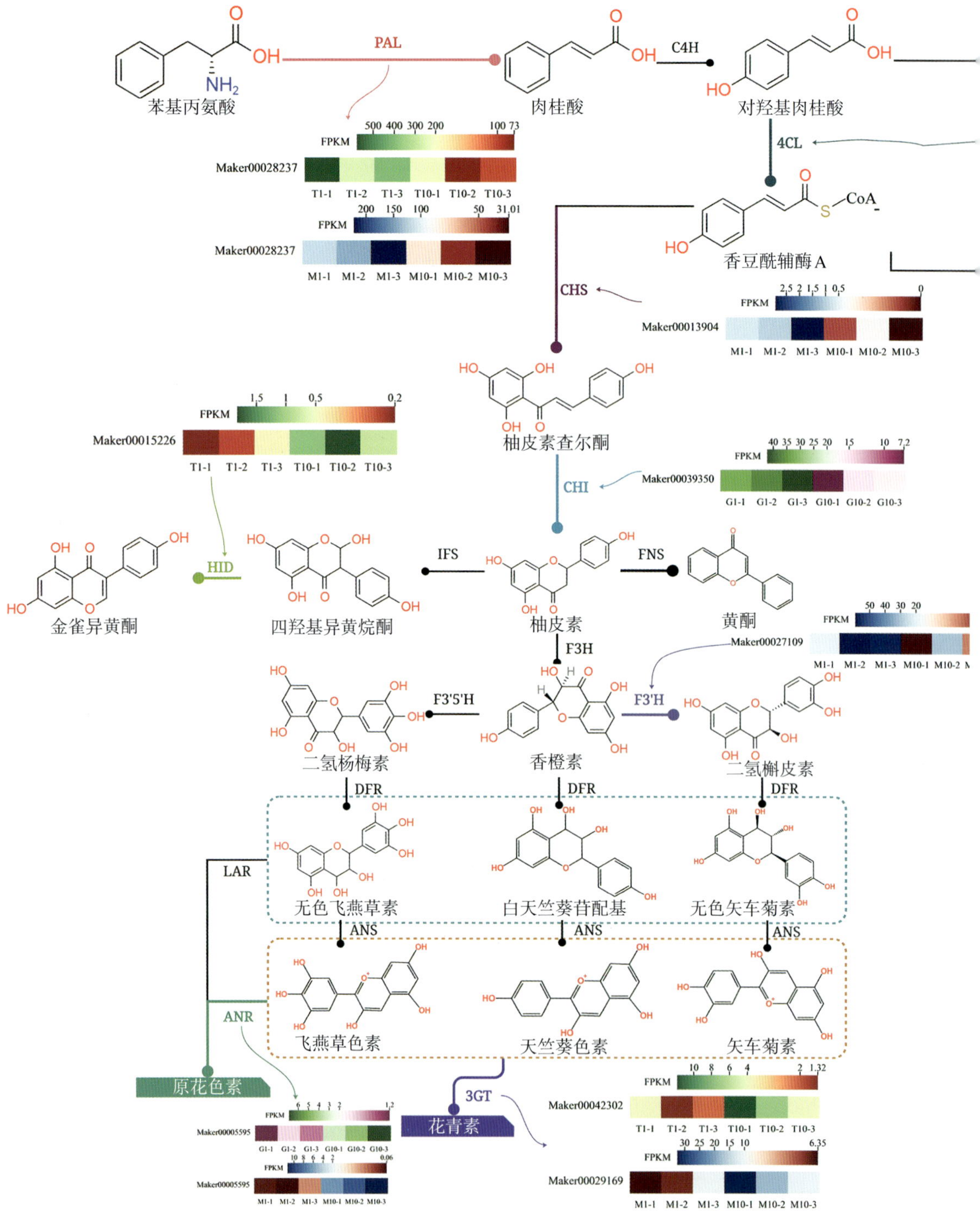

图5-11 类黄酮和木质素生物合成及其代谢途径相关基因差异表达热图

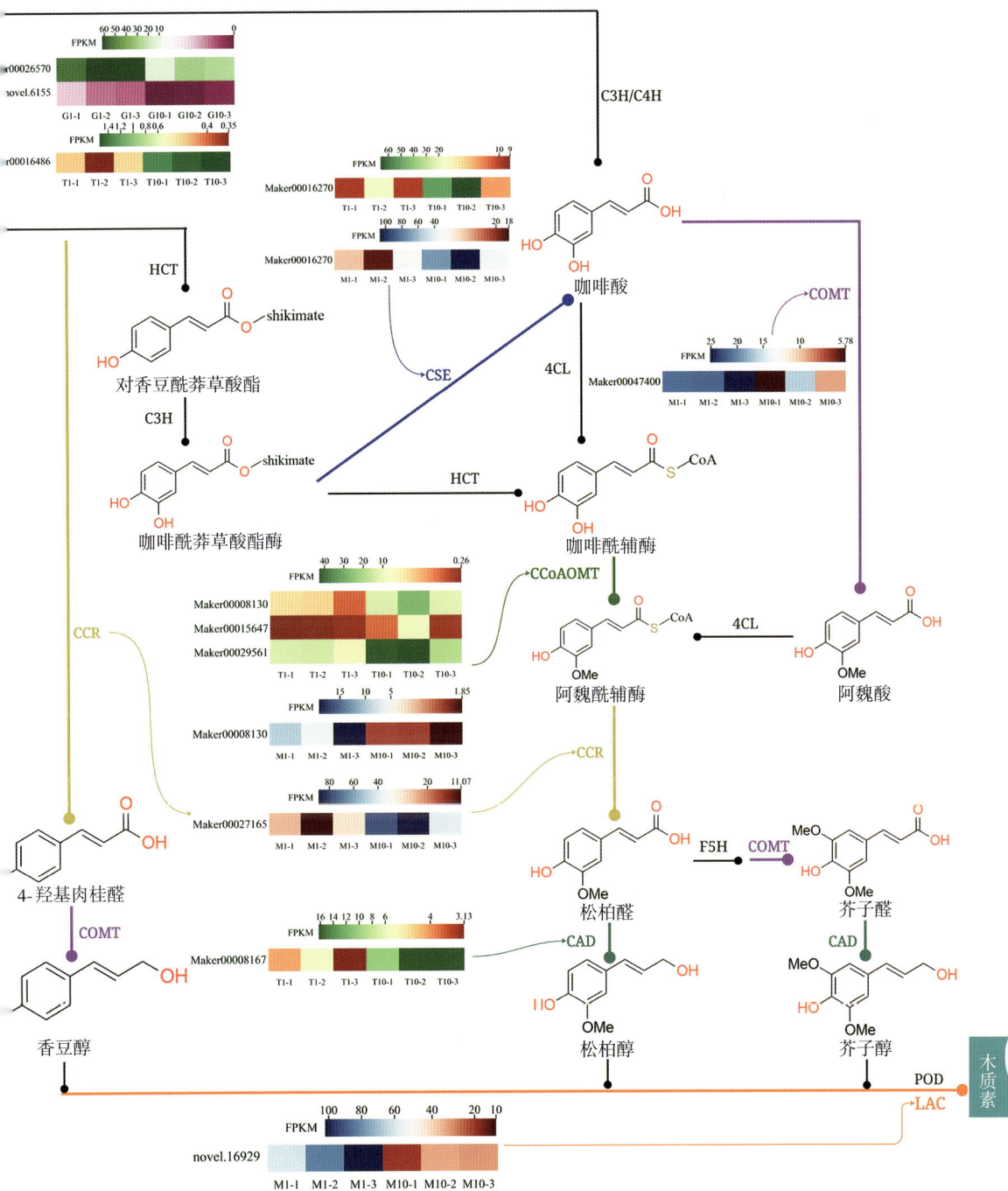

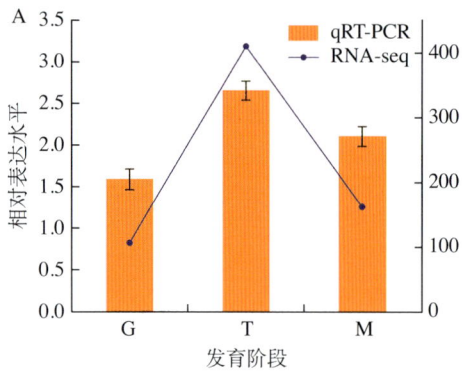

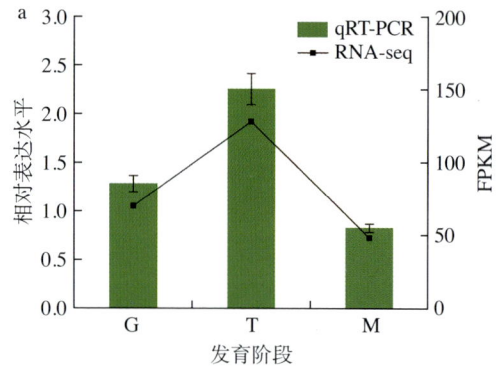

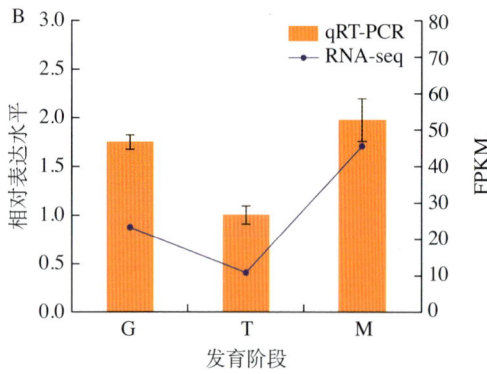

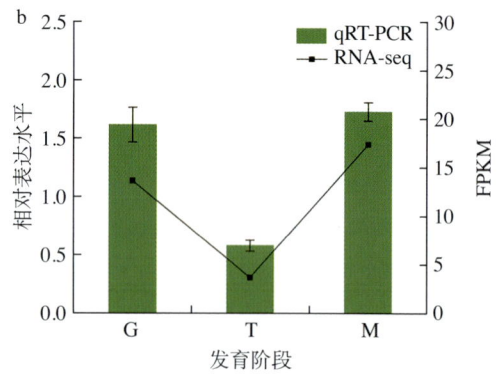

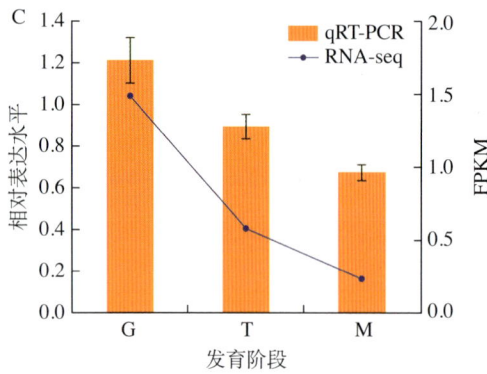

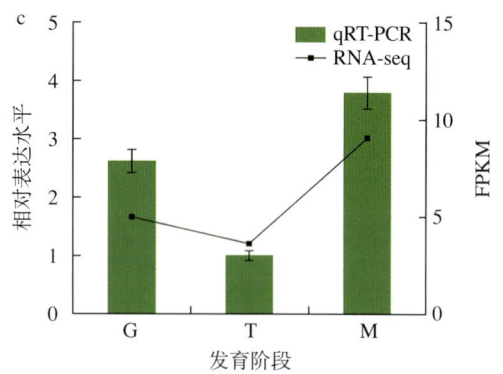

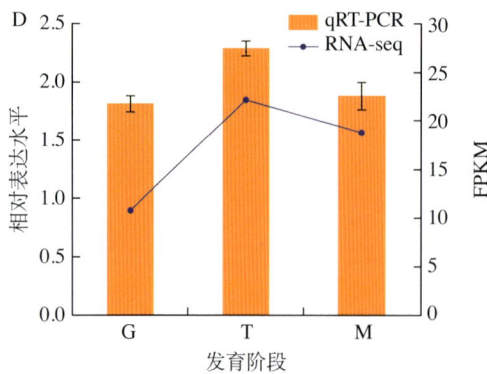

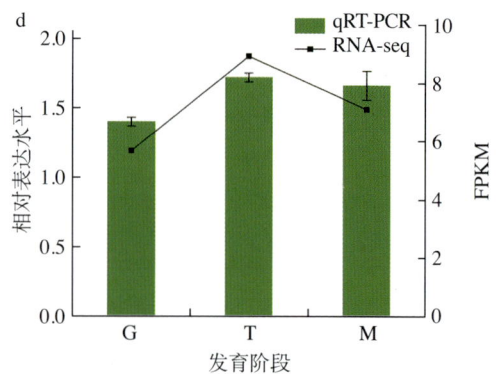

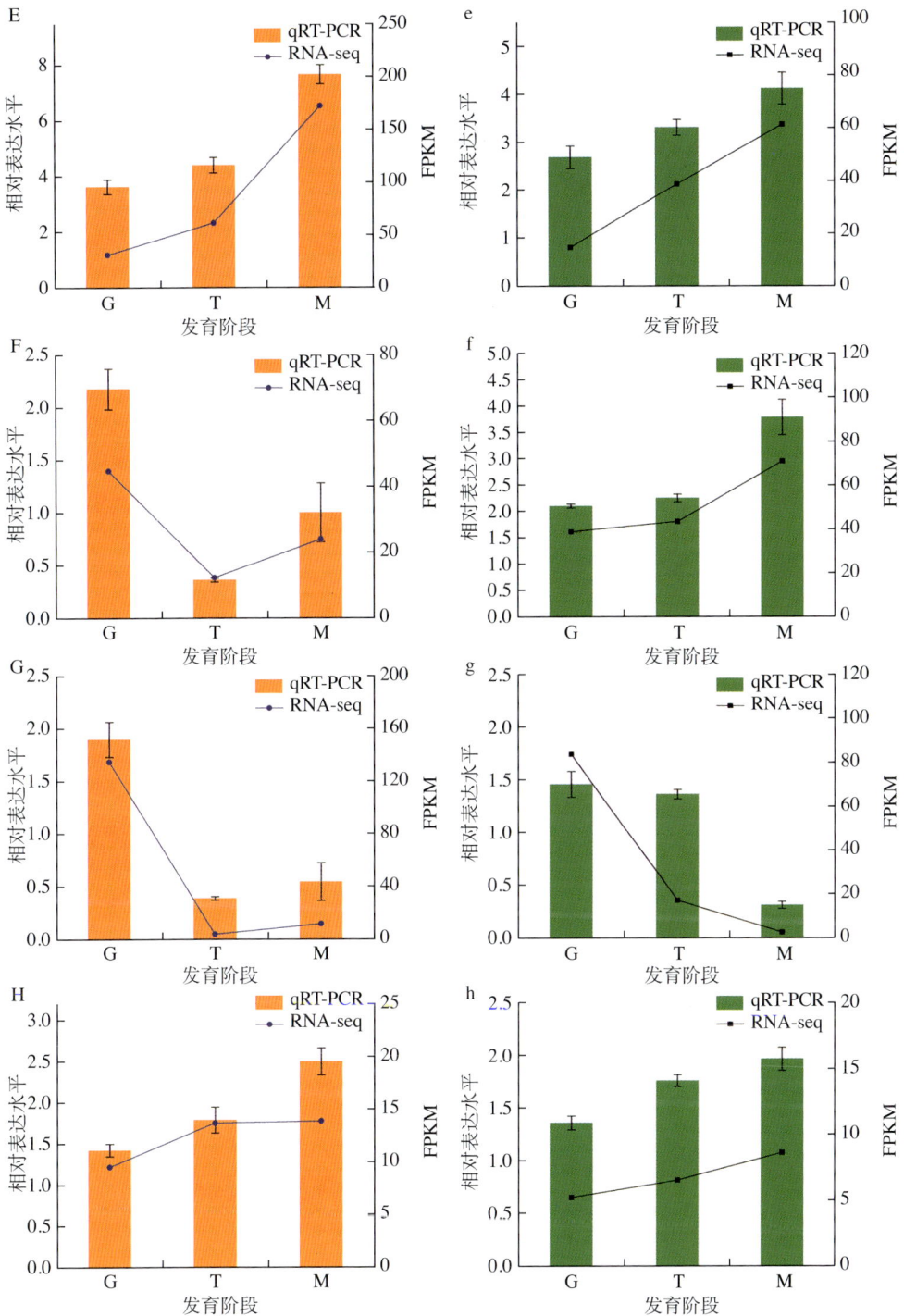

图5-12 差异表达基因的RT-qPCR分析

A. *LbPAL*（Maker00028237） B. *LbF3'H*（Maker00027109）

C. *LbANR*（Maker00005595） D. *LbCMO*（Maker00043669） E. *LbBADH*（novel.17724）

F. *LbCSE*（Maker00016270） G. *LbCCoAOMT*（Maker00008130） H. *LbRS*（Maker00022295）

（柱形图代表qRT-PCR，折线图代表RNA-seq，A～H代表基因宁杞1号的相对表达量，

a～h代表在杞鑫1号中的相对表达量）

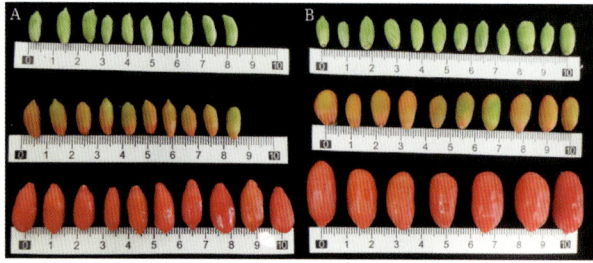

图5-13　不同发育时期枸杞果实

A.宁杞1号　B.宁杞7号

（1）差异表达基因分析及功能注释。两个品种在G期筛选到2 827个DEGs，其中在宁杞7号有1 372个上调表达，1 455个下调表达；T期有2 552个DEGs，上调表达1 666个，下调表达886个；M期有2 311个DEGs，1 416个上调，895个下调。三个时期分别有2 153、2 050和1 825个差异基因在GO、KEGG、KOG等6个数据库中被成功注释（表5-7）。

表5-7　枸杞果实DEGs注释

果实发育阶段	注释到各数据库的DEGs						注释的总DEGs
	KEGG	GO	NR	Swiss-Prot	Pfam	KOG	
青果期（G）	1 508	1 766	2 142	1 526	1 712	1 775	2 153
转色期（T）	1 476	1 697	2 044	1 520	1 674	1 751	2 050
成熟期（M）	1 363	1 518	1 817	1 308	1 478	1 541	1 825

（2）差异表达基因的GO功能分类。差异表达基因的GO分析结果表明（图5-14、图5-15、图5-16），在G、T和M期，q值最低的50个GO-Term，分别有1 307、865和624个DEGs被富集到生物过程、细胞组分和分子功能。在生物过程中，G、T和M期分别富集了1 105、635、85个DEGs，其中G期富集最多的是对氮化合物的响应（response to nitrogen compound，49）和对寒冷的响应（response to cold，48）；T期，在发育成熟（developmental maturation，41）和光合作用（photosynthesis，40）中占比最高；M期主要富集在光合作用（photosynthesis，47）中。在细胞组分中，G、T和M期富集到的DEGs分别有92、169和38个，其中G期富集最多的是膜锚定组件（anchored component of membrane，31）；T期在质膜的固有成分（intrinsic component of plasma membrane，33）中所占比重最大；M期仅富集了光系统（photosystem，25）和光系统Ⅰ（photosystemⅠ，13）。在分子功能中，G、T和M期分别富集到110、

61和501个DEGs，其中G期主要富集在转移酶活性，转移己糖基（transferase activity，transferring hexosyl groups，47）中；T期和M期分别在氧化还原酶活性、脂质结合（lipid binding，35）中富集最多。

（3）差异表达基因的KEGG通路分类与富集分析。KEGG可将基因组信息和其功能信息有机地结合起来，能够对各基因产物在细胞内的代谢途径进行系统分析，进而综合分析这些基因产物的功能。KEGG代谢通路分析发现，宁杞1号和宁杞7号的G期有1 371个DEGs参与5大类40条代谢通路（图5-17），T期有1 435个DEGs参与到42条代谢通路（图5-18），M期有1 252个DEGs参与到36条代谢通路（图5-19）。其中，G、T、M期均在代谢途径（metabolic pathways）富集的DEGs数最多，分别有363、362和362个；其次是次生代谢物生物合成（biosynthesis of secondary metabolites），分别有194、205和172个。

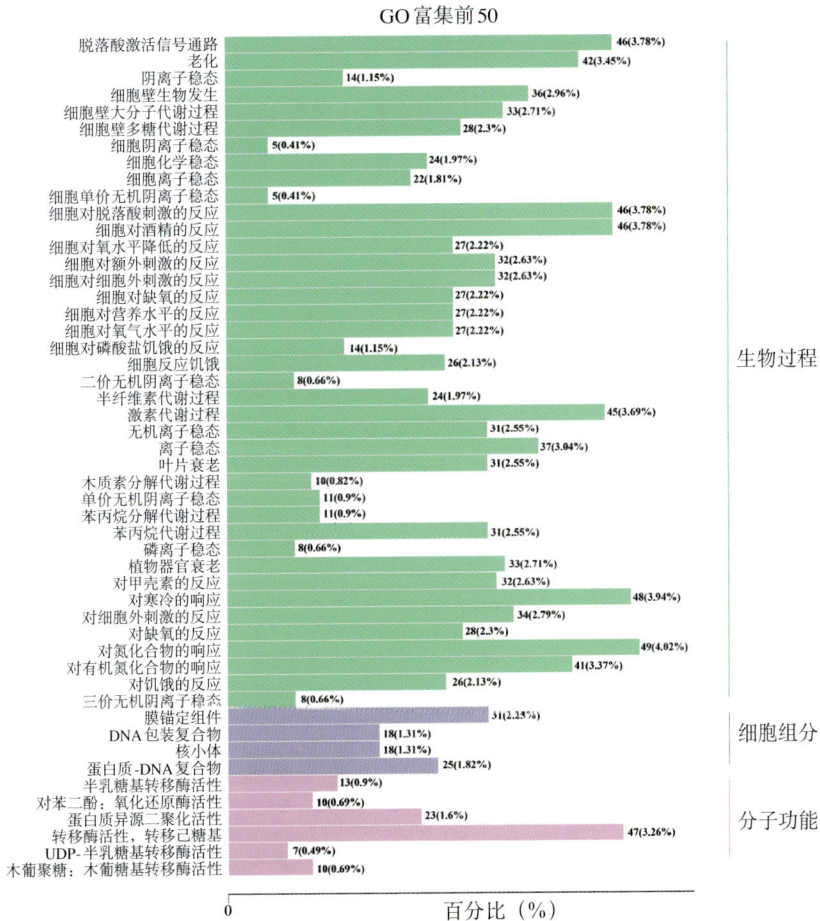

图5-14　青果期DEGs的GO分类

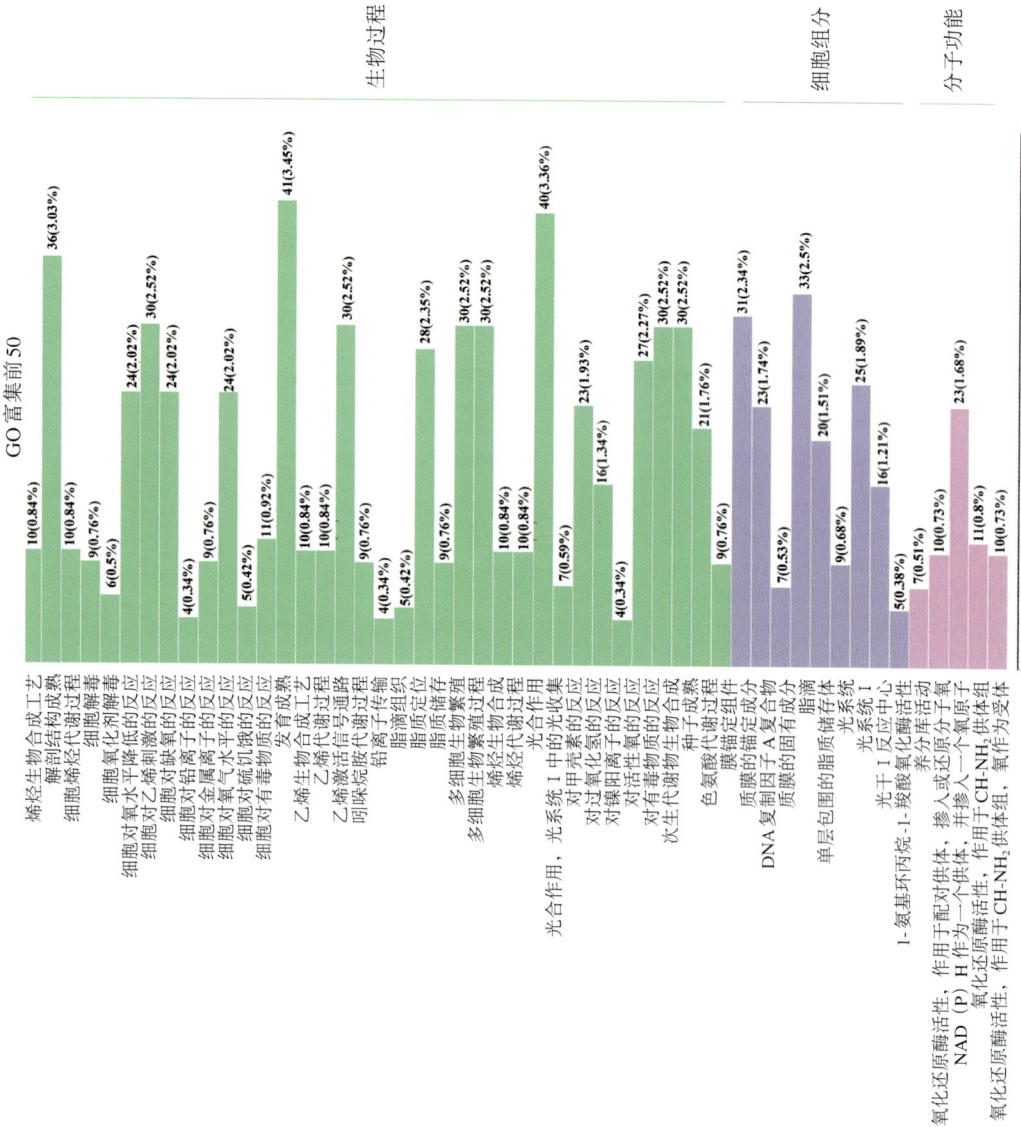

图 5-15　转色期 DEGs 的 GO 分类

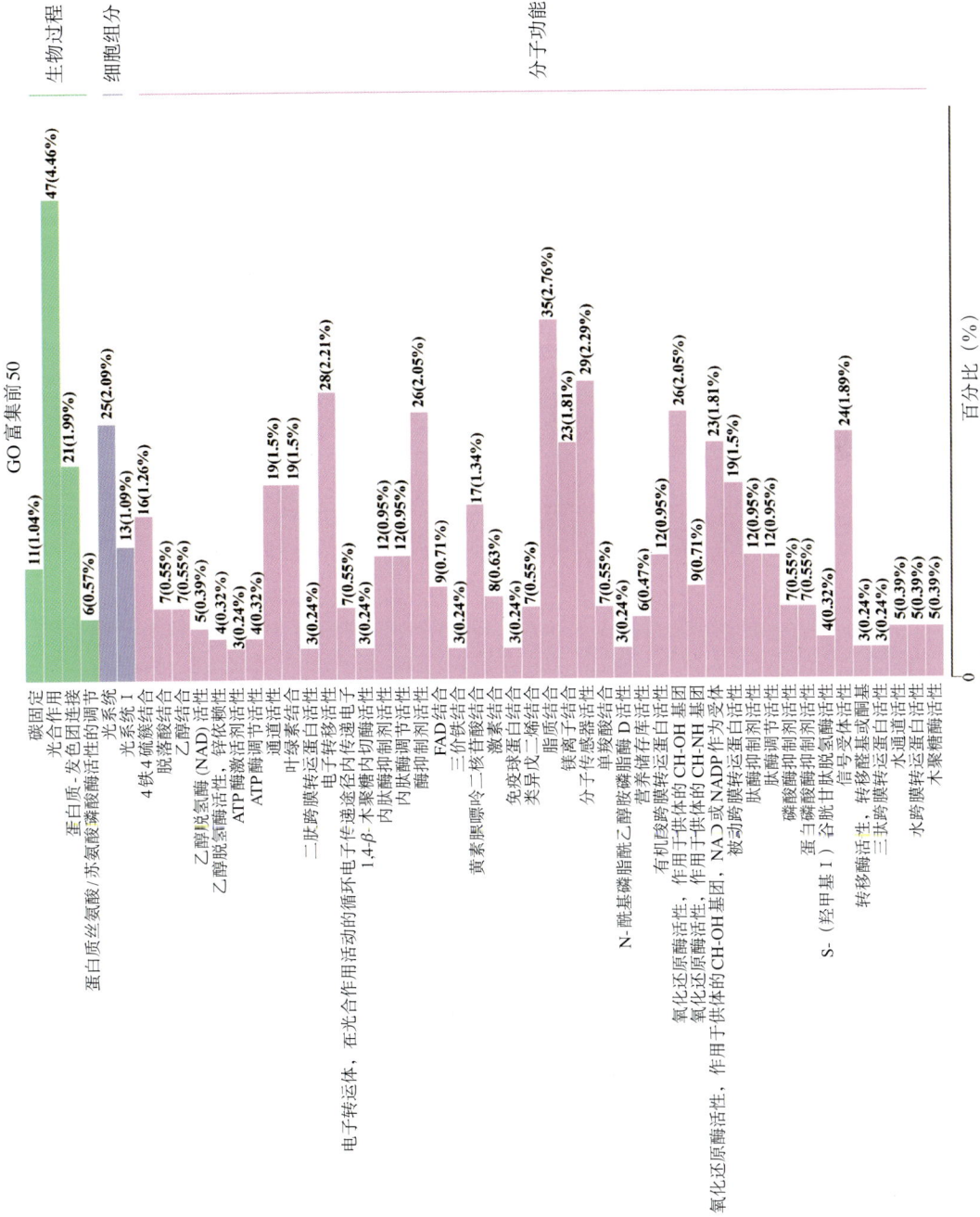

图 5-16 果实成熟期 DEGs 的 GO 分类

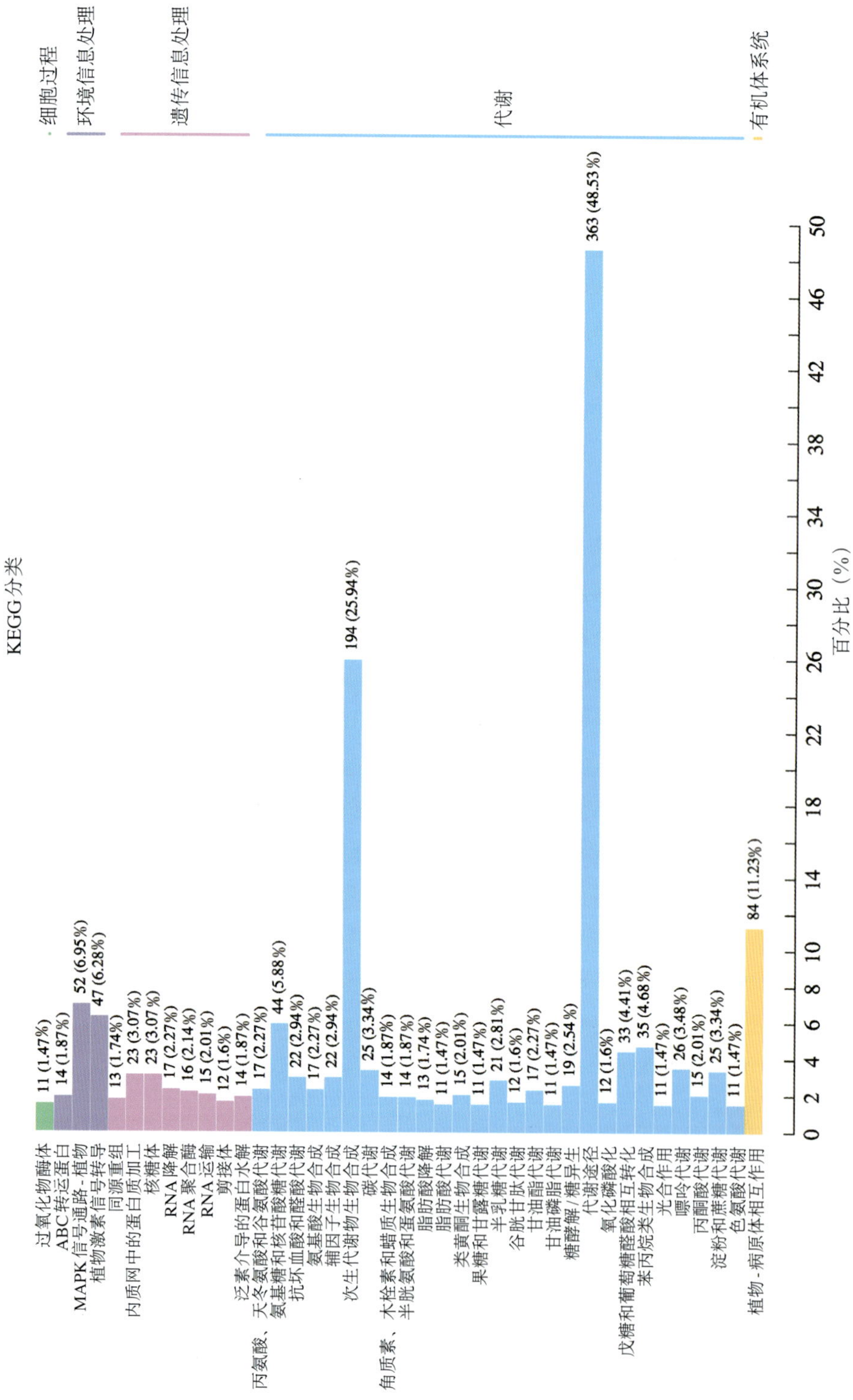

图5-17 果实青果期DEGs的KEGG分类

224

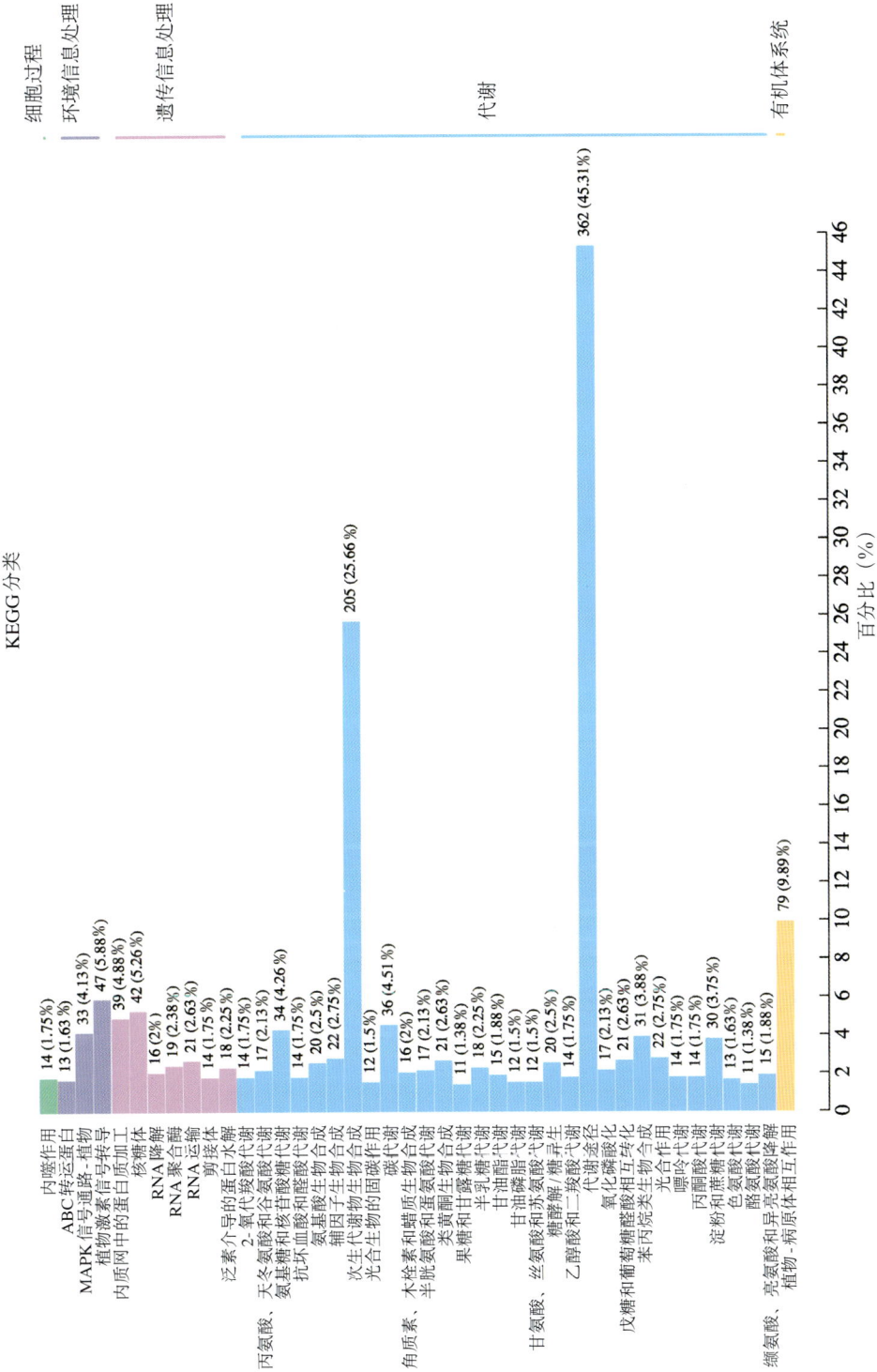

图5-18 果实转色期DEGs的KEGG分类

225

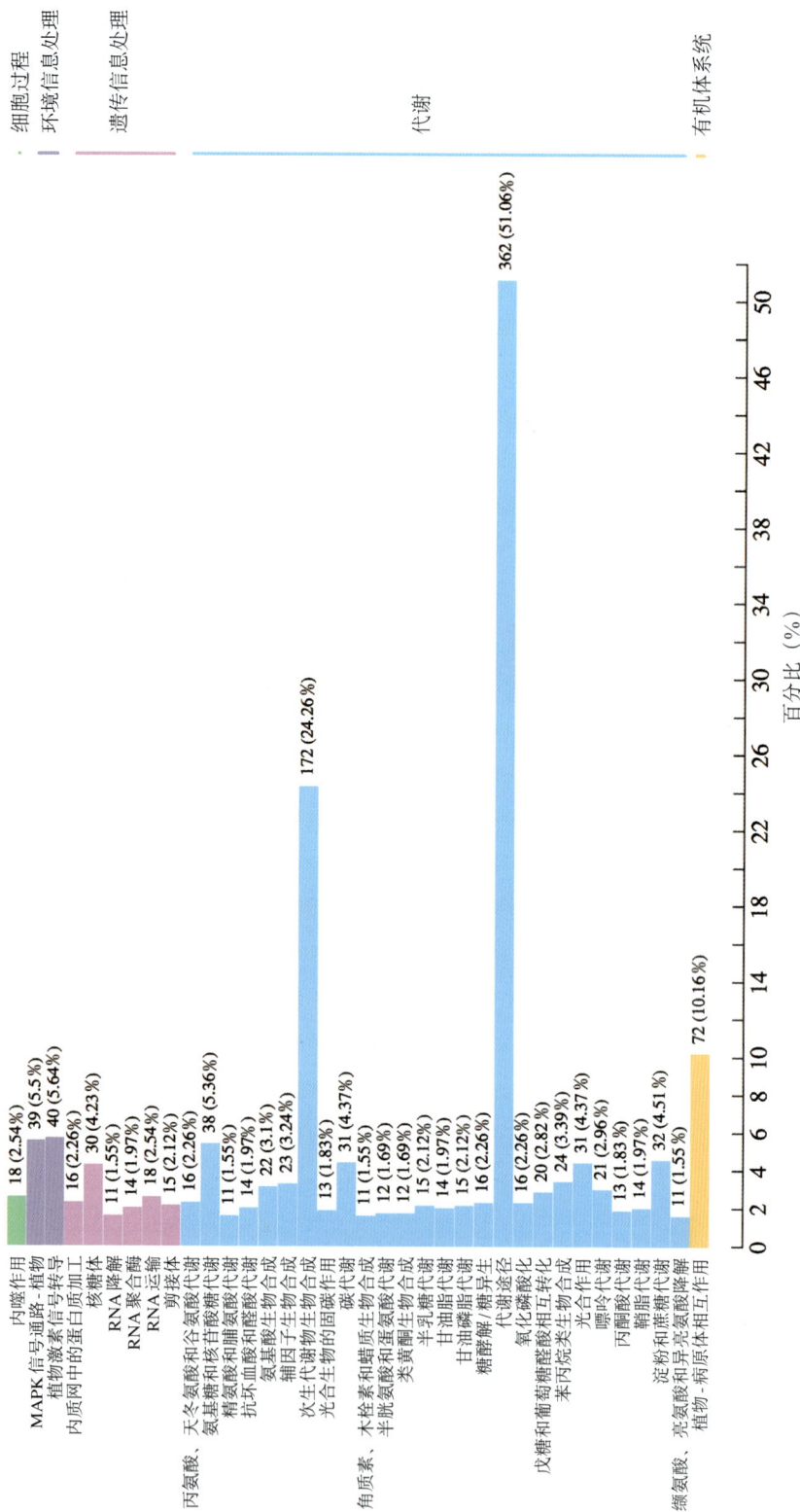

图5-19 果实成熟期DEGs的KEGG分类

对三个发育时期的DEGs进行KEGG功能富集，分别筛选出显著性富集的20条代谢通路。G、T、M期的DEGs分别在牛磺酸和次牛磺酸代谢（taurine and hypotaurine metabolism）、甜菜素生物合成（betalain biosynthesis）和C5-支链二元酸代谢（C5-branched dibasic acid metabolism）中富集程度最大。此外，G、T期分别在牛磺酸和次牛磺酸代谢、甜菜素生物合成中DEGs富集水平最显著；M期的DEGs富集水平最显著的则在代谢途径以及光合作用。

（4）果实活性成分合成相关基因挖掘。结合NR数据库注释信息和PubMed数据库文献，分别从宁杞1号和宁杞7号G、T、M期的果实转录组数据筛选到的2 827、2 552、2 311个DEGs中，G期活性成分合成相关的18个DEGs，T期26个，M期24个，分别参与类胡萝卜素、类黄酮、萜类、生物碱、和维生素等代谢途径。其中G有15个与活性成分合成相关的DEGs在宁杞7号中下调表达，3个上调表达；T和M期，下调DEGs分别有13和14个，上调DEGs各有13和10个（表5-8）。

表5-8　果实活性成分合成相关DEGs及其功能注释

发育时期	基因ID	NR数据库注释	基因功能	差异倍数
G期	maker00012475	八氢番茄红素合成酶1	类胡萝卜素生物合成	−1.952
	maker00035118	预测：八氢番茄红素合成酶2，类叶绿体	类胡萝卜素生物合成	−1.916
	maker00025871	15-顺式-ζ-胡萝卜素异构酶	类胡萝卜素生物合成	−1.575
	maker00027654	类胡萝卜素β环羟化酶2	功能性叶黄素生物合成	−1.573
	maker00005595	预测：类花青素还原酶	原花青素（PA）生物合成	1.762
	maker00034314	花青素合成酶	花青素生物合成	−2.966
	novel.16929	预测：漆酶-14样	与花青素的降解有关	−2.541
	maker00016307	查尔酮合成酶部分	类黄酮途径中的一种关键酶	−1.954
	maker00022688	查尔酮合成酶部分	类黄酮途径中的一种关键酶	−3.724
	maker00027109	类黄酮3′-羟化酶	参与类黄酮途径	−2.250
	maker00038026	黄酮-3′，5′-羟化酶	参与类黄酮途径	−2.385
	maker00018617	3-羟基-3-甲基戊二酰辅酶A合成酶	萜类生物合成	−1.548
	maker00030850	预测：β-淀粉酶合酶	萜类生物合成	−1.718
	novel.21847	萜烯合成酶	萜类生物合成	−8.197
	maker00044724	糖基转移酶	人参皂苷生物合成	−1.597
	maker00040598	预测：β-淀粉酶	碳水化合物代谢	1.879
	maker00045838	预测：漆酶-14样	与木质素生物合成有关	−4.276
	maker00028451	预测：漆酶-14样	与木质素生物合成有关	3.666

（续）

发育时期	基因 ID	NR 数据库注释	基因功能	差异倍数
	maker00012475	八氢番茄红素合成酶 1	类胡萝卜素生物合成	−1.552
	maker00048068	八氢番茄红素去饱和酶	类胡萝卜素生物合成	−1.566
	maker00005595	预测：类花青素还原酶	原花青素（PA）生物合成	2.603
	maker00012448	预测：花青素还原酶	原花青素（PA）生物合成	2.516
	maker00021870	预测：类黄烷酮 3-羟化酶	类黄烷酮合成的关键酶	−1.507
	maker00034314	花青素合成酶	花青素生物合成的关键步骤	2.910
	maker00015647	咖啡酰辅酶 A，O-甲基转移酶	多甲氧基黄酮生物合成	3.047
	maker00016307	查尔酮合酶部分	类黄酮途径中的一种关键酶	1.570
	maker00022688	查尔酮合酶部分	类黄酮途径中的一种关键酶	3.437
	maker00022157	推定转录因子 KAN4	调节种子类黄酮的生物合成	−1.612
	maker00027109	类黄酮 3′-羟化酶	参与类黄酮途径	−3.247
	maker00038026	甘露糖 3′，5′-差向异构酶	参与类黄酮途径	5.319
	novel.3707	预测：2-羟基异氟烷酮脱水酶样	异黄酮生物合成	2.537
T 期	maker00044724	糖基转移酶	人参皂苷生物合成	−1.724
	maker00014229	糖基转移酶	人参皂苷生物合成	−7.018
	novel.21847	萜烯合成酶	萜类生物合成	−8.335
	maker00030850	预测：β-淀粉酶合酶	萜类生物合成	−1.703
	novel.2667	预测：托品酮还原酶同源物	莨菪生物碱代谢的分支点	2.603
	maker00040095	预测：长春花碱合成酶样	在生物合成抗心律失常单萜类吲哚生物碱阿马琳	−5.001
	maker00024878	预测：乙酰胆碱酯酶	在西萝芙木碱生物合成的后期起着至关重要的作用	2.656
	maker00030846	蔗糖合酶蔗糖 UDP 葡糖基转移酶，蔗糖酶合酶	蔗糖代谢	5.013
	maker00044067	预测：α-淀粉酶	碳水化合物代谢	4.109
	novel.11679	预测：β-淀粉酶 1，类叶绿体	干旱胁迫下瞬时淀粉的降解	−9.041
	maker00022295	核黄素合成酶	维生素生物合成	−1.937
	maker00008586	预测：单脱氢抗坏血酸还原酶	植物中氧化的抗坏血酸（AsA）转化回还原的 AsA 的关键酶	2.346
	maker00001335	预测：角鲨烯合酶样	甾醇生物合成	−2.074

（续）

发育时期	基因 ID	NR 数据库注释	基因功能	差异倍数
	maker00040298	转录因子 bHLH36	同源物参与玉米类胡萝卜素代谢	−7.691
	maker00046333	类胡萝卜素裂解双加氧酶 4	催化 β-紫罗兰酮（类胡萝卜素衍生物）的生产	−1.685
	maker00029155	15-顺式-ζ-胡萝卜素异构酶	类胡萝卜素生物合成	−1.563
	maker00005595	预测：类花青素还原酶	原花青素（PA）生物合成	4.890
	maker00027109	类黄酮 3′-羟化酶	参与类黄酮途径	−2.711
	maker00027724	预测：赤霉素 2-β-双加氧酶 8	导致花青素积累	1.862
	maker00015647	咖啡酰辅酶 A，O-甲基转移酶	多甲氧基黄酮生物合成	−2.731
	novel.3707	预测：2-羟基异氟烷酮脱水酶	异黄酮产量的关键决定因素	1.621
	maker00028104	预测：1-脱氧-D-木酮糖-5-磷酸还原异构酶，叶绿体	类异戊二烯生物合成	−1.613
	maker00041897	预测：香叶基焦磷酸合成酶	类黄酮途径中的一种关键酶	−1.985
	novel.21847	萜烯合成酶	萜类生物合成	−7.791
	novel.21848	倍半萜烯合酶	倍半萜生物合成	1.862
M 期	novel.16162	预测：β-淀粉酶合酶	对齐墩果烷型人参皂苷含量的影响植物蔗糖中的关键酶	4.963
	maker00040095	长春碱合酶	参与木葡聚糖和甘露聚糖的生物合成	−4.472
	maker00030846	蔗糖合酶蔗糖 UDP 葡糖基转移酶，蔗糖酶合酶	植物蔗糖分解代谢的关键酶	−4.472
	maker00044067	预测：α-淀粉酶	碳水化合物代谢	2.856
	novel.11679	预测：β-淀粉酶 1，类叶绿体	干旱胁迫下瞬时淀粉的降解	−8.414
	maker00008511	糖苷水解酶	果聚糖生物合成	4.025
	maker00014059	糖基转移酶	参与木葡聚糖和甘露聚糖的生物合成	1.533
	maker00028696	预测：β 呋喃果糖苷酶，不溶性同工酶 1	参与蔗糖的水解	1.510
	maker00022295	核黄素合成酶	维生素生物合成	−2.636
	maker00024231	甘露糖 3′，5′-差向异构酶	维生素 C 生物合成	−1.679
	maker00026923	预测：吡哆醛叶绿体还原酶	维生素 B_6 补救途径	−2.272
	maker00008029	MYB 家族转录因子异构体 X1	控制发育和新陈代谢的关键因素	1.506

（5）活性成分合成相关基因的表达模式分析。基于转录组数据中FPKM值，M期活性成分合成相关的24个DEGs在宁杞1号和宁杞7号中的表达特征如图5-20所示。由图可以看出，基因表达模式可分为2种模式：第1种模式（cluster Ⅰ）中有14个基因，相对于宁杞1号，在宁杞7号中低表达；第2种模式（cluster Ⅱ）包含10个基因，在宁杞7号中呈现高表达。

从宁杞1号和宁杞7号G、T和M期果实转录组数据中，分别筛选到类胡萝卜素代谢相关的4、2和3个DEGs，涉及编码八氢番茄红素合成酶1（phytoene synthase 1，Psy1）、八氢番茄红素合成酶2（phytoene synthase 2，Psy2）、15-顺式-ζ-胡萝卜素异构酶（15-cis-ζ-carotene isomerase，Z-ISO）、八氢番茄红素去饱和酶（phytoene desaturase，PDS）、类胡萝卜素裂解双加氧酶4（carotenoid cleavage dioxygenase 4，CCD4）等5种酶，这8个基因在宁杞7号果实相应的发育阶段均下调表达，这可能是不同枸杞品种类胡萝卜素积累差异的原因，可推测宁杞7号果实中类胡萝卜素含量较宁杞1号低。

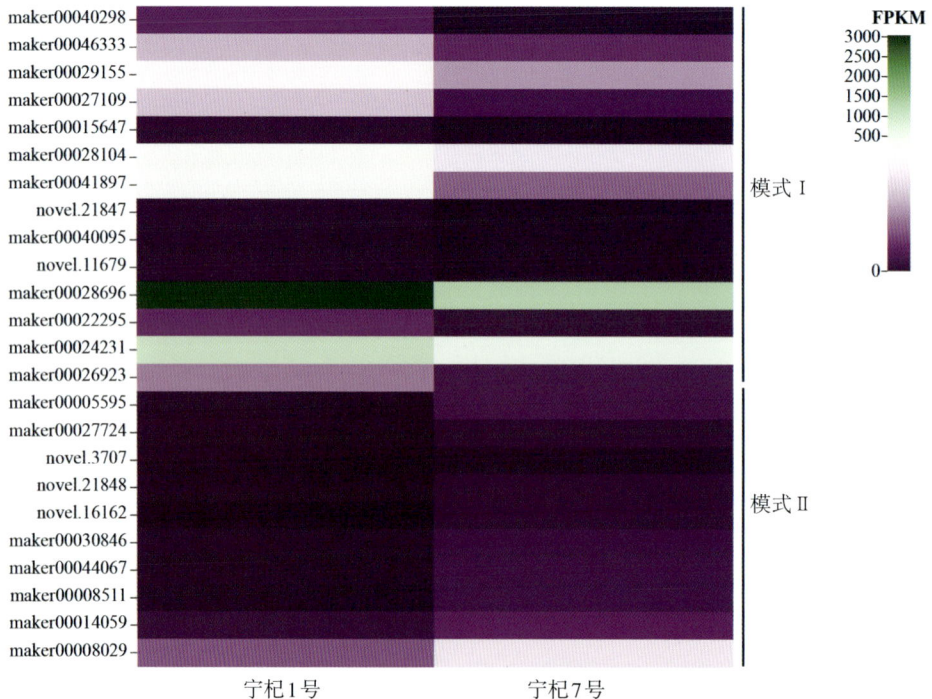

图5-20　活性成分合成相关DEGs表达模式

在宁杞7号M期果实中识别到bHLH转录因子家族基因*bHLH36-like*下调表达。推测*bHLH36-like*在宁夏枸杞类胡萝卜素代谢过程中可能具有重要的调控作用。另外，*CCD4*和*Z-ISO*两个DEGs与*bHLH36-like*表达趋势相同。推测*CCD4*和*Z-ISO*在枸杞类胡萝卜素代谢中的具体功能及其表达可能与转录因子*bHLH36-like*的调控有关。此外，MYB类转录因子家族调控植物类胡萝卜素合成的相关研究已有大量报道，在宁杞7号成熟期果实中发现的上调表达基因MYB family transcription factor isoform X1（MYB X1），可能参与枸杞类胡萝卜素代谢途径的调控（图5-21）。MYB X1和bHLH36-like转录因子是否调控枸杞类胡萝卜素的积累，是单独调控还是协同调控，其调控模式等相关问题，尚需开展相关研究进行验证。

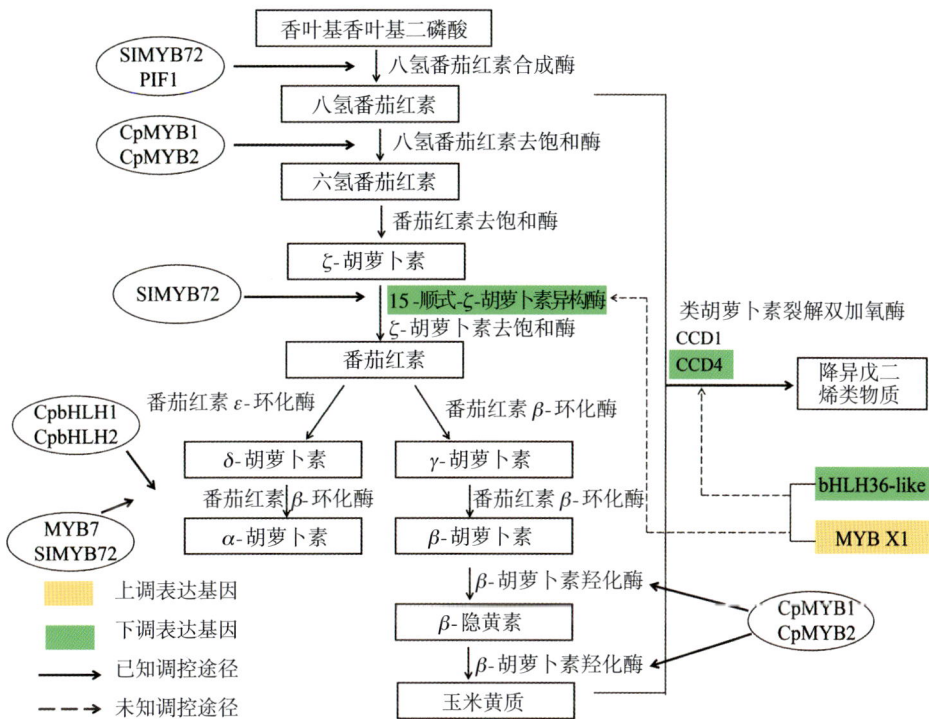

图5-21　类胡萝卜素生物合成途径

3.宁杞1号和枸杞果实转录组比较　采用Illumina NovaSeq 6000平台，对宁杞1号与枸杞成熟期的果实（图5-22）进行转录组测序，共获得256 228 924个clean reads，与宁夏枸杞参考基因组BLAST比对后组装，匹配率在84.80%～95.45%之间。

（1）基因功能注释。两个枸杞材料果实转录组中，共有23 414个表达基因与GO、NR、Swiss-Prot、Pfam和KOG等数据库中已知蛋白具有最显著的Blast匹配（图5-23）。6个数据库中，NR数据库注释基因最多，为20 726个，占比

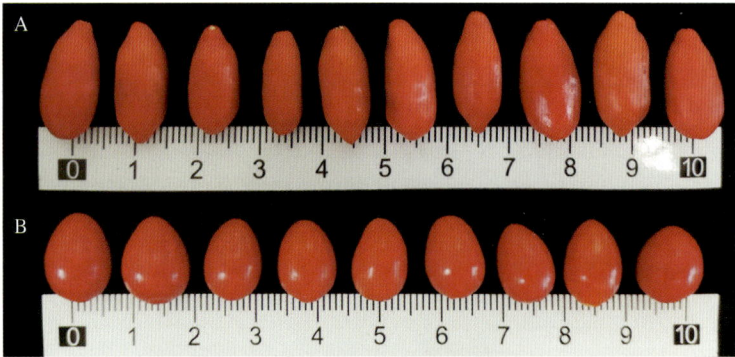

图5-22　宁杞1号与中华枸杞成熟果实

A.宁杞1号　B.枸杞

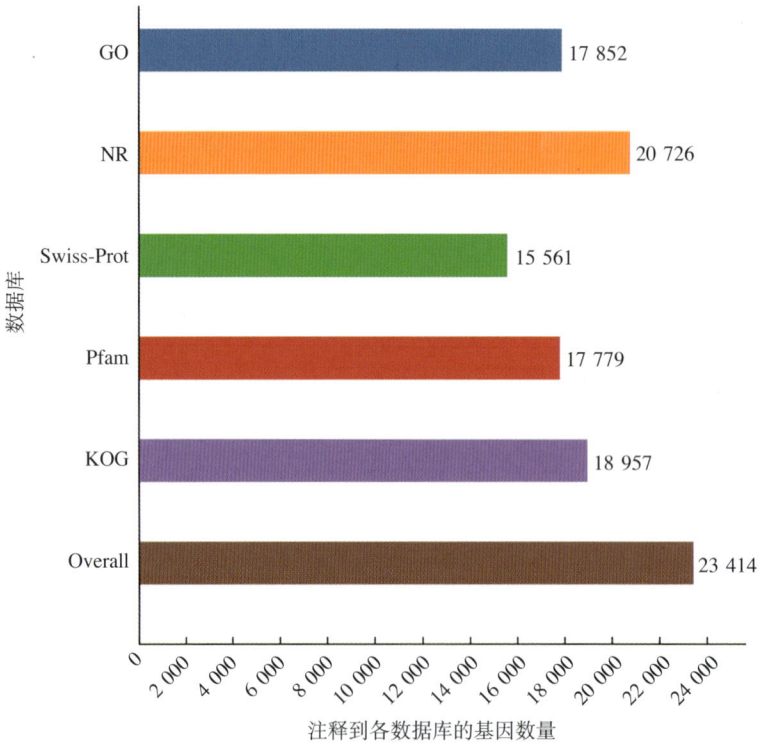

注释到各数据库的基因数量

图5-23　基因在数据库中注释

88.52%；Swiss-Prot数据库注释率最低，为15 561个，占比66.46%。

（2）差异表达基因分析。在| $\log_2^{\text{Fold Change}}$ | ≥ 1.5且FDR<0.05的筛选条件下，筛选到8 817个DEGs，其中4 036个基因上调，4 181个基因下调（图5-24），表明宁杞1号与枸杞的基因表达模式存在较大差异。

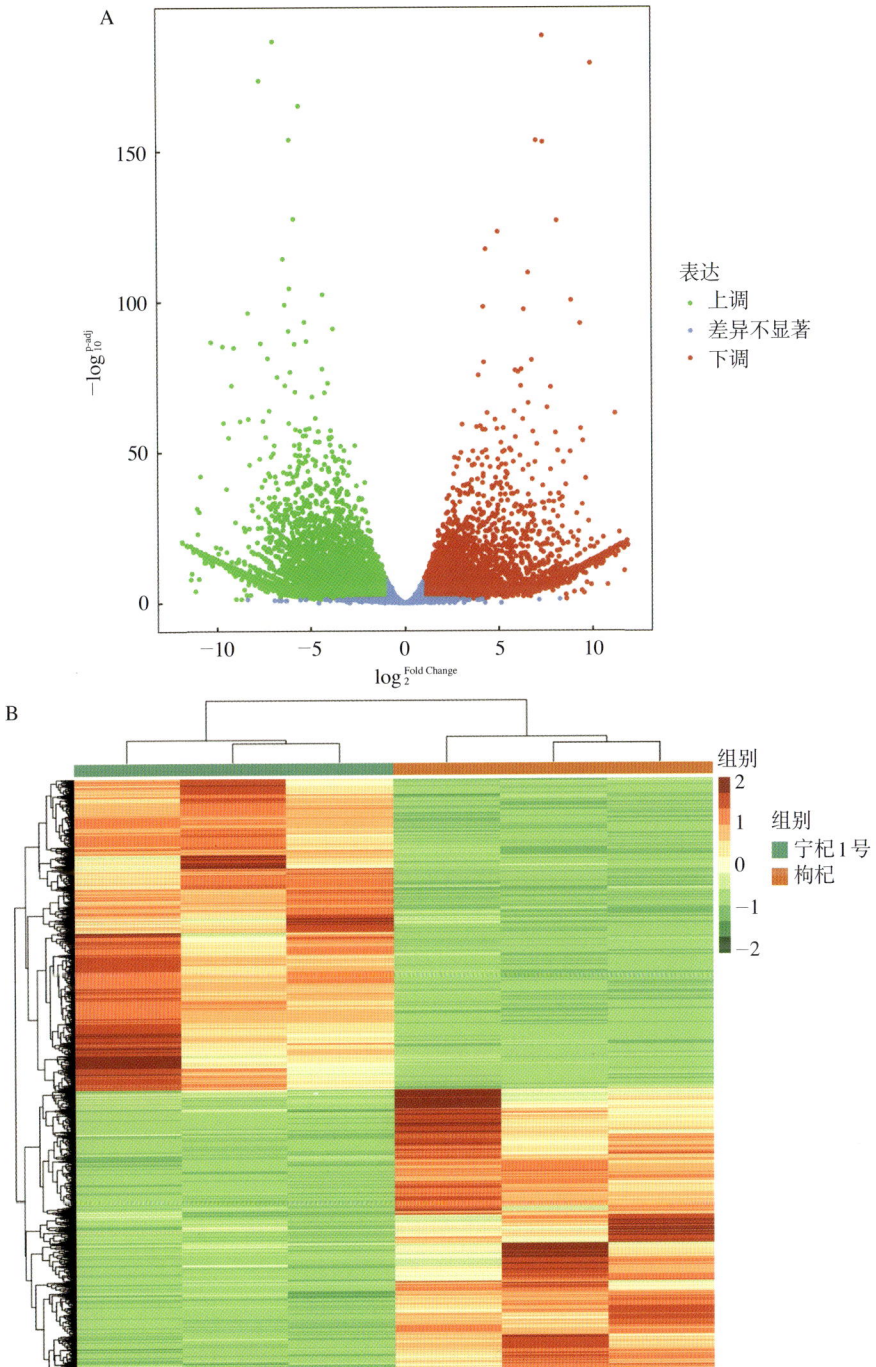

图5-24　差异表达基因聚类

A.DEGs 火山图　B. DEGs 聚类

（3）差异表达基因的GO分类。宁杞1号与枸杞成熟果实中的DEGs经GO分类，涉及细胞组分（CC）、生物过程（BP）和分子功能（MF）的54个亚类（图5-25）。CC类别被分为16个亚类，其中与细胞相关的DEGs最多，为3 699个，占比41.95%，其次是与细胞器相关的DEGs，有2 788个，占比31.62%。BP类分为27个亚类，DEGs主要分布在细胞过程和代谢过程是两个主要的亚类，分别有3 040个占比34.48%和2 619个占比29.70%。DEGs在MF中分布于11个亚类，其中分布最丰富的亚类与结合和催化活性相关，分别有3 127个，占比35.47%和2 965个，占比33.63。50个具有显著富集DEGs的GO-Terms表明，BP的GO-Terms数量最多，共有22个。这50项中占比最高的是硫化合物代谢过程（占2.78%）、转移酶活性、转移己糖基（占2.52%）和UDP-糖基转移酶活性（占2.41%）。

（4）差异表达基因的KEGG通路富集分析。对宁杞1号和枸杞的DEGs进行了KEGG注释和富集分析。结果显示，共注释了139条途径，其中代谢途径、次生代谢物生物合成、油菜素内酯生物合成、丙酮酸代谢、抗坏血酸和醛酸代谢、氨基糖和核苷酸糖代谢以及丙氨酸、天冬氨酸和谷氨酸代谢富集最为显著。值得注意的是，20条通路显著富集，包括倍半萜和三萜生物合成、叶酸生物合成和抗坏血酸和醛酸代谢。在这些代谢途径中富集的DEGs与生物活性成分的代谢有关，这意味着可能存在大量与果实中生物活性成分积累差异相关的DEGs（图5-26）。

（5）果实活性成分代谢相关的DEGs分析。宁杞1号和枸杞的DEGs分布在139个特定的代谢途径分支中，包括KEGG数据库中与生物活性成分代谢相关的16个代谢通路（图5-27）。抗坏血酸和醛酸代谢途径中注释的DEGs数量最多，有76个。此外，黄酮类代谢途径包括黄酮和黄酮醇生物合成、类黄酮生物合成、花青素生物合成和异黄酮生物合成，共注释了60个DEGs。有51个DEGs参与萜类代谢途径，包括倍半萜和三萜生物合成、单萜类生物合成和二萜类生物合成。结果表明在枸杞果实中有大量与黄酮类和萜类等生物活性成分代谢相关的候选基因。

根据KEGG通路注释，结合NR和PubMed数据库，鉴定出36个与生物活性成分代谢相关的基因，其中有21个基因在枸杞中上调，15个下调。这些DEGs包括5个类胡萝卜素生物合成的关键酶基因，分别编码八氢番茄红素合成酶2、八氢番茄红素去饱和酶、番茄红素ε-环化酶（lycopene ε-cyclase）、

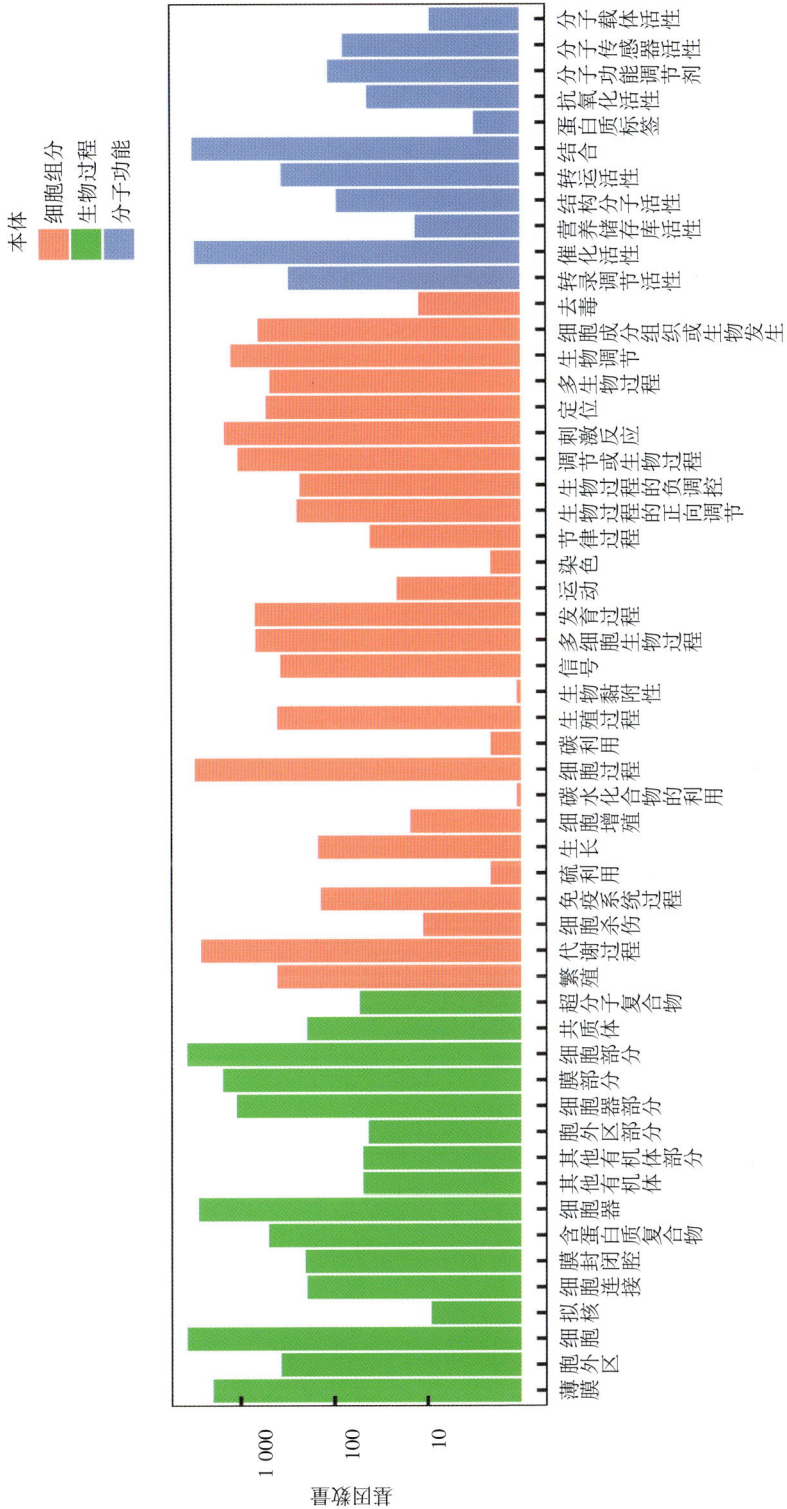

图5-25　差异表达基因的GO分类

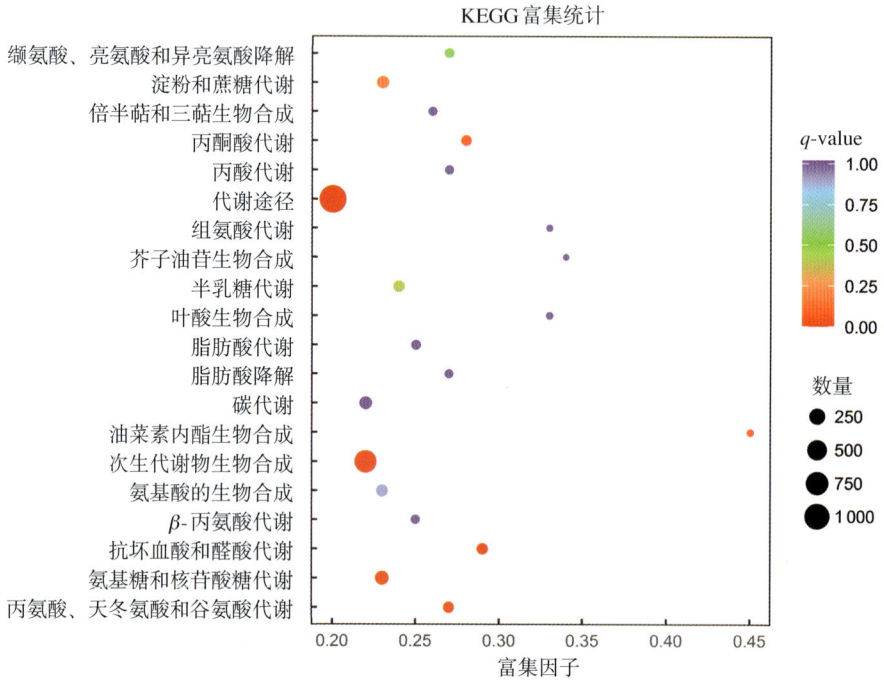

图5-26　差异表达基因的KEGG富集

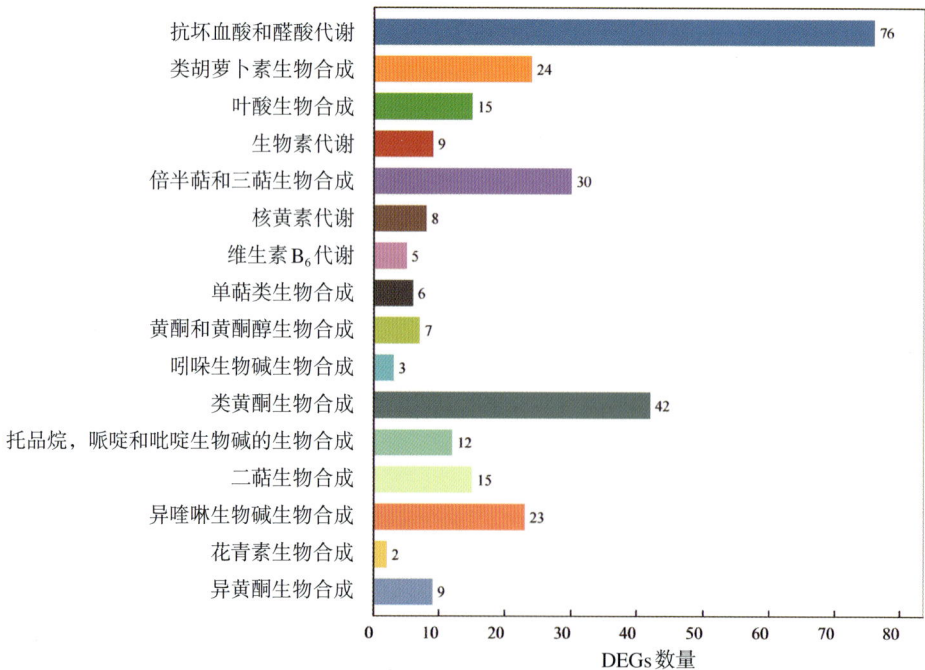

图5-27　枸杞生物活性成分代谢有关的KEGG通路

类胡萝卜素裂解双加氧酶4和15-顺式-ζ-胡萝卜素异构酶（15-*cis*-ζ-carotene isomerase）。值得注意的是，这些基因在枸杞中均上调表达。此外，有17个DEGs编码8个与类黄酮生物合成途径相关的酶，分别是苯丙氨酸解氨酶（phenylalanine ammonia-lyase）、4-香豆酸-辅酶A连接酶（4-coumarate-CoA ligase）、类花青素 3-*O*-葡萄糖基转移酶5-（anthocyanidin 3-*O*-glucosyltransferase 5-like）、查尔酮合酶（chalcone synthase）、花青素合酶（anthocyanidin synthase-like）、类花青素还原酶（anthocyanidin reductase-like）、二氢黄酮醇-4-还原酶（dihydvroflavonol-4-reductase）和类黄烷酮 3-羟酶（flavanone 3-hydroxylase）。另外，筛选到4个与维生素代谢相关的基因、4个与萜类代谢相关的基因、5个与生物碱代谢相关的基因和1个与植物甾醇合成相关的基因。值得注意的是，在枸杞中，绝大多数参与维生素、萜类和生物碱代谢的基因下调表达（表5-9）。

表5-9　宁杞1号和枸杞中活性成分相关差异表达基因

基因编号	基因功能	基因在NR数据库的注释	上调/下调
Maker00032415		八氢番茄红素合成酶2	上调
Maker00040314		八氢番茄红素去饱和酶	上调
Maker00030498	类胡萝卜素代谢	番茄红素 ε-环化酶	上调
Maker00001101		类胡萝卜素裂解双加氧酶4	上调
Maker00025871		15-顺式-ζ-胡萝卜素异构酶	上调
Maker00028237		苯丙氨酸解氨酶	下调
Maker00046257		类4-香豆酸-辅酶A连接酶6亚型X1	下调
Maker00046398		类4-香豆酸-辅酶A连接酶6亚型X1	上调
Maker00038031	类黄酮代谢	类4-香豆酸-辅酶A连接酶7	上调
Maker00016486		4-香豆酸-辅酶A连接酶1	上调
Maker00041947		类花青素 3-*O*-葡萄糖基转移酶5	上调
Maker00047443		类花青素 3-*O*-葡萄糖基转移酶5	上调
Maker00016307	类黄酮代谢	查尔酮合酶部分	下调

（续）

基因编号	基因功能	基因在NR数据库的注释	上调/下调
Maker00013904		查尔酮合酶2	上调
Maker00027189		4-香豆酸-辅酶A连接酶2	下调
Maker00034314		花青素合成酶	上调
Maker00005595		类花青素合成酶	上调
Maker00042082	类黄酮代谢	二氢黄酮醇-4-还原酶	上调
Maker00010957		类二氢黄酮醇-4-还原酶	上调
Maker00042302		类花青素3-O-葡萄糖基转移酶5	下调
Maker00022377		类黄烷酮3-羟化酶	上调
Maker00020607		类黄烷酮3-羟化酶	下调
Maker00006791		核黄素合成酶	上调
Maker00014702		二氧四氢喋啶合酶1	下调
Maker00046101	维生素代谢	γ-生育酚甲基转移酶	下调
Maker00026923		吡哆醛叶绿体还原酶	下调
Maker00030627		β-淀粉酶合酶	下调
novel.16162		类β-淀粉酶合酶	上调
Maker00009475	萜类代谢	达玛烯二醇II合成酶	下调
Maker00009536		达玛烯二醇II合成酶	下调
Maker00012987		长春花碱合成酶样	下调
Maker00040095		长春花碱合成酶样	下调
novel.9869	生物碱代谢	类（S）-N-甲基可可碱3′-羟化酶同I酶	上调
Maker00008076		类聚精液素醛酯酶	上调
novel.15784		类小檗碱桥酶8	下调
Maker00011114	植物甾醇合成	delta（7）-甾醇-X5（6）-脱饱和酶	上调

此外，在9个差异表达的转录因子中，筛选出MYB家族转录因子APL、PHL11亚型X2和KAN4，这些转录因子在枸杞中下调表达。*LbAPL*和*LbPHL11*可能是参与枸杞类黄酮代谢途径调控的良好候选基因。

（6）活性成分代谢相关DEGs的表达规律。利用转录组数据的FPKM值，对宁杞1号和枸杞生物活性成分代谢相关的36个DEGs的表达特征进行分析（图5-28）。与宁杞1号相比，枸杞中有21个高表达基因，15个低表达基因。其中，类胡萝卜素裂解双加氧酶4（Maker00001101）和15-顺式-ζ-胡萝卜素异构酶（Maker00025871）是类胡萝卜素代谢途径的重要结构基因，在枸杞中差异表达显著。

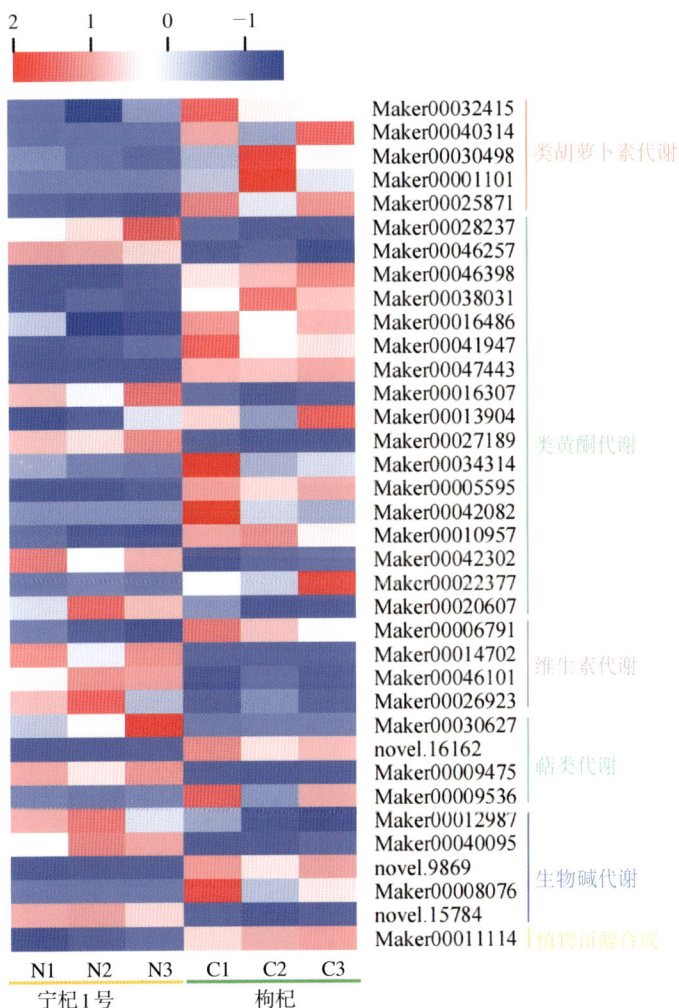

图5-28　生物活性成分代谢相关的36个差异表达基因

转录组数据识别到的5个编码类胡萝卜素生物合成途径相关酶的DEGs，包括PSY2、PDS、Z-ISO、LCYE和CCD4。这些酶在类胡萝卜素生物合成中具有重要的作用。植物类胡萝卜素生物合成途径的第一步是形成八氢番茄红素（图5-29），这是由PSY催化的两个GGPP分子的两步缩合反应。然后PDS对八氢番茄红素进行两步去饱和反应，将其转化为植物素和ζ-胡萝卜素，这是第一个可见的类胡萝卜素；ZISO催化9,15,9′-三顺式-ζ-胡萝卜素转化为9,9′-二顺式-ζ-胡萝卜素，对黑暗条件下器官中的胡萝卜素形成至关重要。类胡萝卜

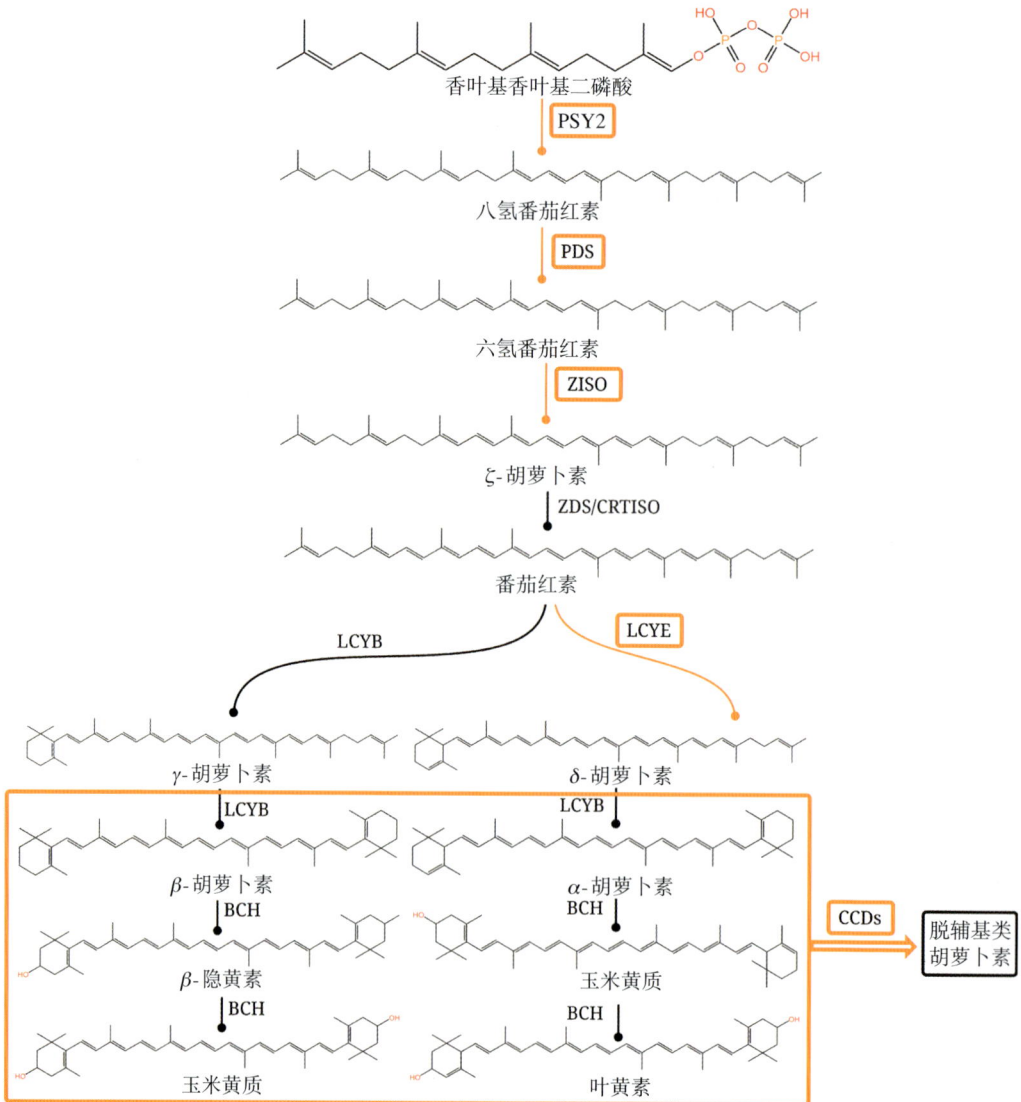

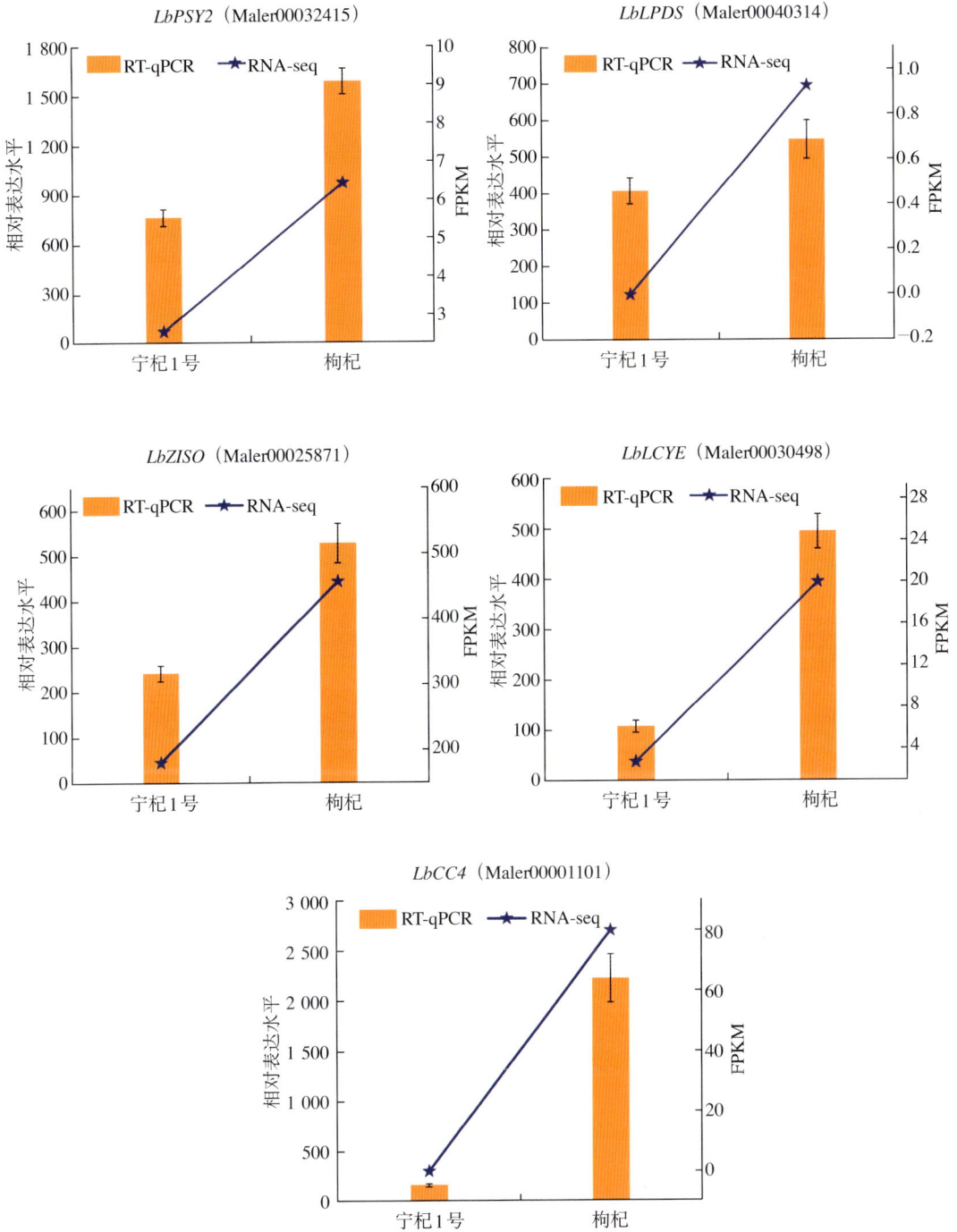

图5-29　类胡萝卜素生物合成途径中DEGs的RNA-seq和RT-qPCR分析

素生物合成的第三步是番茄红素环化，即LCYB将ε环附着在番茄红素上，生成δ-胡萝卜素。值得注意的是，与宁杞1号相比，这5个基因在枸杞中均上调表达。推测PSY2、PDS、ZISO和LCYB上调表达，可能导致枸杞中α-胡萝卜素、α-隐黄质、叶黄素、β-胡萝卜素、β-隐黄质和玉米黄质含量会高于宁杞1号。

在宁杞1号和枸杞成熟果实的转录组数据中，共识别到17个编码7种酶的DEGs参与了类黄酮的生物合成，包括1个PAL、5个4CL、2个CHS、2个F3H、2个DFR、2个ANS和3个3GT（图5-30）。其中有6个下调表达基因和11个上调表达基因。此外，3个转录因子LbAPL、LbPHL11和LbKAN4也下调表达。值得注意的是，由于Maker00028237编码的LbPAL是苯丙烷类生物合成途径中的第一个酶，因此其表达水平是类黄酮生物合成的基础。宁杞1号中*LbPAL*的表达量明显高于枸杞，该基因可能是研究两个枸杞品种类黄酮含量差异的重要候选基因。此外，LbAPL与MYB48具有高度同源性，有研究报道MYB48调控黄酮醇生物合成过程，提示LbAPL可能是调节枸杞果实黄酮醇合成的关键转录因子，还需要进一步深入研究转录因子在枸杞类黄酮生物合成中的功能及其调控机制。

赵建华对宁夏枸杞、北方枸杞、黑果枸杞、宁夏黄果、云南枸杞等8份不同基因型枸杞种质的青果期、初熟期和成熟期果实进行转录组比较，T14-vs-T30中，有10 369个DEGs，其中上调4 733个基因，下调5 636个基因；在T14-vs-T35中，DEGs有11 644个，其中上调5 795个，下调5 849个；在T30-vs-T35中，DEGs有7 272个，其中上调3 939个，下调3 333个。在DEGs显著富集的55个代谢通路中，筛选出33个DEGs、参与糖代谢相关的4个代谢通路；初步筛选出*LbAI*、*LbSS*、*LbXI*、*LbPFK*和*LbSPS*等5个调控枸杞果糖代谢的关键基因（赵建华，2016）。

（二）果皮蜡质积累转录组

枸杞果实为浆果，外果皮表面有角质层分布，主要由蜡被覆盖，是果实制干过程中水分散失的表观限制因子。马洁等通过Illumina HiSeq 2500平台对宁杞1号和宁杞5号青果期（A）、转色期（B）和成熟期（C）的果实进行测序，在宁杞1号中共组装到184 422条unigene，在宁杞5号中共组装到233 170条unigene。其中宁杞1号中的unigene在NR、GO、KOG、KEGG、Pfam等数据库共注释到131 712条，占总unigene的71.42%；而宁杞5号的注释到200 552条，占总unigene的86.01%。GO功能富集显示，在宁杞1号中共鉴定到104条跟蜡质相关的DEGs，其中在B/A中共鉴定到62个DEGs，在C/A中共鉴定到51个，在C/B中共鉴定到34个DEGs。此外，B/A、C/A、C/B组间特有的蜡质DEGs分别为22、13、27个。在宁杞5号中共鉴定到303个跟蜡质相关的DEGs，其中在D/E中有98个DEGs，在D/F中182个DEGs，在E/F中114个DEGs。此外，D/E、D/F、E/F组间特有的蜡质DEGs分别为42、108、68个。KEGG代谢通路富集表明，宁杞1号中有592个蜡质相关DEGs，其中B/A中474个DEGs，C/A中434个DEGs，C/B中113个DEGs。此外B/A、C/A、C/B组间特有的蜡质基因分别为107、75、16个。宁杞5号在KEGG代谢通路中共富集到905个与蜡质相关的DEGs，其中D/E中499个DEGs，D/F中503个DEGs，E/F中518个DEGs。此外D/E、D/F、E/F组间特有的蜡质基因分别为46、152、168个DEGs。

结合不同数据库鉴定的结果，在宁杞1号中共识别到671个DEGs，有374个下调基因和297个上调基因，这些DEGs主要参与脂肪酸的生物合成、脂质生物合成、类黄酮代谢、脂质稳态和酯类代谢等重要的生物学过程。在宁杞5号中共得到1 117个DEGs，包括343个下调基因和773个上调基因，DEGs主要参与羧酸代谢、辅酶生物合成、乙烯反应、脂质生物合成、花生四烯酸转运、作用于酯键的水解酶活性、脂质结合和长链脂肪酸转运等重要的生物学过程。最终筛选到宁夏枸杞果实发育过程中果皮蜡质组分积累相关的关键基因，分别为与二十四烷酸、二十烷酸和甘六烷合成相关基因*win1*，与（2R，3R，4AR，5S，8AS）-2羟基苯丙酸酯合成相关基因*SHN3*，与二十七烷烃、二十八烷烃和1-碘代三十烷烃合成相关基因*WDSD1*，与二十四烷酸合成相关基因*LACS6*、与二十二烷酸和十八烷基-3, 5双-4羟基苯丙酸酯合成相关基因*LTPG2*以及十八烷基-3, 5双（1, 1-二甲基乙基）-4-羟基苯丙酸酯和二十八烷合成相关基因*FDH1*。*CER1*、*WIN1*、*SHN3*和*LACS2*等基因在茎、叶、花和转色果中均有表达，在茎、叶中优势表达，花和转色果中表达量相对较低。*FDH1*与*LACS6*在茎、叶、花和转色果中均有表达，其中在叶和转色果中优势表达，在茎和花中表达量相对较低。*WSD1*在茎、叶、花和转色果中均有表达，其中在茎中优势表达，在叶、花和转色果中表达量相对较低。这些基因的差异表达，可能影响了其调控的枸杞果皮蜡质在果实发育过程中关键基因的表达，从而引起不同枸杞品种果皮蜡质含量、组分和结构等差异性。

（三）果实糖代谢相关基因对高浓度CO_2的响应

环境因素对枸杞果实糖代谢产生一定的影响。高浓度CO_2处理下枸杞叶片中的果糖、淀粉含量显著降低，果实中淀粉含量增高，但根、茎中的糖含量

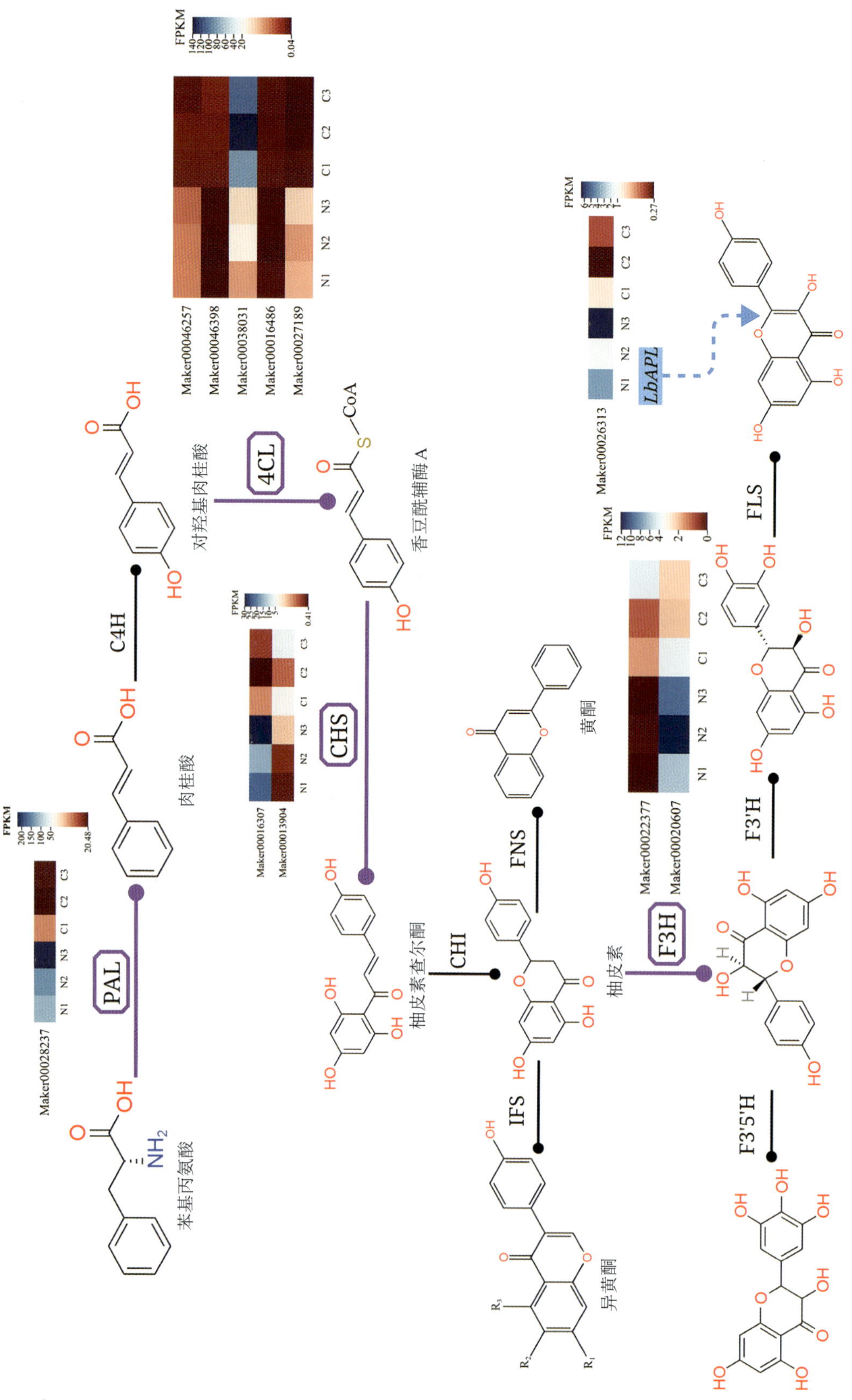
苯基丙氨酸
PAL
Maker00028237
FPKM
肉桂酸
C4H
对羟基肉桂酸
4CL
香豆酰辅酶 A
CoA
Maker00046257
Maker00046398
Maker00038031
Maker00016486
Maker00027189
CHS
Maker00016307
Maker00013904
柚皮素查尔酮
CHI
FNS
黄酮
IFS
异黄酮
柚皮素
F3H
Maker00022377
Maker00020607
F3'H
F3'5'H
FLS
LbAPL
Maker00026313
N1
N2
N3
C1
C2
C3

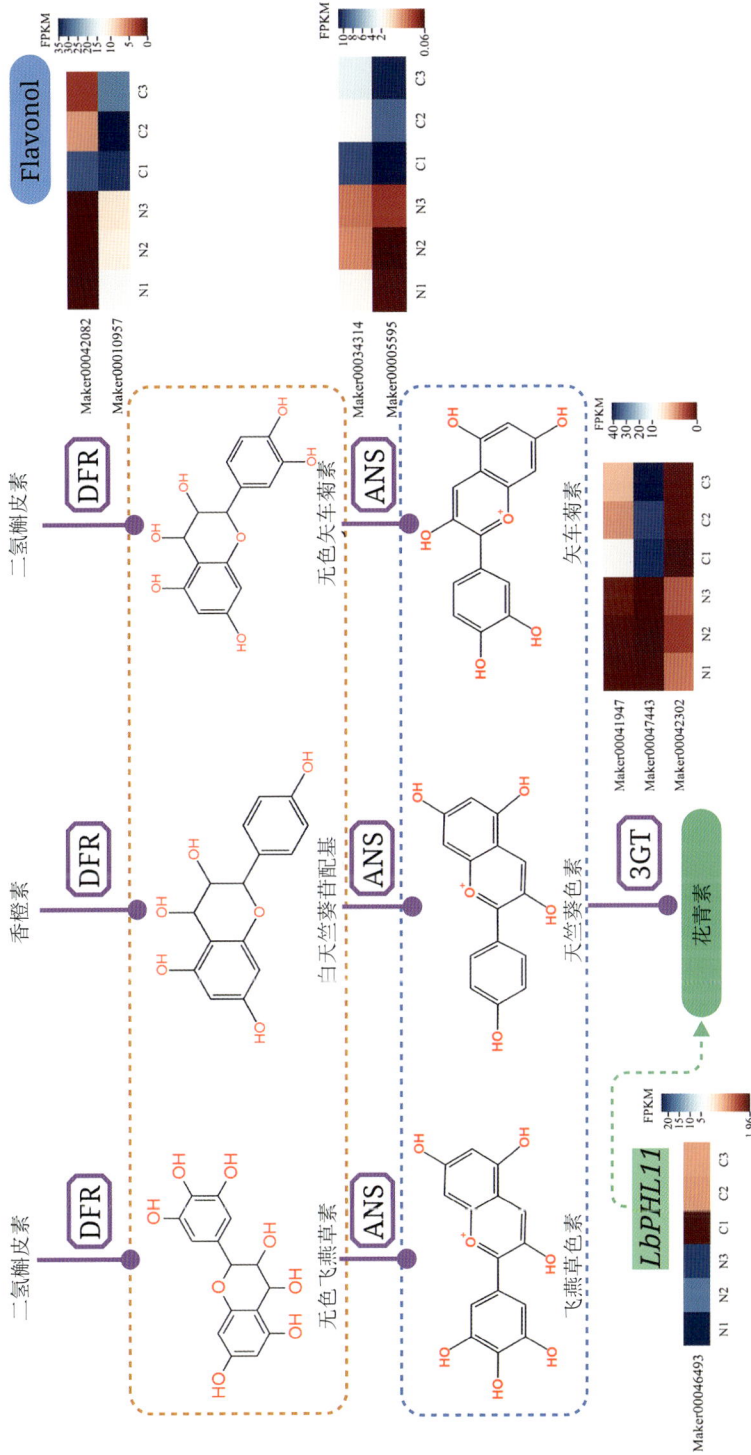

图5-30 黄酮类化合物生物合成途径及DEGs

无显著变化。果实酸性转化酶和蔗糖转化酶活性显著增加。在长期高浓度 CO_2 处理下，果实中蔗糖合成酶活性降低，分解酶类活性增加，这促使蔗糖向己糖转化。光照条件同样影响枸杞果实成熟期糖含量，遮光处理不同程度提高了枸杞果实中蔗糖转化酶、蔗糖磷酸合酶、蔗糖合成酶活性，多糖含量与光照条件存在一定的相关性。对 CO_2 浓度升高（720μmol/L）和对照（400μmol/L）处理下的宁夏枸杞果实进行转录组测序，识别到73个显著DEG，其中55个上调，18个下调。GO富集分析表明，差异表达基因主要参与生物过程、分子功能、细胞组分三大类中的细胞过程（cellular process）、代谢过程（metabolic process）、单组织过程（single-organism process）、细胞（cell）、细胞传导（cell part）、催化活性（catalytic activity）、蛋白结合（binding）等主要生理活动过程。KEGG 代谢通路深富集到7个DEGs涉及12个通路，其中有3个参与糖代谢途径的基因均表现出上调；在苯丙烷类生物合成（phenylpropanoid biosynthesis）及苯丙氨酸代谢（phenylalanine metabolism）中参与调控的DEGs表现出下调，对香豆酮（coumarone）及其衍生物等向下分解产生抑制，这可能导致黄酮类生物合成积累。初步筛选到在 CO_2 浓度升高处理下，调控枸杞果实糖代谢的关键基因 *LbGAE*、*LbGALA* 和 *LbMS*（Ma et al.，2021）。

（四）不同产区枸杞果实转录组

前期研究发现，中宁产区的枸杞多糖中酸性多糖的含量高于青海和甘肃产区的枸杞。然而，三个地区枸杞多糖的具体合成和代谢途径尚不清楚。植物多糖主要集中在细胞壁，研究枸杞细胞壁多糖特别是酸性多糖的生物合成机制有重要的意义。

Ma 等比较了中宁、青海、甘肃3个产区宁杞1号枸杞的细胞壁多糖组成、结构特征及转录组数据，结果表明，青海产区的果实总糖含量最高（13.87%，$p<0.01$）；而纤维素含量最高的是中宁产区的果实（28%，$p<0.05$）；阿拉伯糖、半乳糖和半乳糖醛酸是枸杞细胞壁多糖的主要成分。其中，中宁产区枸杞的半乳糖含量显著最高（$p<0.05$）。转录组测序结果表明高表达的葡萄糖苷酶和低表达的内切葡萄糖苷酶导致了纤维素的积累。果胶裂解酶和果胶酯酶可能是中宁产区枸杞半乳糖和半乳糖醛酸含量高于青海和甘肃产区的主要因素，*SPS*、*BGL*、*PEL*、*GLA*、*PE* 和 *EG* 等基因，淀粉和蔗糖代谢途径、戊糖和葡萄糖醛酸转化途径以及半乳糖代谢途径在细胞壁多糖的合成和代谢中发挥重要作用（Ma et al.，2023）。

二、枸杞花药发育转录组学研究

植物的有性生殖不仅是植物繁衍的主要途径，也是植物进化及适应环境的基础。花药是植物的雄性生殖器官，也是花粉发育的场所，花药发育是一个包括生理、生化及基因表达调控的复杂过程。从转录水平对花药发育相关基因表达的解析，对花药及花粉发育的基础理论研究及其在生产实践上的应用均具有重要的参考价值。

（一）花药发育相关基因识别

对宁杞1号小孢子母细胞时期（S1）、单双核花粉时期（S2）和成熟花粉时期（S3）的花药进行高通量测序，组装共获得128 151条unigene，将unigene与NR、去冗余的蛋白序列数据库（swiss prot protein database，Swiss-Prot）、GO、COG、KOG、KEGG数据库比对，共有40 140个基因得到注释。

1.差异表达基因的GO功能分类 GO分析显示，DEGs分别被注释到生物过程（BP）、细胞组分（CC）和分子功能（MF）中。分子功能中催化活性和蛋白结合所占比例最高，分别为7个（87.5%）和6个（75%）；细胞组分中最多的是细胞膜部分，共有1个，占12.5%；生物过程中则是代谢过程、细胞过程和单组织过程比重较大，分别为4个（50%）、3个（37.5%）和2个（25%）。

2.差异表达基因COG分类 对DEGs进行COG分类结果显示，有17个DEGs分布于8类基因家族，注释最多的是仅一般功能预测（general function prediction only，4）；其次是翻译（translation，3），复制、重组和修复（reproduction、reorganization and repair，3），信号转导机制（signal transduction mechanisms，3）；注释最少的是氨基酸的运输和代谢（transport and metabolism of amino acids，1），脂质的运输和代谢（transport and metabolism of lipids，1），碳水化合物运输与代谢（carbohydrate transport and metabolism，1）以及次生产物合成运输及代谢（secondary metabolites biosynthesis transport and catabolism，1）。

3.差异表达基因KEGG注释 对DEGs进行KEGG注释，发现有3个DEGs分别参与甘油酯代谢、亚油酸代谢、苯内氨酸代谢和苯丙烷类生物合成4条代谢通路。

4.花药发育相关基因的筛选 在错误发现率（false discovery rate，FDR）＜0.05且差异倍数（fold change，FC）≥2的条件下，在S1、S2与S3中，共识别到46个重要的DEGs。KEGG注释发现有4个DEGs参与甘油酯代谢、亚油酸代谢、苯丙氨酸代谢和苯丙烷类生物合成4个途径中。富含亮氨酸重复基因、细胞周期蛋白、受体蛋白激酶、E3泛素蛋白连接酶等11个DEGs（表5-10）参与花药发育过程。

表5-10　花药发育相关差异表达基因

基因ID	基因描述	变化倍数	基因表达
c68267.graph_c0	过氧化物酶基因（PRX）	−4.590996613	下调
c77096.graph_c1	二酰基甘油酰基转移酶基因（DGAT2）	−2.919934769	下调
c75034.graph_c0	受体蛋白激酶（RPK）	−3.47997895	下调
c72608.graph_c0	富含亮氨酸重复基因（LRR）	−3.232330297	下调
c73778.graph_c0	硫氧还蛋白（Trxs）	−2.932284773	下调
c77007.graph_c0	E3泛素蛋白连接酶（MBR1）	−3.571161469	下调
c68844.graph_c0	阿拉伯半乳糖蛋白（AGPs）	−3.730754896	下调
c77579.graph_c0	限制性内切酶（STR）	−3.097051914	下调
c77438.graph_c0	内切酶（entinuclease）	−2.956411029	下调
c69446.graph_c0	细胞周期蛋白（cyclin）	−3.158118976	下调
c31079.graph_c0	脂氧合酶（lipoxygenase）	−3.12474511	下调

（二）雄性不育相关基因筛选

杂种优势在农作物生产上的应用，可以改善作物品质、提高作物产量及抗逆性。植物雄性不育现象在开花植物中普遍存在，雄性不育株系是开展农作物杂种优势的重要材料。枸杞属自花授粉植物，由于其花器官小，通过人工去雄的方式开展枸杞杂交工作，其杂交育种进程较慢。研究枸杞雄性不育及其败育机制，对雄性不育材料在杂交育种过程的应用具有重要的意义。转录组研究可以对特定时空条件下，不同器官、组织、细胞、亚细胞等的所有基因表达谱得以展示，挖掘与表型性状相关的关键基因或调控因子，为解析植物生理、病理等条件下的表型性状机理，提供基因转录水平的参考。

雄性不育品种宁杞5号和可育品种宁杞1号小孢子母细胞时期（S1）、单双核花粉时期（S2）和成熟花粉时期（S3）花药转录组分析，共获得1 759个DEGs，在宁杞5号中，有753个上调表达，1 006个下调。富集到GO数据库的BP、MF及CC等类别的DEGs有558个，注释到KEGG数据库50条代谢通路的有192个。另外，有49个DEGs分别编码分属19个蛋白家族的转录因子。对有注释信息的DEGs进行PubMed数据库检索，筛选到TA-29、孢子壁蛋白、富含亮氨酸重复延伸蛋白、转录因子 DYSFUNCTIONAL TAPETUM 1，GDSL

酯酶，受体蛋白激酶ANXUR1，转录因子 GAMYB、Myb103、细胞色素P450
类蛋白（cytochrome P450 98A3-like，CYP450）、受体蛋白激酶（receptor-like
protein kinase，RPK）、果胶裂解酶（pectate lyase-like，PLL）、查尔酮合酶
（CHS）、花药特异蛋白（anther-specific protein，ASP）等51个花药发育相关基
因（表5-11）。GO分类、KEGG通路富集表明，DEGs主要涉及氨基酸的生物
合成、植物激素信号传导、苯丙烷类生物合成、淀粉和蔗糖代谢、脂肪酸代谢
等相关通路，推测在宁杞5号中，MYB103、AP2、bZIP、DYSFUNCTIONAL
TAPETUM 1等相关转录因子的下调表达，引起其调控途径中*GAP*、*FLAs*、
PGPS、*LAT52*和*AAO*等关键结构基因的下调表达，而这些关键基因的异常表
达，可能直接影响花药发育调控网络，打乱了花药正常发育进程，从而引起花
药败育，导致宁夏枸杞雄性不育。

表5-11　雄性不育相关差异表达基因

基因ID	基因描述	$\log^{fc}_2$	上调/下调
c70271.graph_c0	GDSL酯酶脂肪酶 At2g40250	−5.218611398	上调
c34073.graph_c0	受体样蛋白激酶 ANXUR1	−9.632468297	上调
c13639.graph_c0	I型肌醇1,4,5-三磷酸5-磷酸酶	−10.58206417	上调
c81620.graph_c1	蛋白质 HAPLESS 2	−4.189893872	上调
c11843.graph_c0	甘油醛-3-磷酸脱氢酶，胞质	−9.501702585	上调
c43136.graph_c0	β-苷酶15	−5.426916123	上调
c16778.graph_c0	蛋白 CRABS CLAW	3.277706599	下调
c60273.graph_c0	成束蛋白-like 阿拉伯半乳聚糖蛋白3	−9.771237296	上调
c70817.graph_c0	可能是LRR受体样丝氨酸/苏氨酸蛋白激酶 At4g26540 亚型X1	−3.049680899	上调
c13107.graph_c0	转录因子 DYSFUNCTIONAL TAPETUM 1	6.104039741	下调
c77374.graph_c0	转录因子GAMYB	−4.680016348	上调
c82522.graph_c1	推测的 Myb103 转录因子	4.582144342	下调
c37973.graph_c0	PGPS/D8	−9.76011995	上调
c71052.graph_c0	双向糖转运蛋白 N3	3.490033692	下调
c65763.graph_c0	推测的F-box/FBD/ LRR 重复蛋白 At4g03220	−9.176926438	上调
c74386.graph_c0	配子体自相容性核糖核酸酶前体	6.340548003	下调
c59860.graph_c0	蛋白 PAIR1 亚型X1	3.875825589	下调
c77324.graph_c3	花药特异蛋白 TA-29	−3.382330909	上调

（续）

基因ID	基因描述	log_2^{FC}	上调/下调
c70632.graph_c1	山奈酚 3-O-β-D-半乳糖基转移酶	−9.292623692	上调
c70538.graph_c0	L-抗坏血酸氧化酶同源物	−8.296996042	上调
c70657.graph_c0	蛋白质 GAMETE EXPRESSED 3 同工酶 X1	−5.880377322	上调
c81857.graph_c0	孢子壁蛋白 2	5.039252693	下调
c44680.graph_c0	LAT52 类蛋白	−9.657615569	上调
c79229.graph_c0	富脯氨酸受体样蛋白激酶 PERK12 同工酶 X1	−4.267842892	上调
c51681.graph_c0	富亮氨酸重复延伸样蛋白 3	3.52712493	下调
c78615.graph_c0	主要花粉过敏原 Ole e 6	−9.669159621	上调
c84266.graph_c0	花药特异蛋白 TA-29	−3.125961602	上调
c73969.graph_c0	组氨酸激酶 CKI1	−7.908786007	上调
c60080.graph_c0	果胶裂解酶	−11.40858948	上调
c63060.graph_c0	葡聚糖内酯-1,3-β-葡萄糖苷酶	−9.071718601	上调
c62359.graph_c0	早期类结瘤素蛋白 1	−10.1640005	上调
c75791.graph_c0	β-半乳糖苷酶 5	−9.144187935	上调
c77564.graph_c0	醛脱氢酶家族 2 类 C4 成员	−6.581464312	上调
c20229.graph_c0	CLAVATA3/ESR（CLE）-相关蛋白 12-like	−6.55870286	上调
c11843.graph_c0	甘油醛-3-磷酸脱氢酶，胞质	−7.575439548	上调
c76303.graph_c2	蛋白 HOTHEAD-like	−5.898262153	上调
c13211.graph_c0	细胞色素 P450 98A3	−8.452995218	上调
c79081.graph_c1	干燥相关蛋白 PCC13-62-like	−14.52824939	上调
c84176.graph_c0	非活性富亮氨酸重复受体样	−6.135964227	上调
c39039.graph_c0	类 NAC 转录因子 29	−6.373552105	上调
c76782.graph_c0	GPI-anchored 蛋白 LORELEI-like	−11.61563412	上调
c51964.graph_c0	查尔酮合酶	−5.270507175	上调
c60421.graph_c0	类果胶酶 QRT1	−6.526258227	上调
c43864.graph_c0	水通道蛋白 TIP1-3	−6.047120656	上调
c74612.graph_c1	可能是果胶酸酶 P59	−9.662575192	上调
c12782.graph_c0	β-1,3-葡聚糖酶	−9.869263656	上调
c73912.graph_c0	类聚半乳糖醛酸酶	−8.380392516	上调
c42530.graph_c0	拟 DNA 结合蛋白 ESCAROLA-like	−6.127951016	上调
c63703.graph_c0	花药特异蛋白 LAT52-like	−10.27868235	上调

（续）

基因ID	基因描述	$\log_2^{FC}$	上调/下调
c70271.graph_c0	GDSL 型酯酶/脂肪酶	−6.447040898	上调
c34073.graph_c0	受体样蛋白激酶 ANXUR1	−7.093384036	上调

石晶等通过比较不育品种宁杞5号和可育品种宁杞1号S1、S2和S3花药microRNAome，鉴定了137个参与花药发育的miRNA，其中有45个miRNA在不同样本中差异表达，包括19个miRNA具有品种特异性或阶段特异性表达，其余92个miRNA在宁杞1号和宁杞5号的所有花药发育阶段均可检测到。特定品种或特定阶段的miRNAs，miRNAs c56697.graph_c0_18389，c50729.graph_c0_15681，c55878.graph_c0_17982和c78654.graph_c0_32542在宁杞1号的任何花药发育阶段均未检测到，而在宁杞5号中特异性表达。在宁杞5号特异性miRNA中，c56697.graph_c0_18389和c78654.graph_c0_32542在花药发育的S1、S2和S3均有表达，而c50729.graph_c0_15681在S1和S3表达；c55878.graph_c0_17982仅在S1表达。此外，少数miRNA在宁杞1号的三个花药发育阶段均有表达，而在宁杞5号的较少花药发育阶段表达，如c13431.graph_c0_5283、c33817.graph_c0_10116、c128736.graph_c0_4830、c84495.graph_c0_45171、c84495.graph_c0_45172、c52937.graph_c0_16608和c79953.graph_c0_34506。相比之下，在宁杞5号中，少数miRNA在三个花药发育阶段都表达，而在宁杞1号中，包括c62131.graph_c0_20962、c15025.graph_c0_5551、c18950.graph_c0_6244、c83162.graph_c1_42435、c31554.graph_c0_9366、c60543.graph_c0_20148和c68282.graph_c1_24365 等只是在少数发育阶段表达。其中，在雄性不育品种宁杞5号花药发育整个过程中，有4个miRNAs的表达量均有所上调，且具有相同的靶基因，即编码木葡聚糖特异性内切葡聚糖酶抑制剂。推测miRNA调控木葡聚糖特异性内切葡聚糖酶抑制剂，并通过与β-1, 3-葡聚糖酶相互作用或调节葡聚糖酶的表达，进一步影响胼胝质的降解途径，导致小孢子发育所需营养物质缺乏，最终导致花粉发育异常，导致雄性不育。

三、枸杞响应逆境胁迫转录组学研究

（一）枸杞响应根腐病病原菌侵染的转录组分析

近年来，随着枸杞种植面积的逐年扩大及连作障碍，枸杞病害的发生也越来越严重，导致枸杞产量及品质下降。其中枸杞根腐病是传播最广、最具破坏性的土传病害之一。在所有分离的枸杞根腐病真菌病原菌中，镰刀菌最为丰富，主要有腐皮镰刀菌（*Fusarium solani*）、尖孢镰刀菌（*F. oxysporum*）、同色镰刀菌（*F. concolor*）和串珠镰刀菌（*F. moniliforme*）。目前普遍认为腐皮镰刀菌是枸杞根腐病的主要致病菌之一。根腐病在枸杞的整个生长期都会发生，7～8月发病最严重。感染镰刀菌的植株表现为叶片发黄、坏死、死亡和烂根，茎秆维管束变黑褐色，枸杞产量和品质下降，甚至出现树木死亡现象，严重影响了枸杞的经济效益和生态效益，已成为制约枸杞产业发展的瓶颈问题。目前，使用化学药剂是防治枸杞根腐病的主要途径，但是长期施用会增强病原菌对药剂的抵抗能力，同时，也破坏土壤环境及枸杞品质，对人体健康构成巨大威胁。

随着二代测序技术的快速发展和广泛应用，RNA-seq已成为研究作物性状与基因表达变化的有效手段，为作物抗病候选基因的鉴定和分子标记开发提供了基础。RNA-seq技术已被广泛应用于各类植物抗病机制的研究中，在植物响应生物胁迫的关键基因筛选以及鉴定抗病相关基因中发挥了重要的作用，这为枸杞响应根腐病病原菌胁迫的基因表达研究提供了新思路。

1.腐皮镰刀菌侵染枸杞的DEGs分析

（1）转录组测序及DEGs分析。池礼鑫等以未接种腐皮镰刀菌的健康枸杞植株为对照组（0d），以 $|\log_2^{Fold\ Change}| \geqslant 1$，且FDR<0.05为筛选条件，在宁杞1号中，尖孢镰刀菌侵染后7d检测到6 927个DEGs，其中4 639个上调，2 288个下调；14d检测到2 360个DEGs，其中1 321个上调，1 039个下调。在宁杞5号中，接菌7d和14d后的DEGs总数与宁杞1号相近，分别有6 707个DEGs，其中4 642个上调，2 065个下调，和2 292个DEGs，其中1 112个上调，1 180个下调（图5-31）。Upset韦恩图显示（图5-32），接菌后7d，仅在宁杞1号或宁杞5号中，分别有4 544个、4 307个DEGs；接菌后14d，分别检测到1 102个、930个DEGs仅在宁杞1号或宁杞5号中差异表达。接菌后7d、14d均差异表达的基因，在宁杞1号中有855个，在宁杞5号中有911个，且基因表达具有品种特异性。另外，在两个枸杞品种接菌后有39个共同的DEGs。

（2）DEGs的GO功能分类。宁杞1号接菌后7d和14d的DEGs均在内肽酶抑制剂活性（endopeptidase inhibitor activity）中富集最显著，丝氨酸类内肽酶抑制剂的活性（serine-type endopeptidase inhibitor activity）、半胱氨酸类内肽酶抑制剂的活性（cysteine-type endopeptidase inhibitor activity）和苯丙酸类生物合成过程（phenylpropanoid biosynthetic process）等功能通路在接菌后7d和14d均被显著富集。在宁杞5号中，DEGs对几丁质的反应（response to

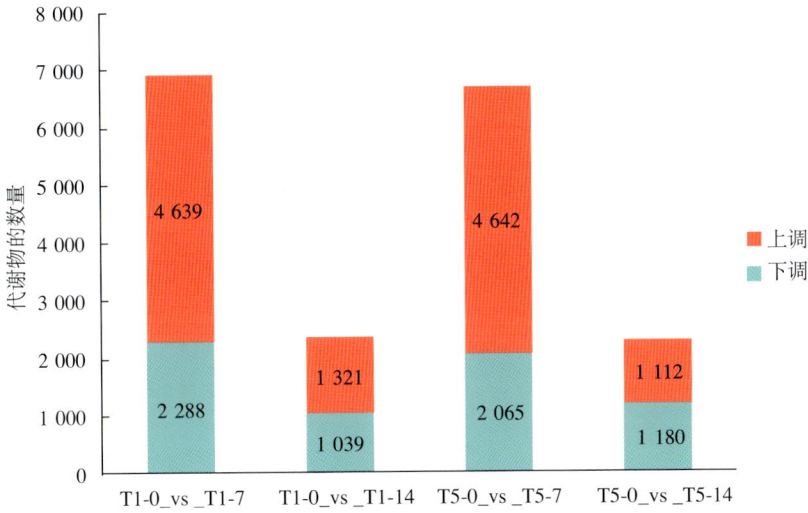

图5-31 腐皮镰刀菌侵染后枸杞根DEGs

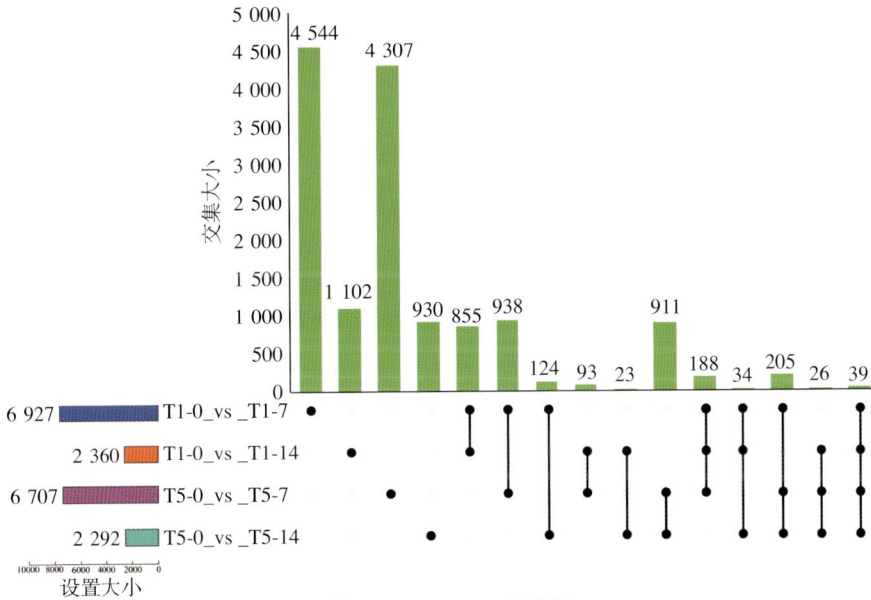

图5-32 Upset 韦恩图

chitin）在腐皮镰刀菌侵染7d后富集最显著，在第14d富集最显著的是微管结合（microtubule binding），木糖醇代谢过程（xyloglucan metabolic process）、膜锚定组件和质膜的固定成分（anchored component of plasma membrane）等功能通路在接菌后7d和14d均被显著富集（图5-33）。

A T1-0_vs _T1-7

B T1-0_vs _T1-14

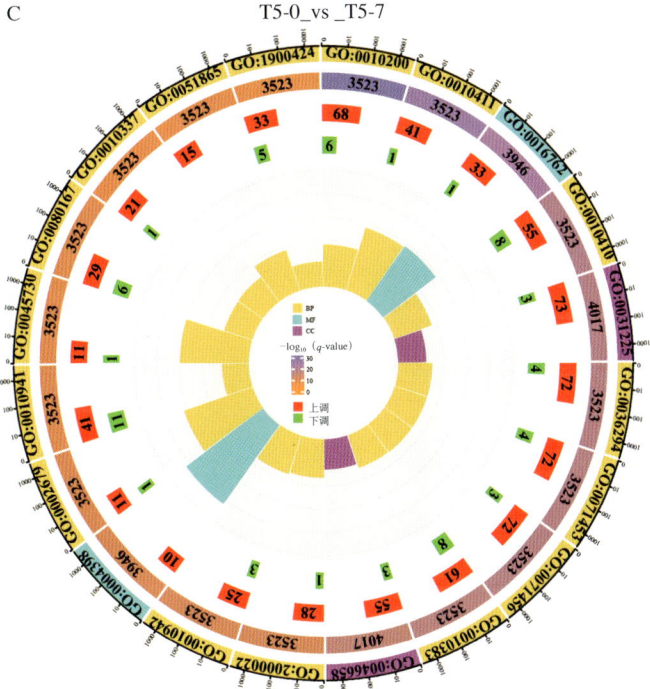

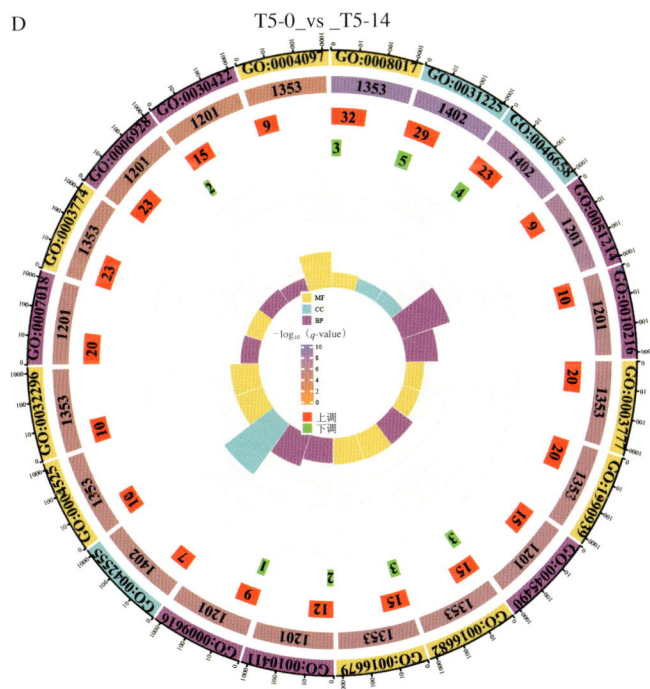

图5-33 DEGs 的GO分类

（3）DEGs的KEGG通路富集。腐皮镰刀菌侵染宁杞1号和宁杞5号后7d和14d的DEGs进行KEGG通路富集，分别筛选出显著性富集的20条代谢通路（图5-34）。接菌后7d和接菌后14d宁杞1号的DEGs均主要富

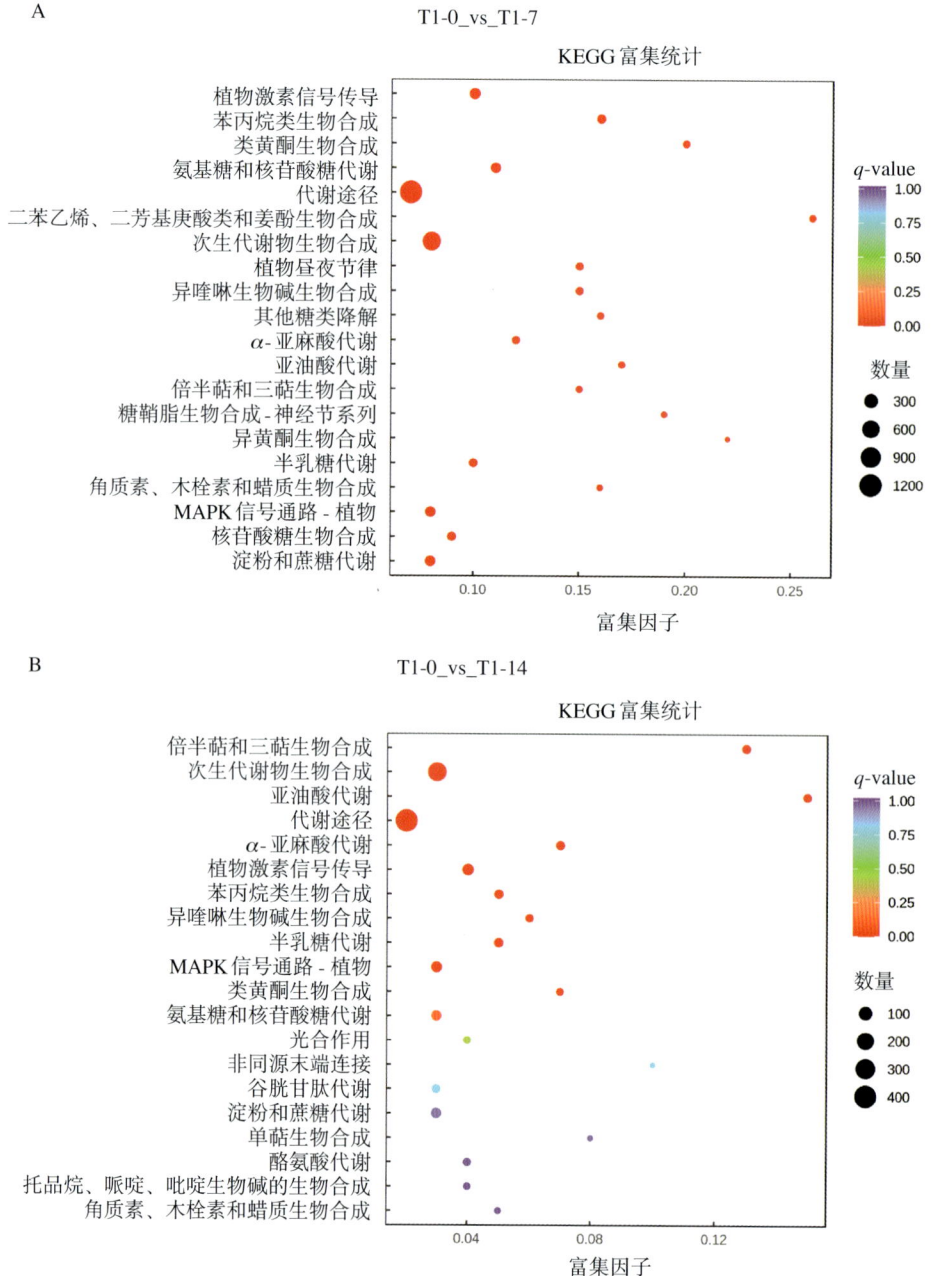

A   T1-0_vs_T1-7

B   T1-0_vs_T1-14

C

T5-0_vs_T5-7

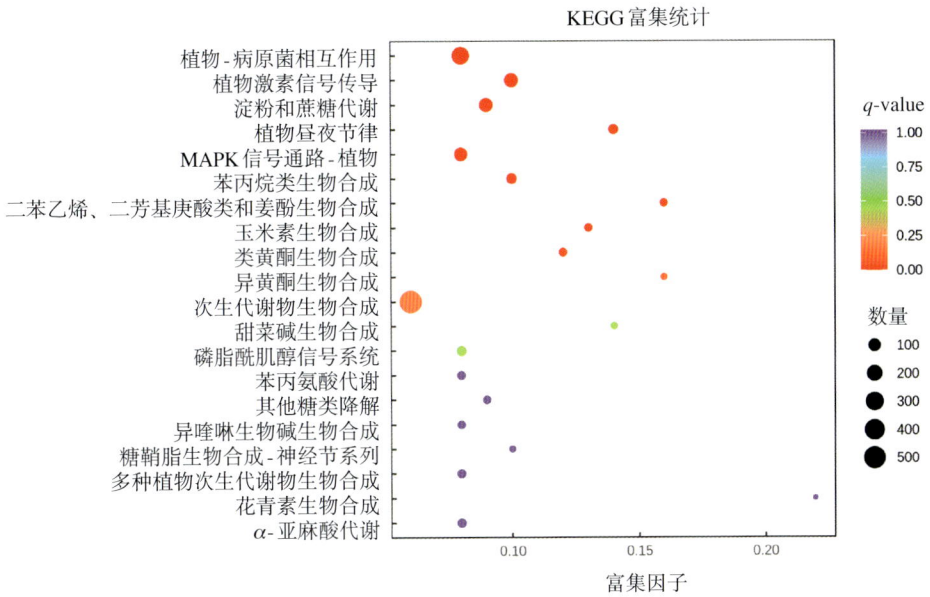

D

T5-0_vs_T5-14

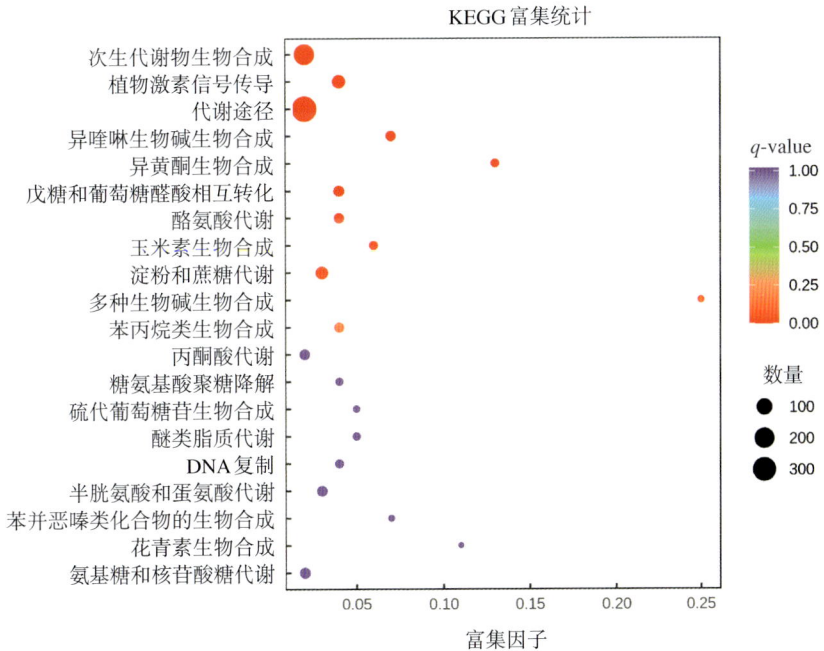

图 5-34　宁杞 1 号和宁杞 5 号接种尖孢镰刀菌后 DEGs 的 KEGG 代谢通路富集

集在代谢途径、次生代谢物生物合成、植物激素信号转导（plant hormone signal transduction）和MAPK信号通路-植物（MAPK signaling pathway-plant）等途径中。接菌后7d宁杞1号的DEGs富集最为显著的通路是植物激素信号转导、氨基糖和核苷酸糖代谢（amino sugar and nucleotide sugar metabolism）、苯丙烷类生物合成（phenylpropanoid biosynthesis）和黄酮生物合成（flavonoid biosynthesis）。接菌后14d宁杞1号的DEGs富集最为显著的通路是次生代谢物生物合成、倍半萜和三萜生物合成（sesquiterpenoid and triterpenoid biosynthesis）、亚油酸代谢（linoleic acid metabolism）和代谢途径。

接菌后7d宁杞5号的DEGs主要富集在代谢途径、次生代谢物生物合成、植物-病原菌相互作用（plant-pathogen interaction）、植物激素信号转导、淀粉和蔗糖代谢（starch and sucrose metabolism）等途径中，富集程度较为显著的通路是植物-病原菌相互作用、植物激素信号转导、淀粉和蔗糖代谢、植物昼夜节律（circadian rhythm-plant）、MAPK信号通路-植物、玉米素生物合成（zeatin biosynthesis）和异黄酮生物合成（isoflavonoid biosynthesis）等。接菌后14d宁杞5号的DEGs主要富集在代谢途径、次生代谢物生物合成、植物激素信号转导、淀粉和蔗糖代谢、戊糖和葡萄糖醛酸相互转化（pentose and glucuronate interconversions），富集程度较为显著的通路是次生代谢物生物合成、植物激素信号转导、代谢途径、异喹啉生物碱生物合成（isoquinoline alkaloid biosynthesis）和花青素生物合成（anthocyanin biosynthesis）等。

（4）关键DEGs挖掘。植物-病原菌相互作用通路是研究植物感知病原菌信号和启动免疫反应抵御入侵的重要代谢通路之一。DEGs的GO功能分类和KEGG代谢通路富集结果表明，宁杞1号主要通过植物激素信号转导、MAPK信号通路和苯丙烷类生物合成以及黄酮生物合成等代谢通路来响应腐皮镰刀菌的入侵。本研究富集的代谢通路涉及的相关DEGs，结合其在NR数据库的注释信息和PubMed数据库信息，筛选到34个与抗根腐病相关的关键候选基因（表5-12）。

表5-12　病原菌侵染的枸杞关键DEGs

基因ID	NR数据库注释	T1-0_vs_T1-7_log$_2^{FC}$	T1-0_vs_T1-14_log$_2^{FC}$	T5-0_vs_T5-7_log$_2^{FC}$	T5-0_vs_T5-14_log$_2^{FC}$
cluster-107674.7	几丁质诱导剂受体鞘氨醇酶1	1.19	0.88	−1.18	0.02
cluster-87104.1	LysM域受体样激酶3	0.96	1.16	1.10	−0.71

（续）

基因 ID	NR 数据库注释	T1-0_vs_T1-7_log$_2^{FC}$	T1-0_vs_T1-14_log$_2^{FC}$	T5-0_vs_T5-7_log$_2^{FC}$	T5-0_vs_T5-14_log$_2^{FC}$
cluster-97692.0	基本形态发生相关蛋白 1	5.49	4.18	−0.56	−1.99
cluster-104954.3	致病相关蛋白 PR-4	1.20	1.47	−0.96	−0.05
cluster-94660.0	转录因子 TGA1	1.24	0.88	0.22	0.84
cluster-82597.1	调控蛋白 NPR1	1.23	1.08	2.57	0.55
cluster-93791.1	调控蛋白 NPR5	2.03	0.89	2.58	1.64
cluster-73159.1	类几丁质酶蛋白 2	2.18	0.41	0.39	0.77
cluster-60741.0	类甜蛋白	3.94	0.78	1.19	0.74
cluster-89152.0	LRR 受体样丝氨酸/苏氨酸蛋白激酶 GSO1	−1.84	0.70	−2.05	0.81
cluster-88416.5	β（1,3）-葡聚糖调节剂	4.54	3.37	1.68	1.27
cluster-80900.0	推测的晚疫病抗性蛋白同源物 R1B-16	1.36	−1.84	−0.31	0.44
cluster-100356.1	部分阴离子过氧化物酶	3.35	1.64	0.73	−0.12
cluster-103509.0	沉积相关阴离子过氧化物酶 1	2.04	1.49	−0.47	−1.06
cluster-106168.0	氯质 磷脂氢过氧化物谷胱甘肽过氧化物酶	1.91	0.92	−0.83	0.08
cluster-109571.1	L-抗坏血酸过氧化物酶 6，叶绿体	2.01	0.60	−1.92	−0.25
cluster-47649.862	预测：抗病蛋白 RPP13-like，部分	1.05	1.31	0.84	0.14
cluster-83203.0	过氧化酶 72	1.79	2.00	−0.31	0.06
cluster-89704.4	丝氨酸/苏氨酸蛋白 kinase	−1.96	0.08	−2.72	−1.26

（续）

基因 ID	NR 数据库注释	T1-0_vs_T1-7_log $_2^{FC}$	T1-0_vs_T1-14_log $_2^{FC}$	T5-0_vs_T5-7_log $_2^{FC}$	T5-0_vs_T5-14_log $_2^{FC}$
cluster-41694.11	防御素样蛋白	1.84	1.10	0.52	0.98
cluster-83357.0	防御素样蛋白 P322	1.51	1.61	−1.06	−0.32
cluster-94104.0	防御素样蛋白异构体 X2	3.72	2.40	0.56	1.26
cluster-35741.9	NADPH 氧化酶	0.66	2.71	−2.27	0.80
cluster-107786.4	呼吸裂解酶类蛋白 C	3.35	3.13	1.06	−0.17
cluster-110012.5	钙依赖性蛋白激酶 34	0.41	1.11	0.70	0.61
cluster-108235.5	钙结合和盘绕结构域蛋白 2-like	0.86	2.23	−0.55	−1.82
cluster-83583.4	富半胱氨酸受体样蛋白激酶 25	1.03	0.71	−0.41	0.35
cluster-97162.0	富含半胱氨酸和跨膜结构域的类 A 蛋白	3.59	1.57	0.46	1.14
cluster-99585.1	富半胱氨酸受体样蛋白激酶 10	0.97	0.58	1.79	−1.51
cluster-77749.0	有丝分裂原活化蛋白激酶激酶激酶 3	2.13	2.51	3.66	−0.95
cluster-104664.0	有丝分裂原激活蛋白激酶激酶	2.37	1.71	1.66	−0.61
cluster-64318.0	有丝分裂原激活蛋白激酶激酶 2	1.16	1.14	2.43	0.40
cluster-77749.1	有丝分裂原激活蛋白激酶激酶 NPK1-like	1.02	2.92	1.78	−0.80
cluster-97938.1	致病相关蛋白 1B	−3.27	1.77	−3.68	−0.37

（5）DEGs 中转录因子筛选。转录因子（transcription factor，TF）能够与基因启动子区域中的顺式元件特异性结合，激活或抑制目的基因的表达。

DEGs中共有46个TF在宁杞1号和宁杞5号感染腐皮镰刀菌前后基因的表达量发生变化，主要来自5个转录因子家族。其中WRKY家族数量最多，其次是ERFs家族、bHLH家族和MYB家族，数量最少的是C2H2型锌指蛋白家族。大部分TF在枸杞感染腐皮镰刀菌后7d上调表达，在接菌后14d表达量下降。这些TF在不同枸杞品种中的表达程度有所不同，宁杞1号中这些TF大多数上调表达，而大部分TF在宁杞5号接菌后14d下调表达（图5-35）。部分TF在宁杞1号中持续上调表达，而在宁杞5号始终下调表达，这些TF主要属于ERFs家族和MYB家族。推测相关TF在两个枸杞品种中的差异表达，可能是宁杞1号和宁杞5号响应病原菌侵染而表现抗、感根腐病的重要原因之一。

宁杞1号DEGs主要与丝氨酸类内肽酶抑制剂、半胱氨酸类内肽酶抑制剂

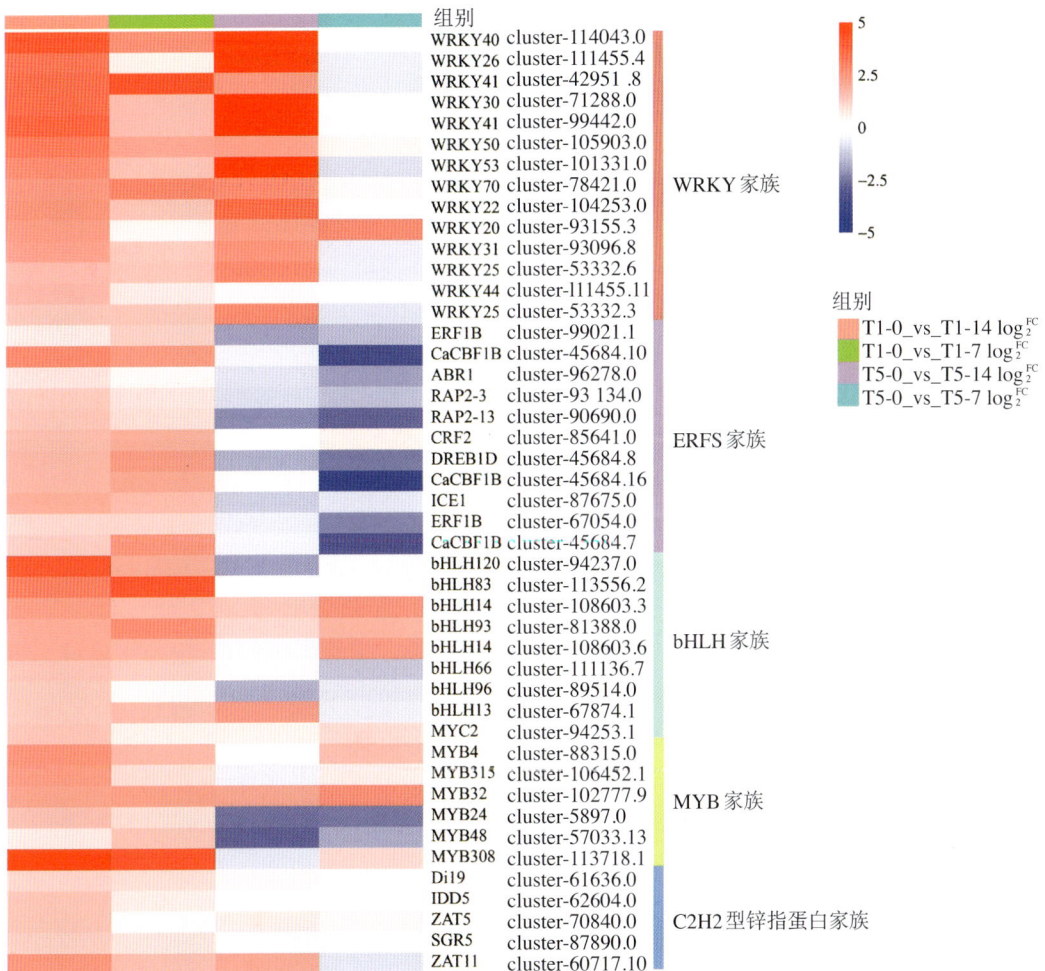

图5-35　枸杞响应腐皮镰刀菌侵染的差异表达转录因子

的活性以及苯丙烷类生物合成相关。而宁杞5号DEGs主要富集在木葡聚糖代谢过程和膜的固定成分功能通路。推测宁杞1号在响应腐皮镰刀菌侵染的过程中主要通过提高内肽酶抑制剂的活性和苯丙烷的合成来抵御病原菌入侵，而宁杞5号主要通过增加木葡聚糖以及一些膜上固有成分的合成来阻止腐皮镰刀菌的入侵。KEGG代谢通路富集表明，宁杞1号与宁杞5号DEGs均在植物激素信号转导、苯丙烷类生物合成、次级代谢物生物合成、淀粉和蔗糖代谢以及异喹啉生物碱生物合成等代谢通路中显著富集。不同的是，宁杞1号中的DEGs还与黄酮生物合成、氨基糖和核苷酸糖代谢、亚油酸代谢以及MAPK信号通路等代谢途径相关，而宁杞5号中的DEGs在玉米素生物合成、异黄酮生物合成和花青素生物合成等代谢通路中显著富集。表明两个枸杞品种响应腐皮镰刀菌机制有相同之处，同时也存在差异。推测腐皮镰刀菌侵染时，枸杞通过加速糖代谢，以合成内源激素、苯丙烷和生物碱进而抵御病原菌的入侵，宁杞1号可能通过MAPK信号通路将病原菌侵染信号逐级放大传递，从而快速激活植物免疫防御。

在接种腐皮镰刀菌后7d，CERK1（cluster-107674.7）在宁杞1号的表达量上调，但在宁杞5号中下调表达。在接种14d，LysM域受体样激酶3（cluster-87104.1）在宁杞1号中表达量增加，宁杞5号由第7d的上调表达转变为下调表达。推测宁杞1号抗根腐病能力较强的原因可能在于宁杞1号比宁杞5号对腐皮镰刀菌的识别能力更强，并且能够通过持续上调LysM-PRRs的表达从而激发更强的免疫反应抵抗病原菌入侵。宁杞1号被腐皮镰刀菌侵染后，NOX（cluster-35741.9）在7d和14d均上调表达，而在宁杞5号接菌后7d下调表达。此外，转录组数据表明编码CDPK蛋白的CDPK34（cluster-110012.5）在宁杞1号和宁杞5号均上调表达，但在宁杞1号中表达量上调更明显。同时编码含钙结合和盘绕结构域的蛋白2（calcium-binding and coiled-coil domain-containing protein 2）（cluster-108235.5）在宁杞1号上调表达，并在接菌后14d表达量持续增加，但在宁杞5号接菌后7d下调表达。编码富含半胱氨酸和跨膜结构域蛋白A的基因（cysteine-rich and transmembrane domain-containing protein A）（cluster-97162.0）、CRK10（cluster-99585.1）和CRK25（cluster-83583.4）在宁杞1号接菌后均上调表达，而宁杞5号中下调表达。推测宁杞1号在受到腐皮镰刀菌侵染后上述相关基因上调表达，迅速合成NOX，并增加CDPK和CRK的表达以激活NOX的活性，快速合成抗病反应的早期信号ROS，从而促进下游免疫相关通路表达抗病相关基因来抵御腐皮镰刀菌的侵染，这可能是宁杞1号抗根腐病而宁杞5号易感根腐病的重要原因。

MAPK级联反应的激活是植物感知病原菌侵染的最早的信号事件之一，

能够诱导多种植物激素合成，控制ROS的产生，也可以直接或间接作用于转录因子，调节植物免疫响应中关键基因的表达，在植物对抗病原体攻击的防御方面发挥着关键作用。*MEKK3*（cluster-77749.0）和*NPK1*（cluster-77749.1）基因在宁杞1号接菌后7d和14d均保持上调表达，在宁杞5号接菌后14d出现下调表达，表明在腐皮镰刀菌的持续攻击下，宁杞1号仍然能够提高*MEKK3*和*NPK1*表达量，持续诱导抗病免疫相关植物激素的合成和抗病反应从而抵御病原菌的胁迫，但随着病原菌的持续入侵，在宁杞5号中的*MEKK3*和*NPK1*表达受阻，影响植物激素的合成和抗病相关反应而无法积极响应病原菌的入侵。

2.尖孢镰刀菌侵染枸杞的DEGs分析 张生憧等以甘肃农业大学经济林实训基地大田栽种的宁杞1号植株，对尖孢镰刀菌侵染后7d的枸杞根组织进行DEGs分析。通过Illumina Hiseq 2500测序，总共筛选到1 892个DEGs，包括1 242个上调表达和650个下调表达的基因，表明尖孢镰刀菌在侵染后的DEGs主要表现为显著上调表达。最终共筛选到283个极显著DEGs，包括166个上调表达和117个下调表达的DEGs。通过NR数据库、GO数据库、KO数据库、KEGG数据库、KOG数据库和Swiss-prot数据库对筛选到的极显著DEGs进行注释，并剔除少于2个注释结果的DEGs，最终得到180个极显著表达且有2个及以上注释结果的DEGs。发现47个DEGs与碳水化合物活性酶相关，包括编码MFS转运蛋白、丝氨酸/苏氨酸蛋白激酶以及细胞壁降解酶相关的基因。其中，编码*β*-木糖酶（beta-xy-losidase）的基因*NECHADRAFT_48184*、编码丝氨酸/苏氨酸蛋白激酶（serine/ threonine-protein kinase）的基因*NECHADRAFT_52370*、编码果胶酸裂解酶（pectate lyase）的基因*NECHADRAFT_8181*和*NECHADRAFT_122787*以及编码MFS转运蛋白（MFS transporter）的基因*NECHADRAFT 45233*在尖孢镰刀菌侵染7d后显著上调表达。推测*NECHADRAFT_48184*、*NECHADRAFT_52370*、*NECHADRAFT _8181*、*NECHADRAFT_122787*和*NECHADRAFT_45233*参与了尖孢镰刀菌的致病机制。从180个DEGs中共筛选到25个上调表达的植物-病原体相互作用相关DEGs包括编码角质酶、自噬相关蛋白、甲基转移酶和转运型ATP酶等相关酶的基因。其中，编码Na^+/K^+转运P型ATP酶（Na^+/K^+ P–type transporting ATPase）的基因*NECHADRAFT_65962*和*NECHADRAFT_62632*、编码Ca^{2+}转运P型ATP酶（Ca^{2+} P-type transporting ATPase）的基因*NECHADRAFT_ 100814*、编码AAA^+型ATP酶（AAA^+-type ATPase）的基因*NECHADRAFT_ 1988*和编码角质酶（chitinase）的基因*NECHADRAFT_ 122567*在尖孢镰刀菌侵染前后变化尤为显著。推测*NECHADRAFT_ 65962*、*NECHADRAFT_ 62632*、*NECHADRAFT _00814*和*NECHADRAFT_ 1988*可能在致病过程中发挥了重要作用。另外，角质酶作为突破寄主植物角质层的工具酶，也参与了真菌的致病性过程，其编码基因 *NECHADRAFT_ 122567* 也是尖孢镰刀菌成功侵染的关键基因。

最终识别到响应尖孢镰刀菌侵染的关键致病基因，主要参与鞘脂代谢、过氧化物酶体和ABC转运蛋白代谢途径，最终筛选到细胞壁降解酶、丝氨酸/苏氨酸蛋白激酶、MFS转运蛋白、Na^+/K^+转运P型ATP酶、Ca^{2+}转运P型ATP酶编码等10个基因为尖孢镰刀菌致病性密切相关的致病候选基因（张生懂 等，2023）。这些响应镰刀菌侵染的枸杞DEGs，为进一步开展基因功能研究、解析抗性枸杞材料抗根腐病机制提供了理论基础。

3. 木贼镰刀菌侵染枸杞的DEGs分析 方泰军等以青海省农林科学院林业科学研究所2年生宁杞1号为材料，经根腐病病原菌木贼镰刀菌（*Fusarium equiseti*）侵染后7d，取样开展转录组分析，在发病组与健康组中，共筛选出6 503个DEGs，其中上调差异基因有3 558个，下调差异基因有2 945个。

KEGG富集分析将DEGs注释到48条代谢通路中，差异上调基因富集程度最高的前20个代谢通路条目。富集程度较高的通路有：内质网中的蛋白质加工（protein processing in endoplasmic reticulum）、植物激素信号转导（plant hormone signal transduction）、植物-病原体相互作用（plant -pathogen interaction）、细胞内吞作用（endocytosis）、精氨酸和脯氨酸代谢（arginine and proline metabolism）、丙酮酸代谢（pyruvate metabolis）等。

差异下调基因富集程度最高的前20个代谢通路条目。富集程度较高的通路有：碳代谢（carbon metabolism）、氨基酸生物合成（biosynthesis of amino acids）、植物激素信号转导（plant hormone signal transduction）、光合生物的固碳作用（carbon fixation in photosynthetic organisms）、嘌呤代谢（purine metabolism）、糖酵解/糖异生（glycolysis/Gluconeogenesis）、光合作用等。

通过对差异表达基因中的转录因子进行预测分析，共有24个转录因子表达发生了变化，分别归属于13个转录因子家族。其中C2H2和TCP数量最多，包含4个转录因子。其次是WRKY，包含3个转录因子。C2C2-Dof和MADS-M-type家族，含有2个转录因子。C3H、NAC、NF-YA、SBP、SRS、TKL-Cr-3、Tify、zn-clus等8个转录因子家族均含有1个转录因子。

根据识别到的DEGs，特别是上调基因，结合研究基础推测，枸杞受病原菌胁迫后会通过合成大量的病程蛋白进行初步防御反应。初步明确了差异基因的功能及感病后枸杞的代谢变化。枸杞在受到病原菌侵染后，内质网中的蛋白质加工通路中富集了大量的差异上调基因，分析推测细胞通过合成一些病程蛋白，对病原菌进行初步防御。同时，植物激素信号传导通路中与生长素相关

的基因 *AUX1* 和 *GH3* 表达均受到抑制，与脱落酸相关的基因 *PP2Cs* 过量表达，也导致枸杞应对病原菌侵染的抗病性有所下降。植物光合作用、光合作用中碳固定和糖酵解等多个过程均受到不同程度的影响，糖合成、糖分解和代谢等过程无法正常完成，加速了植株发病死亡（方泰军 等，2022）。

（二）枸杞内生嗜线虫镰刀菌NQ8GⅡ4侵染枸杞的转录组研究

植物内生真菌是极具应用潜力的生防因子。拮抗内生真菌除了能产生抑菌物质，与病原菌竞争营养和空间外，还可以作为激发子诱导植物的防御反应，以提高宿主植物的抗病性。李金为了探究拮抗内生真菌枸杞内生嗜线虫镰刀菌（*Fusarium nematophilum*）菌株 NQ8GⅡ4对枸杞的诱导抗病作用机制研究，以接种NQ8GⅡ4菌株和未接组3d和7d的宁杞5号为材料，通过Illumina高通量测序技术转录分析接种NQ8GⅡ4菌株对枸杞基因表达谱的影响。与未接种处理相比较，NQ8GⅡ4菌株侵染3d的DEGs有2 130个，其中上调表达1 935个，下调表达198个；菌株侵染7d的DEGs有2 098个，其中上调表达1 302个。下调表达796个，GO富集分析发现，DEGs因主要富集在免疫系统调节过程、抗氧化活性和电子载体活性等条目上。KEGG负极分析显示，差异表达基因主要富集在植物激素信号转导、植物-病原菌相互作用和苯丙烷类生物合成等防御途径。转录因子分析发现参与植物抗逆过程的转录因子AP2/ERF、WRKY、bZIP、NAC和MYB等家族成员均被不同程度的诱导表达（李金，2022）。研究结果表明，枸杞内生嗜线虫镰刀菌NQ8GⅡ4菌株可调控植物激素信号转导、植物-病原菌相互作用、苯丙烷类生物合成等防御途径相关基因的表达，进而增强枸杞植株的抗病能力。

（三）枸杞响应枸杞瘿螨和枸杞木虱的转录组分析

枸杞瘿螨和枸杞木虱是宁夏枸杞两种重要成灾害虫，对枸杞生长发育及产量品质有重要的影响。杨孟可通过转录组研究发现，与健康植株相比，枸杞瘿螨单独为害（M）引起1 192个DEGs上调，811个DEGs下调；枸杞木虱单独为害（P）引起1 632个DEGs上调，858个DEGs下调；瘿螨木虱共同为害（MP）引起2 198个DEGs上调，1 324个DEGs下调。M对寄主植物光合作用影响较轻微，P和MP对宁夏枸杞的光合作用产生显著的抑制效应，可引起光合系统和叶绿素合成相关基因大量下调表达。另外，M可提高枸杞叶片中糖类合成基因上调表达及降解基因下调表达；P可降低枸杞叶片中糖类合成基因下调表达及降解基因上调表达。MP对糖类代谢的影响介于M和P之间。M可提高枸杞叶片中氨基酸类合成基因上调表达及降解基因下调表达；P可降低氨基酸类合成基因下调及降解基因上调；MP对氨基酸类合成及分解代谢的影响介于M和P之间。M和P整体抑制脂肪酸合成，促进甘油酯合成，M引起磷脂降解路径相关基因少量上调表达，P引起脂类降解路径相关基因大量上调表达；MP对脂类合成及降解的影响介于M和P之间。M引起次生代谢物质萜类和酚类合成的甲羟戊酸途径（MVA）、甲基赤藓糖醇-4-磷酸途径（MEP）路径及酚类合成前体对香豆酰辅酶A相关基因均显著上调表达；P主要引起次生代谢物质萜类和酚类合成的MVA路径相关基因上调表达，MEP路径和酚类合成前体对香豆酰辅酶A相关基因显著下调表达；MP对次生代谢物质合成的影响介于M和P之间（杨孟可，2020）。

枸杞瘿螨和枸杞木虱为害的寄主枸杞在光合作用、糖代谢、氨基酸代谢、脂质代谢、次生物质代谢途径中相关基因差异表达显著。宁夏枸杞对枸杞瘿螨和枸杞木虱的响应差异明显，枸杞瘿螨主要提高寄主次生代谢，而枸杞木虱主要降低寄主的营养代谢，二者共同为害时则介于单独为害之间，达到一种平衡。

（四）枸杞响应盐胁迫的转录组研究

土壤盐碱化是全球生态环境和农业生产面临的日益严峻的挑战。盐胁迫是植物面临的主要非生物胁迫之一，会导致植物遭受离子毒害、渗透胁迫和氧化损伤。宁夏枸杞具有耐盐碱和繁殖能力强的优良特性，是盐碱地改良和园林绿化的优选药用植物。盐胁迫下植物光合作用相关基因的差异表达对光合速率和光合活性具有重要的调控作用。

胡进红等以宁杞1号为材料，对0、100、200、300mmol/L NaCl处理后7d的枸杞叶片进行Illumina HiSeq PE150平台测序。在$p<0.05$且$|\log_2^{Fold\ Change}|>1$的筛选条件下，以0mmol/L NaCl处理为对照，比较了不同处理的转录组数据中光合作用相关的DEGs。对NaCl胁迫下宁杞1号所有差异表达基因进行KEGG代谢通路显著性富集分析，筛选富集到与光合作用相关的代谢通路的64个DEGs，主要分布在卟啉和叶绿素代谢、类胡萝卜素生物合成、光反应和卡尔文循环代谢通路。100mmol/L NaCl处理后，光合作用相关的DEGs共有14个，上调表达8个，下调表达6个；200mmol/L NaCl处理后，光合作用相关的DEGs共有26个，上调有7个，下调19个；300mmol/L NaCl处理后与光合作用相关的DEGs共有55个，上调5个，下调50个。这些DEGs包括*ATPε*、*CLH2*、*Lhcb3*、*PAO*、*MCS*、*CAO*、*POR-CYCB*、*BCH3*和*LCYE*等主要参与光合作用的酶基因。DEGs数目随NaCl胁迫程度的增加而增加，且下调表达基因数远高于上调表达基因数。同时发现，随NaCl胁迫程度的增加，宁杞1号叶片中的叶绿素a和叶绿素b含量以及净光合速率和Rubisco活性均呈显著下降的趋势，

而类胡萝卜素含量变化不显著，推测宁杞1号通过光合作用相关基因的差异表达，参与调控光合活性以响应NaCl胁迫（胡进红 等，2023）。

Yao等用0、100、200mmol/L NaCl处理枸杞，发现盐胁迫7d后，随着盐浓度升高，叶片厚度、宽度和长度显著增加。其中，低浓度盐主要促进叶片长度和宽度的增加，高浓度盐则加速叶片厚度的增加。解剖结构结果表明，栅栏状叶肉组织对叶片厚度的贡献大于海绵状叶肉组织。对NaCl胁迫的枸杞进行了RNA-seq测序，共鉴定了3 572个DEGs。在鉴定的92个与细胞壁合成或修饰相关的DEGs中，有6个DEGs与细胞壁loosening蛋白有关。发现上调表达基因 *EXLA2* 与宁夏枸杞叶片栅栏组织厚度之间存在很强的正相关。推测盐胁迫可能诱导了 *EXLA2* 基因的表达，从而通过促进栅栏组织细胞的纵向扩张而增加了枸杞叶厚度（Yao et al.，2023）。

（五）镉胁迫下宁夏枸杞MATE家族基因识别

近年来，由于农药化肥的过度使用导致部分枸杞种植区土壤出现重金属污染，屡有枸杞及枸杞加工产品中重金属镉（Cd）被检出或者超标的报道。部分产区宁杞1号果实Cd的富集系数达到0.903，有些市场上枸杞干果中Cd平均含量超过0.046mg/kg，并且以一种更易向人体迁移的化学形态存在。国际上也把枸杞中Cd含量作为出口检测的重要指标，Cd污染会影响枸杞的出口产业。目前针对枸杞绿色产业发展需求，培育低Cd积累品种，从根本上降低枸杞根系Cd的吸收累积及向地上部转运分配，对于防控Cd污染具有重要意义。

多药及有毒化合物外排（multidrug and toxic compound extrusions，MATE）转运蛋白家族广泛存在于各种生物体中，因其独特而保守的特殊结构区别于其他家族，成为具有独特功能的独立转运蛋白家族。该家族蛋白大多数为膜蛋白，通过跨膜的质子势能以主动运输的方式，参与植物代谢产物的转运、金属离子的吸收和转运以及重金属的解毒过程，并直接或间接地参与植物对重金属的耐受。已经报道MATE转运蛋白的家族成员分别在次生代谢物转运、异生素的解毒、铁稳态的调节、对铝耐受、生物应激调控等方面发挥重要作用。

辛亚平等以无Cd胁迫下的宁杞1号幼苗转录组数据为对照，在Cd胁迫第12、48h的根系和叶片中分别识别到6个和9个MATE家族的DEGs，分别是 *protein DETOXIFICATION 27-like*、*protein DETOXIFICATION 35-like*、*protein DETOXIFICATION 40-like*、*protein DETOXIFICATION 29-like*、*MATE efflux family protein 6-like*、（*MATE1*）*MATE efflux family protein 6-like* 以

及 *MATE efflux family protein 5-like*、*protein DETOXIFICATION 16-like*、*protein DETOXIFICATION 18-like*、*protein DETOXIFICATION 43*、*protein DETOXIFICATION 44*、*protein DETOXIFICATION 49-like*、*protein DETOXIFICATION 18*、*protein DETOXIFICATION 56-like* 和 *protein DETOXIFICATION 46*。同时发现，在 100 μmol/L 的 $CdCl_2$ 胁迫下，*MATE27* 的最高表达倍数为对照的 88.2 倍，*MATE2* 为对照的 43.1 倍，*MATE29* 为对照的 12 倍，显示这三个基因受 Cd 的极显著诱导表达。*MATE1*、*MATE35* 和 *MATE40* 也受 Cd 的诱导表达，表达倍数在 2 ～ 4 倍。*MATE35* 的表达倍数在胁迫的第 8h 达到表达高峰，而 *MATE40* 在第 72h 达到高峰。被检测基因在 Cd 胁迫下均表现为上调表达，但表达程度有明显差异，推测 MATE 家族的部分基因可能参与了对镉的耐受、转运或解毒。转化 Cd 敏感型酵母菌株功能互补试验表明，*MATE1* 和 *MATE2* 可增强酵母对 Cd 的耐受性，推测 MATE 家族基因可能参与枸杞对 Cd 的耐受（辛亚平 等，2023）。

第三节　宁夏枸杞蛋白质组学

蛋白质组学（proteomics）是以蛋白质组（proteome）为研究对象，分析细胞内动态变化的蛋白质组成成分、表达水平与修饰状态，了解蛋白质之间的相互作用与联系，在整体水平上研究蛋白质的组成与调控的活动规律。蛋白质的表达具有细胞特异性。大部分细胞生命活动发生在蛋白质水平而不是 RNA 水平，基因的功能最终由编码的蛋白质在细胞水平体现。蛋白质组学研究的主要内容包括蛋白质的表达模式和蛋白质的功能模式两个方面。蛋白质的表达模式主要研究特定条件下某一细胞或组织的所有蛋白质的表征问题，比较分析不同条件下蛋白质组所发生的变化，如蛋白质表达量的变化、翻译后的加工修饰、蛋白质在亚细胞水平上的改变等，从而发现和鉴定出有特定功能的蛋白及其基因。蛋白质功能模式的研究是蛋白质组学研究的最终目标，它是要揭示蛋白质组成员间的相互作用、相互协调关系，并深层次了解蛋白质的结构与功能，以及基因结构与蛋白质的结构和功能的关系。

一、枸杞果实蛋白质组学研究

（一）果实发育过程活性成分合成相关差异表达蛋白挖掘

1. 多糖合成相关蛋白识别　枸杞多糖含量占枸杞糖蛋白总量的 70% 以上，枸杞多糖是中药枸杞子中目前公认的主要有效成分，被认为是一种 II 型阿拉伯半乳聚糖蛋白（AGPs），果实的发育成熟伴随着果实膨大、软化和细胞壁代谢、糖蛋白代谢等重要生物学过程。张琛采用label-free定量蛋白质组学技术，分别对青果期、转色期和成熟期宁夏枸杞果实蛋白质进行鉴定，共得到4 054种蛋白，其中有824种差异表达蛋白（differentially expressed protein，DEPs）。DEPs的GO功能和KEGG通路分析发现，其主要参与光合作用、寡糖代谢、淀粉合成代谢、脂质代谢等生物学过程。结合蛋白质组数据、NR注释信息及PubMed文献，筛选了可能与宁夏枸杞果实细胞壁代谢及AGP积累和调控相关的50个DEPs，经PRM验证，挖掘到可能与宁夏枸杞果实细胞壁代谢及阿拉伯半乳聚糖蛋白（AGP）积累和调控相关的关键蛋白FLA、β-Gal、RhaT和APX。

赵宇慧通过同位素相对标记与绝对定量（isobaric tags for relative and absolute quantitation，iTRAQ）技术对宁杞1号幼果期（S1）、青果期（S2）、黄变初期（S3）、黄变后期（S4）和盛果期（S5）的果实进行蛋白质组分析。以茄科库为对照谱库，共得到二级质谱数量为589 511，肽段匹配谱图总数为39 162，检测到11 319个肽段，其中独立肽段有9 252个，蛋白质总数为3 910个。以S1为对照，其他各发育时期的蛋白与之相比较，在表达差异倍数大于1.2倍且p-value小于0.05的筛选标准下，共筛选到1 799个DEPs，其中S1/S2有414个DEPs，其中228个蛋白表达上调，186个蛋白下调表达。S3/S1有619个DEPs，其中313个表达上调，306个表达下调。S4/S1有1 159个DEPs，其中580个上调表达，579个下调表达。S5/S1有1 284个DEPs，其中631个上调表达，653个下调表达。随着枸杞的发育成熟，差异蛋白质数量也逐渐增加，与S1时期的DEPs相比，S2、S3、S4期的上调蛋白多于下调蛋白质，其共有的DEPs为128个，蛋白丰度的改变与果实成熟密切相关。枸杞多糖含量随着果实发育不断变化，盛果期多糖积累与其他时期差异极显著；青果期多糖含量最低且与其他时期差异显著。筛选到的3 910个DEPs的相对分子质量分布在10 ~ 70ku之间，大多数蛋白质等电点（pI）在6 ~ 7之间，肽段序列长度在9 ~ 11个氨基酸的肽段比例最高，大部分蛋白所含的肽段数量在20个以内。不同发育阶段果实蛋白的表达模式主要聚为两类，幼果期、青果期和黄变初期的蛋白表达模式相近，聚为一类；另外一类为黄变后期和盛果期果实蛋白表达模式。GO注释结果表明，果实成熟过程差异蛋白主要分布于细胞和细胞器，以具有催化活性和结合活性的蛋白为主，参与的生物过程主要与细胞代谢有关。参与多糖代谢的相关DEPs有203种，主要富集在光合作用、能量代谢、糖代谢与氧化还原作用过程（赵宇慧，2018）。

2.寡糖合成相关蛋白识别 枸杞果实中寡糖的合成来源于单糖/二糖的聚

合以及淀粉、细胞壁纤维素和多糖的降解。碳水化合物在植物中主要以淀粉的形式储存，作为淀粉合成的"中间体"，寡糖在植物体内会随淀粉和蔗糖的转化发生积累和降解，与淀粉发生相互转化。植物细胞壁多糖也可通过内溶酶或胞外酶，如糖苷酶等降解为寡糖和单糖。大多数果实总糖的积累往往会受到蔗糖合酶（sucrose synthase，SS）和蔗糖磷酸合酶（sucrose phosphate synthase，SPS）的调节，因此植物体中寡糖的积累也与这些糖代谢酶的活性变化相关。果实中寡糖的合成是一个复杂的生理过程，在蛋白质水平上揭示与寡糖合成代谢相关的复杂生理过程尤为重要。枸杞果实发育寡糖合成代谢相关的差异蛋白的解析，有助于对果实生长发育过程中寡糖合成代谢机制的探究。

高鹏燕等利用 iTRAQ 技术分析宁杞 1 号幼果期（S1）、青果期（S2）、黄变初期（S3）、黄变后期（S4）和盛果期（S5）果实蛋白质组，识别到 1 799 个 DEPs，GO 注释和 KEGG 通路富集从其中筛选到 133 个与寡糖代谢相关的蛋白质。其中在 S1 有 22 个 DEPs，主要参与蔗糖和淀粉代谢途径的酸转化酶、β-淀粉酶和 SS，表明在青果期的枸杞果实主要通过光合作用来合成糖类，其中大部分主要是以淀粉的形式储存，少部分分解为蔗糖，从而实现蔗糖的积累；同时在 SS 和 SPS 的作用下，蔗糖进一步分解，为果实生长发育提供能量，S1 期寡糖少量积累。

在 S2 时期共筛选出 60 个 DEPs，糖酵解中的醛缩酶和磷酸甘油酸激酶在 S3 呈现上调；参与葡萄糖醛酸代谢的醛脱氢酶、醛糖 1- 差向异构酶、葡萄糖 -6- 磷酸异构酶均显著上调，相较于 S2，S3 期各种糖的合成代谢程度显著增强，主要通过多糖、细胞壁多糖、葡聚糖的合成和分解过程积累寡糖。蔗糖通过 SS 或 SPS 重新合成，寡糖含量再次升高。S3 时期共有 106 个 DEPs，主要集中在淀粉分解，细胞壁多糖、纤维素和半纤维素降解，多糖水解、葡聚糖水解和单糖的代谢等生物过程中，各多糖的分解代谢使枸杞果实中的寡糖不断积累而显著上升，表明在果实成熟后期，以多糖分解代谢形成寡糖为主。S4 期对比 S3 期，寡糖含量积累下降，表明寡糖的分解代谢增强，在糖水解酶的作用下，将果实中的寡糖进一步分解为蔗糖、果糖、己糖、戊糖和葡萄糖等单糖，之后进入糖酵解途径。在 S1 ~ S3 期以光合作用为主，主要合成寡糖，与 SS、SPS 和己糖激酶（hexokinase，HK）的表达有关。在 S4 ~ S5 期主要是通过淀粉、纤维素以及半纤维素等多糖的分解积累寡糖，涉及棉子糖合酶（raffinose synthase）、β-呋喃果糖苷酶（β-fructofuranosidase）和葡聚糖内切酶（endoglucanohydrolase）等蛋白的表达（高鹏燕 等，2022）。

3. 甜菜碱合成相关蛋白识别 甜菜碱作为枸杞果实品质的一项重要指标，在果实成熟过程中对其含量、种类变化研究以及相关酶对甜菜碱合成、积累的调控研究对提高甜菜碱在枸杞果实中的积累具有重要意义。

赵晓璐通过iTRAQ定量蛋白组学技术，以宁杞1号幼果期（S1）为对照，比较了青果期（S2）、黄变初期（S3）、黄变后期（S4）和盛果期（S5）果实蛋白质组，在1 799个DEPs中，通过在生物过程、分子功能和细胞组分三个功能类别的GO功能注释，得到与甜菜碱代谢相关的171个DEPs，KEGG富集到的DEPs参与32种代谢通路。其中S2/S1有48个DEPs，S3/S1有55个DEPs，S4/S1有130个DEPs，S5/S1有146个DEPs。随着枸杞果实细胞生理活动的逐渐变化，与甜菜碱积累相关DEPs数量逐渐增加，甜菜碱所参与生理过程更为复杂。尤其在S3和S4阶段甜菜碱的生物合成和分解变化较为显著。甜菜碱的生物合成强度随着枸杞果实成熟而逐渐增加，在S3和S4时期合成强度最高，整个果实发育时期，甜菜碱合成代谢涉及3种通路。推测在果实发育后期，甜菜碱的合成和积累与过氧化物酶体相关，分解代谢从S2阶段开始持续到果实成熟，分解程度逐渐增加，至S5时期略有降低。在果实发育前期，甜菜碱与碳水化合物、氨基酸及其衍生物代谢关系密切，脂肪酸代谢的相关性较低，对羧酸类物质代谢的保护较为稳定。此外，甜菜碱的分解代谢在果实成熟后期参与光合作用和光保护代谢途径较多。识别到有2个与甜菜碱代谢相关重要基因甜菜碱醛脱氢酶基因（*BADH*）和胆碱单加氧酶基因（*CMO*），*BADH*在果实成熟过程中始终保持较高的表达倍数和酶活性，酶活性在S1～S3时期逐渐增加，从S4开始略有下降。*CMO*的表达量呈先升后降趋势，在S1～S3时期*CMO*始终保持较高表达倍数，在S2时期*CMO*表达量最高达1.18，随后逐渐下降（赵晓璐，2022）。

（二）枸杞发育过程果实软化的蛋白质组研究

枸杞果实发育后期快速软化，使得果实极难贮藏和运输，降低枸杞鲜果的营养和食用品质，影响枸杞鲜果的制干和加工品质，严重制约了枸杞产业的健康发展。果实细胞壁随果实发育的变化，是糖类、有机酸类、色素类和挥发性化合物等多种代谢途径相互影响、相互协调、共同调控的结果，这些代谢途径的变化，直接导致细胞壁变化。因此，挖掘参与调节这些代谢途径的关键酶及蛋白质，有利于对相关代谢通路的解析。随着果实发育进程，DEPs与植物细胞壁相关物质的合成、水解，呼吸代谢相关蛋白和多肽对细胞壁的构成和形态建成有重要作用。这些DEPs的数量越多，种类越丰富，表明果实在发育过程中与细胞壁相关的代谢活动就越活跃，细胞壁的生物代谢活动也就越复杂。

基于iTRAQ技术，以开花后7d的果实为对照，分别对14、21、28、35d鉴定出的蛋白质进行差异性比较，共鉴定出1 799个具有显著性的DEPs

（$p < 0.05$）；通过GO功能注释，共筛选到75种与果实软化相关的DEPs，通过KEGG对DEPs的代谢通路富集分析，发现大多数DEPs与细胞壁代谢有关，如纤维素、果胶酯酶、果糖激酶、β-淀粉酶、果胶裂解酶、UDP-糖醛酸脱羧酶等酶，这些酶可以催化水解果胶和淀粉等大分子多糖，改变细胞壁的结构组成引起果实软化；扩展蛋白主要参与细胞增殖分化过程中细胞壁的结构状态，通过调节细胞壁组分共价键的结合状态，使细胞壁韧性增强，因而有利于细胞增殖和变大。另外，葡萄糖-6-磷酸内酯酶、葡萄糖酸-6-磷酸脱氢酶是糖醛酸途径中的关键酶，催化UDP-葡萄糖转化为UDP-葡糖醛酸，为能量代谢提供底物，通过调节果实的代谢状态进而影响果实的成熟与软化。碳水化合物代谢是导致果实软化的根本原因，能量代谢加剧了细胞对D-半乳糖和α-D-葡萄糖的需求，导致细胞壁中的淀粉、果胶和纤维素被果胶酯酶、α-半乳糖糖苷酶、纤维素酶水解成小分子糖参与糖酵解、三羧酸循环、戊糖葡糖糖醛酸互相转化、果糖和甘露糖降解过程、磷酸戊糖途径5个路径，导致细胞壁降解引起果实软化（Liu et al.，2022）。

（三）枸杞果实不同生长期壁多糖变化相关蛋白研究

植物细胞壁蛋白和多肽是细胞壁组装、重塑以及响应外界环境变化等方面活动的重要参与者。因此，参与细胞壁活动的蛋白质数量和种类越多，果实发育过程中细胞壁活动就越活跃。

徐昊通过iTRAQ技术，以7d生长期枸杞为对比组，分别对14d、21d、28d和35d发育期的枸杞果实进行差异蛋白组分析，共鉴定1 799种蛋白。通过GO功能注释，共筛选到26种与细胞壁活动相关的功能蛋白。通过KEGG通路富集结合差异蛋白表达规律，分析与细胞壁变化和酶活性差异的关系，结果显示在壁多糖合成降解过程中可能伴随着能量代谢。在果实发育前期主要以储备的蔗糖降解提供能量促使果胶去酯化，这可能与果实细胞容积增大细胞壁物质重组有密切关系，而在发育后期能量代谢加剧，D-Glu和UDP-Glu需求量增大。促使纤维素降解同时引起果胶的部分降解和转化。而棉子糖合成酶表达增强使半乳糖苷的需求量增大，导致半乳聚糖发生降解（徐昊，2019）。

（四）不同产地枸杞果实蛋白组研究

韩丽娜采用iTRAQ技术，比较了新疆精河、甘肃瓜州、青海德令哈、宁夏中宁和内蒙古乌拉特前旗五个产地的宁杞1号果实蛋白质组，在差异倍数大于1.2且$p < 0.05$的筛选条件下，共鉴定出4 852个DEPs，具体是新疆精河/宁夏中宁筛选出446个DEPs，其中上调160个，下调286个；内蒙古乌拉特前旗/

宁夏中宁：筛选出166个DEPs，其中上调55个，下调111个；甘肃瓜州/宁夏中宁：筛选出966个DEPs，其中上调438个，下调528个；青海德令哈/宁夏中宁：筛选出1 015个DEPs，其中上调498个，下调517个；内蒙古乌拉特前旗/新疆精河：筛选出320个DEPs，其中上调189个，下调131个；甘肃瓜州/新疆精河：筛选出444个DEPs，其中上调212个，下调232个；青海德令哈/新疆精河：筛选出614个DEPs，其中上调322个，下调292个，甘肃瓜州/内蒙古乌拉特前旗：筛选出728个DEPs，其中上调338个，下调390个；青海德令哈/内蒙古乌拉特前旗：筛选出872个DEPs，其中上调433个，下调439个；甘肃瓜州/青海德令哈：筛选出292个DEPs，其中上调173个，下调119个。青海德令哈/宁夏中宁组筛选出的DEPs数量最多，为1 015个，内蒙古乌拉特前旗/宁夏中宁组筛选出的DEPs数量最少，为166个。

对DEPs进行GO功能富集分析和两两比较，发现在参与生物过程（BP）、分子功能（MF）和细胞组分（CC）三个方面，五个产地的宁杞1号存在显著的蛋白质表达差异。新疆精河/宁夏中宁组宁杞1号枸杞的GO功能富集表明，BP富集的蛋白质表达差异最显著，其次为MF，而CC富集的蛋白质表达差异显著性水平最低。在BP，DEPs主要与代谢过程、细胞过程、单一生物过程有关，包括铁离子运输、对类固醇激素应激反应、类固醇激素介导的信号通路、细胞对油菜素内酯刺激反应、细胞对类固醇激素刺激反应、油菜素内酯介导的信号转导通路、幼苗发育等重要生物学过程。在MF，DEPs主要与分子结合和催化剂活性有关，包括蛋白质自缔合、UDP-葡萄糖6-脱氢酶活性、铁氧化酶活性、三价铁结合、双链DNA结合等。在CC，DEPs主要与细胞、细胞器、细胞膜有关，包括核膜、RNA效应复合物、RISC复合体、质膜、细胞周边、细胞质等。内蒙古乌拉特前旗/宁夏中宁组宁杞1号枸杞的GO功能富集结果表明，BP和MF富集的DEPs显著性水平较高，而CC富集的DEPs显著性水平较低。在BP，DEPs主要与代谢过程、细胞过程、单一生物过程有关，包括碱基的分解代谢过程、过氧化氢分解代谢过程、植物型细胞壁组织、高尔基体囊泡运输、排毒等重要生物过程。GO富集分析结果显示，BP筛选出的差异蛋白主要参与代谢过程、细胞过程、单一生物过程，包括铁离子运输、对类固醇激素应激反应、碱基代谢过程、氧化应激过程、核糖体生物合成、蛋白质代谢过程、活性氧代谢过程、蛋白质折叠、氨基酸修饰、细胞排毒、光合作用、叶绿体组织、离子稳态、化学稳态等过程；MF筛选出的差异蛋白主要与分子结合和催化剂活性有关，包括脱氢酶活性、氧化还原酶活性、异构酶活性、转移酶活性、内肽酶活性、环化酶活性、结构分子活性、三价铁结合、聚（U）RNA结合、大环内酯结合等功能，其中转移酶、异构酶和水解酶主要参与碳水化合物和细胞氨基酸代谢，可能与枸杞多糖的合成代谢有关；CC 筛选出的差异蛋白主要与细胞、细胞器、膜有关，包括核糖体、叶绿体、叶绿体类囊体、细胞壁等组分，质膜上的信号传导和应激反应在多糖生物合成途径中起重要作用，细胞壁多糖生物合成蛋白可逆糖基化多肽的丰度可增强细胞壁结构。DEPs 主要参与代谢过程、细胞过程、单一生物过程有关；对于分子功能，差异蛋白主要与分子结合和催化剂活性有关；对于细胞组分，DEPs 主要与细胞、细胞器、膜有关。其中，甘肃瓜州与宁夏中宁产枸杞相比，细胞组分富集的蛋白质表达差异最显著；青海德令哈与甘肃瓜州产枸杞相比：生物过程富集的蛋白质表达差异最显著；甘肃瓜州与新疆精河产枸杞相比：生物过程和细胞组分富集的蛋白质表达差异均显著（韩丽娜，2018）。

孙西予等通过非标记定量（label-free）蛋白质组学技术对宁夏中宁和青海格尔木两个产地的宁杞1号干果样品进行蛋白组学比较，共鉴定 2 477 个蛋白质，其中中宁产区样品中含 1 942 个，174 个为中宁产区枸杞样品特有，格尔木产区样品中含蛋白质 2 065 个，其中 297 个为格尔木产区样品特有；另外中宁产地的样品和格尔木产地的样品相比有 86 个蛋白质的表达量下调，69 个蛋白质的表达量上调。对样品蛋白质进行层次聚类分析，证明两产地样品在蛋白质组学上有明显差异。利用 GO 数据库、KEGG 数据库对所有差异蛋白质进行检索，筛选后得到 28 个目标差异蛋白质，其中包括：4 个金属离子转运蛋白、6 个热休克蛋白、3 个几丁质酶、4 个磷酸肌醇转化酶、2 个过氧化氢酶、3 个与植物激素调节有关的蛋白质、5 个与卟啉和叶绿素代谢相关的酶、1 个核糖核苷二磷酸激酶。对鉴定的 DEPs 几丁质酶、热休克蛋白、核糖核苷二磷酸激酶和过氧化氢酶等分析说明，两产地宁杞1号干果蛋白质表达差异的主要原因是两产地气候、土壤环境及对植物有害的病原体所引起；油菜素内酯信号激酶的表达量差异引起两产地枸杞干果的形态学差异，推测可以通过机器视觉技术实现两产地宁杞1号干果鉴别；识别到的卟啉和叶绿素代谢途径中的 DEPs 支持了两产地枸杞果实色素含量的差异性（孙西予 等，2021）。

二、花药蛋白质组学研究

植物雄性不育是植物在有性繁殖过程中不能产生有功能的花药、花粉或雄配子，或不能产生在一定条件下能够存活的合子的遗传现象。植物雄性不育是农作物杂种优势利用的重要途径，随着遗传组成不同的亲本杂交后获得的杂种后代的推广和应用，作物在产量、品质、增强抗逆性方面有了很大的提高。杂种优势是生物界的一种普遍现象，为20世纪植物育种做出了最突出的贡献。

杂种优势的利用可以显著地提高作物的产量，改善作物品质、提高作物抗虫、抗病和抗逆性。蛋白质是基因表达的产物，从蛋白质组水平寻找与雄性不育相关的蛋白质，进而找到相应的基因，研究基因的功能，进而明确雄性不育发生的机制，具有重要的理论和实践意义。

（一）枸杞花药的形态学比较及花药败育时期的确定

宁夏枸杞雄性不育突变体宁杞5号（YX-1）四分体早期花蕾（长度为5.0～5.8mm），大于可育品种宁杞1号（WT，长度为4.8～5.0mm，图5-36A）；与WT相比，宁杞5号的雄蕊短而粗（图5-36B）。此外，宁杞5号突变体的雄蕊花丝长度比WT的短，表现为开花时，宁杞5号的柱头高于雄蕊（图5-36C）。与图5-36A的花蕾生长发育阶段相对应的WT绒毡层细胞完好无损，细胞质致密，含有少量小液泡，花药四分体和绒毡层发育正常（图5-36D）。细胞学研究发现，在花药发育四分体刚形成时候，花药绒毡层细胞核四分孢子发育正常；四分体发育早期，野生型四分孢子胞质浓厚，四分体和绒毡层细胞正常发育，细胞完整。而不育突变体四分孢子的胞质变薄，并出现了一些小液泡。与此同时，电镜下可见绒毡层细胞中出现了大量小液泡（图5-36E），绒毡层细胞有提前解体迹象，表明此时花粉败育开始发生（Xu et al.，2009）。

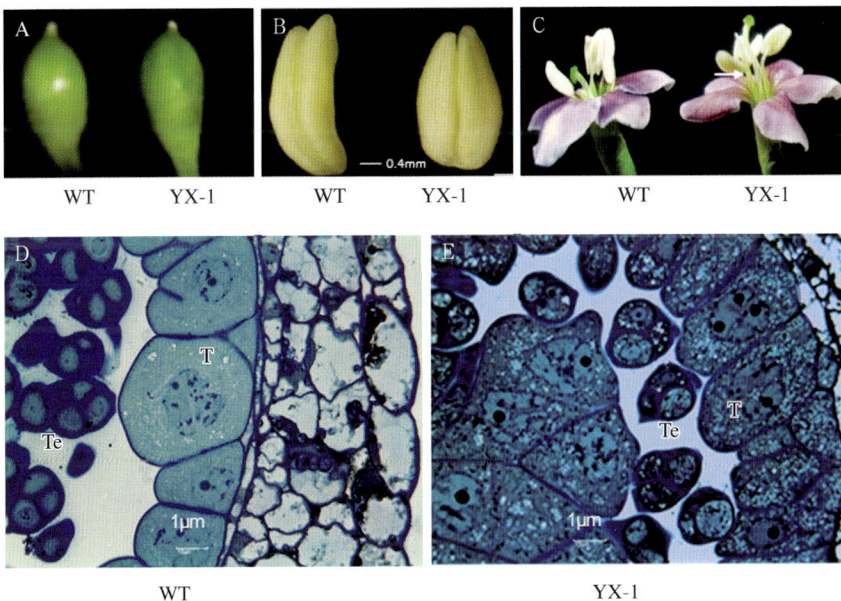

图5-36 枸杞花器官形态比较

A.花蕾　B.雄蕊　C.花　D.WT花药横切面，可见正常发育的绒毡层（T）和四分体（Te）　E.YX-1花药横切面，绒毡层（T）和四分体（Te）退化

（二）双向差异凝胶电泳（2D-DIGE）分析

郑蕊等采用双向荧光差异凝胶电泳（2D-DIGE）技术和质谱技术（MALDI-TOF-MS），对宁夏枸杞雄性不育突变体宁杞5号和野生型宁杞1号四分体早期花药进行了差异蛋白质组学研究。分别从宁杞1号花蕾（长4.8～5.0mm）和雄性不育突变体宁杞5号花蕾（长5.0～5.8mm）中提取了花药可溶性蛋白，取等量的宁杞1号和宁杞5号花药蛋白（50μg），用Cy2（internal standard）、Cy3和Cy5染料标记后进行2D-DIGE，设三个重复样本。结果如图5-37和5-38所示，野生型宁杞1号和雄性不育突变体宁杞5号花药蛋白电泳图谱模式相同。经DeCyder 2DTM软件分析，在pH 4～7，分子质量15.0～100.0ku范围的二维DIGE凝胶图谱上，共检测到1 760±135个蛋白点。

与野生型相比，突变体花药蛋白中表达发生上调或下调。相对表达量（蛋白点相对体积）差异1.5倍以上的蛋白点共有52个（$p<0.05$），其中，spot No.19、20、22、23、25、31、40、41、42、45、47和50等12个蛋白点在突变体宁杞5号花药中上调表达，其他40个蛋白点下调表达。图5-38中编号的

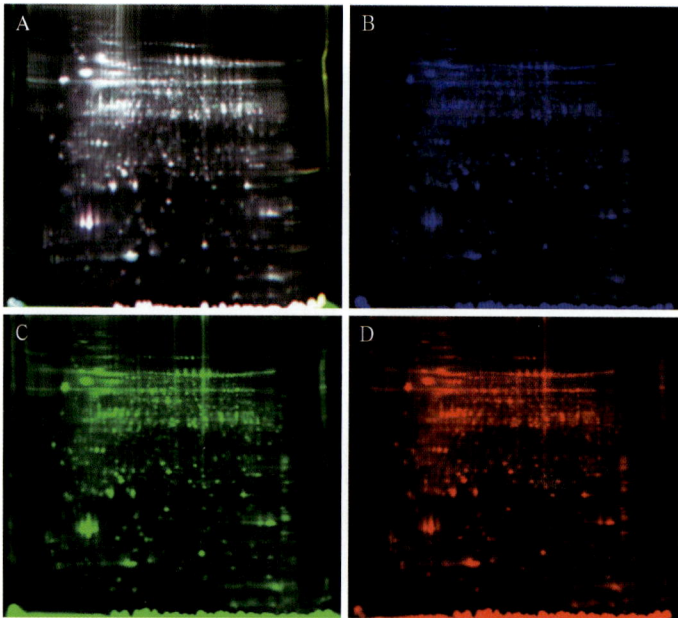

图5-37　花药蛋白2D-DIGE图谱

A.多通道扫描后重叠图像　B.Cy2标记　C.Cy3标记宁杞1号　D.Cy5标记宁杞5号

（宁杞1号与宁杞5号样品分别用Cydye标记后，13cm线性pH4～7胶条进行第一向IEF分离，
12.5%变性胶进行二向分离，Typhoon扫描获得图像）

点即为差异表达蛋白点，相对表达量差异分别达2.73、2.97、2.59、2.76、1.99和2.78倍的6个蛋白点的电泳放大图及其对应的三维图（3D view）和折线图（graph view）见图5-39。

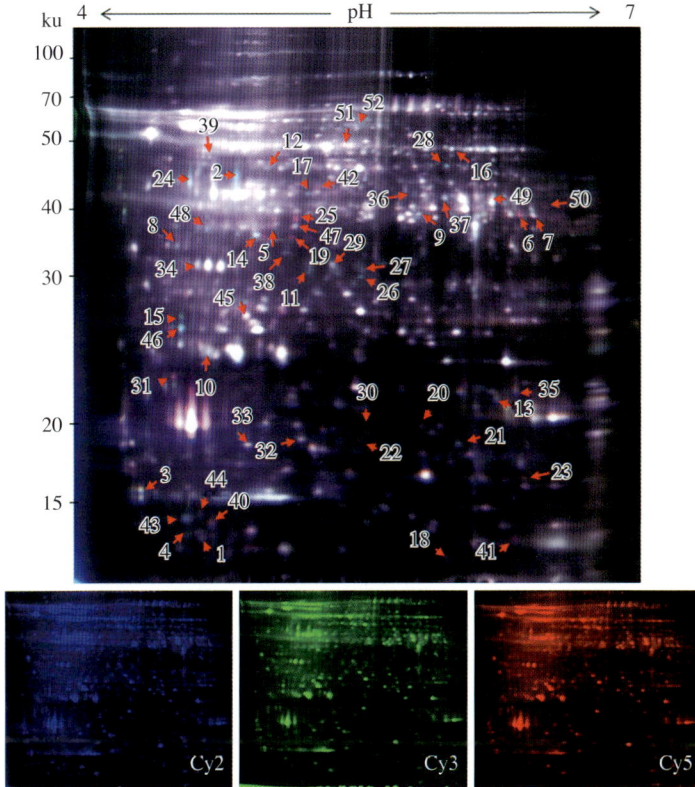

图5-38 枸杞四分体早期花药蛋白2D-DIGE

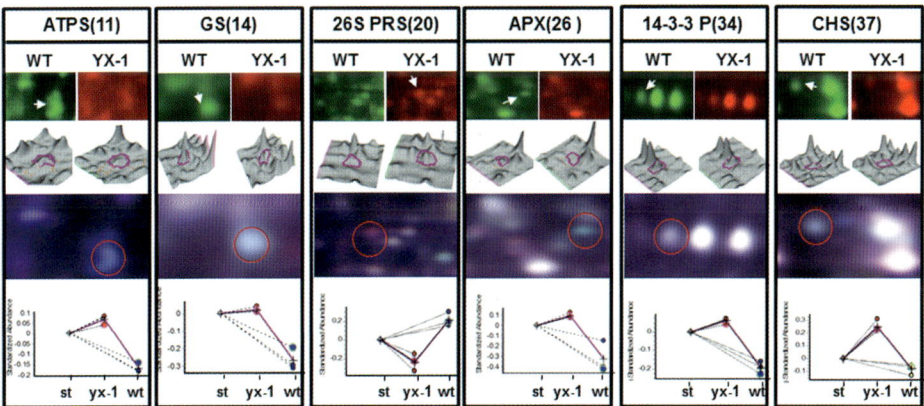

图5-39 部分差异表达蛋白点DIGE图谱

（三）差异表达蛋白点的质谱鉴定

通过对制备型考马斯亮蓝染色胶的辨别，确定了表达量差异1.5倍以上的52个蛋白点（$p<0.05$），挖点，通过酶解消化，将蛋白质裂解成肽段，随后加入辅助基质，利用ABI4800 Proteomics Analyzer MALDI-TOF/TOFmass spectrometer鉴定蛋白质。通过搜索NCBI nr和Viridiplantae EST databases，成功鉴定了45个蛋白点（86%），这45个蛋白点代表40个不同的蛋白质。其中有4个蛋白分别对应凝胶上多个蛋白点，如：三个蛋白点（spot No.26、27和28）被鉴定为抗坏血酸过氧化物酶（ascorbate peroxidase，APX），该蛋白在宁杞5号花药中下调表达；两个蛋白点（spot No.1和4）被鉴定为1, 5-二磷酸核酮糖羧化酶（ribulose-1, 5-bisphosphate carboxylase，Rubisco）；两个蛋白点（spot No.6和7）被鉴定为三磷酸甘油醛脱氢酶（glyceraldehyde-3-phosphate dehydrogenase，GAPDH）；另外，有两个蛋白点（spot No.43和44）被鉴定为铜伴侣蛋白（copper chaperone）。

与雄性不育突变体宁杞5号相比，在野生型宁杞1号花药中，上调表达的蛋白有：假定的谷氨酰胺合成酶（putative glutamine synthetase，GS）、ATP合成酶亚基（ATP synthase subunits）、苹果酸脱氢酶（malate dehydrogenase，MDH）、GAPDH、Rubisco、APX、查尔酮合酶（CHS）、5B蛋白、半胱氨酸蛋白酶（cysteine protease）、基本转录因子3（basic transcription factor 3，BTF3）、钙调素类似蛋白1（calmodulin-like protein 1）、14-3-3蛋白、假定的胼胝质合成酶催化亚基（putative callose synthase catalytic subunit）和乙酰-ACP还原酶（enoyl-ACP reductase）等。在雄性不育突变体宁杞5号花药中，上调表达的蛋白有：半胱氨酸蛋白酶抑制剂5（cysteine protease inhibitor 5）、假定的S-期激酶相关蛋白1（putative S-phase Kinase association Protein 1，SKP1）、26S蛋白酶体亚基（26S proteasome subunits）、泛素-蛋白连接酶（ubiquitin-protein ligase）和天冬氨酸蛋白酶（aspartic protease）等。

（四）差异表达蛋白的功能分类

根据40个检出蛋白在NCBI中注释的功能及相关参考文献，将其按功能不同分为13类（图5-40）。在蛋白点丰度变化高于1.5倍差异表达蛋白中，数量最多的一类是与蛋白质代谢相关的蛋白质与酶，占20%，如参与蛋白质合成和折叠的酶，蛋白质水解酶和蛋白酶抑制剂，其中4个酶在宁杞5号花药中下调表达，1个上调表达；参与能量代谢和糖类代谢的酶占18%，有8个在宁杞5号花药中下调表达。其次是参与信号传导的（占9%，有3个在野生型花药

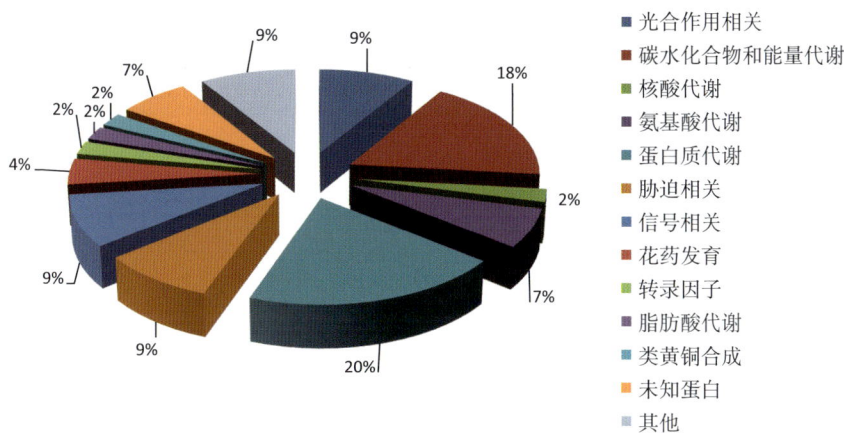

图5-40　差异表达蛋白的功能分类

中上调表达，1个在突变体花药中上调表达）；参与光合作用的（占9%，有4个在野生型中上调表达），逆境响应相关的（占9%，有1个在野生型中上调表达，3个在突变体花药中上调表达）和其他蛋白（占9%）。数量相对较少的蛋白包括参与氨基酸代谢的（占7%），功能未知蛋白（占7%），花药发育相关蛋白（占4%），转录因子（占3%），脂肪酸代谢相关（占2%），核苷酸代谢相关的（占2%）和类黄酮合成相关的酶（占2%）。

（五）差异表达蛋白参与的主要代谢途径

根据KEGG代谢通路富集分析，在鉴定的40个蛋白质中有16个可以被定位到不同的代谢途径（表5-13）。其中，涉及糖代谢途径、氨基酸代谢途径和次级代谢途径的蛋白点占多数。spot No.1、2、3和4参与光合作用碳的固定；spot No.5、6、7、8和9参与糖的有氧呼吸，其中spot No.5、6、7和8参与糖酵解途径，spot No.9 参与三羧酸循环；spot No.14参与到谷氨酰胺合成酶-谷氨酸合成酶循环途径，催化谷氨酰胺的合成；蛋白点16参与丝氨酸、甘氨酸的合成；spot No.38参与脂肪酸的合成；spot No.26、27和28参与抗坏血酸的合成；spot No.37和45参与苯丙氨酸代谢途径。

表5-13　用KEGG方法预测的差异表达蛋白参与的代谢途径

蛋白质	KEGG通路富集
spot# 1 and 4（核酮糖-1,5-二磷酸羧化酶）	光合作用，乙醛酸和二羧酸代谢，碳固定
spot# 5（与质体醛醇酶同源）	糖酵解/葡萄糖生成，磷酸戊糖途径，肌醇代谢，果糖和甘露糖代谢，碳固定

（续）

蛋白质	KEGG通路富集
spot# 6 and 7（甘油醛 -3- 磷酸化氢酶）	糖酵解/糖异成，光合生物的碳固定作用
spot# 8（类果糖激酶蛋白）	糖酵解/葡萄糖生成，果糖和甘露糖代谢
spot# 9（苹果酸脱氢酶）	柠檬酸循环（TCA 循环）
spot# 10（线粒体 ATP 合酶 D 链）	能量代谢，氧化磷酸化
spot# 11（推断 ATP 合酶亚基）	突触囊泡循环，幽门螺杆菌感染中的上皮细胞信号传导
spot# 12（推断 ATP 合酶 β 亚基）	能量代谢，氧化磷酸化
spot# 14（谷氨酰胺合成酶）	丙氨酸、天门冬氨酸和谷氨酸代谢，精氨酸和脯氨酸代谢，乙醛酸和二羧酸代谢，氮代谢
spot# 15（顺式还原酮加双氧酶，ARD）	半胱氨酸和蛋氨酸代谢
spot# 16（甘氨酸羟甲基转移酶样蛋白）	甘氨酸、丝氨酸和苏氨酸代谢，氰基氨基酸代谢，乙醛酸和二羧酸代谢，甲烷代谢
spot# 26，27and 28（抗坏血酸过氧化物酶）	抗坏血酸和醛酸代谢
spot# 37（查尔酮合酶）	黄酮类化合物的生物合成
spot# 38（乙酰 -ACP 还原酶）	脂肪酸的生物合成
spot# 42（甲酸脱氢酶）	氮代谢，乙醛酸代谢，甲烷代谢
spot# 45（咖啡酰 -CoA O- 甲基转移酶）	苯丙氨酸代谢，苯丙醇生物合成，类黄酮生物合成，芪类、二芳基庚烷和姜辣素生物合成

　　一些参与糖类代谢和能量代谢的酶在宁杞5号花药中下调表达，包括线粒体ATP合成酶亚基、果糖激酶类似蛋白、苹果酸脱氢酶、醛缩酶和3-磷酸甘油醛脱氢酶等。三个蛋白点被分别鉴定为线粒体ATP合酶D链（spot No.10）、ATP合酶E亚基（spot No.11）和线粒体ATP合酶β亚基（spot No.12）。花药发育过程中，线粒体基因的异常表达会阻碍呼吸作用对能量需求的增加。花粉线粒体中ATP合酶β亚基对雄配子的发育有重要的作用（de paepe et al.，1993）；如果ATP合酶β亚基有缺陷，将会引起F_0F_1-ATP合酶功能失调，进而影响线粒体能量的输出，导致花药发育异常，产生没有功能的花药。小孢子的发育需要较高的能量，枸杞花药ATP合酶相关亚基在雄性不育突变体宁杞5号中下调表达，这可能暗示雄性不育突变体处于一种能量饥饿状态，该蛋白的异常表达，在其参与形成ATP合酶复合体时可能导致F_0F_1-ATP合酶功能的

异常。

花药绒毡层和小孢子减数分裂之前合成的淀粉，随后会水解释放能量供脂类的合成（Vizcay-Barrena and Wilson，2006）。在枸杞雄性不育突变体中，参与糖类代谢的果糖激酶蛋白，MDH和GAPDH等酶丰度的下降可能会影响生物合成和能量代谢平衡中糖类和淀粉这两个重要生物分子的水平。

宁杞5号花药中GS丰度降低。GS表达量下调可能引起其催化产物谷氨酰胺的减少，而谷氨酰胺是花粉发育所必需的，由此我们推测GS可能参与花粉的发育。

胼胝质合成酶催化生成的胼胝质沉积在性母细胞、四分体和小孢子初生细胞壁上。拟南芥胼胝质合成酶基因*CalS5*的T-DNA插入突变体引起小孢子的退变，进而导致雄性不育（Dong et al.，2005）。枸杞胼胝质合成酶催化亚基在宁杞5号中的下调表达，可以推测影响了胼胝质合成酶的正常催化活性，继而影响胼胝质的合成和四分体的发育，最后引起四分体提前解体、花药败育。

植物体内大多数的酚类物质，包括类黄酮，都是通过苯丙烷途径产生的。查尔酮合酶（CHS）是类黄酮合成途径中的重要酶之一，CHS含量的改变直接影响这条代谢途径中的所有酚类化合物的积累。通常，绒毡层细胞产生的蛋白质和脂类、类黄酮等物质，可以分泌到花粉囊形成花粉粒外壁（Goldberg et al.，1993）。CHS作为一种参与次生代谢的酶，在绒毡层中的显著表达对于花粉发育和正常育性具有必要性。花药中CHS活性的改变会导致不育花粉的产生，而类黄酮在花粉发育过程中扮演着重要的角色。CHS（spot No.37）和花药特异蛋白（spot No.36，是一个CHS类似蛋白），在突变体宁杞5号花药中下调表达。推测由于雄性不育突变体花药绒毡层细胞的提前降解伴随着花药特异蛋白CHS的下调表达，致使其催化的代谢途径中的类黄酮水平下降，不能形成花粉粒外壁和产生有功能的花粉，从而导致雄性不育。

在植物体内，乙酰-ACP还原酶是脂肪酸合成酶系的组成部分，主要在绒毡层、发育中的花粉粒和花药液泡组织中表达。水稻*DPW*基因编码的脂酰-ACP还原酶，在发育中的花药绒毡层细胞核小孢子中表达，在该基因的*dpw*突变体中，表现为花药发育缺陷、退化的花粉粒外壁不规则（Shi et al.，2011）。spot No.38被鉴定为乙酰-ACP还原酶，在宁杞5号花药中下调表达，该酶可能影响枸杞花药脂肪酸的合成和花药的发育。

花药发育除了和多条代谢途径有关，还和多条调控过程有关。14-3-3蛋白是一种酸性可溶性的、保守的磷酸化多肽结合蛋白，广泛存在于真核生物中，参与调控细胞内各种生命代谢活动。14-3-3蛋白在调控植物基础代谢，如糖类、核酸、氨基酸和蛋白质的合成、逆境响应和细胞周期调控等过程中发挥重要作用，并能与许多转录因子结合调控基因的转录。14-3-3蛋白和ATP合成酶有关，调控淀粉合成，在花粉发育过程中，还能和MAPKKKa互作调控细胞程序性死亡（Oh et al.，2010）。在玉米中，14-3-3蛋白丰度减少引起基因时空表达变化，进而导致花粉雄性不育。spot No.34被鉴定为一个14-3-3蛋白，在宁杞5号花药中下调表达，该蛋白可能和相关的转录因子结合，调控淀粉的合成，其异常表达将会影响花药正常的发育，可能与枸杞雄性不育的发生有关。

基础转录因子3（basic transcription factor 3，BTF3）是RNA聚合酶Ⅱ转录起始所必需的因子，可以与RNA聚合酶Ⅱ形成稳定的复合体。BTF3蛋白结合在核糖体新合成的多肽上，引导多肽在内质网膜上的正确定位。BTF3在真核生物中普遍存在，其编码蛋白均含有保守的NAC（新生多肽复合体）结构域。研究发现，在枸杞花药中，spot No.22被鉴定为天冬氨酸蛋白酶，在不育突变体中宁杞5号中上调表达。我们推测，高丰度的天冬氨酸蛋白酶可能会扰乱绒毡层细胞正常的PCD和花粉发育，引起花粉败育。蛋白酶体是诸如细胞周期、胚胎发育、新陈代谢、配子体存活、信号转导、衰老和防御等生物过程的调控因子，该蛋白在植物的生殖器官如花药中表达。在PCD过程中，蛋白酶体被分泌到细胞外空间，可以降解周围的细胞。spot No.20被鉴定为26S蛋白酶体调控亚基，其在突变体中上调表达可能扰乱了花药组织中一些调控蛋白的非正常降解，引起绒毡层细胞的提前降解和雄性不育。在生物体的许多事件中，蛋白质的选择性降解受泛素途径调控。SCF泛素连接酶E3复合体调控许多底物蛋白泛素化，然后由26S蛋白酶体降解这些底物。该复合物由Cdc4（F-box蛋白）、Rub1、Hrt1、Skp1以及与Skp1互作蛋白Cdc4（F-box蛋白）组成。拟南芥skp1同源基因ASK1调控花粉发育，其突变体ask1-1花药产生许多含有小孢子的花粉粒，但是这些花粉粒不能发育成熟，导致雄性不育（Zhao et al.，2003）。SKP1（spot No.19）在宁杞5号花药中下调，我们推测该蛋白通过某种机制参与调控枸杞花粉的发育。植物体内的半胱氨酸蛋白酶抑制剂作为调控因子调控内源蛋白水解酶的活性。雄性不育突变体半胱氨酸蛋白酶（spot No.17）表达量降低，而半胱氨酸蛋白酶抑制剂（spot No. 23）上调表达，这两种蛋白差异表达可能抑制了半胱氨酸蛋白酶的活性进而扰乱了绒毡层正常发育，因此影响植物的育性。 5B蛋白是一类富含半胱氨酸的蛋白质，在植物体的绒毡层和雄蕊中特异表达，能抑制蛋白体活性，与绒毡层解体有关。在番茄雄性不育突变体7B-1中，5B蛋白的丰度在四分体时期低于野生型。枸杞雄性不育突变体中5B蛋白也下调表达（spot No.18），据此可以推测，花药绒毡层的正常发育因5B蛋白的异常表达受到影响，进而影响了花粉的正常发育。除此之外，钙调素类似蛋白（spot No.32）和假定的钙结合蛋白（spot No. 33），在许多信号转导级联反应中，这些蛋白的功能是将细胞中的Ca^{2+}信号传递给下游的靶蛋白。这些在宁杞5号中表达量发生变化的蛋白质/酶可能影响花药组织中调控蛋白的丰度或功能，最后影响花粉的发育。枸杞花粉的发育是受一个复杂的网络调控的，多条代谢途径中多个基因的差异表达影响了花粉的育性。

三、根系蛋白质组学研究

盐胁迫对植物生长发育的影响日趋严重。宁夏枸杞作为一种盐生植物，具有耐盐碱、耐贫瘠的特点，是改良盐碱地的先锋植物之一。本研究团队采用TMT技术，对不同浓度盐胁迫下宁夏枸杞根蛋白质组学进行研究，共鉴定到5 305个蛋白，其中4 631个可定量。共鉴定出885个DEPs，其中上调600个，下调285个。100mmol/L NaCl处理的与对照相比，差异蛋白175个，上调117个，下调58个；200mmol/L NaCl处理的与对照相比，鉴定到590个DEPs，其中上调378个，下调212个；300mmol/L NaCl处理的与对照相比，鉴定到120个DEPs，其中上调105个，下调15个。GO功能和KEGG代谢通路显著性富集分析发现，Na^+-H^+转运蛋白、H^+-ATP酶、HKT（high-affinity K^+-transporter）转运蛋白等DEPs主要通过参与能量代谢、碳代谢、抗氧化代谢及离子转运等重要生物学过程，进而响应盐胁迫，枸杞为抵御盐害，大量离子转运蛋白上调表达，运输离子来调节植物体内的离子平衡。

第四节　宁夏枸杞代谢组学

代谢组学（metabolomics）是组学家族中的一名新成员，是继基因组学、转录组学、蛋白质组学之后迅速崛起的一门新兴学科，其研究目的是对某一生物或细胞所有低分子质量小于1 500u的代谢产物，即代谢组（metabolome）进行定性和定量分析，比较其代谢差异。近年来，广泛应用于生物系统代谢物综合比较和分析相关研究中。

一、果实代谢组学研究

（一）宁夏枸杞鲜果和枸杞干果差异性代谢物分析

枸杞鲜果皮薄多汁、组织在外力作用下容易受到损伤，并且鲜枸杞采摘收获后，果实容易腐烂，因此干制依然是当前枸杞的主要加工方式。由于枸杞鲜果和干果的贮存条件、加工方式有所不同，可能会导致枸杞中化学成分的组成及含量存在差异，进而影响其品质功效价值。代谢组学通过分析技术对生物样品中小分子代谢产物组成、含量及其变化进行定性和定量分析，从而发现代谢物信息与生物体生理变化之间相关联系。

汤丽华等以鲜果枸杞为原料，采用自然晾干的方式制得枸杞干果，使用超高效液相色谱-四极杆/静电场轨道阱高分辨质谱（UPLC-QE-Orbitrap-MS）测定枸杞鲜果和干果中全部代谢物质的丰度，从代谢组学层面系统分析并筛选枸杞鲜果和干果之间的主要差异代谢物（differentially accumulated metabolites，DAM）。采用多维分析和单维分析相结合的办法来筛选组间DAMs，根据PLS-DA模型分析结果，筛选第一主成分的变量的权重值（variable important in projection，VIP）>1为条件，$p<0.05$作为筛选标准，筛选到宁夏枸杞果实在加工过程中DAMs主要有有机酸类及其衍生物（10种）、氨基酸类及其衍生物（6种）、类黄酮（8种）、核苷酸类（1种）、酚酸类（7种）、香豆素（1种）、其他（2种），共35种。其中有17种上调，18种下调。有机酸、氨基酸、黄酮类化合物在干果中呈上调表达，核苷酸类、酚酸类、香豆素类化合物呈下调表达。有机酸是一种代谢活性溶质，在植物体内参与渗透压的调节和阳离子的平衡，水分胁迫会促进有机酸的合成。有机酸作为一种光合作用的中间体，宁夏地区日照时间长会导致有机酸在枸杞中的高度积累。氨基酸及其衍生物是植物中重要组成部分，游离氨基酸除了具有生物学功能还具有鲜、甜、涩等特殊味道。由于宁夏紫外线强度高，在高光照度下编码多酚黄酮类化合物生物合成的结构基因的表达和某些重要酶的活性会增加，因此多酚黄酮类化合物的含量也会随之增加。酚酸类呈下调表达可能是由于新鲜枸杞中酚酸积累较少，在干燥脱水的过程中，随着水分的散失，细胞受到胁迫酚酸在某种机制作用下转变成游离态或大量积累。宁夏枸杞鲜果含水量大、干物质少，枸杞鲜果经干燥加工后水分下降，不同的加工方式可能导致了枸杞鲜果和干果中有机酸、黄酮类、酚酸类等成分有极大的差异（汤丽华 等，2023）。该模型的建立可以有效地对枸杞加工过程中有机酸、氨基酸、黄酮等生物活性物质含量变化进行区分，有助于宁夏枸杞加工过程的有效评价，为开发枸杞相关产品提供理论参考。

（二）不同品种宁夏枸杞果实差异性代谢物分析

随着枸杞新品种的不断培育，不同品种的宁夏枸杞在功效成分、口感、色泽、大小等方面均有差异导致市场价格悬殊，因此建立宁夏枸杞品种识别方法对其质量评价具有重要意义。

1.基于广泛靶向代谢组学的不同品种果实代谢组分析　采用高效液相色谱-质谱联用的广泛靶向代谢组学研究方法，分析同一种植基地的宁夏枸杞核心种质间（表5-14）及其与枸杞在代谢物种类和含量上的差异；通过 KEGG 代谢通路功能富集分析挖掘差异代谢物所参与的主要生物学途径。

表5-14　5个枸杞样本的信息

序　号	名　称	类　型
L1	宁杞1号	栽培品种
L2	宁杞5号	同上
L3	宁杞7号	同上
L4	杞鑫1号	同上
L5	枸杞	

（1）差异代谢物类别分析。通过UPLC-MS平台广泛靶向代谢组技术对5个枸杞样品的初生代谢物和次生代谢物进行鉴定，一共检测到1 004种代谢物，包括黄酮类化合物、酚酸类、生物碱、脂质、氨基酸及其衍生物、萜类、核苷酸及其衍生物、有机酸、香豆素、木脂素、甾体、醌类以及其他类等，其中各类物质占比如图5-41所示，黄酮类化合物有190种，占比最多（18.9%）；酚酸类次之，有154种，占比15.3%；脂质和生物碱种类也不少，分别有145种和131种，占比14.4%和13%。总体来说，5种枸杞样品所含代谢物类别相同，但不同样品表现出不同的代谢谱，即每个枸杞样品所含具体代谢物的含量和种类不尽相同。

（2）差异代谢物火山图和柱状图分析。火山图主要用于展示代谢物在两个（组）样品中的相对含量差异以及在统计学上差异的显著性，柱状图则展示出每一个比较组中具体上调或下调的差异代谢物数目。以L1为例，与其他品种对比，综合分析火山图和柱状图可得出如下结果：

在L1vs.L2中（图5-42），有193种差异代谢物，其中123种代谢物表达上调，70种代谢物表达下调。对比二者的差异代谢物发现，L1和L2所含代谢物种类和数量基本相同，只是在代谢物含量上呈现出差异。其中脂质上调27种，下调1种；酚酸类上调21种，下调6种；生物碱上调17种，下调7种；木脂素和香豆素上调13种，下调2种；表明L2相对L1，脂质、酚酸类、木脂素和香豆素及生物碱含量要高一些，而L1中萜类化合物含量相对较高。在黄酮类化合物方面，上调和下调各22种，也表明两个品种在黄酮类化合物的含量方面有差异。

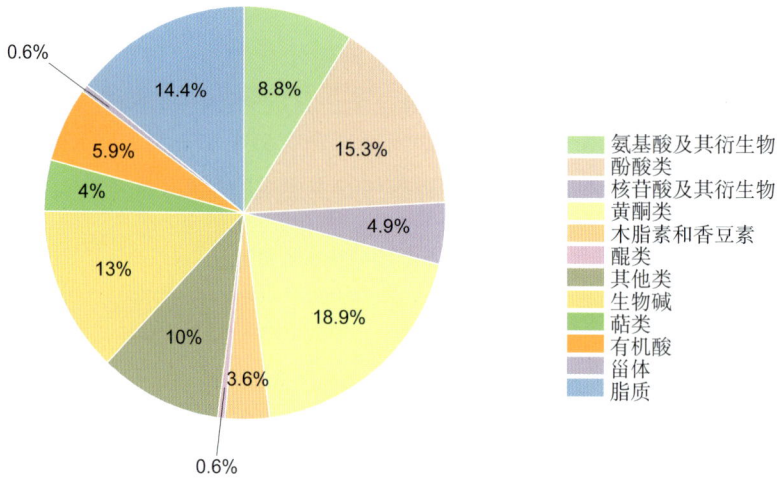

图5-41　代谢物分类

L1 vs. L3（图5-43），共有173种差异代谢物，上调124种，下调49种，其中差异代谢物上调表达比较多。对比二者的差异代谢物发现，L1和L3所含代谢物种类和数量也基本相同，也主要是在代谢物含量上呈现出差异。如黄酮类化合物上调31种，下调8种；脂质总体表现为上调（上调25种，下调0种）；酚酸类上调30种，下调6种；氨基酸及其衍生物上调25种，下调9种；生物碱上调15种，下调13种；有机酸上调15种，下调11种；萜类上调6种，下调12种；表明L3相对L1，黄酮、酚酸类、脂质化合物和含氮化合物的含量较高，而L1中萜类化合物含量较高。

L1 vs. L4（图5-44），共有135种差异代谢物，上调70种，下调65种，上调和下调的差异代谢物数目接近。对比二者的差异代谢物发现，L1和L4所含代谢物种类和数量也基本相同，也主要是在代谢物含量上呈现出差异。其中脂质上调11种，下调1种；黄酮上调14种，下调18种；酚酸类上调10种，下调8种；生物碱上调10种，下调15种；萜类上调4种，下调15种；有机酸上调6种，下调1种。

L1 vs. L5（图5-45），共有493种差异代谢物，差异代谢物数量较大，其中上调251种，下调242种。在这些差异代谢物中黄酮类化合物差异最大，上调32种，下调100种；脂质变化也比较大，上调63种，下调4种；酚酸类上调30种，下调47种；生物碱上调39种，下调20种；有机酸上调15种，下调11种；氨基酸及其衍生物上调25种，下调9种；萜类上调6种，下调12种；表明L5相对L1，脂质化合物、生物碱、氨基酸及其衍生物等含氮化合物的含量较高，而L1相对L5富含黄酮和酚酸类化合物。

A

B

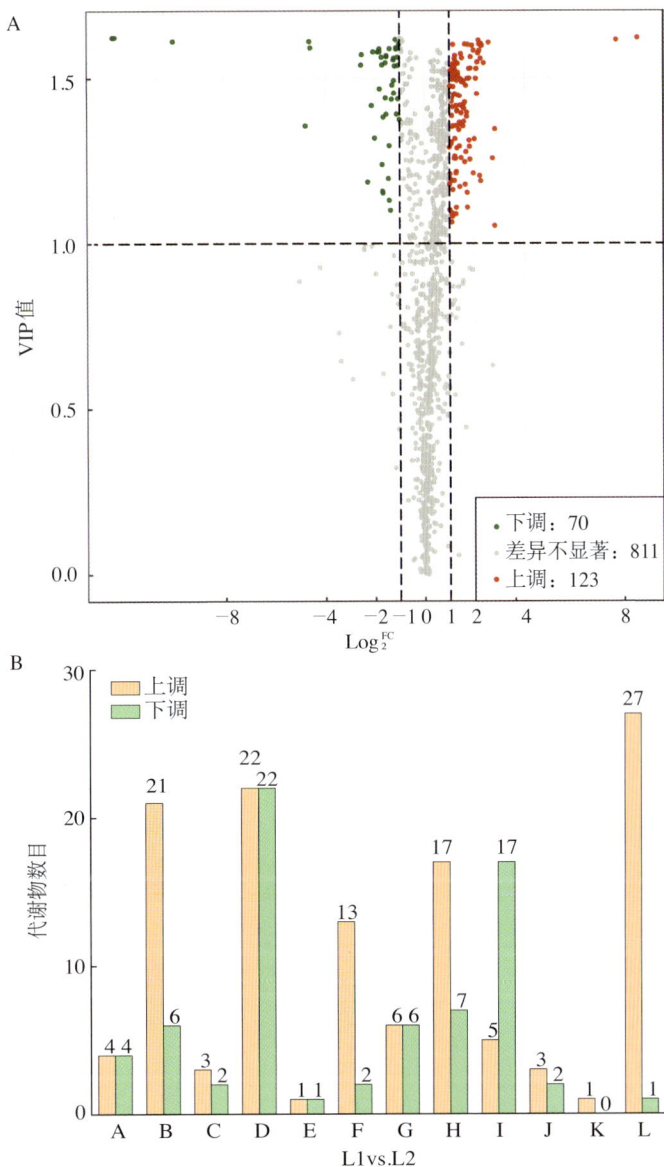

图5-42　L1vs.L2 组间差异代谢物分析

A.火山图　B.组间上调（或下调）差异代谢物数目

[火山图的每一个点表示一种代谢物，其中绿点表示下调差异代谢物，红点代表上调差异代谢物，灰点代表检测到但差异不显著的代谢物；横坐标表示某代谢物在两组样本中相对差异含量差异倍数的对数值，横坐标绝对值越大，说明该物质在两组样本间的相对含量差异越大。

VIP + FC双重筛选条件下：纵坐标表示VIP值，纵坐标值越大，表示差异越显著，筛选得到的差异表达代谢物越可靠。VIP + FC + p-value三重筛选条件下：纵坐标表示差异显著性水平，圆点的大小代表VIP值。

A：氨基酸及其衍生物；B：酚酸类；C：核苷酸及其衍生物；D：黄酮类；E：醌类；F：木脂素和香豆素；G：其他类；H：生物碱；I：萜类；J：有机酸；K：甾体；L：脂质（下同）]

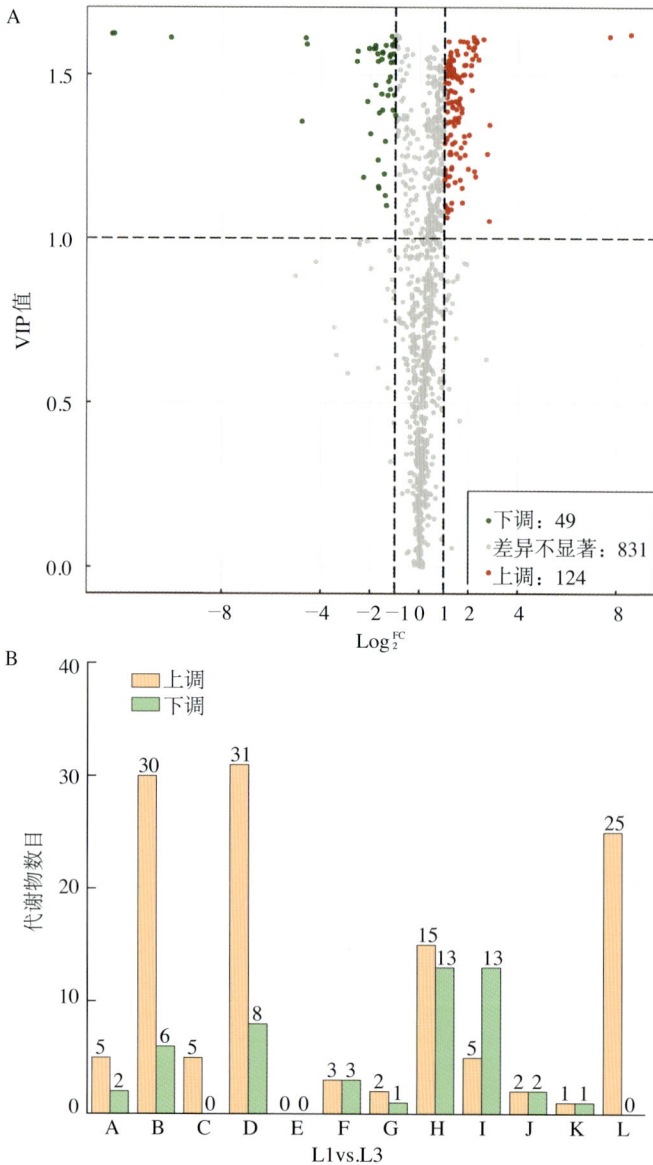

图5-43 L1vs.L3 组间差异代谢物分析

A.火山图　B.组间上调（或下调）差异代谢物数目

（3）差异代谢物聚类热图分析。聚类热图可以更加方便直观地观察到代谢物相对含量的变化规律。通过对五组间（图5-46）比较发现，宁夏枸杞四个品种（L1、L2、L3和L4）聚为一类，与枸杞（L5）之间有很大差异。

宁夏枸杞中黄酮类、酚酸化合物及木质素和香豆素类含量总体高于枸杞，

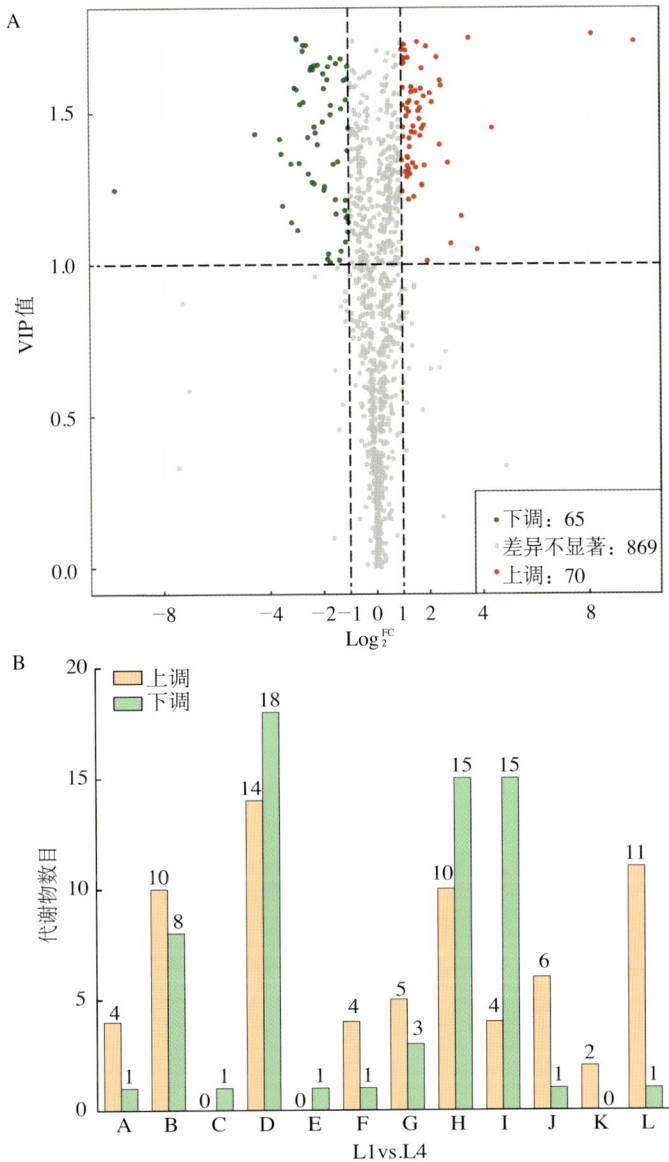

图5-44　L1vs.L4 组间差异代谢物分析

A.火山图　B.组间上调（或下调）差异代谢物数目

而枸杞中脂质、生物碱、氨基酸及其衍生物和核苷酸及其衍生物等含氮化合物含量总体要高于宁夏枸杞。

　　宁夏枸杞4个品种相比，之间的差异代谢物主要体现在代谢物含量上的差异，所含代谢物种类差异较小。而宁夏枸杞L1和枸杞L5不仅在代谢物含量上

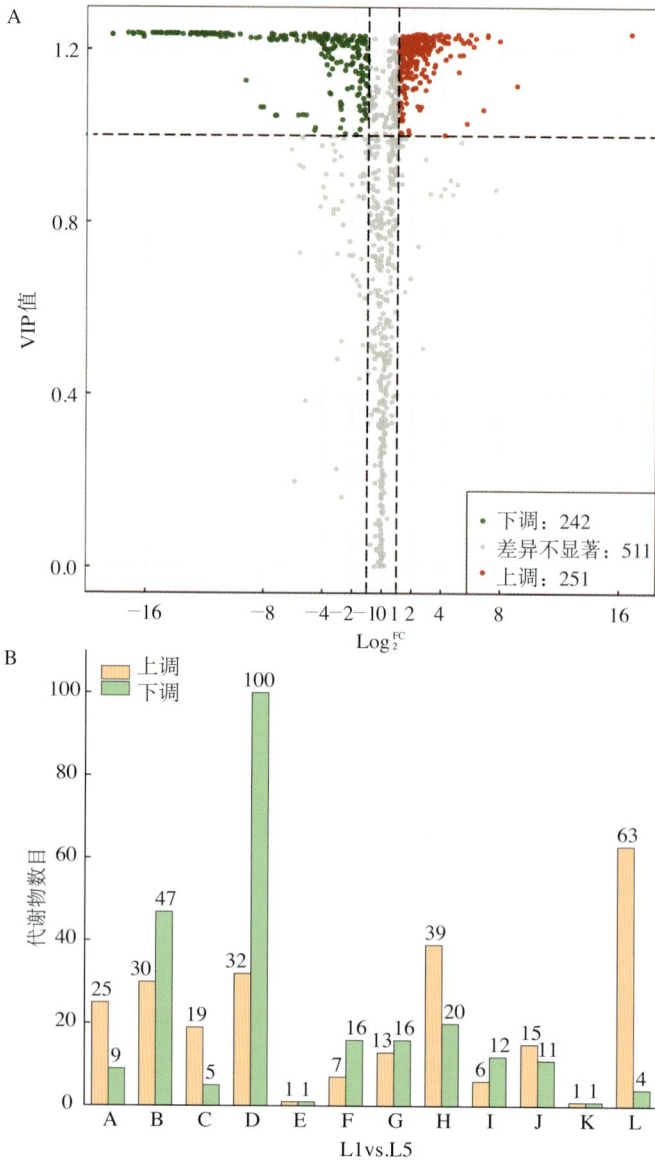

图5-45　L1vs.L5 组间差异代谢物分析

A.火山图　B.组间上调（或下调）差异代谢物数目

呈现出差异，所含代谢物种类也有较大差异。在L5中检测到一些L1中没有检测到的生物碱，如L5中检测出大量地骨皮甲素A（Kukoamine A）、地骨皮甲素B（Kukoamine B），Glucosyl-Kukoamine B，而宁夏枸杞L1中没有检出。黄酮和酚酸类化合物差异较大，有多个黄酮和酚酸类化合物在L1中检测到而L5

中没有检测到。

通过比对差异代谢物，进一步证明宁夏枸杞品种间代谢物差异较小，宁杞1号与枸杞代谢产物差异较大。总体上宁杞1号富含黄酮和酚酸类及萜类化合物，而枸杞富含脂质和生物碱等含氮化合物。特别是本研究在枸杞中检测到Kukoamine A、Kukoamine B，目前研究认为该成分是枸杞地骨皮特有的标记物，这两种成分在枸杞果实中都被检测到，而在宁杞1号中未检测到。

（4）差异代谢物KEGG富集分析。KEGG数据库是代谢物途径的主要公共数据库，借助该数据库可分析差异代谢物参与的生物通路。5组样品所检测到的代谢物中被KEGG注释到的代谢物个数共320，但每组中差异显著且被KEGG注释到的代谢物数目不尽相同，所涉及的代谢通路也有所不同。

L1vs.L2（图5-46），差异显著且被KEGG注释到的代谢物个数共53个，这些差异代谢物与49条代谢通路相关，主要富集到如图5-46所示的20条代谢通路，根据气泡图颜色深浅和形状大小筛选出差异显著较高的6条代谢通路为黄酮类化合物生物合成（flavonoid biosynthesis）、亚油酸代谢（linoleic acid metabolism）、不饱和脂肪酸生物合成（biosynthesis of unsaturated fatty acids）、泛醌和其他萜类-醌生物合成（ubiquinone and other terpenoid-quinone biosynthesis）、黄烷和黄烷酮生物合成（flavone and flavonol biosynthesis）和半

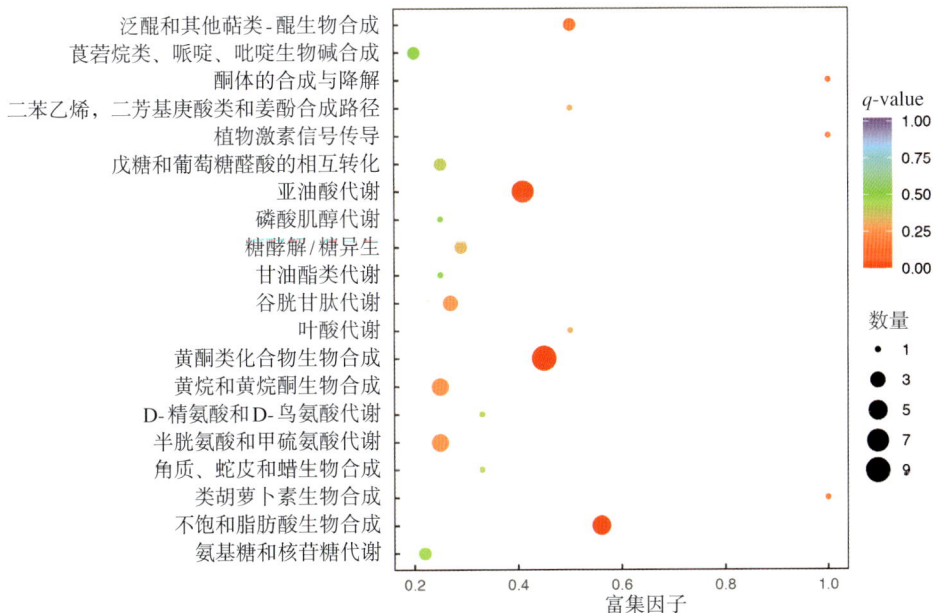

图5-46　L1vs.L2差异代谢物代谢通路KEGG富集分析

（横坐标表示每个通路对应的Rich Factor，纵坐标为通路名称，点的颜色反映 q-value 大小，越红表示富集越显著。点的大小代表富集到的差异代谢物的个数多少）

胱氨酸和甲硫氨酸代谢（cysteine methione metabolism）；其中黄酮类化合物生物合成为差异显著性最高的代谢通路，有9个差异代谢物且为上调表达。

L1vs.L3（图5-47），差异显著且被KEGG注释到的代谢物个数共43个，这些差异代谢物与34条代谢通路相关，主要富集到如图5-47所示的20条代谢通路，根据气泡图颜色深浅和形状大小筛选出差异显著性较高的6条代谢通路为亚油酸代谢、黄烷和黄烷酮生物合成、黄酮类化合物生物合成、苯丙氨酸代谢（phenylalanine metabolism）、苯丙烷类生物合成和谷胱甘肽代谢（glutathione metabolism），其中亚油酸代谢为差异显著性最高的代谢通路，有7个差异代谢物，且为上调表达。

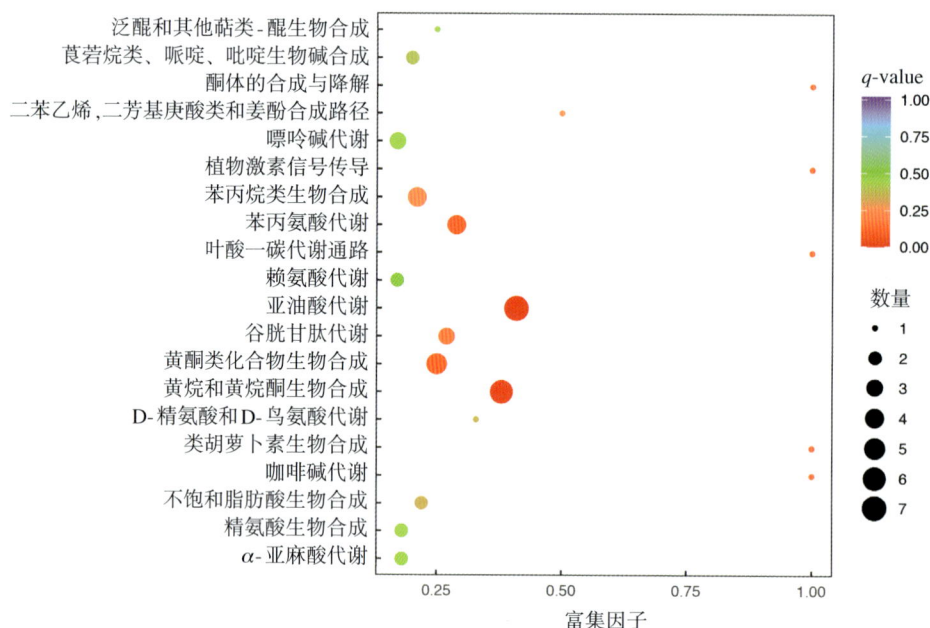

图5-47　L1vs.L3差异代谢物代谢通路KEGG富集分析

L1vs.L4（图5-48），差异显著且被KEGG注释到的代谢物个数共31个，这些差异代谢物与47条代谢通路相关，主要富集到如图5-48所示的20条代谢通路，根据气泡图颜色深浅和形状大小筛选出差异显著被较高的6条代谢通路为丙酮酸代谢（pyruvate metabolism）、谷胱甘肽代谢、丁酸盐代谢（butanoate metabolism）、不饱和脂肪酸生物合成、黄酮类化合物生物合成和异黄酮生物合成；其中丙酮酸代谢为差异显著性最高的代谢通路，有4个差异代谢物且为上调表达。

L1vs.L5（图5-49），差异显著且被KEGG注释到的代谢物个数共128个，

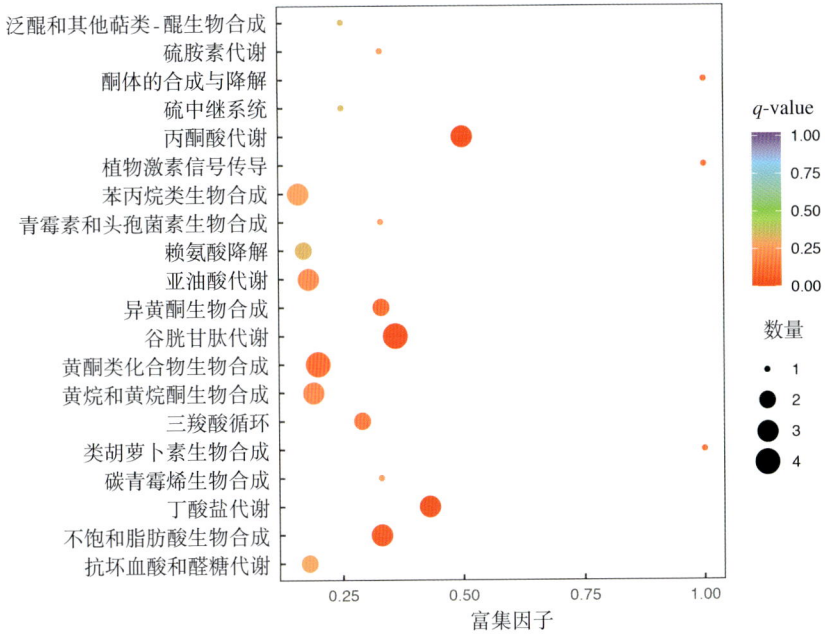

图5-48 L1vs.L4差异代谢物代谢通路KEGG富集分析

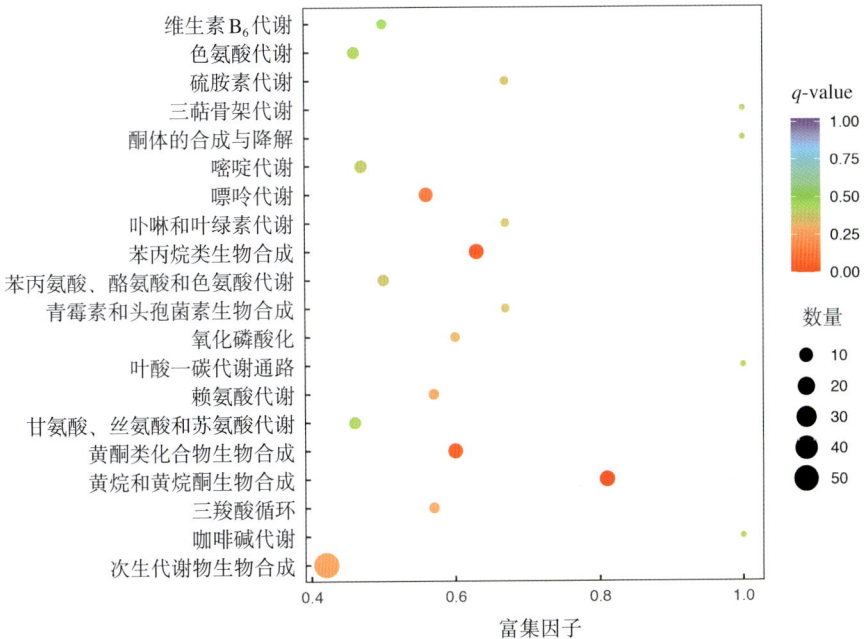

图5-49 L1vs.L5差异代谢物代谢通路KEGG富集分析

这些差异代谢物与78条代谢通路相关，主要富集到如图5-49所示的20条代谢通路，根据气泡图颜色深浅和形状大小筛选出差异显著性较高的6条代谢通路为黄烷和黄烷酮生物合成、苯丙烷类生物合成、黄酮类化合物生物合成、嘌呤代谢（purine metabolism）、次生代谢物生物合成和赖氨酸代谢（lysine biosynthesis）；其中黄烷和黄烷酮生物合成为差异显著性最高的代谢通路，有13个差异代谢物，其中3个上调，10个下调表达；苯丙烷类生物合成和黄酮类化合物生物合成两个代谢通路差异显著性也很高，都有12个差异代谢物，前者7个上调，5个下调表达，后者5个上调，7个下调表达。由差异代谢物代谢通路KEGG富集分析也表明宁夏枸杞与枸杞差异比较大。

2.基于非靶向代谢组学的枸杞不同品种果实代谢组分析　非靶向代谢组学技术可准确高效地定性、定量地分析不同生物品种内小分子化合物的差异，该技术被广泛应用于食品、植物、微生物等研究领域。利用非靶向代谢组学技术发现了植物内源性代谢物存在明显差异且各具特色，有利于不同产品的利用和开发。

汤丽华等以宁夏枸杞鲜果为材料，采用超高效液相色谱-四极杆/静电场轨道阱高分辨质谱（UPLC-QE-Orbitrap-MS）的非靶向代谢组学技术，比较了宁夏枸杞宁杞7号、宁杞9号、杞鑫1号3个品种的果实代谢物，经与标准数据库匹配，三个枸杞品种中共有代谢物为393个，依据PLS-DA模型筛选出17种DAMs，包括3种有机酸类及其衍生物、2种氨基酸类及其衍生物、7种黄酮类及黄酮醇类化合物、2种酚酸类等化合物和3种其他类。其中，宁杞7号的苹果酸、绿原酸、姜黄素等含量较高；宁杞9号的表儿茶素、山奈酚、槲皮素-3-β-D-芸香糖苷、异鼠李素-3-O-芸香糖苷等含量较高；宁杞10号的槲皮素、对羟基肉桂酸等含量较高。多变量分析表明不同品种宁夏枸杞差异较为显著代谢物，利用UPLC-QE-Orbitrap-MS联用技术，结合多元统计分析的方法，可用于区分不同品种宁夏枸杞（汤丽华 等，2022）。

Wang等结合核磁共振、液相色谱串联质谱和气相色谱技术，综合分析了宁夏枸杞和黑果枸杞果实青果期（S1）、转色期（S2）和成熟期（S3）三个发育阶段的代谢物组成。发现枸杞果实的代谢物主要由亲水性代谢物和脂肪酸组成。不同发育阶段的光谱共振与数据库里特定的代谢物进行了比对。检测到来自不同代谢途径的71种代谢物，其中包括19种氨基酸、17种有机酸（TCA循环中间体和酚酸）、11种碳水化合物、1种类黄酮、3种脂类、3种胆碱代谢物、2种核苷酸和其他15种未知代谢物。采用GC-FID/MS方法检测并确定了14种脂肪酸。此外，利用UHPLC-QTOFMS方法，结合文献数据，检测并相对定量鉴定了约30种植物次生代谢物，包括多酚酸、花青素、黄酮醇和酚酰胺。

核磁共振数据的OPLS-DA结果显示，在初级代谢和次级代谢方面，宁夏枸杞和黑果枸杞果实的代谢组表型存在显著差异。在S1期，黑果枸杞果实的代谢物raf、mannose、PGA、citrate、malate、succinate、choline、betaine、uridine、Ile、Val、Ala、IVG、GABA、Tyr、Trp、Phe、Chl、cinnamate、gallate、PABA、naringenin的含量均高于宁夏枸杞果实，而代谢物Fru、Suc、UDPG、Thr、Arg、Gln、Asn、formate的含量均低于宁夏枸杞果实。在S2期，在宁夏枸杞果实鉴定的代谢物中，除mannose和PGA外，其他的代谢物含量均高于黑果枸杞。在S3期，代谢物Ala、succinate、uridine和QA的含量在黑果枸杞和宁夏枸杞中没有差异，其他的代谢物含量均存在种间差异。其中，有2种类固醇和MHBA的含量在黑果枸杞果实高于宁夏枸杞果实。而另外与S2期相同的10种代谢物以及Ala和Cys的含量，在宁夏枸杞果实中高于黑果枸杞果实。

宁夏枸杞和黑果枸杞在果实发育的三个阶段，植物次生代谢物存在显著差异。黑果枸杞比宁夏枸杞含有更多的多酚酸，如咖啡酸、辛酸和绿原酸。另外，黑果枸杞三个发育阶段，均含有更多的酚酰胺，如腐胺、多酚酸、阿魏酸、香豆醇、肉桂酸。然而，在S2期和S3期，宁夏枸杞果实比黑果枸杞果实含有更多的阿魏酸腐胺（feruloyated putrescine）和糖基化亚精胺多酚酸加合物（glycosylated spermidine-polyphe nolic acid adducts）。

枸杞果实成分以糖、氨基酸、三羧酸循环组分、脂肪酸、胆碱代谢物等90多种代谢物为主。宁夏枸杞和黑果枸杞的代谢表型在S1、S2和S3时期均存在显著差异。糖和氨基酸含量显著高于黑果枸杞，但三羧酸循环中间产物、脂肪酸和次生代谢物含量显著低于黑果枸杞。果实转色后的种间脂肪酸含量差异远大于转色前的。此外，黑果枸杞果实比宁夏枸杞果含有更多的渗透物，这表明两种枸杞果实发育过程对渗透调节的需求不同。另外，宁夏枸杞和黑果枸杞在莽草酸介导的次生代谢物合成方面也存在显著差异（Wang et.al.，2018）。

另外，Xie等比较了宁夏枸杞和黑果枸杞果实在幼果期（S1，9～12d）、青果期（S2，14～19d）、转色期（S3，20～26d）、早熟果期（S4，30～37d）、熟果期（S5，34～45d)5个发育阶段的代谢组和转录组数据。代谢组学结果表明，两种枸杞中氨基酸、维生素和黄酮类化合物在果实各发育阶段的积累模式相同，但在同一发育阶段，宁夏枸杞积累的代谢物，包括L-谷氨酸、L-脯氨酸、L-丝氨酸、脱落酸（ABA）、蔗糖、硫胺素、柚皮素和槲皮素等低于黑果枸杞。基于代谢物和基因网络，鉴定出了可能参与枸杞类黄酮合成途径的多个关键基因，包括PAL、C4H、4CL、CHS、CHI、F3H、F3′H和FLS。这些基因在黑果枸杞中的表达量显著高于宁夏枸杞中的表达量，说明相关基因的差异表达，是导致宁夏枸杞和黑果枸杞类黄酮积累差异的主要原因（Xie et al.，2023）。

（三）不同产区枸杞果实代谢物差异性分析

种植环境对枸杞次生代谢物的积累具有重要的影响，枸杞产地来源与产品的品质密切相关，不同产地的枸杞品质存在不同程度上的差异。宁夏中宁县作为枸杞子的道地产地，中宁枸杞（zhongning goji berries，ZNG）的质量在全球范围内都享有很高的知名度。然而在市面上，经常有不法商贩在ZNG中非法掺假非中宁枸杞（non zhongning goji berries，NZNG）。因此，生物标志物的开发对于正确鉴定 ZNG 和 NZNG 具有重要的意义。

吕维采用 UPLC-Q-TOF-MS 技术，整合非靶向代谢组学和统计学分析方法，对 ZNG 和 NZNG 质谱数据进行挖掘，建立了单变量、多因素统计分析与受试者操纵曲线（ROC）相结合的生物标志物筛选和验证方法，与自建枸杞属植物小分子质谱数据库进行化合物匹配，鉴定了 7 个标志物，发现了 1 个新的化合物 glycoside of pyrrolidine alkaloid。经过 ROC 分析验证，这些标志物均可作为单一生物标志物用于鉴别 ZNG。通过二元逻辑回归模型发现并验证了两组组合生物标志物对于区分 ZNG 和 NZNG 具有高灵敏度和特异性。以新的"中宁枸杞生物标志物"槲皮素和琥珀酸为指标，对 ZNG 进行质量控制。在95%置信水平下，槲皮素、琥珀酸和它们组合的最佳含量截断（cutoff）值分别为0.698 9、51.541 2和0.290 2μg/g，可快速有效地鉴别ZNG（吕维，2019）。

Wang 等通过广泛靶向代谢组学技术，在宁夏中宁（NF）、新疆精河（XF）和青海诺木洪（QF）3 个气候条件不同的典型生态种植区，比较三个产区果实代谢物积累差异。在VIP ≥ 1、倍数变化≥2，作为DAM。与NF相比，QF果实中代谢物离子强度显著降低。从整体上看，生物碱、核苷酸及其衍生物、多酚类物质（黄酮类、黄酮醇类、酚酰胺类和苯丙烷类）和有机酸在NF处理的枸杞果实中含量较高，而脂类和氨基酸在QF处理的枸杞果实中含量较高。同样，通过比较 XF 和 QF 枸杞果实的代谢物差异，发现QF果实中生物碱、氨基酸、脂质、核苷酸和衍生物的含量明显低于XF，多酚含量略有下降，而有机酸含量略有增加。QF处理的枸杞果实中多酚含量略有下降，有机酸含量略有增加。虽然在NF处理的枸杞果实样品中，DAMs的数量最多，但代谢物离子强度的变化幅度不是很显著。从NF提取的果实中含有的多酚、生物碱、氨基酸和有机酸是从XF提取的果实的两倍。与此相反，XF枸杞果实则富含脂质和氨基酸。枸杞栽培品种宁杞1号的45个成熟期枸杞果实样本中检测到393种代谢物，涉及19个已知代谢物类别。QF的果实最大，其次是XF和NF。海拔高度、相对湿度和光照度与大部分代谢物呈高度负相关，表明枸杞生长在高海拔、强光条件下，对果实营养品质不利。土壤含水量与维生素、有机酸、碳水化合物呈高度负相关，与其他代谢物呈中度正相关。相反，空气和土壤温度与大部分代谢物呈正相关。而较高的温度，低海拔和低光照度，湿度适中的土壤，是生产营养代谢产物含量高枸杞的适宜条件（Wang et al., 2020）。

Ma等比较了宁夏中宁（N：37°41′，E：105°57′）、甘肃瓜州（N：40°50′，E：95°83′）和青海诺木洪（N：37°30′，E：97°40′）3个产区的枸杞类黄酮代谢物及基因表达水平，发现宁夏枸杞总黄酮和总多酚含量（分别为57.87μg/g和183.41μg/g）高于青海（50.77μg/g和156.81μg/g）和甘肃（47.86μg/g和111.17μg/g）。从不同产地的枸杞中鉴定出105个差异积累的黄酮类化合物（DAFs）。基于转录组学和代谢组学联合分析表明，槲皮素化合物是区分甘肃产区宁杞1号与宁夏产区和甘肃产区的重要黄酮类化合物。查尔酮异构酶（CHI）、查尔酮合酶（CHS）和黄酮醇合成酶（FLS）基因也在黄酮类合成的调控中起关键作用。此外，MYB1调控槲皮素-3-O-葡萄糖苷、槲皮素-7-O-葡萄糖苷和异金丝桃苷的表达。因此，我们推测 CHI、CHS、FLS 基因及其相关转录因子共同控制了枸杞黄酮积累的变异。鉴定出的关键结构基因 FLS、PAL、CHI、CHS 和 GST 和调控因子MYB1、MYB44和bHLH112可能调控枸杞黄酮含量变化。MYB1可能是枸杞黄酮醇生物合成的主要转录因子，黄酮类化合物和黄酮醇的生物合成途径的差异是三个枸杞产区黄酮类化合物不同的主要原因（Ma et al., 2023）。

Yao等比较了采自4个主要枸杞产区，包括季风区（河北）、半干旱区（宁夏、甘肃和内蒙古）、高原区（青海）和干旱区（新疆）的51个样品的果实形态特征、单糖和多糖含量、抗氧化活性及代谢组分析，并分析了不同气候产区与枸杞质量的相关性。研究结果推测枸杞的种植可能始于公元100年左右的中国东部（河北），后来向西转移到半干旱地区。季风、高原和干旱区枸杞的果实形态不同，而半干旱地区枸杞则与其他地区密不可分。枸杞的果实更小、更轻，颜色更亮，而来自高原产区的宁夏枸杞果实颗粒最大、最重。基于HPTLC指纹分析表明同一个枸杞种的黄酮类化合物指纹图谱高度相似，而宁夏枸杞和枸杞的黄酮类化合物指纹图谱存在差异。最明显的区别是，宁夏枸杞在Rf = 0.32 ~ 0.35处呈现黄色区，为芦丁。而枸杞不含芦丁，但在Rf = 0.25 ~ 0.27处有黄色区域，可能是芦丁的衍生物。

基于^{1}NMR的代谢组学分析表明，不同气候产区枸杞的典型光谱，在0.00 ~ 10.00mg/L范围内的PCA分析表明，宁夏枸杞和枸杞这两个种的代谢组学是分开的。在3.00 ~ 6.00mg/L之间的区域，不同糖信号在两个种之间差异很大，是枸杞种鉴定的特征区域。不同栽培地区的宁夏枸杞样品聚集在一起，但与枸杞不同。代谢组学方法结合形态分析和生物活性评估，可以捕获这些不同的枸杞质量集群，同时也可以检测不同种类枸杞的差异。在HPLC类黄酮指纹图谱和基于^{1}NMR的化学计量分析中，宁夏枸杞和枸杞果实的代谢物谱和抗氧化活性存在差异。基于形态学和代谢组学特征以及抗氧化活性的研究结果，并不能表明某一特定生产区比其他地区优越。但可以根据不同的形态和化学特征，将不同地区的枸杞用于不同的目的。例如，来自高原的大果枸杞适合作为新鲜水果销售；具有较高抗氧化活性和苦味的枸杞，具有药用价值（Yao et al.，2018）。

Li等采用超高效液相色谱-定量质谱联用（UHPLC-QE MS）方法结合多元统计分析，比较了来自青海、甘肃、宁夏、新疆和内蒙古16个产地（其中将青海省内产地和省外产地分为SN组和SW组，青海6个产地的样本为SN组，其余10个产地的样本为SW组；青海省内又分为都兰-诺木红DN组和非都兰-诺木红FN组）的枸杞果实代谢物特征。以OPLS-DA模型的VIP值（VIP>1）、T检验的p值（p<0.05）和表达变化倍数（FC>1）条件下筛选差异代谢物。在SN-SW组，共鉴定出6种差异代谢物为腺嘌呤（adenine）、L-天冬氨酸（L-aspartic acid）、N-乙酰神经氨酸（N-acetyl neuraminic acid）、L-谷氨酸（l-glutamic acid）、腺苷（adenosine）和吡哆醇（pyridoxine），DN-FN组鉴定出6种差异代谢物为L-天冬氨酸、N-乙酰神经氨酸、柠檬酸、D-焦谷氨酸[D-(+)-pyroglutamic acid]、D-(-)-奎宁酸［D-(-) quinic acid］和13-hydroxy-9E，11E-十八碳二烯酸（11E-octadecadienoic acid）。这些差异代谢物分为氨基酸、有机酸和维生素，特别是DN-FN组的差异代谢物基本上是有机酸。利用峰面积对差异代谢物进行相对定量分析，发现青海省采集的SN组样品中L-天冬氨酸、N-乙酰神经氨酸、L-谷氨酸和吡哆醇的含量高于其他省份采集的SW组样品。在DN/FN组中，都兰-诺木红地区采集的DN组样品中L-天冬氨酸、柠檬酸和D-(-)-奎宁酸含量高于FN组，青海省其他地区采集的样品中N-乙酰神经氨酸含量低于其他地区。

有机酸和氨基酸的积累可以保护植物免受UVB的有害影响，过量的碳酸氢盐会引起植物体内有机酸的积累。不同地区枸杞果实中有机酸和氨基酸的差异可能是由于植物对恶劣环境条件的抵抗力，如强紫外线辐射、高海拔、土壤盐碱化等造成的。Li等发现丙氨酸、天冬氨酸和谷氨酸代谢、精氨酸生物合成、谷胱甘肽代谢、乙醛酸和二羧酸代谢、嘌呤代谢、组氨酸代谢和氨基酰基tRNA生物合成是最重要的途径，这些发现对枸杞的起源具有重要示范意义（Li et al.，2022）。

（四）枸杞与番茄果实差异代谢物分析

枸杞因其植物微量营养素含量高而被称为"超级食品"，与同属茄科的番茄具有遗传背景的相似性。Dumont等通过LC-ESI-TQ-MS和GC-EI-MS技术研究了宁夏枸杞、枸杞和番茄三种茄科植物果实代谢谱中与营养和味道有关的重要代谢物类如胡萝卜素、酚类化合物和初级化合物，共鉴定了13种类胡萝卜素、46种酚类化合物和67种初级代谢物。同时，揭示了鉴别枸杞属和茄属果实以及宁夏枸杞和枸杞果实的代谢物标记。其中枸杞苯丙烷和玉米黄质酯是宁夏枸杞果实的典型标记物，而番茄红素、胡萝卜素、谷氨酸和GABA是番茄果实的典型标记物。并且发现宁夏枸杞中枸杞苯丙烷A-B、香豆酸、果糖和葡萄糖含量较为丰富，而枸杞中绿原酸、天冬酰胺和奎宁酸含量较高（Dumont et al.，2020）。

二、宁夏枸杞响应盐胁迫的代谢组学研究

盐胁迫制约了作物产量与品质的提高，导致严重的经济损失和生态问题。植物响应盐胁迫的代谢途径是个复杂的过程，会产生大量的代谢产物，包括参与到各个代谢途径中的调节物质和一些信号转导因子。

马彩霞利用UHPLC-Q-TOF MS技术，根据OPLS-DA模型，选择同时具有多维统计分析VIP>1和单变量统计分析$p<0.05$的代谢物，作为具有显著性差异的代谢物；而VIP>1且$p<0.1$则作为DAMs，$p<0.05$的代谢物为具有显著性DAMs。总共鉴定到130种DAMs，包括糖类及多元醇、氨基酸、有机酸、脂肪酸及其他代谢物。糖类及多元醇11种，氨基酸类16种，有机酸类31种，脂肪酸类23种，其他代谢物有46种。大多数上调的DAMs被归为有机酸、糖类和脂类。与对照组相比，低浓度NaCl胁迫处理下，有机酸类代谢物中2-氧代己二酸（2.37倍）、柠檬酸盐（2.66倍）、苹果酸（1.71倍）显著增加，糖类代谢物中，半乳糖醇（1.84倍）、蔗糖（1.53倍），在高浓度NaCl胁迫处理下却显著下调。然而大多数的氨基酸类代谢物在低NaCl浓度下显著下调，在高NaCl浓度下却显著上调，例如D-脯氨酸，脂类代谢物中3-磷酸甘油（2.04倍）、1-棕榈酰甘油（1.81倍）显著增加。

与对照组相比，100mmol/L NaCl胁迫处理下，共鉴定到69种DAMs，其中上调23种，下调46种；200mmol/L NaCl胁迫处理，共鉴定到80种DAMs，其中上调17种，下调63种；300mmol/L NaCl胁迫处理下，共鉴定到65种DAMs，其中上调14种，下调51种。KEGG通路富集分析发现，盐胁迫下宁夏枸杞DAMs主要参与能量代谢、碳水化合物代谢、氨基酸代谢、蛋白质降解和吸收、ABC转运体系等重要生物学过程。随着盐胁迫程度的增加，宁夏枸杞叶片中参与能量代谢的柠檬酸、苹果酸、2-氧代乙二酸先显著上调然后显著

下调；参与脂类代谢的 3- 磷酸甘油乙醇胺、甘油磷胆碱、磷脂酰胆碱、棕榈酸的硬脂酸等显著下调，胆碱水平显著上调，氨基酸类代谢物脯氨酸显著上调，谷氨酸、亮氨酸、精氨酸和苯丙氨酸等显著下调。盐胁迫显著抑制宁夏枸杞叶片的 SOD 和 POD 的酶活性，参与调控糖代谢途径的 FBP、PFK、α-GC、PGK 和 GAPDH 活性在盐胁迫条件下显著降低，而参与调控 TCA 循环途径的 CS、NAD-MDH、NADP-MDH 和 PHD 活性在低浓度（100mmol/L NaCl）盐胁迫条件下增强，但随着盐胁迫程度的增加又呈下降趋势。盐胁迫条件下参与调控宁夏枸杞能量代谢的 *glu*、*ICDH1*、*gly* 基因的表达量先上升后下降，与代谢组学和生理检测结果的变化趋势相似。*gdh1* 基因的表达量呈先下降后上升又下降的趋势，*CS* 基因的表达量则呈先上升后下降又上升的趋势。盐胁迫条件下这些基因的差异表达调控了能量代谢相关代谢物的变化（马彩霞，2021）。

Liang 等分析了 12 种不同浓度梯度的盐胁迫对宁杞 1 号枸杞果实代谢物积累的影响。基于广泛靶向代谢组学技术，从 21 个宁杞 1 号成熟果实样品中鉴定了 457 种不同的代谢物，其中 53% 受到盐碱胁迫的影响。根据代谢物的生物结构构象，将其分为 29 类。土壤盐碱胁迫显著促进了枸杞果实代谢物的积累，氨基酸、生物碱、有机酸和多酚含量在盐碱胁迫梯度上呈比例增加。另外，高盐碱胁迫显著降低了核酸、脂类、羟基肉桂酰衍生物、有机酸及其衍生物和维生素含量。共有 13 种盐反应代谢物代表了枸杞耐盐碱胁迫的潜在生物标志物。这些代谢物被分类为脂类、植物激素、喹酸盐及其衍生物和多胺，但它们在盐-碱胁迫梯度上的积累趋势不同，这表明宁杞 1 号的耐盐机制复杂。脂质和绿原酸的持续减少、脱落酸的上调和多胺的积累是宁杞 1 号耐盐碱胁迫的重要机制（Liang et al., 2022）。

Qin 等比较了枸杞和黑果枸杞在 150mmol/L NaCl 胁迫下的转录组、代谢组和激素变化，结果显示，在没有 NaCl 胁迫条件下，黑果枸杞的 ABA 含量显著低于枸杞。但是，在 NaCl 处理下黑果枸杞的 ABA 含量急剧升高，而枸杞的 ABA 含量则保持不变。转录组分析表明，枸杞盐胁迫应答基因主要富集于枸杞的 MAPK 信号通路、氨基糖和核苷酸糖代谢通路、碳代谢通路和植物激素信号转导通路。而黑果枸杞主要与碳代谢和内质网蛋白质加工有关。代谢组学结果表明，在没有 NaCl 胁迫时，黑果枸杞的黄酮和类黄酮含量高于枸杞，而在盐胁迫条件下，黑果枸杞的黄酮和类黄酮含量几乎没有发生变化，而枸杞则显著升高。基于此，推测在正常条件下，由于 ABA 含量较低，黄酮类化合物含量较高，使得黑果枸杞已经做好防御高盐度胁迫的准备。当有高盐度环境时，黑果枸杞一方面通过积累大量 ABA 来提高抗性，另一方面通过其组织中已经存在的高水平黄酮类化合物来减轻高盐度引起的氧化损伤（Qin et al.，2021）。

研究结果为枸杞等植物的栽培和改良提供了新的思路。通过提高宁夏枸杞、枸杞等植物体内的黄酮含量，不仅可以增强植物的耐盐性，还可以提高枸杞果实和叶片的营养价值。

三、枸杞响应生物胁迫的代谢组学研究

研究植物在受到病原菌及虫害胁迫前后的次生代谢物的变化，对植物响应生物胁迫机理理论研究及抗病虫害品种的创制具有积极的意义。

（一）枸杞响应腐皮镰刀菌侵染的代谢组变化

随着气候变化以及枸杞种植面积的逐年扩大，枸杞病害的发生也越来越严重，导致枸杞的产量下降，品质降低。其中，枸杞根腐病是传播最广、最具破坏性的土传病害之一。植物次级代谢物在抗逆胁迫中发挥重要的生理功能。利用代谢组学技术研究分析植物响应病原菌侵染后的代谢成分和含量变化，对筛选抗菌物质，揭示和解析寄主与病原菌的互作机制具有重要意义。

1.差异代谢物筛选　通过超高效液相色谱-质谱连用（UPLC-MS/MS）对宁杞1号（对照）和宁杞5号（易感）接种腐皮镰刀菌后7d、14d的根部组织进行代谢组分析。共鉴定出10个化学类别的748个代谢物，包括146个脂类物质、134个生物碱、73个氨基酸及其衍生物等（图5-50A）。以未接菌的健康枸杞植株为对照组（0d），宁杞1号中接菌后7d和14d分别检测到201个（144个上调，57个下调）和203个（100个上调，103个下调）DAMs。在宁杞5号中，接菌7d和14d后代谢物总数低于宁杞1号，分别有165个（115个上调，50个下调）和140个（55个上调，85个下调）代谢物（图5-50B）。以接菌7d的枸杞植株为对照，宁杞1号和宁杞5号中分别有147个和103个代谢物随着接菌时间的增加，代谢物含量发生明显变化（图5-50C）。

2.DAMs的KEGG通路富集分析　对宁杞1号筛选到111个特异DAMs、宁杞5号的52个特异DAMs，以及9个共有DAMs分别进行KEGG分析（图5-51A）。结果显示在宁杞1号的111个独特代谢物中，有25个DAMs被富集在精氨酸生物合成、植物激素信号转导、类胡萝卜素生物合成、丁酸盐代谢、丙酮酸代谢和氨基酸代谢等通路，其中精氨酸生物合成通路富集最显著；而在宁杞5号的53个独特DAMs中，检测到13个DAMs在色氨酸代谢，苯丙氨酸、酪氨酸和色氨酸生物合成，苯并恶嗪类生物合成、核黄素代谢、吲哚生物碱

生物合成等通路中被显著富集，其中色氨酸代谢通路富集最显著。在两个枸杞品种接菌后共有的9个DAMs中仅有2个DAMs被富集在苯丙烷代谢、类黄酮、二芳基庚烷和姜辣素生物合成等通路中（图5-51B、C、D）。

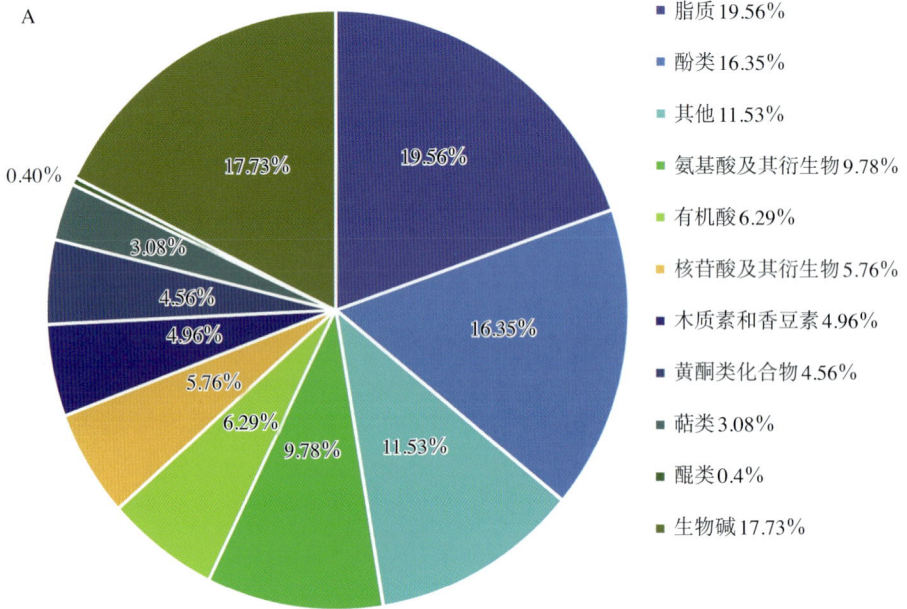

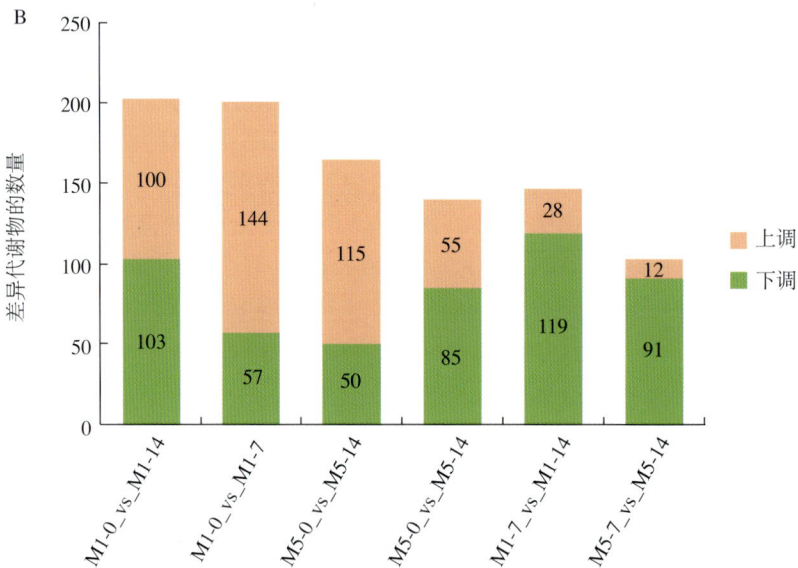

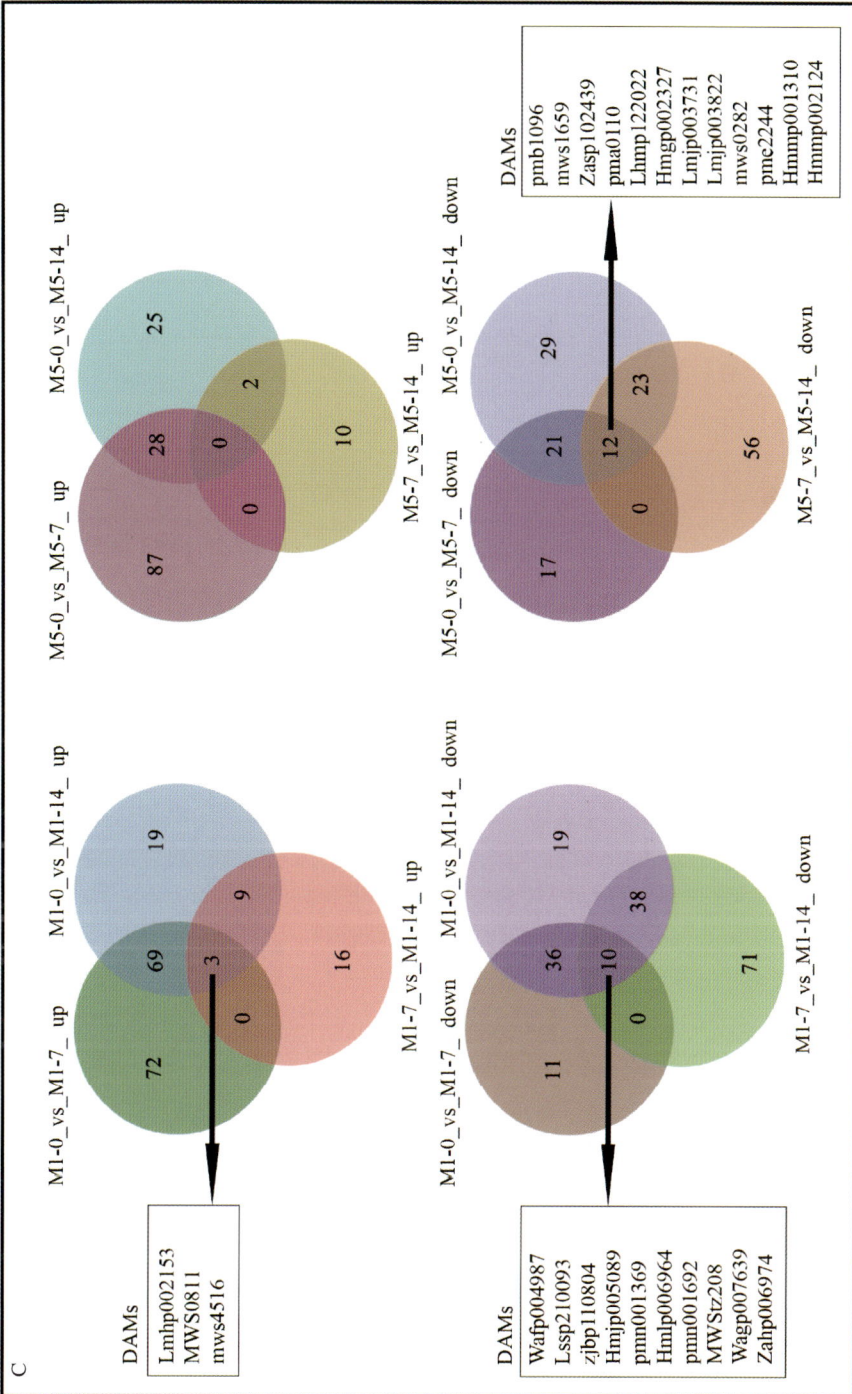

C

M1-0_vs_M1-7_ up

M1-0_vs_M1-14_ up

19

9

3

69

0

16

72

M1-7_vs_M1-14_ up

M1-0_vs_M1-14_ down

19

38

36

10

0

11

71

M1-7_vs_M1-14_ down

M1-0_vs_M1-7_ down

DAMs
Lmhp002153
MWS0811
mws4516

DAMs
Wafp004987
Lssp210093
zjbp110804
Hmjp005089
pmm001369
Hmlp006964
pmm001692
MWStz208
Wagp007639
Zahp006974

M5-0_vs_M5-7_ up

M5-0_vs_M5-14_ up

25

2

28

0

10

0

87

M5-7_vs_M5-14_ up

M5-0_vs_M5-14_ down

29

23

21

12

0

56

17

M5-7_vs_M5-14_ down

M5-0_vs_M5-7_ down

DAMs
pmb1096
mws1659
Zasp102439
pma0110
Lhmp122022
Hmgp002327
Lmjp003731
Lmjp003822
mws0282
pmc2244
Hnmp001310
Hmmp002124

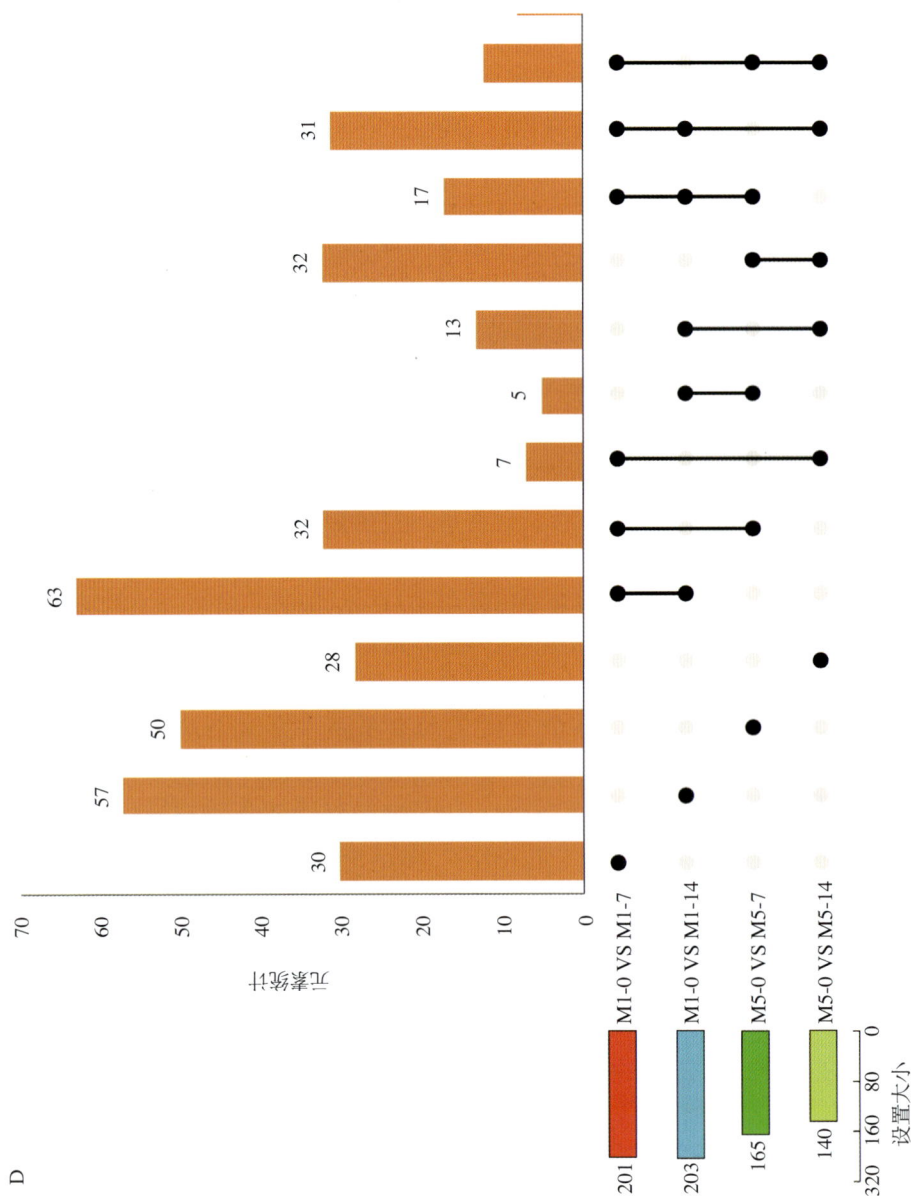

D

E

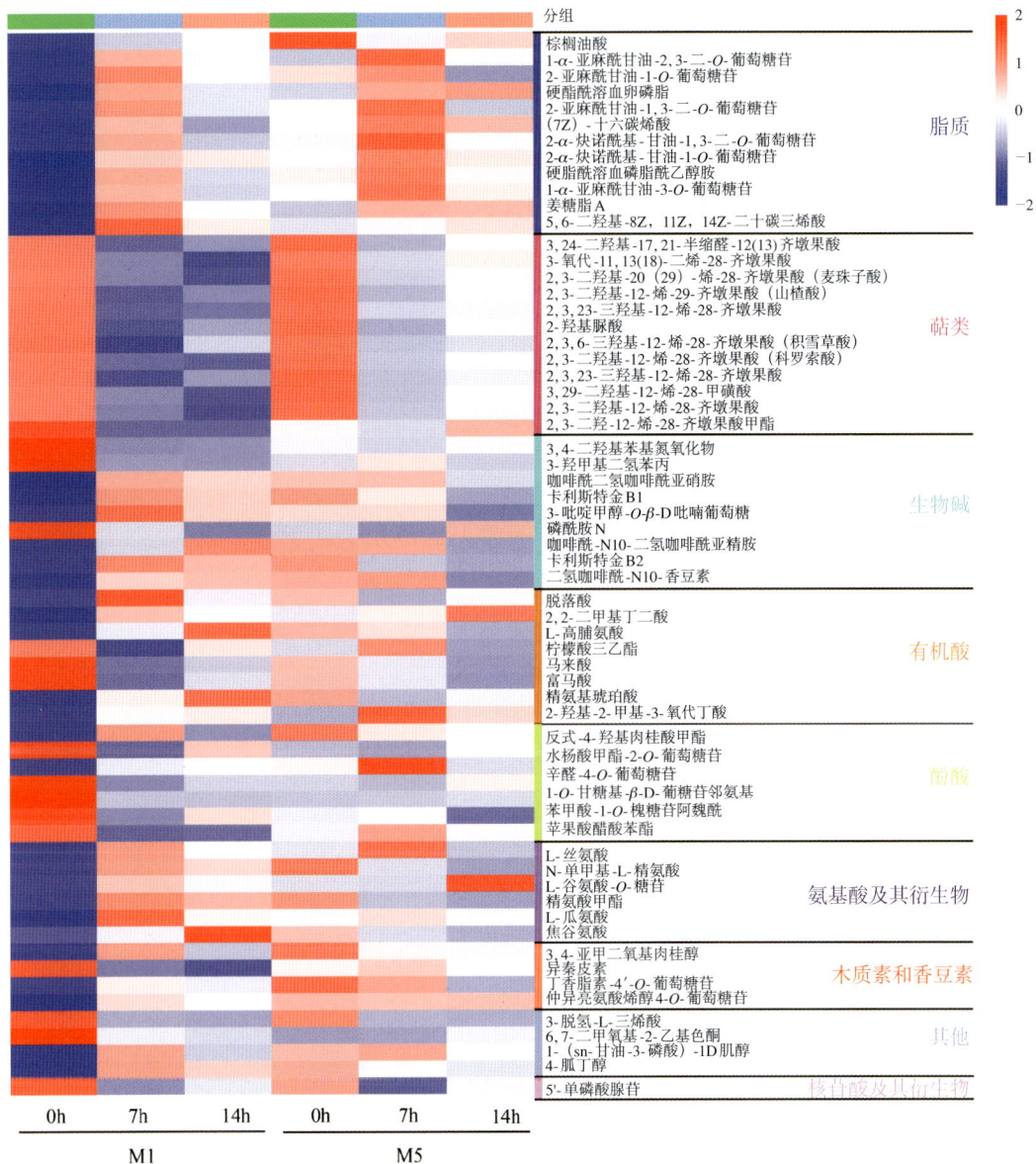

分组

脂质
棕榈油酸
1-α-亚麻酰甘油-2,3-二-O-葡萄糖苷
2-亚麻酰甘油-1-O-葡萄糖苷
硬脂酰溶血卵磷脂
2-亚麻酰甘油-1,3-二-O-葡萄糖苷
(7Z)-十六碳烯酸
2-α-炔诺酰基-甘油-1,3-二-O-葡萄糖苷
2-α-炔诺酰基-甘油-1-O-葡萄糖苷
硬脂酰溶血磷脂酰乙醇胺
1-α-亚麻酰甘油-3-O-葡萄糖苷
姜糖脂A
5,6-二羟基-8Z,11Z,14Z-二十碳三烯酸

萜类
3,24-二羟基-17,21-半缩醛-12(13)齐墩果酸
3-氧代-11,13(18)-二烯-28-齐墩果酸
2,3-二羟基-20（29）-烯-28-齐墩果酸（麦珠子酸）
2,3-二羟基-12-烯-29-齐墩果酸（山楂酸）
2,3,23-三羟基-12-烯-28-齐墩果酸
2-羟基脲酸
2,3,6-三羟基-12-烯-28-齐墩果酸（积雪草酸）
2,3-二羟基-12-烯-28-齐墩果酸（科罗索酸）
2,3,23-三羟基-12-烯-28-齐墩果酸
3,29-二羟基-12-烯-28-甲磺酸
2,3-二羟基-12-烯-28-齐墩果酸
2,3-二羟基-12-烯-28-齐墩果酸甲酯

生物碱
3,4-二羟基苯基氨氧化物
3-羟甲基二氢苯丙
咖啡酰二氢咖啡酰亚硝胺
卡利斯特金B1
3-吡啶甲醇-O-β-D吡喃葡萄糖
磷酰胺N
咖啡酰-N10-二氢咖啡酰亚精胺
卡利斯特金B2
二氢咖啡酰-N10-香豆素

有机酸
脱落酸
2,2-二甲基丁二酸
L-高脯氨酸
柠檬酸三乙酯
马来酸
富马酸
精氨基琥珀酸
2-羟基-2-甲基-3-氧代丁酸

酚酸
反式-4-羟基肉桂酸甲酯
水杨酸甲酯-2-O-葡萄糖苷
辛醛-4-O-葡萄糖苷
1-O-甘糖醛-β-D-葡糖苷邻氨基
苯甲酸-1-O-槐糖苷阿魏酰
苹果酸醋酸苯酯

氨基酸及其衍生物
L-丝氨酸
N-单甲基-L-精氨酸
L-谷氨酸-O-糖苷
精氨酸甲酯
L-瓜氨酸
焦谷氨酸

木质素和香豆素
3,4-亚甲二氧基肉桂醇
异秦皮素
丁香脂素-4′-O-葡萄糖苷
仲异亮氨酸烯醇4-O-葡萄糖苷

其他
3-脱氢-L-三烯酸
6,7-二甲氧基-2-乙基苯酮
1-（sn-甘油-3-磷酸）-1D肌醇
4-肌丁醇

核苷酸及其衍生物
5′-单磷酸腺苷

0h	7h	14h	0h	7h	14h
	M1			M5	

305

F

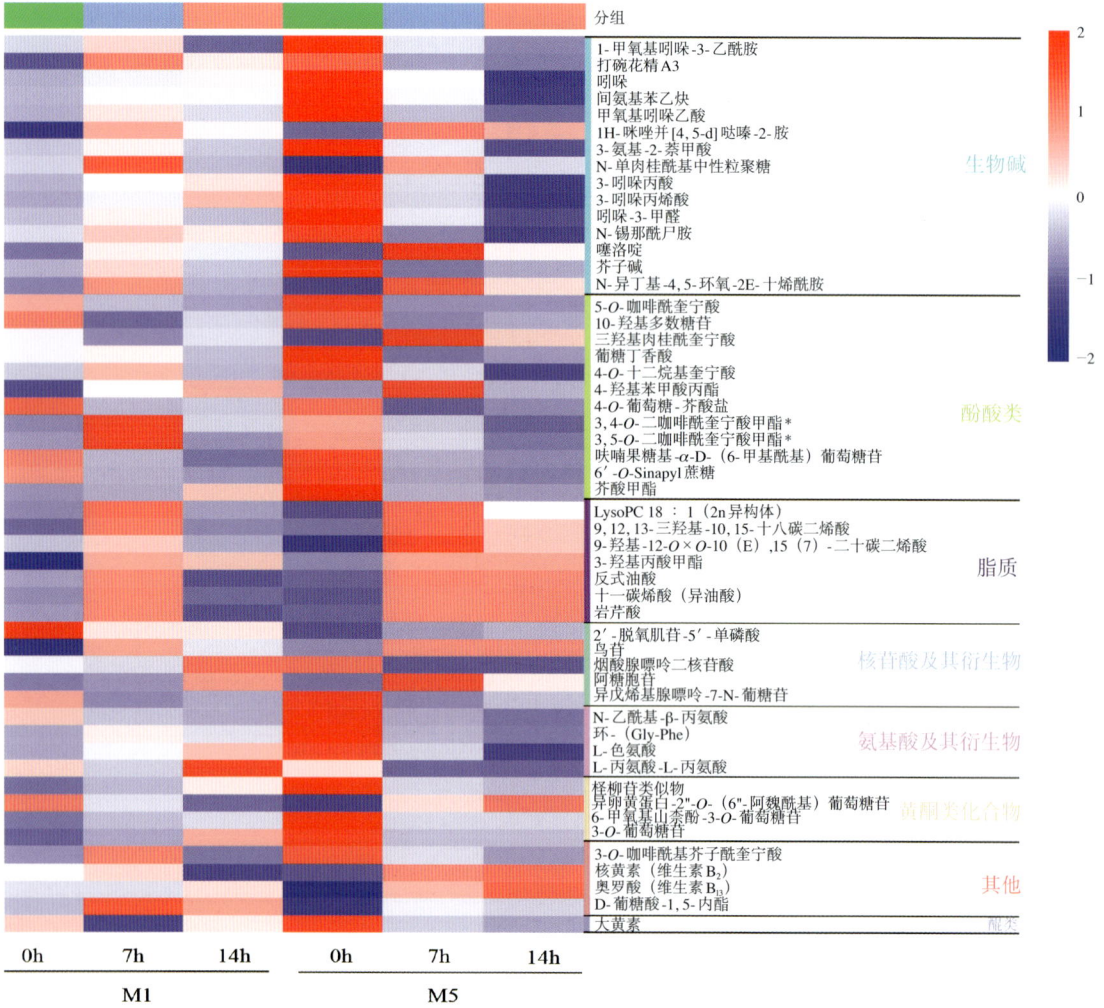

图5-50　尖孢镰刀菌侵染的枸杞DAMs分析

A.代谢物类别　B.DAMs数量　C.DAMs分析　D.DAMs的Upset韦恩图
E.宁杞1号特有DAMs　F.宁杞5号特有DAMs

A

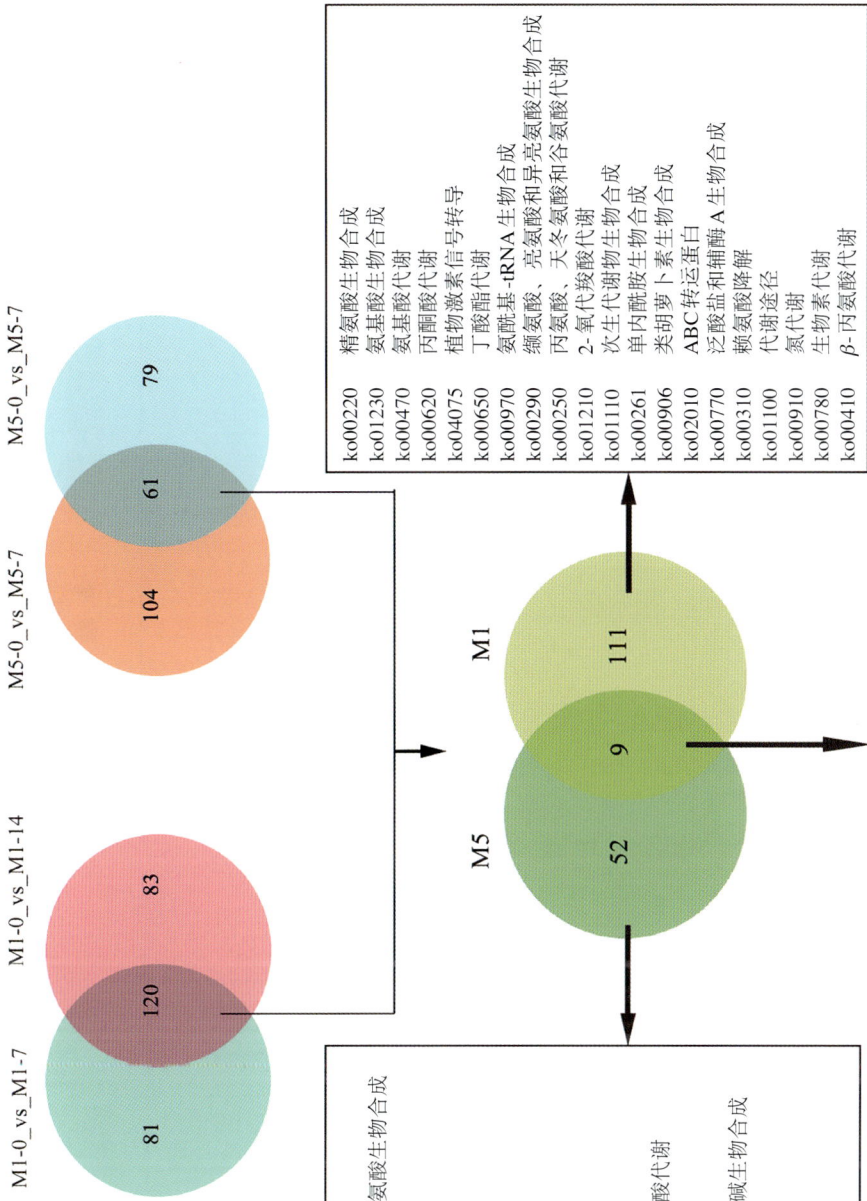

M1-0_vs_M1-7   M1-0_vs_M1-14   M5-0_vs_M5-7   M5-0_vs_M5-7

81   120   83   104   61   79

M1   111

M5   52   9

ko00380	色氨酸代谢
ko00400	苯丙氨酸、酪氨酸和色氨酸生物合成
ko00402	苯并恶嗪类生物合成
ko01240	辅因子生物合成
ko00740	核黄素代谢
ko00901	吲哚生物碱生物合成
ko00230	嘌呤代谢
ko00190	氧化磷酸化
ko00730	硫胺素代谢
ko00996	生物碱生物合成
ko00030	磷酸戊糖途径
ko01232	核苷酸代谢
ko00260	甘氨酸、丝氨酸和苏氨酸代谢
ko00966	硫代葡萄糖苷生物合成
ko00410	β-丙氨酸代谢
ko00960	托烷、哌啶和吡啶生物碱生物合成
ko00592	α-亚麻酸代谢
ko00240	嘧啶代谢
ko00760	烟酸盐和烟酰胺代谢
ko01110	次生代谢物生物合成

ko00220	精氨酸生物合成
ko01230	氨基酸生物合成
ko00470	氨基酸代谢
ko00620	丙酮酸代谢
ko04075	植物激素信号转导
ko00650	丁酸酯代谢
ko00970	氨酰基-tRNA 生物合成
ko00290	缬氨酸、亮氨酸和异亮氨酸生物合成
ko00250	丙氨酸、天冬氨酸和谷氨酸代谢
ko01210	2-氧代羧酸代谢
ko01110	次生代谢物生物合成
ko00261	单内酰胺生物合成
ko00906	类胡萝卜素生物合成
ko02010	ABC 转运蛋白
ko00770	泛酸盐和辅酶 A 生物合成
ko00310	赖氨酸降解
ko01100	代谢途径
ko00910	氮代谢
ko00780	生物素代谢
ko00410	β-丙氨酸代谢

ko00945	芪类、二芳基庚烷类化合物和姜辣素生物合成
ko00941	类黄酮生物合成
ko00940	苯丙烷类生物合成
ko01110	次生代谢物生物合成
ko01100	代谢途径

B

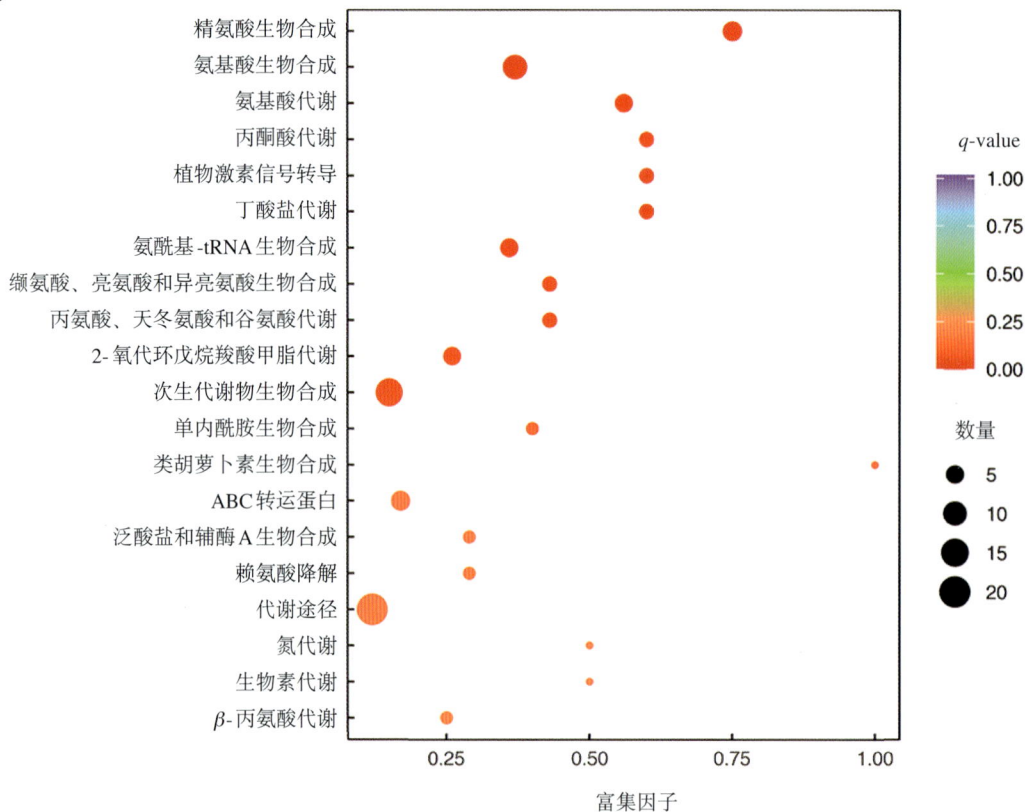

C

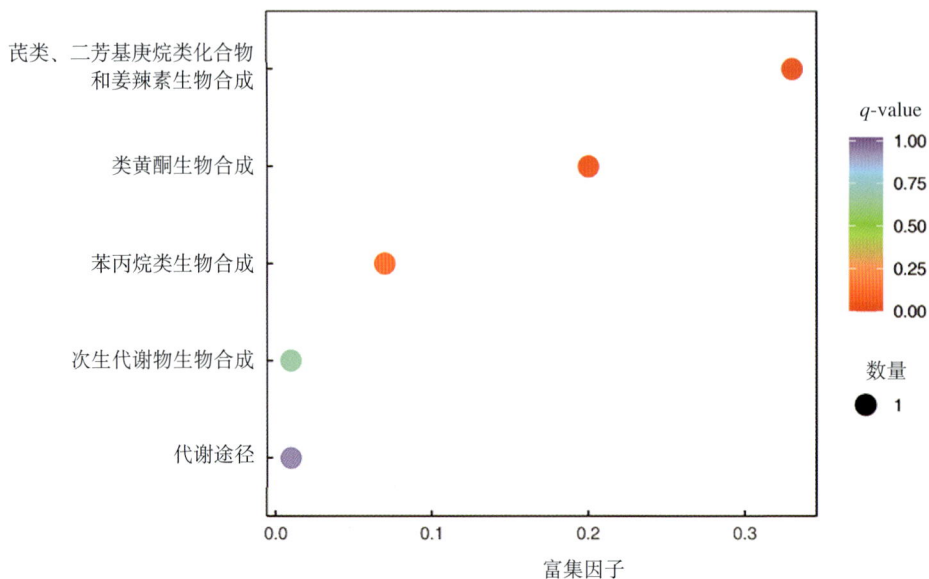

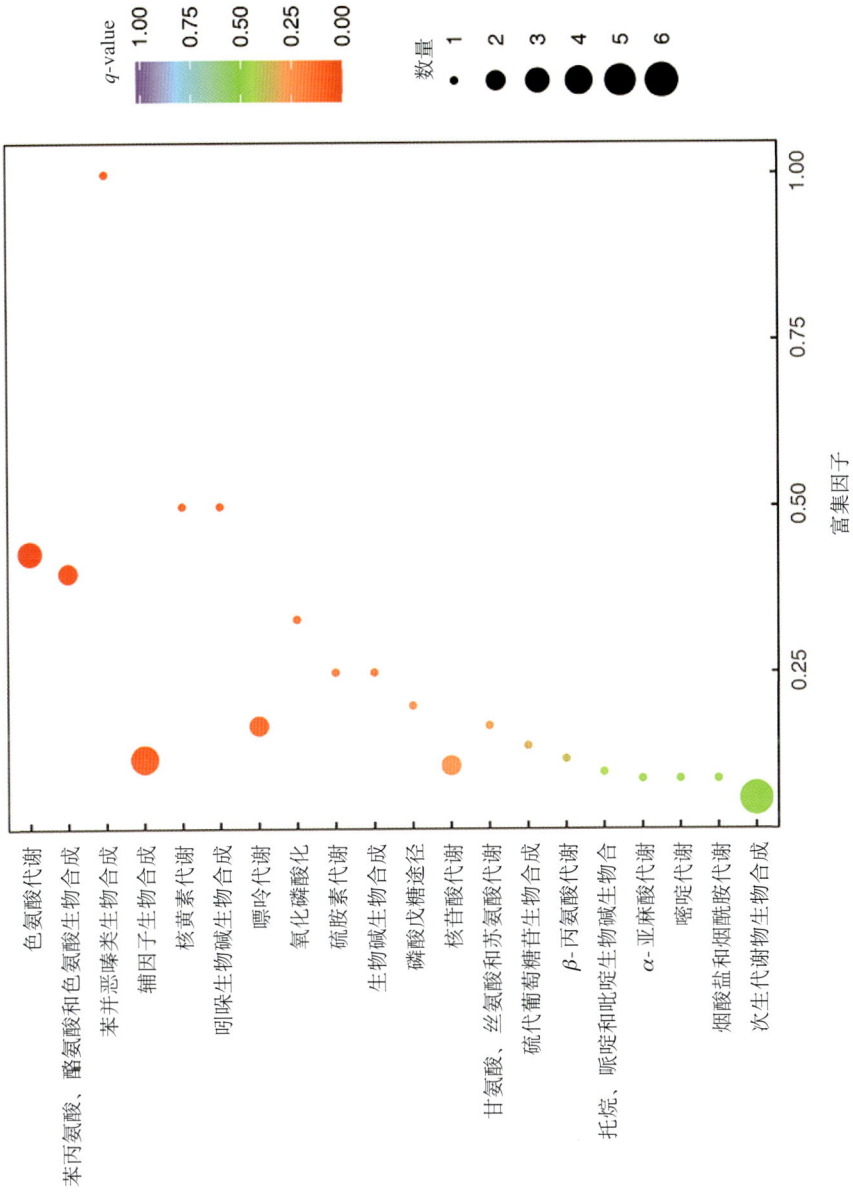

D

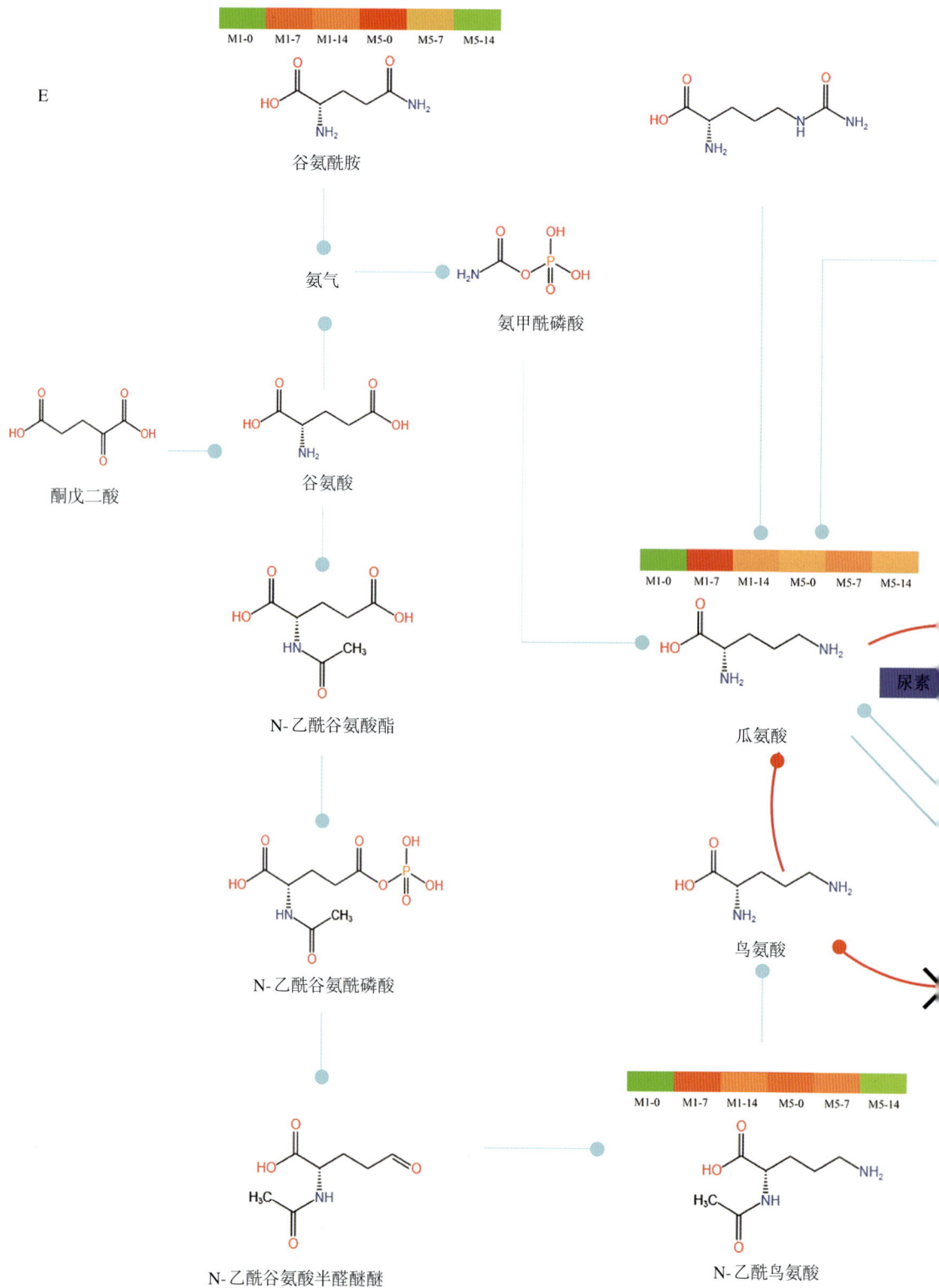

E

谷氨酰胺

氨气

氨甲酰磷酸

酮戊二酸

谷氨酸

N-乙酰谷氨酸酯

瓜氨酸

尿素

鸟氨酸

N-乙酰谷氨酰磷酸

N-乙酰谷氨酸半醛醚醚

N-乙酰鸟氨酸

天冬氨酸

M1-0 M1-7 M1-14 M5-0 M5-7 M5-14

M1-0 M1-7 M1-14 M5-0 M5-7 M5-14

环

柠檬酸循环

精氨酸琥珀酸酯

富马酸盐

M1-0 M1-7 M1-14 M5-0 M5-7 M5-14

胍丁胺

精氨酸

2.00   1.00   0.00   −1.00   −2.00

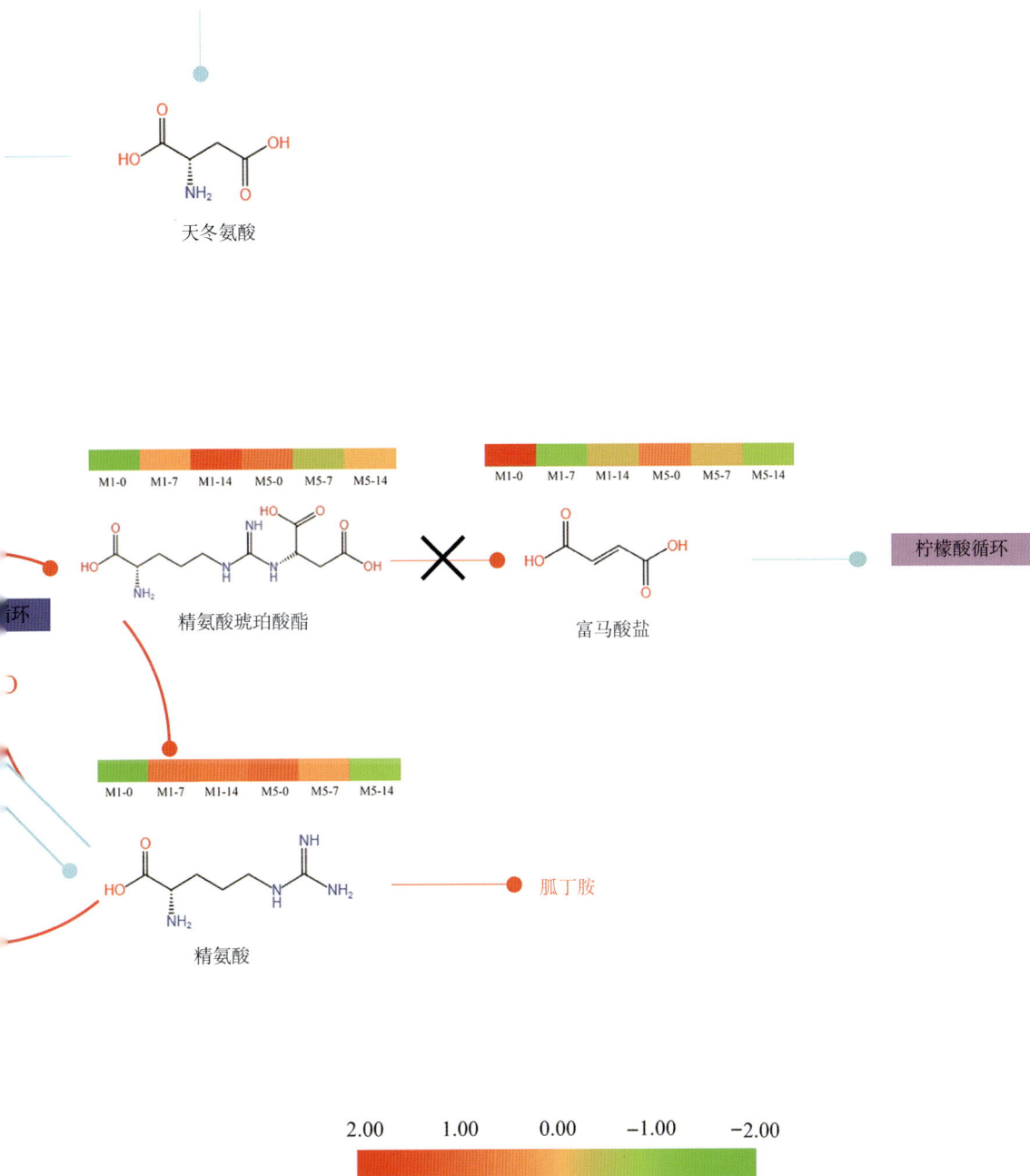

图5-51   DAMs的KEGG代谢通路分析

A.DAMs分子，方框内为对应DAMs注释到的代谢通路   B.宁杞1号特有DAMs的KEGG
C.宁杞5号特有DAMs   D.共有DAMs   E.精氨酸合成代谢通路

腐皮镰刀菌侵染后7、14d共检测到11个类别的498个DAMs，通过KEGG代谢通路富集分析，以及PubMed文献检索，筛选出30个与植物响应病害相关的代谢物，主要属于生物碱类和氨基酸及其衍生物类物质。与易感根腐病病原菌的宁杞5号相比，对照宁杞1号中与精氨酸代谢通路相关的DAMs富集最为显著。据报道，抑制阻断精氨酸合成鸟氨酸能够促进拟南芥中NO和多胺的积累。在宁杞1号中，除延胡索酸浓度持续下调外，其余DAMs均在枸杞接菌后浓度上调，而这些代谢物在宁杞5号的浓度均下降。代谢通路结果表明，上游通路L-瓜氨酸、L-谷氨酰胺和N-α-乙酰基鸟氨酸的含量上升为下游合成精氨酸琥珀酸提供充分的底物，精氨酸琥珀酸对应两条支路，既可以合成延胡索酸也可以合成L-精氨酸。据此推测宁杞1号响应腐皮镰刀菌胁迫是通过减少柠檬酸循环中延胡索酸的合成，使精氨酸琥珀酸主要向L-精氨酸的合成方向进行，引起精氨酸浓度增加。宁杞1号和宁杞5号对尖孢镰刀菌抗性的差异与精氨酸的积累程度不同密切相关。

（二）枸杞响应瘿螨为害的代谢组变化

虫瘿是昆虫与寄主植物长期协同进化的高级产物，致瘿昆虫通过影响植物的正常生理代谢过程而形成各种虫瘿，由于虫瘿通常富含某类化学物质而被广泛应用于医药及化工产业，最典型的就是五倍子蚜 [*Melaphis chinensis* （Bell）Baker] 在漆树科植物盐肤木（*Rhus chinensis* Mill.）等植物上形成的虫瘿五倍子，以及没食子蜂（*Cynips gallae-tinctoriae* Oliv.）在壳斗科植物没食子树（*Quercus infectoria* Oliv.）上形成的虫瘿没食子。枸杞瘿螨（*Aceria pallida* Keifer）是我国枸杞主产区最常见的成灾害虫之一，取食为害枸杞叶片导致局部组织畸形膨大形成虫瘿，严重影响枸杞生长和产量，然而致瘿过程对枸杞初生代谢和次生代谢的影响却知之甚少。近年来，枸杞叶片抗氧化、抑菌、降血糖等药理活性不断被发现，成瘿枸杞叶片可为药理活性研究提供新材料，而成瘿叶片成分变化对其药理活性研究具有重要价值。

Yang等利用LC-MS/MS技术对枸杞瘿螨致瘿后10d的宁夏枸杞叶片进行代谢组学分析，比对枸杞瘿螨致瘿后枸杞叶片初生和次生代谢产物的变化。结果显示，枸杞叶片富含氨基酸类和黄酮类物质，基于LC-MS/MS技术在枸杞叶片中共检测到16个类型合计204个化合物，其中初生代谢物以氨基酸类为主，次生代谢物以有机酸类和黄酮类为主（Yang et al.，2020）。枸杞瘿螨致瘿后可显著影响枸杞叶片代谢物的含量，引起黄酮类、苯丙烷类等30种代谢物发生显著变化，其中有21种代谢物上调，9种代谢物下调，此外圣草酚、异鼠李素-3-O-新橙皮糖苷、东莨菪内酯等8种具有药理活性和生物活性的化合物含量显著上调。这些响应瘿螨上调或下调变化的枸杞代谢物，为枸杞虫瘿叶片综合开发利用提供参考。

【参考文献】

方泰军, 侯璐, 白露超, 2022. 基于转录组测序的柴达木地区枸杞根腐病发病机理研究 [J]. 干旱区资源与环境, 36: 133-140.

高鹏燕, 李佩佩, 刘军, 等, 2022. 枸杞果实生长发育过程中寡糖代谢的蛋白组学分析 [J/OL]. 食品科学. https://kns.cnki.net/kcms/detail/11.2206.TS.20220906.0933.002.html.

韩丽娜, 2018. 不同产地宁杞1号枸杞的多糖组成及蛋白表达差异研究 [D]. 银川: 宁夏大学.

胡进红, 宋繁, 梁旺利, 等, 2023. NaCl胁迫下宁夏枸杞光合作用相关基因差异表达分析 [J]. 西北植物学报, 43(1): 0106-0115.

李金, 2022. 枸杞内生嗜线虫镰刀菌 Fusarium nematophilum NQ8G II4 对植物诱导抗病性作用及机理研究 [D]. 宁夏大学.

吕维, 2019. 基于液-质联用技术的枸杞子道地性研究 [D]. 银川: 宁夏大学.

马彩霞, 2021. 宁夏枸杞响应盐胁迫的代谢组学研究 [D]. 银川: 宁夏大学.

孙西予, 牛思思, 赵廷彬, 等, 2021. 格尔木产区宁杞一号干果蛋白质组学研究 [J]. 食品研究与开发, 42(3): 163-169.

汤丽华, 张瑶, 马雪梅, 等, 2023. 基于UPLC-QE-Orbitrap-MS 的宁夏枸杞鲜果和枸杞干果差异性代谢物分析 [J]. 食品工业科技, 44(8): 9-16.

汤丽华, 马雪梅, 张瑶, 等, 2022. 基于非靶向代谢组学分析不同品种宁夏枸杞差异性代谢物 [J]. 食品安全质量检测学报, 13 (24): 8083-8090.

徐昊, 2019. 枸杞不同生长期壁多糖变化的相关蛋白作用机制研究 [D]. 银川: 宁夏大学.

杨孟可, 2020. 枸杞瘿螨和枸杞木虱对寄主植物转录代谢及共栖生物的影响 [D]. 北京: 中国医学科学院药用植物研究所.

辛亚平, 余慧, 梁昕昕, 等, 2023. 镉胁迫下宁夏枸杞MATE家族基因的分离及其表达分析 [J/OL]. 分子植物育种. https://kns.cnki.net/kcms2/detail/46.1068.S.20230625.1600.002.html.

赵宇慧, 2020. 枸杞成熟过程中多糖差异分析及蛋白组学研究 [D]. 银川: 宁夏大学.

赵晓璐, 2022. 枸杞果实生长发育过程中甜菜碱合成积累规律研究 [D]. 银川: 宁夏大学.

赵建华, 2016. 枸杞果实发育期糖分及其糖代谢相关基因表达分析 [D]. 北京: 北京林业大学.

张生懂, 李捷, 冯丽丹, 等, 2023. 尖孢镰刀菌侵染枸杞根系的转录组分析 [J/OL]. 西北农业学报. https://kns.cnki.net/kcms2/detail/61.1220.S.2023061 3 .1559.010.html.

Cao Y, Li Y, Fan Y, et al., 2021.Wolfberry genomes and the evolution of *Lycium* (Solanaceae) [J]. Communications biology, https://doi.org/10.1038/s42003-021 -0215 2-8.

De Paepe R, Forchioni A, Chetrit P, et al., 1993. Specific mitochondrial proteins in pollen: presence of an additional ATP synthase beta subunit[J]. Proceedings of the National Academy of Sciences, 90: 5934.

Dong X, Hong Z, Sivaramakrishnan M, et al., 2005.Callose synthase (CalS5) is required for exine formation during microgametogenesis and for pollen viability in Arabidopsis[J]. The Plant Journal, 42: 315-328.

Dumont D, Danielato G, Chastellier A et al., 2020. Multi-targeted metabolic profiling of carotenoids, phenolic compounds and primary metabolites in Goji(*Lycium spp.*)berry and tomato (*Solanum lycopersicum*) reveals inter and intra genus biomarkers[J]. Metabolites 10, 422.

Goldberg R, Beals T, Sanders P, 1993. Anther development: basic principles and practical applications[J]. The Plant cell, 5: 1217-1229.

He W, Liu M, Qin X, et al., 2022.Genome-wide identification and expression analysis of the aquaporin gene family in Lycium barbarum during fruit ripening and seedling response to heat stress[J]. Curr.Issues Mol.Biol. 44, 5933-5948.

Jiang S, Cai M, Ramachandran S, 2007. ORYZA SATIVA MYOSIN XI B controls pollen development by photoperiod-sensitive protein localizations[J]. Developmental biology, 304: 579-592.

Liang X, Wang Y, Li Y, et al., 2022.Widely-targeted metabolic profiling in Lycium barbarum fruits under salt-alkaline stress uncovers mechanism of salinity tolerance[J]. Molecules 2022, 27, 1564.

Liu J, Ma Q , Liu D, et al., 2022.Identification of the cell wall proteins associated with the softening of *Lycium barbarum* L. fruit by using iTRAQ technology[J]. Food Chemistry: Molecular Sciences, 4: 100110.

Ma R, Sun X, Yang C, et al., 2023. Integrated transcriptome and metabolome provide insight into flavonoid variation in goji berries (*Lycium barbarum* L.) from different areas in China[J]. Plant Physiology and Biochemistry, 199: 107722.

M R, Zhang M, Yang X, et al., 2023. Transcriptome analysis reveals genes related to the synthesis and metabolism of cell wall polysaccharides in goji berry (*Lycium barbarum* L.) from various regions[J]. J Sci Food Agric, 103(14): 7050-7060.

Ma Y, Xie Y, Ha R, et al., 2021. Effects of elevated CO_2 on photosynthetic accumulation, sucrose metabolism-related enzymes, and genes identification in Goji Berry (*Lycium barbarum* L.). Front[J]. Plant Sci. 12: 643555.

Oh CS, Pedley KF, Martin GB, 2010. Tomato 14-3-3 protein 7 positively regulates immunity associated programmed cell death by enhancing protein abundance and signaling ability of MAPKKK {alpha}[J]. The Plant cell, 22: 260-272.

Qin X, Yin Y, Zhao J, et al., 2021. Metabolomic and transcriptomic analysis of Lycium chinese and L. ruthenicum under salinity stress[J]. BMC Plant Biology, 22(1): 8.

Shi J, Tan H, Yu X, et al., 2011.Defective pollen wall is required for anther and microspore development in rice and encodes a Fatty acyl carrier protein reductase[J]. The Plant cell, 23: 2225-2246.

Vizcay-Barrena G, Wilson Z, 2006. Altered tapetal PCD and pollen wall development in the Arabidopsis ms1 mutant[J]. Journal of experimental botany, 57: 2709-2717.

Wang C, Dong Y, Zhu L, et al., 2020.Comparative transcriptome analysis of two contrasting wolfberry genotypes during fruit development and ripening and characterization of the LrMYB1 transcription factor that regulates flavonoid biosynthesis [J]. BMC Genomics, 21(1): 295.

Wang Q, Zeng S, Wu X, et al., 2018.Interspecies developmental differences in metabonomic phenotypes of *Lycium ruthenicum* and *L. barbarum* fruits[J]. Journal of Proteome Research, 17 (9), 3223-3236.

Wang Y, Liang X, Li Y, et al., 2020. Changes in metabolome and nutritional quality of Lycium barbarum fruits from three typical growing areas of china as revealed by widely targeted metabolomics [J]. Metabolites, 10(2): 46.

Xie Z, Luo Y, Zhang C, et al., 2023. Integrated metabolome and transcriptome during fruit development reveal metabolic differences and molecular basis between *Lycium barbarum* and *Lycium ruthenicum*[J]. Metabolites, 13: 680.

Xu Q, Qin K, Feng A, et al., 2009.Cytological investigation on anther development of a male sterile and fertile Line in *Lycium barbarum* L. [J]. Journal of Ningxia University (Natural Science Edition) 30: 263-267.

Yao R, Heinrich M, Zou Y, et al., 2018. Quality variation of Goji (fruits of *Lycium* spp.) in China: a comparative morphological and metabolomic analysis[J]. Front. Pharmacol. 9, 151.

Yao X , Meng L , Zhao W, et al., 2023.Changes in the morphology traits, anatomical structure of the leaves and transcriptome in *Lycium barbarum* L. under salt stress[J]. Front. Plant Sci, 14: 1090366.

Yin Y, Guo C, Shi H, et al., 2022.Genome-wide comparative analysis of the *R2R3-MYB* gene family in five Solanaceae species and identification of members regulating carotenoid biosynthesis in wolfberry[J]. Int. J. Mol. Sci., 23(4): 2259.

Zhao D, Han T, Risseeuw E, et al., 2003.Conservation and divergence of *ASK1* and *ASK2* gene functions during male meiosis in *Arabidopsis thaliana*[J]. Plant molecular biology, 53: 163-173.

Zhao J, Xu Y, Li H, et al., 2019. A SNP-based high-density genetic map of leaf and frui related quantitative trait loci in wolfberry (*Lycium* Linn.) [J]. Front. Plant Sci. 10: 977.

Zhao J, Li H, Xu Y, et al., 2021. A consensus and saturated genetic map provides insight into genome anchoring, synteny of Solanaceae and leaf- and fruit-related QTLs in wolfberry (*Lycium Linn.*) [J]. BMC Plant Biol, 21: 350.

Zhao S, Tuan P, Li X, et al., 2013. Identification of phenylpropanoid biosynthetic genes and phenylpropanoid accumulation by transcriptome analysis of *Lycium chinense*[J]. BMC genomics, 14(1): 802.

图书在版编目（CIP）数据

枸杞种质遗传多样性及组学研究 / 郑蕊，唐建宁主编. —北京：中国农业出版社，2024.8
ISBN 978-7-109-31224-1

Ⅰ.①枸… Ⅱ.①郑…②唐… Ⅲ.①枸杞－种质资源－多样性－研究 Ⅳ.①S567.102.4

中国国家版本馆CIP数据核字（2023）第197103号

中国农业出版社出版

地址：北京市朝阳区麦子店街18号楼
邮编：100125
责任编辑：国　圆
版式设计：王　晨　责任校对：张　雯　责任印制：王　宏
印刷：北京中科印刷有限公司
版次：2024年8月第1版
印次：2024年8月北京第1次印刷
发行：新华书店北京发行所
开本：700mm×1 000mm　1/16
印张：20.5
字数：420千字
定价：238.00元